西安交通大学 XI'AN JIAOTONG UNIVERSITY 本科"十四五"规划教材

普通高等教育机械类专业"十四五"系列教材

机电液传动与伺服控制

主编 要义勇

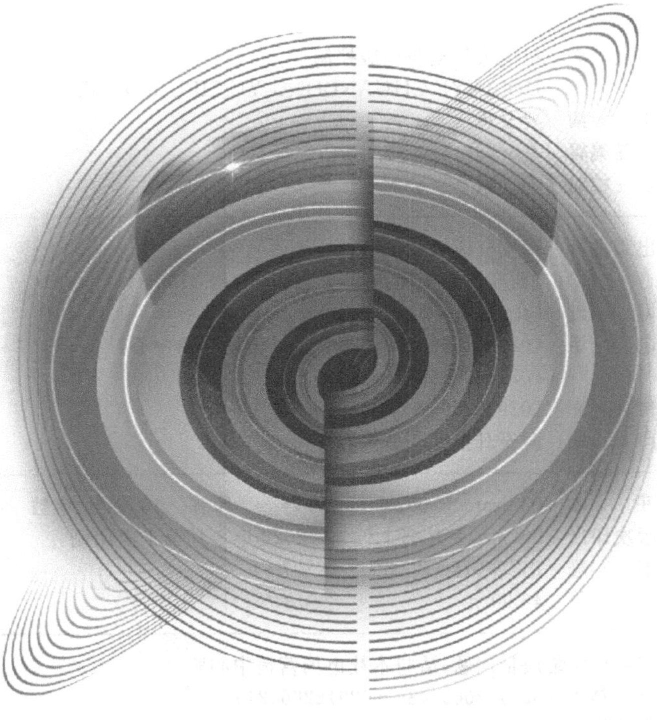

西安交通大学出版社
XI'AN JIAOTONG UNIVERSITY PRESS

内容简介

机电液传动与伺服控制是一门讲授机电液装备中以机械运动参数和生产过程的工艺参数为控制目标的专业课程，本书是培养学生掌握机械、液压和电气传动的综合设计能力和实际动手能力的核心教材。

本书主要针对各类生产线设备的机械位移、位置、速度、顺序和工艺要求的压力、流量、液位、温度以及力等控制目标，培养学生分析和进行类比设计、组合设计以及满足工业现场实际要求的工程设计能力，进而让学生掌握机电液传动基本元件、回路和典型伺服控制原理，并选择合理的机电液传动器件，完成最终搭建典型机电液传动装备，实现最佳控制。

本书可作为高等院校自动化控制类、能源动力化工类和机械类学生的教学用书，也可供自动化与机电一体化专业教师、电气系统设计与工程技术人员、科研人员等参考。

图书在版编目(CIP)数据

机电液传动与伺服控制 / 要义勇主编.— 西安：西安交通大学出版社，2022.3

ISBN 978-7-5693-2397-9

Ⅰ.①机… Ⅱ.①要… Ⅲ.①机电系统—液压控制—研究 Ⅳ.①TH137

中国版本图书馆 CIP 数据核字(2021)第 242355 号

书　　名　机电液传动与伺服控制
JIDIANYE CHUANDONG YU SIFU KONGZHI
主　　编　要义勇
责任编辑　李　佳
责任校对　毛　帆

出版发行　西安交通大学出版社
(西安市兴庆南路1号　邮政编码 710048)
网　　址　http://www.xjtupress.com
电　　话　(029)82668357　82667874(市场营销中心)
(029)82668315(总编办)
传　　真　(029)82668280
印　　刷　西安日报社印务中心

开　　本　787 mm×1092 mm　1/16　**印张**　16.5　**字数**　413 千字
版次印次　2022 年 3 月第 1 版　2022 年 3 月第 1 次印刷
书　　号　ISBN 978-7-5693-2397-9
定　　价　46.90 元

如发现印装质量问题，请与本社市场营销中心联系。
订购热线：(029)82665248　(029)82665249
投稿热线：(029)82668818
读者信箱：19773706@qq.com

前 言

在中国制造2025的背景下，大量先进制造技术如人工智能、智能检测、智能控制、云制造和机器人等已经应用到智能制造过程中。针对变化的工业环境，根据遇到的实际问题，变换技术方案、优化控制系统、改变控制、减小偏差，逐步接近目标，从而提高生产效率、降低生产难度、减轻劳动强度，保证产品在制造过程中的质量。

本书涉及机电液装备的单元技术、自动化系统的集成技术和自动化理论体系三个领域，包括生产自动化过程的传动器件、检测器件、驱动器件和控制器件四个方面，讲授工业生产过程中机械运动参数和工艺过程参数的测量与伺服控制两个主线。希望读者能够学会用、学会选、学会变，学会应用变换的思维解决实际问题，学以致用，知其所以然。本书主要针对各类生产线设备的机械位移、位置、定位、运动速度、运动顺序、加速度和工艺要求的压力、流量、液位、温度以及力等控制目标，培养学生分析并选择合适的自动化传动与控制器件，编写典型的测量与控制方案，进行自动化系统的“举一反三”的类比设计，“创新组合”的新产品开发设计，以及“功能齐全”、满足工业现场实际要求的工程设计，最终搭建典型测量与控制系统等能力。

本书共分为12章，第1章简述机电液传动与伺服控制技术发展，第2章讲述常用机电液装备的传动器件分类及其选型，第3章讲述常用机电液装备的控制器件分类及其选型，第4章讲述常用机电液装备的检测器件分类及其选型，第5章讲述典型伺服电机的建模，第6章讲述典型电液伺服阀的建模，第7章讲述典型机电传动及控制回路，第8章讲述典型电液传动及控制回路，第9章讲述机电液装备的电气驱动技术，第10章讲述机电液装备的电液驱动技术，第11章讲述六自由度并联运动平台的电气伺服控制典型应用案例，第12章讲述电液伺服控制的典型应用案例。

本书可作为高等院校自动化控制类、能源动力化工类和机械类学生的教学用书，也可供自动化与机电一体化专业教师、电气系统设计与工程技术人员和科研人员参考。

本书在西安交通大学“十四五”规划教材建设中获得立项和资助。其中第4章由赵丽萍编写，第8章由白文杰编写，其他章节由要义勇编写。在教材编写过程中，采用了一些前人成果，部分已在参考文献中列出，限于篇幅还有很多没有列举出来，在此对这些学者表示衷心的感谢。在本书编写过程中，还得到了西安交通大学机械工程学院经验丰富的前辈、专家和教学指导委员会老师以及相关高校同行的指导和大力支持，对此表示诚挚的感谢。

由于我们的编写经验不足，书中难免存在疏漏和不足，恳请广大读者批评指正，我们将深为感激。

编　者

2021年2月于西安交通大学兴庆校区

目　录

第1篇　基础篇

第 2 篇 系统设计篇

第 1 篇　基础篇

第 1 章　机电液传动与伺服控制技术发展

本章重点讲解机电液传动与伺服控制的技术体系，全面介绍机电液传动与伺服控制的含义、目标和应用，培养学生课堂互动和运用学过的知识，表达、分析和解决典型工程问题的能力。

1.1　机电液传动与伺服控制的应用和含义

机电液传动与伺服控制技术反映了机械传动、电气传动和液压传动三大领域的技术水平。换句话说，绝大部分的自动化装备都是通过机电液传动原理来实现，在满足实际生产过程的机械动作时间、动作时刻、动作顺序，多个动作的联动，互锁和工艺状态等要求的同时，完成机电液装备的运动参数和工艺参数两个方面自动化伺服控制，从而提高产品品质和生产效率，降低生产难度，减轻劳动强度。

1.1.1　机电液传动与伺服控制的应用领域

机电液传动与伺服控制技术的进步，推动了大量行业领域内工业生产的飞速发展，尤其是在机械、电力、石油、化工、冶金、轻工业等行业，通过机电液自动化装置，促进了连续生产和离散工业过程的自动化发展，大大提高了劳动生产率，其应用领域如图 1-1 所示。

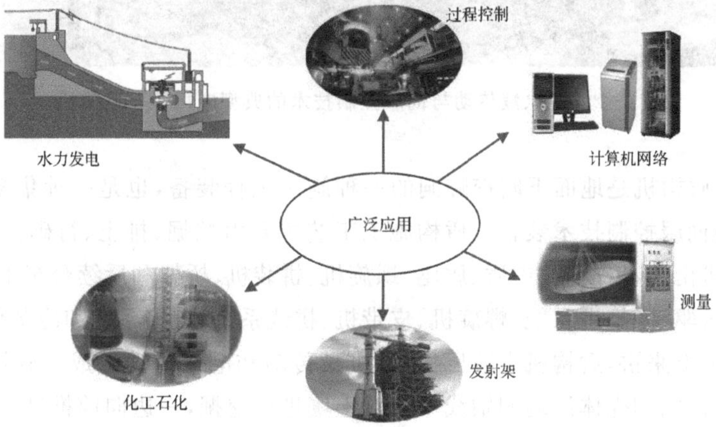

图 1-1　机电液传动与伺服控制技术的应用领域

1.1.2 机电液传动与伺服控制技术的目标

机电液传动与伺服控制技术的目标有：

（1）机电液传动与伺服控制技术促进了工业进步，是机器设备或生产过程在不需要人工直接干预的情况下，按预期的目标实现测量、加工、操纵等信息处理和过程控制。

（2）机电液传动与伺服控制技术减轻了人的劳动强度，提高了产品质量，该技术以工业生产中的各种参数为控制目的，实现各种生产过程的伺服控制。机电液传动与伺服控制技术在整个工业生产过程中能充分利用各种能源与信息来进行产品制造，实现制造过程的自动化控制。

（3）机电液传动与伺服控制技术提高了产品的制造水平和技术水平，它是一门综合性技术，它与控制论、信息论、控制理论、系统工程和自动控制技术等有着十分密切关系。

可见，机电液传动与伺服控制技术是涉及机械制造、电力、建筑、交通运输、微电子、网络、信息、电子学、液压气动技术、控制理论和计算机等领域的一门综合性技术，是当今已经被广泛应用来各个领域用来提高劳动生产率的主要技术手段。

1.1.3 典型机电液传动与伺服控制应用

机电液传动与伺服控制技术在盾构机中是一个典型的应用，如图 1－2 所示。

图 1－2 机电液传动与伺服控制技术的典型应用——盾构机

图 1－2 中，盾构机是地面下暗挖隧洞的一种施工工程装备，也是一种集多学科多种技术的典型机电液与伺服控制技术装备。盾构施工工艺主要由挖掘、排土、衬砌三部分组成；从结构上来讲，盾构机由刀盘、前盾、中盾、盾尾、螺旋机、拼装机、桥架和后续台车组成；从功能上来讲，盾构机由刀盘驱动、推进系统、螺旋机、皮带机、拼装系统、铰接系统和冷却供电辅助系统等组成；从传动原理上来讲，盾构机由液压传动、机械传动和电气传动组成。盾构机的基本工作原理是一个圆柱体的钢壳体沿隧洞轴线一边对土壤进行挖掘，一边向前推进。

（1）挖掘工艺。刀盘是一种电液力伺服的液压传动装置，液压马达驱动刀盘持续旋转，实现渣土的切削，同时开启盾构机推进油缸，将盾构机向前推进。被刀盘切削下来的碴土充满泥土仓，此时开动螺旋输送机将切削下来的渣土排送到皮带输送机上，由皮带输送机运输至渣土车的土箱中，再通过竖井运至地面。螺旋输送机和皮带输送机是机械传动装置。

(2)排土工艺。从螺旋输送机和泥土仓中输送出去的渣土量与切削下来的渣土仓的渣土量相平衡时，开挖面就能保持稳定。开挖面对应的地面部分也不致坍塌或隆起，从而保证开挖工作顺利进行。可见，排土机构是一种机械传动装置。

(3)衬砌工艺。盾构机掘进一段距离后，拼装机操作手操作拼装单层衬砌管片，实现隧道的一次成型。该操作手是一种电气传动装备。

综上所述，采用盾构机进行隧洞盾构施工具有自动化程度高、节省人力、施工速度快、一次成洞、不受气候影响、开挖时可控制地面沉降、减少对地面建筑物的影响和在水下开挖时不影响水面交通等特点，在隧洞洞线较长和埋深较大时采用盾构机更为经济合理。

1.2　机电液传动与伺服控制系统组成

1.2.1　机电液传动与伺服控制的含义

机电液传动与伺服控制系统有很多含义，包括：

定义 1：机电液传动与伺服控制的目的是替代人的劳动，提高产品品质，提高产品的技术含量，根据生产过程的机械动作、动作顺序和工艺要求，采用机械、电气和液压原理，设计、组合或集成为整套自动运行的机电液设备。

定义 2：伺服控制的目的是根据生产过程的工艺要求，采用控制理论和编程技术，设计制作伺服控制器，实现机电液传动装备的动作时间、顺序、位置、速度和输出力的自动化目的，从而满足生产过程的运动和工艺两个方面的要求。

定义 3：机电液传动装备是根据生产过程的运动参数和工艺参数两个要求，设计制造形成的满足工业实际生产环境和生产节拍的自动化装备，从而完成工艺要求的夹紧力、作用力、转矩、转速、工艺时间和顺序等功能。

定义 4：伺服控制是根据生产过程的运动参数和工艺参数两个要求，选用合适的电气器件，组合成满足工业实际生产环境和生产节拍的自动化电气装备，构建形式多样与功能齐全的电气传动与伺服控制的位置/速度/输出力的自动化系统。

定义 5：机电液伺服控制技术根据生产过程的两个工艺要求，以及动力学、静力学和控制理论，建立状态方程、力学方程和运动学方程，构建数学形式的伺服控制位置/速度/输出力的控制模型，在此基础上，增加补偿环节或校正环节，实现高品质的伺服控制的目的。

1.2.2　机电液传动与伺服控制系统的组成

机电液传动与伺服控制系统包括机电液传动与伺服控制两大部分。其中机电液传动系统又包括被控对象和机电液传动的执行器，如图 1－3 所示。执行器一般指各种电气伺服驱动器或电液伺服驱动器等，按控制信号的要求，将输入的各种形式能量转化成机械能，从而驱动被控对象实现工艺过程要求的运动和任务；被控对象是指被控制的机构或装置，是直接完成工艺过程要求的传动机构，一般包括传动系统、驱动系统、执行装置和负载。伺服控制系统又包括控制器、被控对象、执行环节、检测环节和比较环节五个部分，如图 1-4 所示。

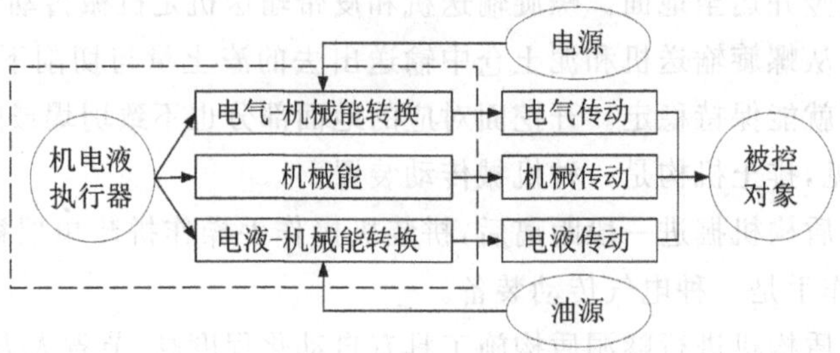

图 1-3　机电液传动组成图

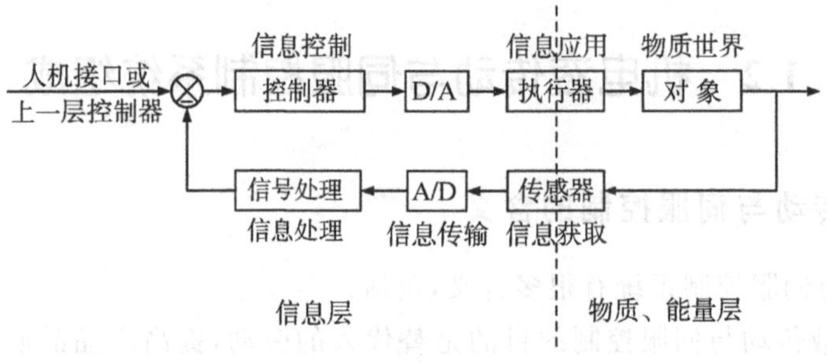

图 1-4　机电液伺服控制系统组成图

图 1-4 中，控制器是将输入指令信号与反馈信号进行比较、计算、分析和决策，按要求动作实现控制的器件；传感器指能够对输出进行测量，并转换成比较环节所需要的信号装置。可以看出，控制器通过人机接口进行指令信息输入，再通过信息的处理和信息的控制，调整对象的状态和动作，始终将对象保持在理想的状态。机电液传动与伺服控制主要表现为以下几个方面：

1)伺服控制

伺服控制是指在无人直接参与的情况下，利用控制器使被控对象的某一个物理量(运动参数和工艺参数)自动按照预定的规律进行运行控制。

2)伺服控制系统

伺服控制系统是指为实现某一控制目标所需要的物理部件，包括硬件、软件及其组合。

3)伺服控制理论

伺服控制理论包括以反馈控制理论为基础的古典控制理论(单输入与单输出)，以状态空间为基础的现代控制理论(多输入与多输出)和以模糊控制与自适应控制为代表的智能控制理论(不需精确数学模型)，这些控制理论的实质就是实现自动控制。

4)机电液传动系统

机电液传动系统根据控制指令信息，解决信息层和物质能量层两个层面的转换问题。

1.3 机电液传动与伺服控制的研究内容

1.3.1 机电液传动与伺服控制的分类

自动化器件成千上万,不同的自动化系统中的自动化器件也不相同。自动化器件的研究内容分为三大单元技术和一个自动化体系,如图 1－5 所示,分别为自动化控制技术相关的控制器件,自动化系统执行器件相关的驱动器件,工业制造过程中的工艺过程参数与自动化系统参数检测技术相关的传感器件。一个自动化器件体系包括系统集成技术体系和伺服控制理论技术体系。

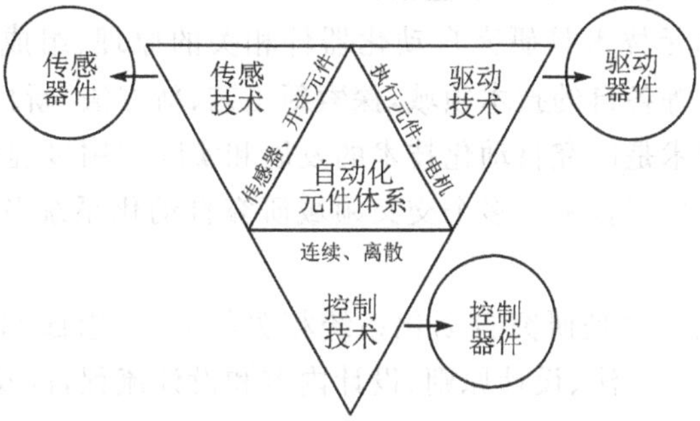

图 1－5　自动化器件的研究内容

机电液传动与伺服控制的分类方法如下:

1)按控制原理分类

(1)顺序控制系统:按照预先规定的时间顺序或逻辑关系,逐步对各设备或对象进行控制,如电梯的运行控制等。

(2)过程控制系统:对工业生产过程中的各工艺物理量进行闭环控制,使其按照工艺要求的规律变化,如锅炉的温度和压力控制等。

(3)运动控制系统:对运动物体进行控制的运动参数,使其按照运动规律实现控制。

2)按网络结构分类

(1)集中型计算机控制系统:通过网络,采用专用计算机来集中处理工业控制问题。

(2)多级计算机控制系统:通过网络,采用多级计算机控制系统,分别处理不同自动化过程或者自动化系统中机械设备的工业控制问题。

(3)集散型计算机控制系统:通过网络,采用分布计算机控制系统,实现集中管理,分散控制,提高整个系统的功能性和可靠性,这是自动化技术的发展趋势。

(4)计算机集成综合系统:通过网络,采用分布计算机控制系统,将中央计算机与工厂办公室自动化系统集成连接起来,构成了生产管理一体化计算机集成综合系统。

1.3.2 机电液传动与伺服控制的技术体系

机电液传动与伺服控制技术涉及工艺过程相关的六个技术领域,如图 1－6 所示。

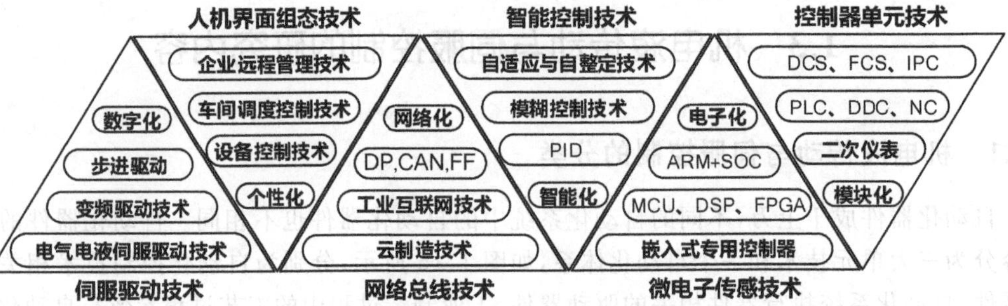

图 1-6　机电液传动与伺服控制技术体系

机电液传动与伺服控制的技术体系包括：

(1)机电液传动的单元技术是研究自动化器件相关的原理、组成和典型应用。在检测技术、驱动技术和控制技术等各自的技术领域，探索新工艺、新方法、新材料和新原理等。

(2)伺服控制理论技术是研究自动化技术的发展和实际应用过程中的相关技术理论方法，在检测技术、驱动技术和控制技术等多个交叉领域研究自动化系统及其器件的交叉学科技术和集成技术。

(3)自动化系统集成技术是研究自动化系统相关的原理、组成和典型应用。在系统层面上，研究自动化系统的设计方法、设计原则、设计内容和设计流程，以及搭建自动化系统时自动化器件的选择与应用，自动化器件之间的相互电气接口和设计方法，从而保证自动化系统的安全性和可靠性；在自动化系统集成技术方面，包括智能控制技术、电气伺服驱动技术、微电子传感技术、控制器单元技术、网络总线技术和人机界面组态技术六个领域。

①智能控制技术体现在自动化系统的智能化方面的控制理论方法，主要包括 PID、模糊控制技术和自适应与自整定技术；

②电气伺服驱动技术体现在自动化驱动器件的数字化技术，主要包括步进电机驱动技术、变频驱动技术和伺服驱动技术；

③微电子传感技术体现在自动化检测测量器件的电子化技术，主要包括单片机 MCU、DSP 和 FPGA 的微电子技术和现代的 ARM 微处理器与片上系统 SOC，以及测控一体化技术；

④控制器单元技术体现在自动化控制器的模块化技术，主要包括二次仪表、PLC、DDC、NC、DCS、FCS 和 IPC 等技术；

⑤网络总线技术体现在自动化系统的网络化技术，主要包括现场总线 PROFIBUS-DP、FF、CAN 和工业以太网络以及无线网络技术；

⑥人机界面组态技术体现在自动化系统的个性化技术，主要包括工业生产制造系统的设备层的控制技术、车间层的调度控制技术和企业层的远程资源管理技术。

1.3.3　机电液传动与伺服控制的要求

针对不同的工作环境、不同的自动化系统、不同的用户功能需求和不同的设备投资条件，正确合理选用自动化器件是自动化系统设计、使用和维护等过程中，设备电路安全和可靠运行的基础和技术保证。

1)可靠性与适应性

为了保证自动化系统在工作过程中的正常运行，自动化器件必须具有抵抗工业现场的噪声、温度、湿度、磁场等方面干扰影响的能力，并且能够针对非线性、温度漂移、零位误差和增益误差等进行补偿和修正。

2)操作性与友好性

自动化器件在工作过程中，必须维护简单且容易操作，具备防止操作失误和纠正错误的能力，从而具有良好的可操作性和友好性。

3)灵活性与扩展性

为了保证自动化系统在工作过程中的正常工作，在条件允许的范围内，自动化器件必须具有一定程度的柔性和一定范围的扩展余量，以提高自动化系统的灵活性和可扩展性。

4)实时性能

为了保证自动化系统的生产效率，自动化器件必须具有良好的静态特性和动态性能，能及时进行工艺参数的优化和实时调整。

5)生命周期

为了保证自动化系统能够可靠工作，自动化器件必须具有一定生命周期，防止出现断货现象。

1.4　机电液传动与伺服控制技术的发展阶段和趋势

机电液传动与伺服控制技术的发展主要分为三个阶段。

第一阶段：集成自动化阶段。表现为单机的自动化控制特点，在满足激烈的市场竞争、资源有限和减轻劳动强度的条件下，可以有效提高产品质量和生产效率，适应于批量生产，其典型成果和产品有基于硬件数控系统的数控机床和数控装备等。

第二阶段：集成数字化阶段。表现为生产线的自动化控制特点，在满足激烈的市场竞争、产品更新换代快和减轻劳动强度的条件下，适应于大、中批量生产模式，同时在实际产品的工程设计和制造中应用 CAD、CAM 等软件，在单机自动化基础上，其典型成果和产品有各种组合机床、组合生产线，以及用于车、钻、镗和铣等的复合加工自动生产线等。

第三阶段：智能化阶段。表现为柔性自动化生产线特点，以适应市场环境的变化，以及多品种、中、小批量生产模式。通过网络技术和通信技术，实现信息获取、信息分配和信息共享。典型成果和产品有 CIMS 工厂、并行工程和柔性制造系统(FMS)等。

综上所述，工业自动化技术是先进制造技术的重要组成部分，表现为大规模使用自动化机器的机械化阶段，使用电气电机和网络的电气化阶段和使用自动控制技术的信息化与智能化阶段，其发展趋势正向着集成化、高性能、系统化、高速度、大容量、网络化、模块化、智能化、多功能化和软件化的方向发展。

1.5　思考

1.“机电液传动与伺服控制”课程的三个目标是什么？

2.机电液传动与伺服控制技术的六个研究内容是什么？

3.机电液传动与伺服控制三大类器件的分类与各自完成的功能是什么？
4.机械传动、电气传动与液压传动这三类传动形式，各自的应用特点是什么？
5.机电液装备的设计制造与控制的特点是什么？
6.智能制造过程中的自动化技术体系包括哪些内容？
7.为什么说网络技术是自动化技术的发展方向？
8.为什么说工业自动化技术是现代制造型企业生存和发展最重要的技术之一？

第 2 章 常用机电液传动器件分类及其选型

本章重点讲解机电液装备的传动器件体系架构，全面介绍传动器件的分类、基本功能和选型原则，了解不同传动器件的应用特点，培养学生举一反三的综合设计能力和机械工程实践能力。

2.1 常用传动器件分类及其选型

2.1.1 传动器件的作用

机电液装备的传动器件位于原动机与执行对象之间，在整个装备中起着实现变速、功率放大、变换运动形式和运动方向以及传递功率等作用。它是工业机器人、CNC 机床、办公室设备、车辆、计算机外围设备、电子设备、医疗器械、自动机械和光学装置等各种机电液装备、系统、产品必不可少的驱动执行部件，也是工业自动化控制系统丰富功能的实现基础。具体应用有：数控机床的主轴转动，工作台的进给运动以及工业机器人手臂的升降、回转和伸缩运动等，可见，这些运动都是在传动器件的作用下实现的。

常用机电液装备的传动器件分为三类，具体如下：

(1)机械传动：机械传动的作用是将原动机的机械能转变为更高转速或更大扭矩的机械能进行做功，从而满足工艺要求的动作和运动。机械传动包括带传动、链传动、销轴传动、齿轮传动、蜗杆蜗轮传动和螺旋传动六大类。

(2)电气传动：电气传动的作用是将电能变成电磁力，从而驱动运动机构实现运动。电气传动包括普通电机、步进电机、变频电机和伺服电机四大类。

(3)液压传动：液压传动的作用是先将电能变换为液压能，并用电磁阀或伺服阀改变压力油的流向或大小，从而使液压执行器件驱动运行机构实现运动。液压传动包括普通液压缸及液压马达传动，可调的速度液压缸及液压马达传动，伺服液压缸及伺服液压马达传动三大类。

另外，由于气压传动与液压传动原理相同，仅仅将传动介质变化为气体介质，本书后续章节不对气压传动做详细叙述。

由于机电液装备的传动器件各有各的优缺点，在选择时必须扬长避短，充分发挥各自的优势，能够将若干单元传动机构根据需要进行组合，形成一个满足一定工艺要求的机电液传动系统。因此，常用机电液装备传动器件的作用就是按照控制器要求的参考控制指令输入，在各种生产过程和生产设备中，由控制装置自动完成对生产机械或设备及时控制和调整，以抵消外界的扰动和影响，使得其中某些工艺参数和运动参数的物理量(如温度、压力、流量、位移、位置、速度等)保持恒定，或者按照一定规律进行控制变化，如图 2-1 所示。

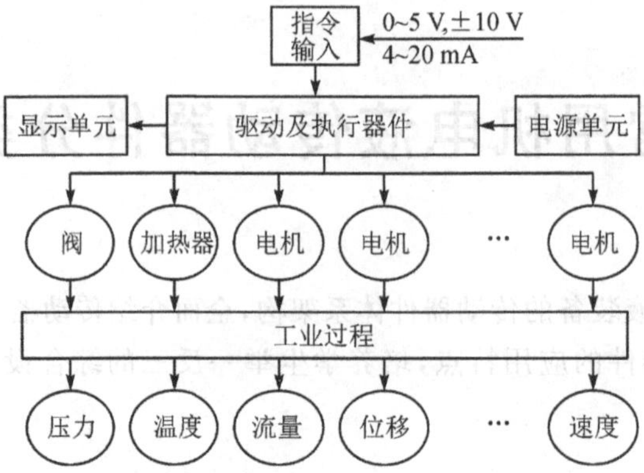

图 2－1 机电液传动执行器件的控制作用

图 2－1 中，在实际工业过程的运动参数和工艺参数的控制系统中，例如液压伺服系统中压力如果波动，通过调整溢流阀的开口，使系统压力保持恒定；机械平台的运动速度如果有波动，通过伺服电机转速的调整，使机械平台的运动速度保持恒定。

2.1.2 机电液传动器件的分类及应用

根据机电液装备使用的能量不同，可将机电液传动器件分为机械传动、电气传动和液压传动(气动传动)三大类，具体见表 2－1。

表 2－1 机电液传动器件分类表

类型		优缺点对比	典型应用
机械传动	齿轮传动	优点：效率高、传动比恒定；缺点：有噪声	旋转运动
	螺旋传动	优点：承载大、传动比恒定；缺点：有噪声、体积大	直线运动
	带传动	优点：结构简单、价格低廉、噪声小；缺点：承载小	旋转运动
	链传动	优点：价格低廉；缺点：不吸振、精度低	旋转运动
	锥齿轮	优点：承载大、效率高；缺点：制造和安装要求精度高	垂直方向运动
	凸轮传动	优点：运动固定；缺点：制造和安装要求精度高	间歇运动
	槽轮传动	优点：运动固定；缺点：制造和安装要求精度高	间歇运动
电气传动	普通直流电机	优点：价格低廉；缺点：性能一般	旋转运动
	普通交流电机	优点：价格低廉；缺点：性能一般	旋转运动
	变频电机	优点：节能环保、控制精度高；缺点：价格较高	旋转运动
	直流伺服电机	优点：位置与速度控制精度高；缺点：价格较高	旋转运动
	交流伺服电机	优点：位置与速度控制精度高；缺点：价格较高	旋转运动
	直线伺服电机	优点：位置与速度控制精度高；缺点：价格较高	直线运动
	步进电机	优点：价格低廉；缺点：位置控制精度一般	旋转运动

续表

类型		优缺点对比	典型应用
液压传动	往复运动缸	优点:控制简单、价格低廉;缺点:系统复杂、有污染	直线运动
	液压马达	优点:控制简单、价格低廉;缺点:系统复杂、有污染	旋转运动
	液压泵	优点:控制简单、价格低廉;缺点:系统复杂、有污染	常规运动系统
	方向控制阀	优点:控制简单、价格低廉;缺点:系统复杂、有污染	常规运动系统
	压力控制阀	优点:控制简单、价格低廉;缺点:系统复杂、有污染	常规运动系统
	流量控制阀	优点:控制简单、价格低廉;缺点:系统复杂、有污染	常规运动系统
	液压伺服阀	优点:控制精度高;缺点:价格高、系统复杂、有污染	精度较高运动
气动传动	往复运动缸	优点:控制简单、价格低廉;缺点:性能一般	直线运动
	气动马达	优点:控制简单、价格低廉;缺点:性能一般	旋转运动
	气动泵	优点:控制简单、价格低廉;缺点:性能一般	常规运动系统
	气动方向控制阀	优点:控制简单、价格低廉;缺点:性能一般	常规运动系统
	气动压力控制阀	优点:控制简单、价格低廉;缺点:性能一般	常规运动系统
	气动流量控制阀	优点:控制简单、价格低廉;缺点:性能一般	常规运动系统

2.1.3　机电液传动器件的性能对比

1.机械传动的优缺点

机械传动具有价格低廉、工作可靠和功率较大等优点，在各个领域的应用最为广泛。但是机械传动也存在一些缺点，例如体积大，不利于装备的轻量化和小型化等。

2.电气传动的优缺点

电气传动主要使用电机来完成各种自动化功能。电机种类非常多(步进电机、直流伺服电机和交流伺服电机)，分类方法也很多(步进电机、变频器、直流普通电机和伺服电机)，都是依据电磁感应定律将电能转换为机械能的一种能量转换装置，其主要作用是产生驱动转矩实现旋转运动，作为各种机械的动力源。电气传动具有制造和使用容易、价格较低和控制便捷等优点，可在很宽的速度和负载范围内进行连续、精确地控制，因此在各种自动化系统中得到广泛应用，是机电液传动与伺服控制技术发展的方向。

3.液压传动的优缺点

液压传动具有高度集成化、机电一体化、标准化、小型化、轻量化、响应快、高压高速、高精度和高功率等诸多优点，在各个领域都有广泛应用。在使用的过程中能方便地进行灵活组合、灵活操纵和精准控制与补偿，但是液压传动存在一些缺点，例如，效率较低、漏油和油黏度受温度时变等，这些缺点限制了液压传动仅在特定应用场合应用。

2.1.4 机电液传动器件的组成

目前传动器件包括驱动和执行器件(电机或油缸等)两个部分。其中自动化传动器件的驱动器件组成如图 2-2 所示。值得注意的是这些执行器件都是成套购买的。

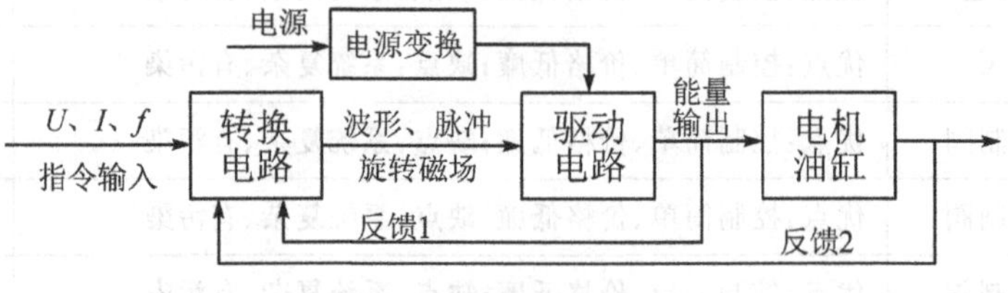

图 2-2 驱动器件组成

图 2-2 中,驱动器件包括转换电路和驱动电路。前者接收控制器件的指令,将控制器发出的控制执行指令变换成理论波形、脉冲或者旋转磁场。后者完成能量的转换,驱动执行器件(电机或油缸)完成工艺要求的动作执行。例如,步进电机的转换电路完成脉冲数指令到脉冲转换,驱动电路再使每一个脉冲驱动步进电机的转动;对于变频驱动来讲,转换电路完成指令到 PWM 或 SVPWM 波的转换;对于伺服电机驱动来讲,转换为旋转磁场;对于伺服油缸或伺服马达驱动来讲,转换为 PWM 波;最后电机或伺服缸通过驱动电路来完成动作。当负载变化或者环境变化时,驱动通过反馈信号 1 进行负载输出力矩的调节,即电流控制环或转矩控制环;驱动还通过反馈信号 2 进行电机转速的调节,即速度控制环或者位置控制环。

(1)指令输入指在控制理论和控制技术中,被控对象的理想运动规律、状态的物理量或参数输入。目前大多数信号输入都是经过光电隔离,驱动支持的标准信号有电压输入 0～5 V、±5 V、0～10 V、±10 V,电流输入 4～20 mA 和脉冲频率输入 0～20 kHz。

(2)转换电路指在驱动技术中,将控制器的位移、速度或者转矩指令在驱动器内部形成局部闭环,与电流输出或速度输出进行比较,根据比较的偏差结果进行调整。

(3)驱动电路通过桥式驱动电路,实现电磁力、电流和扭矩输出。

(4)执行器件指在装备中实现工艺要求的旋转运动或直线运动,完成做功。

2.1.5 机电液传动与伺服控制器件的选用原则

机电液传动与伺服控制器件的合理选择和组合是一个比较复杂的问题,设计时除满足基本功能要求外,还要考虑装备成本、技术发展、改进余地、可靠性要求和机械效率等因素,需要在广泛调研和全面分析比较各类传动机构的基础上,设计出最优组合产品。自动化控制类器件的选择原则如下:

(1)性能合理,精度、灵敏度和实时性都满足生产工艺系统要求。

(2)对于不同的工作要求和成本限制,选择功能足够的控制器件,经济合理,性价比较高并保留一定的富裕量。

(3)对于自动化系统开发周期、成本和数量特殊性,选择不同开发模式下的控制器件。

(4)选择成熟、可靠和适应性较高的器件,防止走弯路,提高设计效率和设计质量。

(5)考虑自动化技术的发展,选择较好的、不会过时停产的器件。

(6)尽可能选择绿色环保器件,防止对环境的污染。

(7)选择器件的外观美化应与自动化系统相协调。

(8)在同等价格条件下选择大于自动化系统产品周期的器件。

2.2 机械传动器件分类与选型

机械传动器件的种类非常多,其分类与选型见表 2-2。

表 2-2 机械传动器件分类表

类型		优缺点对比	典型应用
齿轮传动	圆柱齿轮	优点:外廓尺寸小、效率高、传动比恒定,圆周速度大及功率范围广; 缺点:制造和安装要求精度高,不能缓冲吸振、有噪声	常用减速变速箱
	斜齿轮	优点:外廓尺寸小、效率高、传动比恒定、承载大,圆周速度大及功率范围广,噪声小; 缺点:制造和安装要求精度高,有轴向力	常用减速变速箱
	人字齿轮	优点:外廓尺寸小、效率高、传动比恒定、承载大、噪声小、无轴向力; 缺点:制造和安装要求精度高,不能缓冲吸振,有噪声	常用减速变速箱
	行星齿轮	优点:外廓尺寸小、效率高、传动比大; 缺点:制造和安装要求精度高	传动比较大的减速变速箱
	锥齿轮	优点:外廓尺寸小、效率较高、转速较高; 缺点:制造和安装要求精度高	垂直减速变速箱、差速器
	圆弧齿轮	优点:外廓尺寸小、效率很高、转速很高; 缺点:制造和安装要求精度高	汽车变速箱、差速器
螺旋传动	滚珠丝杆	优点:运转平稳、精度较高; 缺点:价格较高	直线运动台、数控机床
	行星滚动丝杠	优点:运转平稳、精度很高; 缺点:价格较高	直线运动台、数控机床
	梯形丝杠	优点:价格低廉、承载能力较大; 缺点:精度不高	直线运动台、数控机床
	三角形丝杠	优点:价格低廉; 缺点:承载能力小、精度不高	进刀机构、普通机床
带传动	三角皮带	优点:价格低廉; 缺点:传动比不确定、噪声较大	常用平面变速机构
	同步带	优点:传动比精确、噪声小; 缺点:价格较高	精确传动比
	链传动	优点:承载能力大; 缺点:噪声大、精度低	传输带机构

续表

类型		优缺点对比	典型应用
凸轮传动	蜗杆传动	优点:传动比较大、结构简单、传力大; 缺点:成本高、制造相对较困难、寿命低	精确传动比的垂直方向变速机构
	弧面凸轮	优点:运动参数要求更加准确,结构简单、成本低; 缺点:制造相对较困难、传力小、寿命低	换刀机构
	端面凸轮	优点:结构简单、寿命高; 缺点:成本较高	常用运动机构
	柱面凸轮	优点:结构简单、寿命高; 缺点:成本较高	常用运动机构
	平面连杆机构	优点:结构简单、成本低; 缺点:设计制造复杂、冲击大	将连续匀速运动转化为轨迹复杂的运动机构
	曲柄滑块机构	优点:结构简单、成本低; 缺点:设计制造复杂、冲击大	将连续匀速运动转化为轨迹复杂的运动机构
间歇运动传动	棘轮机构	优点:结构简单、成本低; 缺点:设计制造复杂、冲击大	将连续匀速运动转化为轨迹复杂的运动机构
	槽轮机构	优点:结构简单、成本低; 缺点:设计制造复杂、冲击大	将连续匀速运动转化为轨迹复杂的运动机构
	异形齿轮传动	优点:结构简单、成本低; 缺点:设计制造复杂、冲击大	将连续匀速运动转化为轨迹复杂的运动机构

2.3 液压传动器件分类与选型

液压传动器件的种类非常多,其分类与选型见表 2-3。

表 2-3 液压传动器件分类表

类型		优缺点对比	典型应用
往复运动液压缸	单作用油缸	优点:结构简单、成本低; 缺点:性能较低	常规液压回路
	双作用油缸	优点:结构简单、成本低; 缺点:性能较低	常规液压回路
	非对称油缸	优点:结构简单、成本低; 缺点:性能较低	常规液压回路
	对称油缸	优点:控制简单、响应快; 缺点:成本高	较快响应的液压控制回路
	回转油缸	优点:结构简单、成本低; 缺点:性能较低	常规液压回路

续表

<table>
<tr><th colspan="3">类型</th><th colspan="4">优缺点对比</th><th colspan="2">典型应用</th></tr>
<tr><td rowspan="4">液压马达</td><td colspan="2">定量马达</td><td colspan="4">优点：结构简单、成本低；
缺点：性能较低</td><td colspan="2">常规液压回路</td></tr>
<tr><td colspan="2">变量马达</td><td colspan="4">优点：结构复杂、节能；
缺点：成本高</td><td colspan="2">常规液压控制回路</td></tr>
<tr><td colspan="2">径向柱塞马达</td><td colspan="4">优点：功率大、体积大；
缺点：成本较高</td><td colspan="2">常规液压控制回路</td></tr>
<tr><td colspan="2">轴向柱塞马达</td><td colspan="4">优点：功率大、转速高、效率高、体积小；
缺点：成本较高</td><td colspan="2">常规液压控制回路</td></tr>
<tr><td rowspan="4">液压泵</td><td colspan="2">齿轮泵</td><td colspan="4">优点：结构简单、成本低；
缺点：性能较低</td><td colspan="2">常规液压控制回路</td></tr>
<tr><td colspan="2">径向柱塞泵</td><td colspan="4">优点：功率大、转速低；
缺点：成本较高、体积大</td><td colspan="2">常规液压控制回路</td></tr>
<tr><td colspan="2">轴向柱塞泵</td><td colspan="4">优点：功率大、转速高、效率高、体积小；
缺点：成本较高</td><td colspan="2">常规液压控制回路</td></tr>
<tr><td colspan="2">叶片泵</td><td colspan="4">优点：流量大、转速高、效率高、体积小；
缺点：成本较高</td><td colspan="2">常规液压控制回路</td></tr>
<tr><td rowspan="8">方向控制阀</td><td rowspan="6">电磁换向阀</td><td colspan="7">组合方式</td></tr>
<tr><td>液压通道</td><td>动作位置</td><td>开口方式</td><td>动作方式</td><td>连接方式</td><td>驱动方式</td><td>电源</td></tr>
<tr><td>两通</td><td rowspan="4">两位、三位</td><td rowspan="4">O、H、Y、
P、K、M、
J、C、N、
U、X</td><td rowspan="4">电动、
液动、
手动</td><td rowspan="4">插装连接
板式连接、
叠加连接、
管式连接</td><td rowspan="4">内置放大器、
外置放大器</td><td rowspan="4">交流
220 V、
交流
24 V、
直流
24 V</td></tr>
<tr><td>三通</td></tr>
<tr><td>四通</td></tr>
<tr><td>五通</td></tr>
<tr><td>单向阀</td><td colspan="5">优点：结构简单、成本低；
缺点：性能较低</td><td colspan="2">常规液压回路</td></tr>
<tr><td>液控单向阀</td><td colspan="5">优点：结构简单、成本低；
缺点：性能较低</td><td colspan="2">常规液压回路</td></tr>
</table>

续表

类型		优缺点对比	典型应用
压力控制阀	先导溢流阀	优点：精度高； 缺点：成本高	精确压力控制回路
	直动溢流阀	优点：结构简单、成本低； 缺点：性能较低	常规液压回路
	先导减压阀	优点：精度高； 缺点：成本高	精确压力控制回路
	直动减压阀	优点：结构简单、成本低； 缺点：性能较低	常规液压回路
	顺序阀	优点：结构简单、成本低； 缺点：性能较低	常规液压回路
	卸荷阀	优点：结构简单、成本低； 缺点：性能较低	常规液压回路
流量控制阀	节流阀	优点：结构简单、成本低； 缺点：性能较低	常规液压回路
	调速阀	优点：精度较高； 缺点：成本较高	精确流量控制回路
	分流集流阀	优点：结构简单、成本低； 缺点：性能较低	常规液压回路
液压伺服阀	喷嘴挡板伺服阀	优点：精度高； 缺点：成本高、抗污染性能差	精确伺服控制回路
	比例流量伺服阀	优点：流量大、精度较高、抗污染性能好； 缺点：成本高	精确流量控制回路
	比例压力伺服阀	优点：流量大、精度较高、抗污染性能好； 缺点：成本高	精确压力控制回路
	比例方向伺服阀	优点：流量大、精度较高、抗污染性能好； 缺点：成本高	精确位置控制回路
	数字开关伺服阀	优点：精度较高、抗污染高； 缺点：成本高、流量小	精确流量/位置控制回路
液压辅助器件	蓄能器	用于稳定油源系统压力	常规液压回路
	压力安全系统	用于液压系统设备安全	常规液压回路
	液压集成块	用于液压系统的集成化	常规液压回路
	管道系统	用于连接液压各个功能元件	常规液压回路
	过滤器系统	用于保障液压油的清洁性	常规液压回路
	油箱与温控系统	用于存储液压油和液压系统的工作温度	常规液压回路

值得指出，由于气压传动器件和液压传动器件的基本原理、结构形式和控制方式基本相同，具有代表性的气压执行器件有气缸、气马达和各种控制阀等，但是，气压式执行器件使用压缩空气做工作介质，空气黏性差，具有可压缩性，故不能在定位精度较高的运动场合使用，后面不再做详细叙述。

2.4　电气传动器件分类与选型

1.电机分类

与运动控制相关的电气传动器件种类非常多,其电机分类与选型见表 2-4。

值得指出,电气传动器件还有很多电气辅助器件,包括断路器、接触器、固态继电器、继电器、直流电源和交流电源等。

表 2-4　电气传动器件分类表

类型		优缺点对比	典型应用
普通直流电机	永磁有刷直流电机	优点:结构简单、成本低廉; 缺点:性能较低	电动工具、家电
	电磁有刷直流电机	优点:结构简单、成本低廉; 缺点:性能较低	电动工具、家电
	永磁无刷直流电机	优点:性能较好、结构简单; 缺点:成本较高	常规转动装置
	电磁无刷直流电机	优点:性能较好、结构简单; 缺点:成本较高	常规转动装置
普通交流电机	单相电机	优点:结构简单、成本低廉; 缺点:性能较低	家电
	三相交流异步电机	优点:结构简单、成本低廉; 缺点:性能较低	常规转动装置
	三相交流同步电机	优点:结构简单、成本低廉; 缺点:性能较低	常规转动装置
变频电机	通用变频电机	优点:结构简单、成本低廉; 缺点:性能较低	节能变速转动装置
	矢量变频电机	优点:功率范围大; 缺点:成本较高、体积大	节能变速转动装置
直流伺服电机	永磁直流伺服电机	优点:转动惯量范围大、响应快; 缺点:成本较高	小功率的伺服系统
	电磁直流伺服电机	优点:转动惯量范围大; 缺点:成本高	大功率的伺服系统
	空心杯直流伺服电机	优点:低转动惯量、快速响应; 缺点:成本较高	很小功率的伺服系统
交流伺服电机	同步型交流伺服电机	优点:功率范围大、成本较低; 缺点:精度一般	常规转动装置
	异步型交流伺服电机	恒功率扩展、调整范围的大功率调速系统	常规转动装置

续表

类型		优缺点对比	典型应用
直线伺服电机	电磁直流伺服电机	优点：转动惯量范围大、响应快； 缺点：成本较高	直线伺服系统
步进电机	4 线步进电机	优点：成本低廉； 缺点：一般精度的位置控制	办公设备
	6 线步进电机	优点：较精确的位置控制； 缺点：成本一般	办公设备
	8 线步进电机	优点：精确的位置控制； 缺点：成本较高	办公设备

2.伺服电机分类

直流伺服电机有永磁式和电磁式两种基本结构类型，在选择伺服系统时，按照伺服对象的应用范围、工程预算和具体要求进行选择和设计，伺服电机分类见表 2－5。

表 2－5　伺服电机分类

伺服电机类型		应用范围
直流伺服电机	小功率一般直流伺服系统	永磁直流伺服电机，小功率
		同步型交流伺服电机，位置伺服控制系统
	无槽电枢直流伺服电机	速度运转要求高、启停频繁和功率较大的伺服系统
		恒功率扩展、调整范围的大功率调速系统
	低惯量直流伺服电动机	空心杯直流伺服电机，100 W 以下
交流伺服电机	两相感应伺服电动机	恒功率扩展、调整范围的大功率调速系统
	三相感应伺服电动机	
	无刷永磁伺服电动机	
直线伺服电机	电机为直线运动	—

2.5　思考

1.机电液传动器件为什么是自动化系统功能实现的基础？

2.机电液传动器件各自的优缺点是什么？

3.机电液传动器件各自的应用场合是什么？

4.机电液传动器件的基本组成是什么？

5.机电液传动器件的选用原则是什么？

6.机电液传动器件的核心技术是什么？

第 3 章　常用机电液控制器件分类及其选型

本章重点讲解机电液装备的控制器件体系架构，全面介绍控制器件的分类、基本工作原理、性能指标和选型原则，了解不同控制器件的不同应用特点，培养学生举一反三的综合设计能力和机械工程实践能力。

3.1　常用机电液装备的控制器件分类及其选型

3.1.1　控制器件的作用

控制器件是机电液装备自动化的核心，是提高产品质量、提高劳动生产率必不可少的手段。控制器件的作用就是按照要求由参考输入或控制指令进行控制，以抵消外界的扰动和影响，使其中某些物理量(如温度、压力、位置、速度等)保持恒定或按一定规律进行变化。

因此，按照功能大小来分，常用控制器件主要有智能仪表控制器、PLC、数控系统、计算机控制系统和嵌入式控制器五种类型。按照是否存在反馈，又分为开环、闭环和半闭环控制系统三种，使用这些控制器件可以快速组成三种控制系统。

1.开环控制系统

控制系统的输出量对控制系统无反馈作用，则称为开环系统。这种开环控制较简单，控制精度有限，例如，数控线切割机进给系统、包装机等很多应用为开环控制。

2.闭环控制系统

控制系统的输出量对控制系统有反馈作用，将实际值与给定值进行比较，求出偏差的大小与方向，再根据偏差的大小与方向进行控制以纠正偏差。因此，闭环控制对于控制系统的偏差有纠正作用，控制精度和控制稳定性是最高的。

3.半闭环控制系统

与闭环控制系统相比，半闭环控制系统的某一个局部的输出量对控制系统有反馈作用，其控制精度和控制稳定性比开环控制高。

3.1.2　控制器件的组成

如图 3－1 所示，闭环控制系统一般由给定器件、控制器件、执行器件、被控对象和传感器

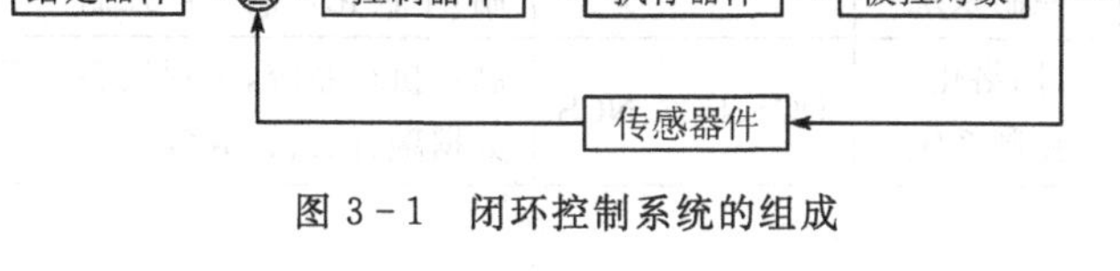

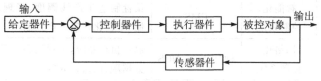

图 3－1　闭环控制系统的组成

件等组成。其中，传感器件也称测量器件或检测器件；控制器件包含比较器件和运算放大器件，是控制系统中的核心部分。控制器的作用就是分析信息，根据分析的结果或偏差大小进行补偿控制，按照希望的目标进行自动调整，始终保持被控对象位于理想的状态。

图 3－1 中，控制器件借助传感器进行数据采集，通过执行器件按照误差纠正方向进行调整，发出控制执行指令，控制各部件协调运行，实现信息获取、信息传输、信息处理、信息控制和信息应用的全过程控制。

3.1.3 控制器件的分类

控制器件的品种繁多，分类方法也很多，可以按照控制功能进行分类，例如温度控制器、速度控制器、压力控制器、流量控制器等。也可以按照控制器件的应用进行分类，包括有运动参数的数控系统类，生产参数的智能控制器件类，可编程的通用控制器件类以及网络化、智能化的通用计算机测量与控制及分析类等，见表 3－1。

表 3－1　控制器件分类

名称	控制器类型	子类型	详细分类	用途
通用控制器件	智能仪表	模块式数字仪表	数字化仪表	显示仪表、检测仪表、控制仪表
			智能化仪表	模糊控制器、PID 控制、参数自整定仪表
			网络化仪表	远程监控、远程诊断、远程管理仪表
	PLC 控制系统	模块式小型 PLC	超小型 PLC	小型设备顺序控制、PID 控制
			小型 PLC	中型设备顺序控制、PID 控制、联动控制
		模块式中型 PLC	模块化 PLC	生产线控制、船舶设备控制
			网络化 PLC	楼宇控制、电梯控制、舰艇设备控制
		大机架大型 PLC	分布式 DCS	网络化污水厂处理控制、分析、预测
			现场总线 FCS	大型钢厂生产线智能控制、分析、预测
	数控系统	经济型单片数控	经济型数控系统	线切割机床、经济型数控车床、铣床
		多轴型数控系统	全功能数控系统	组合机床、三轴联动、五轴联动数控机床
		开放型数控系统	开放型数控系统	复合加工机床、弧面轮廓加工数控机床
	计算机控制系统	数字化控制系统	IPC	六自由度运动平台
		智能化控制系统	FMS	柔性制造生产线调度、管理、控制，配对生产控制，个性化定制生产控制
		网络化控制系统	DCS、FCS、NCS	制造执行系统，远程设备预测控制，传感器网络、数据融合、云计算等

续表

名称	控制器类型	子类型	详细分类	用途
嵌入式专用控制器		数字化控制器	IPC	比例伺服阀、伺服电机驱动器、变频器
		智能化控制器		
		网络化控制器		

值得注意的是，虽然智能仪表、PLC、数控系统和计算机控制系统都可以分别完成对一个自动化测量与控制系统的控制，但是，它们在规格、价格、实时性、可靠性和技术体系构成，以及完成的功能等方面完全不同，它们的性能对比分析如下：

(1)智能仪表一般用于完成单一功能的一个或几个控制回路的控制。如果要扩大控制的范围和复杂的计算功能，必须借助上位控制系统，如 DCS 系统及 PLC 系统等。

(2)PLC 本身就可以作为一个独立的上位控制系统，可以完成不同组合的成百上千的控制回路，还能够通过通信网络扩展为更加庞大的控制网络。

(3)数控系统针对特定的运动控制功能，包括插补、联动、组合和复合运动机械领域，随着数控技术发展，功能日趋强大。

(4)嵌入式控制器是一种为特定应用而开发的控制器。例如，比例电磁阀的位移控制，伺服阀的压力、流量等的专用控制，在品牌产品的实际应用中数量众多，功能日趋强大。

(5)计算机控制系统是一种通用控制系统，按照网络构成分为分布式控制系统 DCS 和现场总线式控制系统 FCS。值得指出，DCS、FCS 和 PLC 等虽然是不同技术体系的控制系统，但目前在各自的发展过程中，相互技术之间在逐渐相互渗透和趋同。

3.1.4　控制器件的一般要求

控制的稳定性要求是指当系统环境或某个参数发生变化时，避免控制系统的振荡而失去工作能力，这是控制系统工作的首要条件。

控制的准确性要求是指在调整过程结束后输出量与给定的输入量之间的偏差，这是衡量系统工作性能的重要指标。例如，数控机床精度越高，则加工精度也越高。

响应的快速性要求是指当系统输出量与给定的输入量之间产生偏差时，消除这种偏差的快速程度。

3.1.5　控制器件的技术指标

任何一个控制系统的时间响应都由动态过程和稳态过程两部分组成，自动化控制系统在输入作用下产生的输出称为响应，因此控制系统在典型输入信号作用下必须从静态特性和动态特性两方面的性能指标来评价一个自动化控制器件的优劣。

1.控制器件的静态特性指标

静态特性指控制系统随控制器变化的输入量对应的输出特性。

(1)控制稳态误差:控制系统的稳态输出与输入之差。

(2)控制周期:控制系统指令输入的控制循环时间。

(3)控制输出时延:当输出量变化时,控制系统的输出延迟时间。

(4)控制输出精度:当输出量连续变化时,控制系统的输出不平滑变动量。

2.控制器件的动态特性指标

动态特性指控制系统对于控制指令输入的随时间变化的输出响应特性。

(1)上升时间:控制系统输出值等于单位阶跃值时对应的控制时间。

(2)峰值时间:控制系统输出值对应于最大超调值的时间。

(3)最大超调量:控制系统输出值超过单位阶跃值的最大值。

(4)调整时间:控制系统的最终输出量和期望值之差小于允许误差时对应的时间。

3.2 智能仪表控制系统

3.2.1 智能仪表概述

在工业自动化测量控制系统和工业自动化领域中,智能仪表起着举足轻重的作用。智能仪表具有结构简单、功能单一和价格低廉等优点,其外形如图 3－2 所示。

(a) 方形仪表　　(b) 长方形仪表

图 3－2　智能仪表外形图

实际应用中,对于简单测量对象或者简单控制对象,常常借助智能仪表,利用工业现场的标准化信号、技术规范和统一的信号接线形式,通过智能仪表变换成被测控的标准信号,经过简单运算,再使用标准信号控制现场的调节器或执行器,实现特定的功能。因此,无论是仪表、PLC 还是计算机控制器,只要有同样的输入电路或接口,就可以从各种智能仪表获得被测变量的信息,从而组成各种各样的标准化与规范化的检测控制系统。

智能仪表种类很多,用在工业控制的智能仪表主要有温度智能仪表、压力智能仪表、流量智能仪表、电流智能仪表和电压智能仪表等。国际电工委员会将 4～20 mA 直流电流信号、1～5 V、±5 V、0～10 V 和±10 V 直流电压信号确定为过程控制系统中电模拟信号的统一标准信号。智能仪表按照形状分为方形、横向长方形和纵向长方形;按照输出对象分为电流型和电压型;按照控制对象的数量分为单变量型、双变量型和多变量型;按照接线形式分为两线型、三线型和四线型；在工业现场为了实现生产装备的网络化远程控制，按照通信协议或总线分为DP、HART、MODBUS、CAN、FF 或 PROFIBUS 通信协议或总线等。智能仪表通过通信单元将现场生产的工业参数传递到远程计算机生产管理调度服务器，可以实现远程设定或远程修改组态数据，大大提高了工业现场智能仪表的测控功能和精确度，保证生产控制系统的安全性、可靠性和重复性。

3.2.2　智能仪表基本原理

1.智能仪表基本原理

智能仪表将传感器技术和嵌入式微电子技术结合在一起，可实现远程组态、远程设定或远程修改智能仪表组态数据，并且具有通信与自我诊断的能力，因此，它能将传感器感受到的被测物理参数转变成标准的电信号（如 4～20 mA 等），再根据自动化系统的被控对象和设定值，为调节器等提供标准的控制信号，以便供给工业现场的指示报警、记录和调节等二次仪表进行测量、指示和过程调节，其基本原理如图 3－3 所示。

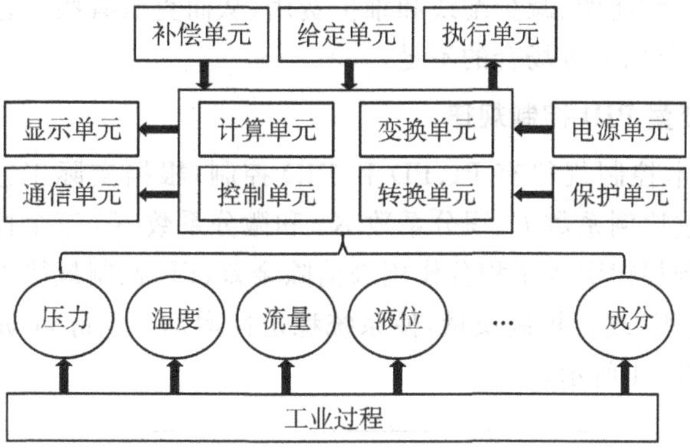

图 3－3　智能控制仪表的基本原理图

图 3－3 中，在智能仪表的内部结构方面，是一个带有 CPU、内存 RAM 和程序存储器的嵌入式系统；在测控功能方面，通过嵌入式 CPU 的内部总线，按照模块化理念设计组成计算、变换、控制、转换、显示、通信、补偿、给定、执行、电源和保护单元。智能仪表充分利用了微处理器的运算和存储能力，实现传感器数据的 A/D、D/A 变换，显示及人机操作等，并进行滤波与放大信号调理、曲线显示、自动校正和补偿等。智能仪表还具有反接保护、限流保护和 V/I 转换等单元。一体化智能仪表的输入与输出都采用统一的 4～20 mA 信号，通过 250 Ω 或 500 Ω 的精密电阻转换成 1～5 V 等模拟电压信号，可以提高硬件系统工作的安全性、可靠性和抗干扰能力，从而保证智能仪表系统在环境较为恶劣的工业现场长期使用。智能仪表具有结构简单、功能单一、价格低廉、节省引线和线性好等优点。

实际应用中，智能仪表针对工业现场的压力、温度、流量、液位等工业参数，控制单元通过 A/D 变换单元和 V/I 转换单元，将工业参数被测量转换为现场标准信号，并按照给定单元的设定值和控制算法，控制执行单元进行调节，保持被控量始终恒定，并通过显示单元进行显示。当工业现场环境发生变化时，通过补偿单元实现温度漂移、零点漂移的补偿。

2. 智能仪表特点

智能仪表具有以下特点：

(1)具有自动补偿能力，可通过软件对传感器的非线性、温漂、时漂等进行自动补偿。

(2)具有自动处理数据能力，如统计处理、去除异常数值等。

(3)具有信息存储和记忆能力，能存储传感器的特征数据和补偿特性等。

(4)具有现场监视、调整和组态能力，可以通过改变组态来匹配不同类型的传感器。

(5)具有通电后可对传感器进行诊断能力，以检查判断传感器的各部分是否正常。

(6)具有双向通信功能和数字量接口输出功能。通过配置现场总线 HART、FF 或 PROFIBUS 通信协议，可将输出的数字信号方便地和远程计算机或现场总线等连接起来，从而实现对测量过程进行远程调节和控制。

(7)智能仪表的电气连接和接线非常简单，可按照一个闭环控制系统的逻辑关系进行连接。

(8)智能仪表可以配置无线通信模块，在物理空间较大的现场厂区内，形成智能无线仪表。智能仪表可以进一步节约能源、减少配线和维护费用，从而克服有些工艺测量点的位置难以安装，工艺测量点环境十分恶劣等场合的不足。

3.智能仪表的单变量 PID 控制规律

智能仪表的最基本控制规律有 PI、PD 和 PID 控制，根据实际工艺要求进行合理选择。PID 控制作用分别通过比例系数 E、积分系数 K_c 和微分系数 K_d 三个控制常量系数来设定作用的大小，例如 PI 控制规律引入了积分作用来消除余差；PD 控制规律引入微分产生超前控制作用，从而加快控制过程，改善控制质量，使系统稳定性增加。实际自动化系统的 PID 比例积分微分控制规律如图 3－4 所示。

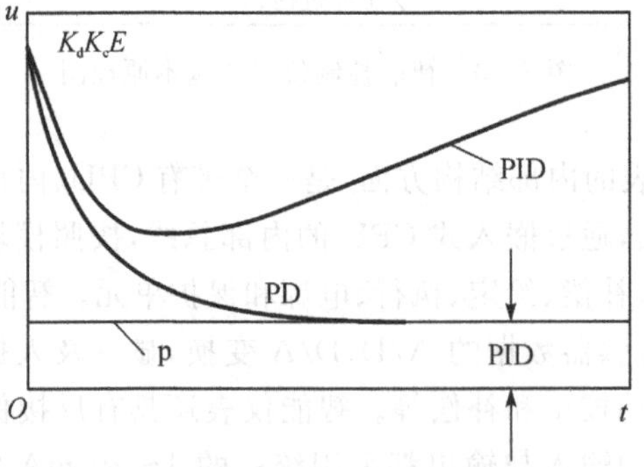

图 3－4　比例积分微分控制规律图

图 3－4 中，显示了比例积分、比例微分和比例积分微分三种控制作用的响应。

(1)PID 控制中，比例作用是最基本的控制作用，在整个控制过程中都起作用。微分作用主要在很短的瞬间起作用，使整个开环频率特性的幅值比增大，改善系统稳定性；但是，过量的微分作用会使控制系统反应速度过快，会引起过分的控制和反复的控制，形成控制振荡，稳定性反而变差。积分作用主要在每一个控制指令的后期叠加起作用，能消除控制余差。

(2)由于积分控制作用，增大积分系数 K_c 可以加快控制系统减小余差，但是，会使系统的超调量增大，减小调整时间，闭环响应变慢，如图 3－5 所示。

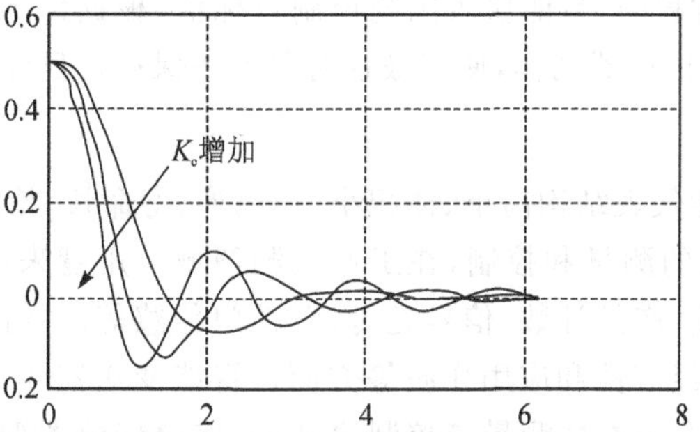

图 3－5　积分控制规律图

(3)由于微分控制作用，适量增大微分系数 K_d，可以缩短控制过渡过程和恢复平衡位置的时间，提高系统稳定性和系统响应。但是，微分作用只能使余差减小，不能消除余差，如图3－6所示。

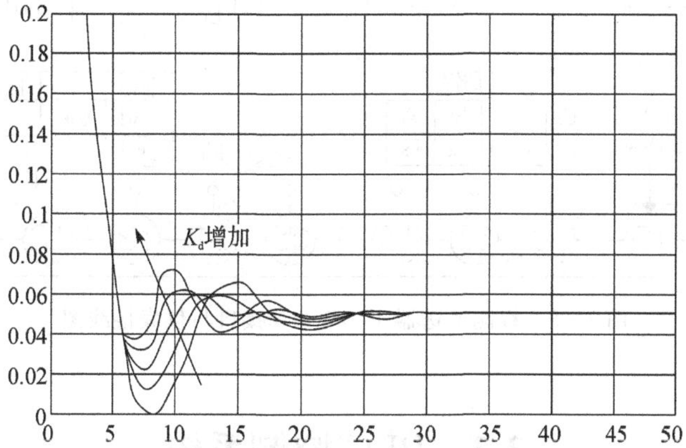

图 3－6　微分控制规律图

(4)值得指出，在实际工业控制中，对时间响应要求高的系统，使用微分环节来满足；对控制精度要求高的系统，使用积分环节来满足；对时间响应和控制精度都要求高的系统，使用PID环节来满足。PID控制在阶跃输入作用下，PID控制器输出首先跳变到最大值，开始的瞬间体现为比例和微分的共同作用；然后微分作用逐渐下降，积分作用逐渐上升。这样，PID控制作用对过渡过程的较短瞬间和PD控制作用类似，在较长时间和PI控制作用类似。

4.智能仪表的闭环控制

实际自动化系统中，通常按照工业现场的单一工艺参数或多变量控制需求不同，可以简单地采用智能仪表组成不同的实际闭环控制系统。多变量控制框图如图 3－7 所示。

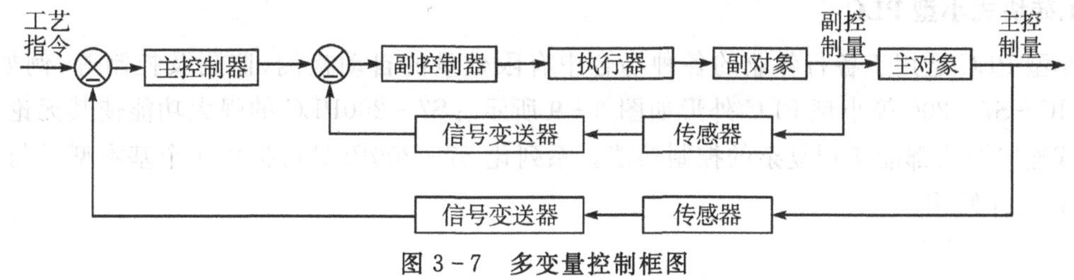

图 3－7　多变量控制框图

图 3-7 中，在控制过程中，智能仪表围绕控制目标值，根据传感器采集的被控对象数值，采用 PID 控制策略，控制执行器动作，使得被控对象始终保持在目标附近波动。

5.智能仪表接线

嵌入式微电子的智能仪表结构简单、体积小、功能多、寿命长、精度高、响应速度快、抗干扰能力强，可实现工艺参数的测量和控制，在工业检测领域应用越来越广泛，例如测量位移、厚度、振动、速度、流量、硬度，产品计数、信号延时、自动门传感等。智能仪表的选型通常考虑安装条件、环境条件、性能、经济性和应用介质等方面。智能变送器 4～20 mA 接口与仪表接线如图 3-8 所示，接线时，要先看懂测量与控制原理图，按照传感器型号和连接方法进行接线，否则，会损坏智能仪表和传感器。

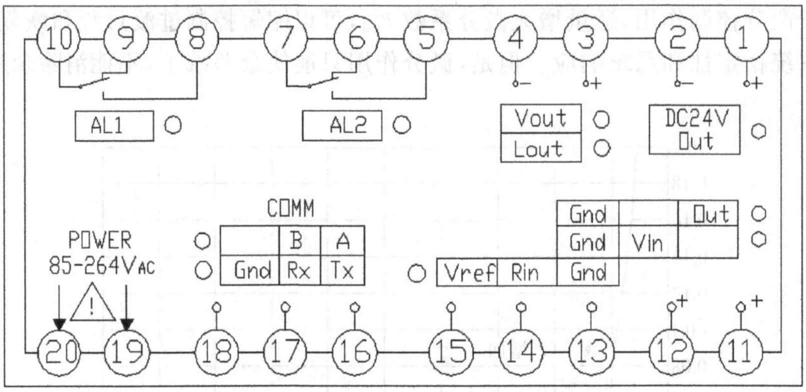

图 3-8　智能变送器 4～20 mA 接口与仪表接线图

3.3　PLC 控制系统

3.3.1　PLC 控制器概述

可编程逻辑控制器 PLC 是应用面很广、发展迅速的工业自动化装置。由于 PLC 是为工业控制应用而设计制造的，更加适合工业现场要求，从而具有通用性强、使用方便、适应面广、可靠性高、抗干扰能力强、编程安装使用简便、性价比高和寿命长等特点。

在自动化控制领域，PLC 控制器种类很多，目前全球有 200 多厂家生产上千种 PLC 产品，大量 PLC 的实际应用为各行各业的生产制造提供先进自动化技术控制器件。PLC 主要分为砖块式小型 PLC、模块式中型 PLC 和大机架大型 PLC 三大类。

1.砖块式小型 PLC

小型 PLC 适用于各行各业的各种场合中有限数量的自动检测、监测及控制等，例如 SIMATIC-S7-200 等小型 PLC 外形如图 3-9 所示。S7-200PLC 的强大功能使其无论单机运行或连成网络都能实现复杂的控制功能。系列化 S7-200PLC 可提供 4 个基本型号与 8 种 CPU 供选择使用。

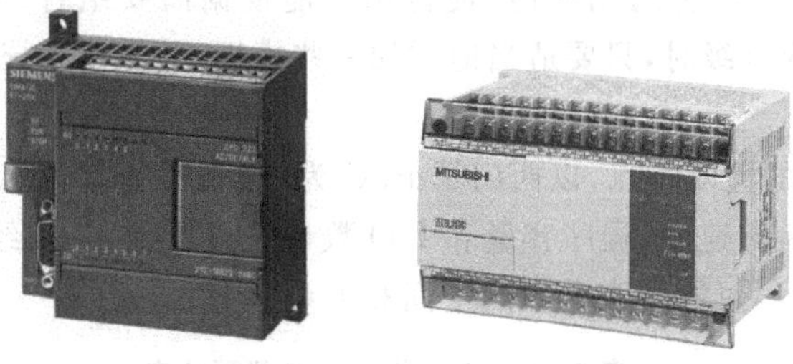

S7-200 系列 PLC　　FPx 系列 PLC

图 3-9　砖块式小型 PLC 外形图

2.模块式中型 PLC

模块化中型 SIMATIC - S7 - 300 等是满足中等性能要求的 PLC，其外形如图 3-10 所示。

S7-300 系列 PLC　　FP2 SH 系列 PLC

图 3-10　模块式中型 PLC 外形图

各种 PLC 单独模块之间可以组合构成不同要求的系统。与 S7-200PLC 相同，S7-300PLC 采用模块化结构，具备高速 0.6～0.1 μs 的指令运算速度，能有效实现更复杂的算术运算和浮点数运算，并具备强大的通信功能。

3. 大型 PLC

大型 SIMATIC - S7 - 400PLC 等是用于中、高档性能范围的可编程序控制器，其外形如图 3-11 所示。大型 S7 - 400PLC 同样采用模块化无风扇的设计，可靠、耐用。其可以选用多

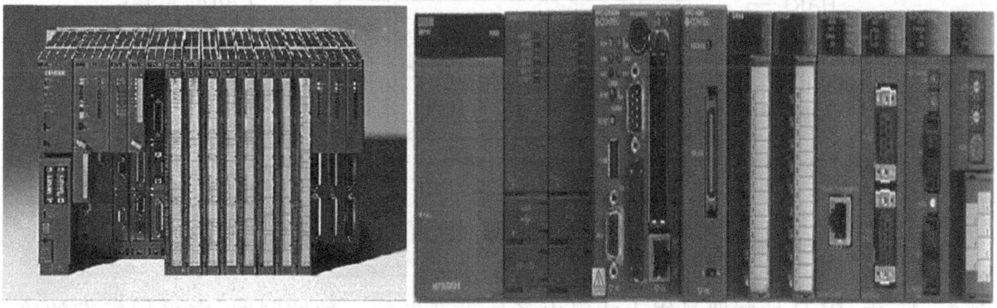

S7-400 系列 PLC　　FX Q 系列 PLC

图 3-11　大机架大型 PLC 外形图

种功能级别 CPU，并配有多种通用功能，使得用户能根据需要组合成不同的专用控制系统。当控制系统规模扩大或升级时，只要适当地增加一些模板，便能使系统升级并且充分满足实际工业控制的需要。

针对三大类 PLC 的性能特点，以西门子 PLC 为例，其性能划分见表 3-2。可见，实际设计方案中，根据 CPU 运算速度、程序容量和 I/O 数量进行选型，并在经济允许的情况下，尽可能选择较好的 PLC，并尽可能留有升级的空间和 I/O 余量。

表 3-2　三大类 PLC 性能划分表

分类	I/O 点数	程序容量
超小型机	64 点以内	256～1000 字节
小型机	64～256	1～3.6k 字节
中型机	256～2048	3.6k～13k 字节
大型机	2048 以上	13k 以上字节

3.3.2　PLC 控制器的基本原理

1.PLC 控制器的基本构成

PLC 控制器内部结构包括 CPU 模块、I/O 模块、内存、电源模块、底板和机架。这些模块可以按照一定规则组合配置，每套 PLC 至少有一个 CPU 模块，按 PLC 系统程序赋予的功能，采用扫描方式，实现数据采集、处理和控制。如图 3-12 所示为控制单元的内部结构，CPU 模块是 PLC 核心，主要由运算器、控制器、寄存器、数据总线、控制总线、状态总线和电源构成。

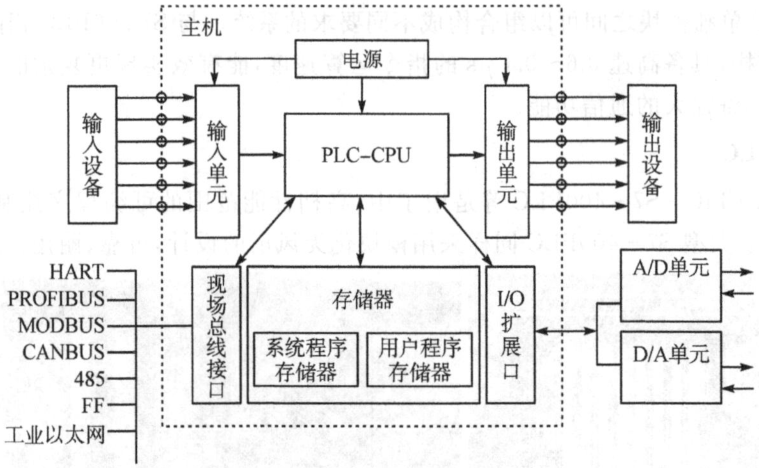

图 3-12　控制单元的内部结构

图 3-12 中，PLC 控制器是嵌入式微电子技术开发的一种控制器，它采用标准的输入/输出接口技术作为构成自动化系统的基础，从而满足不同自动化系统的不同要求。PLC 控制器包括光电隔离、反接保护、限流保护、补偿单元和 V/I 转换等单元，在恶劣环境的工业现场可

以保证 PLC 工作的安全性和可靠性。可见,PLC 控制器具有结构简单、引线标准、输出信号抗干扰能力强、线性好、有反接保护和限流保护、工作可靠等优点。

2. PLC 控制器功能

新型 PLC 控制器可实现人机界面,远程组态设定或远程修改 PLC 控制器组态数据,新型 PLC 控制器正在向着网络化、智能化和标准化方向发展。

1)控制功能

(1)逻辑控制:PLC 具有与、或、非、异或和触发器等逻辑运算等功能。

(2)定时控制:PLC 为用户提供了若干个不同时间的定时器。

(3)计数控制:用脉冲控制可以实现加、减计数模式,可以连接码盘进行位置检测。

(4)顺序控制:在前道工序完成后,按照状态进行扫描控制,就转入下一道工序。

2)数据采集、存储与处理功能

(1)数学运算功能:包括加、减、乘、除以及平方根、三角函数和浮点运算等。

(2)数据处理:选择、组织、规格化、移动和先入/先出。

(3)模拟数据处理功能:PID、积分和滤波等。

3)输入/输出接口调理功能

(1)具有 A/D、D/A 转换功能,通过 I/O 模块完成对模拟量的控制和调节。

(2)具有模块化结构、I/O 接口模块品种多、功能完善、控制程序可变、灵活性较强。

4)通信联网功能

现代 PLC 大多数都采用了通信网络技术,可进行远程 I/O 控制;同时,多台 PLC 通过联网通信,实现程序和数据交换,如程序转移、数据文档转移、监视和诊断。

5)人机界面功能

人机界面功能是为了实现操作者和 PC 系统与其应用程序相互作用,以便作决策和调整。

6)编程、调试等功能

完成编程、调试、监视、试验和记录。

7)现场功能

(1)工作可靠性高、抗干扰能力强,适用于工业环境。

(2)体积小、省电,重量轻。

(3)使用、安装简单,维修方便。

3. PLC 梯形图的设计方法

一般 PLC 编程有三种方法:梯形图、高级语言法和状态法。

1)PLC 梯形图编程方法

梯形图是一种以图形符号在梯形图中表示控制相互关系的编程语言,它是在继电器的线圈和触点控制系统原理图的基础上演变而来的,简单直观,适用于企业的技术人员设计用。梯形图沿用了继电器的线圈和触点控制图中的内部继电器触点、线圈等符号,其接线是通过程序实现"软连接",只需改变用户程序就可以改变控制逻辑和功能。

(1)梯形图采用自上而下、从左到右的顺序编写,PLC 也是按这个顺序执行程序的。

(2)梯形图左右两条垂直的线称为母线。母线之间各个触点根据一定逻辑关系进行连接,最后以继电器线圈输出结束。每一逻辑行必须从左母线开始,右母线可以省略不画。

(3)梯形图中的触点有常开触点和常闭触点两种。这些触点可以是外部触点,也可以是内部继电器的状态,每一个触点都有一个标号,同一标号的触点可以反复使用。

(4)PLC 输入继电器接收外部的输入信号,由外部信号驱动,在梯形图中只能使用触点,不能出现其线圈。PLC 输出继电器的线圈代表逻辑输出的结果,在使用中同一继电器的线圈一般只能出现一次,否则仅最后一次操作有效。

(5)梯形图中的触点可以任意串联或并联。一般并联触点多的画在最左端;而输出线圈画在最右端,输出线圈只可以并联,不能串联。

2)PLC 的梯形图主要编程元件

PLC 中设置有大量的定时器、计数器、辅助寄存器和 I/O 寄存器,这些共同构成 PLC 的编程资源,设计人员可以按照工艺需求,使用这些资源编写用户控制程序。

(1)输入内部寄存器:日系代号为 X,欧系代号为 Q_I。

(2)输出内部寄存器:日系代号为 Y,欧系代号为 Q_O。

(3)辅助内部寄存器 M 或 R:小型 PLC 一般为 1024 点。

(4)顺序控制存储器 S:小型 PLC 一般为 1024 点。

(5)定时器 T:小型 PLC 一般为 260 点。

(6)计数器 C:小型 PLC 一般为 235 点。

3)PLC 的梯形图程序编程软件

目前 PLC 编程语言很多,符合工程习惯的编程语言有指令列表 IL、结构化文本 ST、功能块图 FBD、顺序功能图 SFC、梯形图 LD 和连续功能图 CFC 语言等。实际应用中最简单的 PLC 基本程序设计语言是梯形图语言,如图 3－13 所示。PLC 梯形图的编程软件和其他 Windows软件一样,其优势是处理逻辑强大、直观性强。

图 3－13 中,上面有菜单和快捷图标,中间区域是梯形图的编辑区,紧接着下面区域是各种内部继电器、输入触点、输出线圈以及逻辑运算功能块区,再下面的区域是各种函数指令功能区。

梯形图程序编写流程是:新建一个工程,在每一行的梯形图内,添加输入继电器和相关逻辑运算,最后连接输出线圈。编译完成且没有错误后,就可以下载程序到 PLC 内部进行调试和完善了。

实际工程应用中,梯形图编辑过程中,PLC 除了提供各种常用的内部继电器包括辅助内部继电器 M/R、时间继电器 T、计数器 C 和状态继电器 S 等;还提供了临时变量、局部变量和全局变量以及数据结构和数据对象等。逻辑运算功能区包括取反、取上升沿、下降沿、置位和复位等。函数指令功能区包括基本功能指令和高级功能指令,前者包括加减乘除、移动、复制、交叉等基本运算指令,后者包括 PID 控制、PWM 控制、子程序、查表、循环、通信控制等高级控制功能;函数指令功能还提供了大量更加复杂和更加智能的控制方法,例如,PID 参数的自整定、PI－D 控制(先 PI 控制后 PD 控制)、PD－I 控制(先 PD 控制后 PI 控制)、插补运算等。温度控制的 PID 梯形图和温度无超调控制曲线如图 3－14 所示。

图 3－14 中梯形图程序编写很人性化,针对复杂自动化控制项目,可分配若干个子程序分别完成各自不同的功能。根据编写调用的条件、定义和数据结构,在每一行梯形图内,添加输入继电器和相关逻辑运算,最后连接输出线圈。编译过程中,可以进行错误导航提示,方便设计人员进行错误修改等;编译完成没有错误后,就可以下载程序到 PLC 内部进行控制调试了。

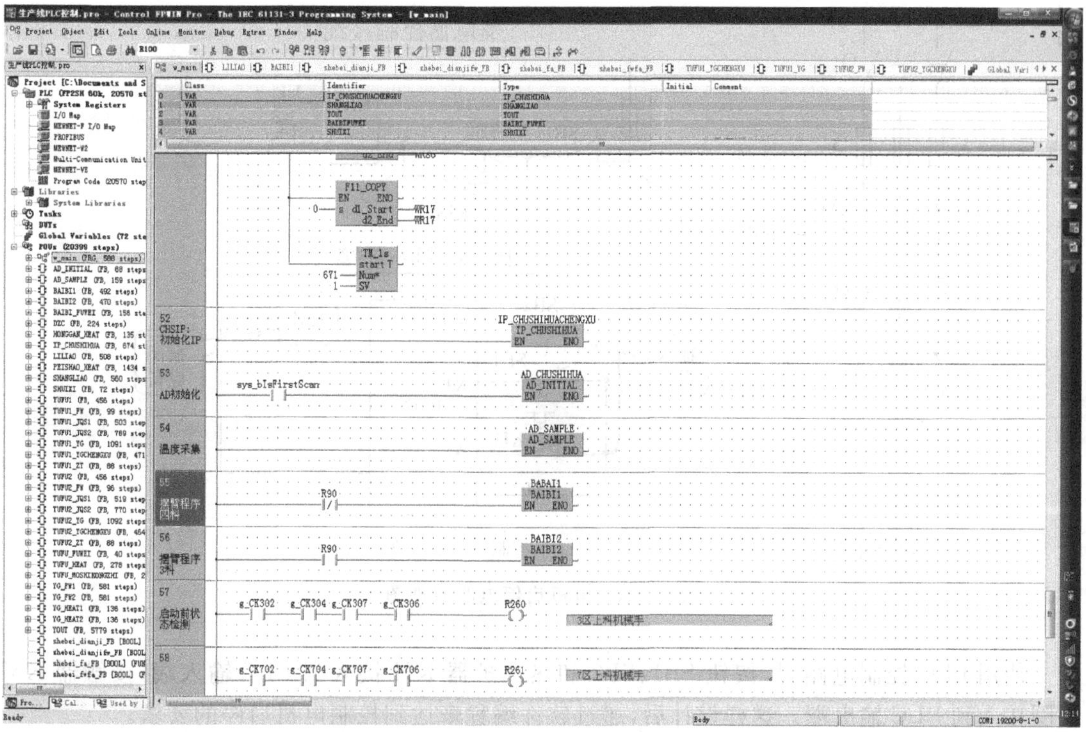

图 3－13　高版本的梯形图编程软件界面图

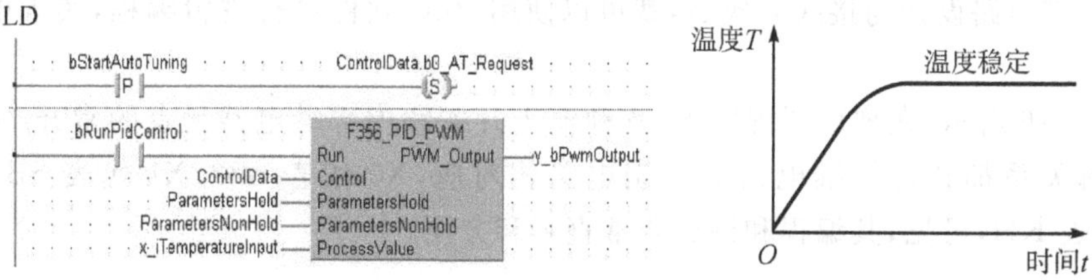

(a) 温度控制的PID梯形图　　(b) 温度无超调控制曲线

图 3－14　温度控制的 PID 梯形图和温度无超调控制曲线

4.电机启停的简单 PLC 控制例子

通过一个最简单的例子来说明和了解 PLC 控制系统的梯形图设计及其工作过程。

1)控制电机启停的主电路和两种控制逻辑电路

电机启停电路原理图如图 3－15 所示，在原有继电器控制电机主电路中，刀开关闭合时，电机主电路供电，接触器 KM 吸合，电机转动。同时，熔断器 FU 和热保护器 KH 动作时起到电机保护作用。

在电机启停控制逻辑电路中，既可以用继电器和按钮组成控制实现电机启停，也可以用 PLC 控制实现电机启停。按下按钮 SB2 时，接触器 KM 线圈得电吸合，电机转动，同时，KM 触点吸合使得 KM 线圈自保持；电机需要停止时，按下按钮 SB1 时，接触器 KM 线圈失电，电机停止转动。电路中热保护器 FU 和 KH 在过流或过热情况下起到保护作用，它们分别切断主电路电源和 KM 线圈电源起到保护作用。

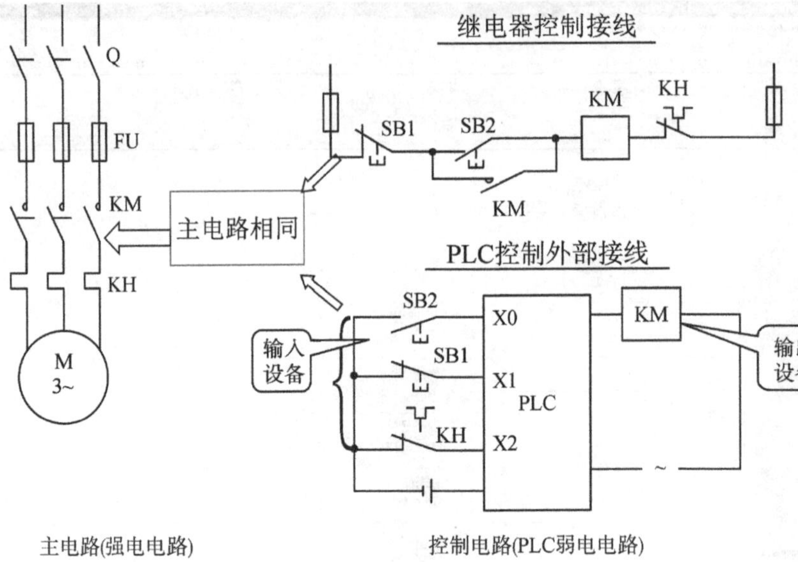

图 3-15　电机启停电路原理图

使用 PLC 控制电路时，按钮 SB1、SB2 和热保护器 KH 接入到 PLC 输入端，接触器 KM 线圈接入到 PLC 输出端。这样设计后，通过软件编程来达到控制电机启停的要求。

2)PLC 控制电机的梯形图

PLC 控制电路设计与接线完成后，就可以使用 PLC 软件进行逻辑编程，实现电机的启停控制。

如图 3-16 所示，在梯形图程序中，各种输入开关和内部继电器触点的常开/常闭状态信号以及逻辑关系都和传统继电器的控制电路相对应，X0 代表 SB2，X1 代表 SB1，M1 代表 KM，X2 代表 KH，可见，其编程和调试非常直观和方便。

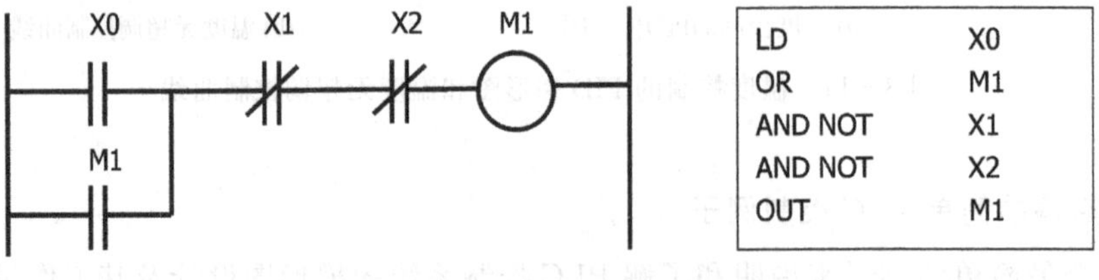

图 3-16　PLC 控制电机的梯形图

3)PLC 控制电机的控制程序

电机控制程序编写完成后，就可以进行调试了。调试之前，必须了解 PLC 控制程序的工作循环的三个阶段：输入、逻辑分析和输出。这样，PLC 控制程序执行循环时，PLC 通过输入接收外部开关 SB1 和 SB2 状态信息，经过逻辑分析运算，输出到状态寄存器 M1 中，再由输出单元进行输出，驱动外部继电器 KM 吸合。

4)PLC 状态转移图程序

针对机器手的机械运动控制系统来讲，PLC 状态转移图的应用也非常多，说明机器手一旦启动，就必须按照某个运动状态一步一步地完成相应的子功能，直到完成整个动作后，才能停止下来。PLC 状态转移图编程如图 3－17 所示，状态转移图又称顺序功能图，其状态是指每一个状态要完成的相应的动作；其转移条件是指从上一个状态转移到下一个状态相对应的转移条件。初始脉冲 M8002 是 PLC 状态转移图编程的梯形图程序的启动条件，置位 S0，同时执行 S0 相对应的程序，到达初始位置，一旦启动，始终循环执行。

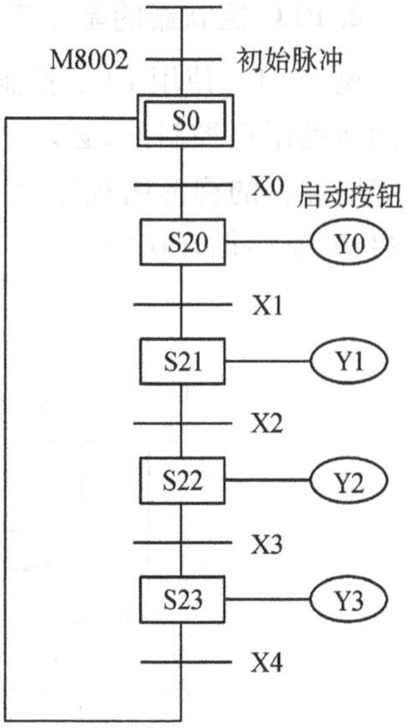

图 3－17　状态转移图编程

（1）按下启动按钮 X0，置位 S20，同时执行程序 S20，并驱动 Y0 线圈输出。

（2）输入信号 X1 为真，置位 S21，同时执行程序 S21，并驱动 Y1 线圈输出。

（3）输入信号 X2 为真，置位 S22，同时执行程序 S22，并驱动 Y2 线圈输出。

（4）输入信号 X3 为真，置位 S23，同时执行程序 S23，并驱动 Y3 线圈输出。

（5）输入信号 X4 为真，置位 S0，同时执行程序 S0，并驱动 Y0 线圈输出。

（6）循环往复。

3.3.3　PLC 控制器的基本应用

1.PLC 控制器接线

一般 PLC 控制器的信号输入接线图如图 3－18 所示，这种接线图必须按照行业规范和成熟的电路来进行设计，可以安全可靠地满足自动化现场控制的正常工作要求。

图 3－18 中主要为开关类信号输入与输出、模拟量信号输入与输出和通信五大类电路接线方法。针对开关类输入信号按照其内部元件来分有 NPN、PNP、两线制和三线制，NPN 对应共阴极接线方法，PNP 对应共阳极接线方法。针对 PLC 控制器的模拟量输入都有相对应的电路模块，主要分为三大类：热电偶温度输入模块、热电阻温度输入模块和通用模拟量输入模块。通用模拟量模块输入信号为 4～20 mA、0～5 V、±5 V、0～10 V 和±10 V。

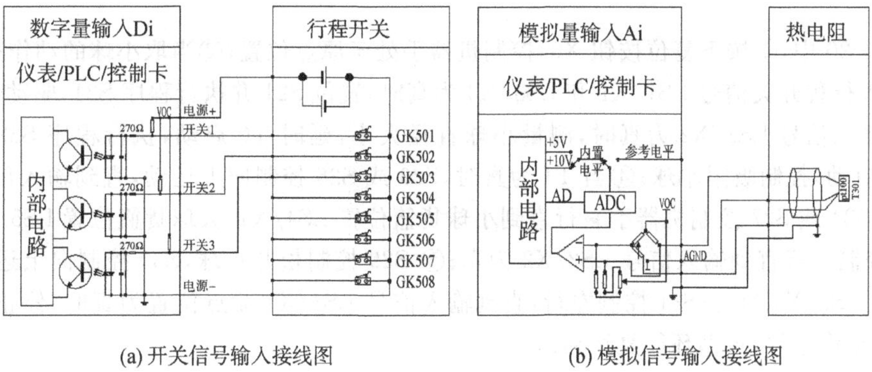

(a) 开关信号输入接线图　　(b) 模拟信号输入接线图

图 3－18　信号输入接线图

2. PLC 控制器的基本应用

例 3－1 使用 PLC 控制机器手运动原理图如图 3－19 所示。图中，使用 PLC 控制机器手的运动循环控制前，必须要求机器手一开始位于初始位置。初始脉冲 M8002 是 PLC 状态转移图编程的梯形图程序的启动条件，置位 S0，同时执行 S0 相对应的程序，到达初始位置，一旦启动，始终循环执行。

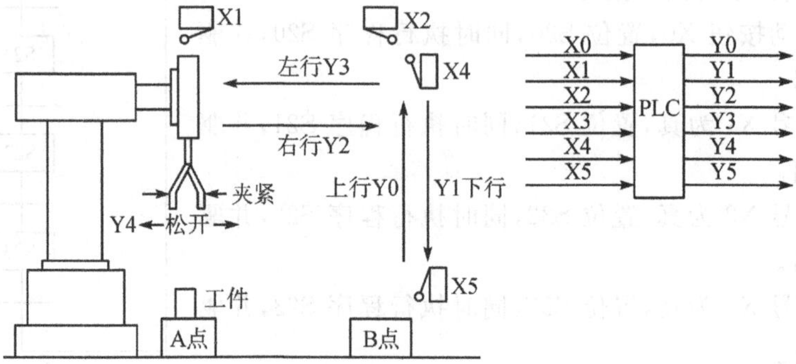

图 3－19 PLC 控制机器手运动原理图

图 3－19 中，首先设置状态继电器变量 S21、S22、S23、S30、S31 和 S32。接着，①按下复位按钮 X0，控制机器手处于初始位置。②当取工件的动作条件满足时，即输入行程开关信号 X1 和 X4 为真时，置位 S21 和执行程序 S21，并驱动机器手向下运动。③输入信号 X5 为真，置位 S22，同时执行程序 S22，控制夹紧工件。④延时夹紧后，向上运动，直到输入信号 X4 为真，置位 S23 和执行程序 S23，并控制机器手右行。⑤右行输入信号 X2 和 X4 为真时，置位 S30，控制机器手下行。⑥输入信号 X5 为真，置位 S31 和执行程序 S31，控制松开工件。⑦延时松开后，向上运动，直到输入信号 X4 为真，置位 S32 和执行程序 S32，并控制机器手左行。⑧直到输入信号 X1 为真时，停止运动，等待下一个动作条件，再循环往复运动。

PLC 控制机器手运动的编程有多种工作方式，其控制系统的梯形图总体结构可采用跳转指令，也可采用子程序调用。

例 3－2 使用 PLC 控制机器手运动原理和控制状态顺序图如图 3－20 所示。图中，机器手运动循环前要求机器手一开始位于初始位置。初始脉冲 M8002 是 PLC 状态转移图编程的梯形图程序的启动条件，置位 S0，同时执行 S0 相对应的程序，到达初始位置，一旦启动，始终循环执行。

图 3－20 中，①按下复位按钮 X0，控制机器手处于原点位置；②当取小球的动作条件满足时，即输入行程开关信号 LS1/X1 和 LS3/X3 为真时，置位 S21 并执行程序 S21，驱动机器手下降；③当输入信号 LS2/X2 为真时，测量小球直径大小，延时 T0 启动，执行程序 S22 或 S25，延时 T1 启动，控制吸附小球；④当 T1 为真时，S23 或 S26 控制向上运动，直到输入信号 LS3/X3 为真，S24 或 S27 控制机器手右行直到小球货篮位置 LS4/X4（大球货篮位置 LS5/X5）为真时，S28 控制下行直到输入信号 LS2/X2 为真；⑤ S29 控制松开小球，S30 控制向上运动，直到输入信号 LS3/X3 为真；S31 控制左行，直到输入信号 LS1/X1 原点位置为真时，停止运动，等待下一个动作条件，再循环往复运动。

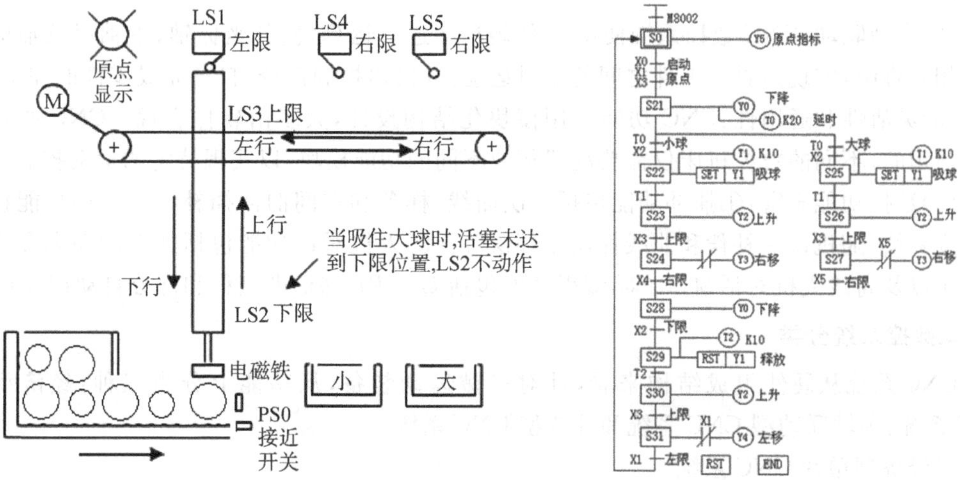

(a) 工艺原理图　　　　(b) 控制状态顺序图

图 3－20　PLC 控制机器手运动原理和控制状态顺序图

3.4　数控系统

3.4.1　数控系统概述

从机械运动的自动控制角度来看,数控系统 CNC 是一种专门为机械运动和数控机床加工轨迹控制设计的专用运动控制系统,数控机床与 CNC 外形如图 3－21 所示。数控系统 CNC 本质是以多轴运动执行部件的位移量为控制对象的运动控制系统,该系统由专用硬件和专用软件两大部分组成。针对数控机床的高可靠性要求,数控系统 CNC 应具有专业性强、使用方便、适应面广、抗干扰能力强、编程简单等特点。

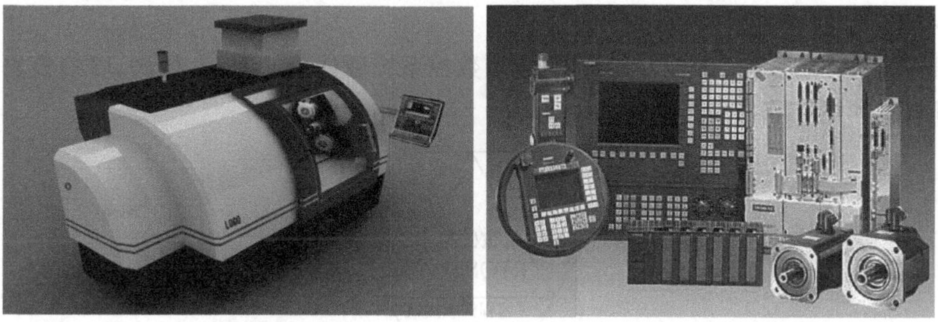

(a) 数控机床外形　　　　(b) 开放型CNC系统外形图

图 3－21　数控机床与 CNC 系统外形图

1.数控系统特点

(1)G 代码编程:针对 CNC 系统的专业性强和编程简单的特点,就是按照规定的 G 代码规则和格式,将刀具与工件的相对运动轨迹及被加工零件图上的几何信息和工艺信息编制成

G 代码程序。

(2)多轴联动:CNC 数控系统使用 G 代码程序进行运算,使各坐标轴、主轴以及辅助动作之间相互协调,实现刀具与工件之间的相对运动,并发出控制命令,自动完成零件的加工。

(3)灵活性和通用性:CNC 功能采用模块化结构设计,大多由软件实现。CNC 的基本配置是通用的,不同的数控机床仅需要配置相应不同的功能模块,以实现特定的运动控制功能。

(4)数控功能丰富:①插补功能包括二次曲线、样条和空间曲面插补。②补偿功能包括运动精度补偿、随机误差补偿和非线性误差补偿等。③人机对话功能包括加工的动态和静态跟踪显示以及高级人机对话窗口。④编程功能包括 G 代码、梯形图编程和部分自动编程功能。

2.数控系统分类

CNC 系统从硬件组成结构来看,针对机械运动装备,从功能上分为三种:经济型单片 CNC 系统、多轴联动型 CNC 系统和开放型 CNC 系统。

1)经济型单片 CNC 系统

从控制硬件来看,经济型 CNC 系统采用嵌入式 ARM 芯片或单片机开发成半闭环或开环数控系统,控制两轴或三轴主轴的转动及进给驱动,广泛应用于普通数控机床、数控线切割机床和精度要求不高的经济型数控机床中。

2)多轴联动型 CNC 系统

多轴联动型 CNC 系统一般指全功能的、全闭环控制的高性能数控系统,可分为三轴联动、四轴联动和五轴联动,专用于加工复杂形状工件的多轴控制数控加工和柔性加工等。

3)开放型 CNC 系统

开放型 CNC 系统具有模块化、标准化、网络化和平台化等特点,也就是说,根据运动控制的实际需要可方便地进行重构、编辑和二次开发,形成一个多种用途的满足用户需求的数控系统。目前,西门子率先推出开放型 840D 数控系统,并在高档数控机床中普遍应用。

3.4.2 数控系统的基本原理

1.数控系统的构成

针对机床特定的运动控制功能需求,典型数控系统硬件包括 NCK 模块、PLC 模块、HMI 模块和数控 RTOS 软件模块四个部分,如图 3-22 所示。

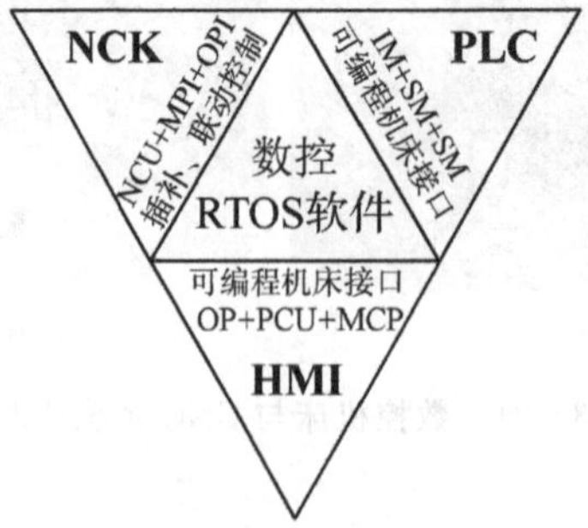

图 3-22 数控系统 CNC 的构成

(1)NCK 模块完成机床的位置控制、多个运动轴的联动控制和机床零点复位控制等。由数控单元 NCU、多点接入接口 MPI 和专用总线接口 OPI 组成。

(2)PLC 模块完成机床的各种顺序控制、刀库控制和机床辅助控制功能。

(3)HMI 模块完成 G 代码显示操作、人与机床的信息交互、程序下载和机床状态显示等。由操作显示面板单元 OP、管理计算机单元 PCU 和机床控制面板 MCP 组成。目前，有车床版 MCP 和铣床版 MCP 两种。

(4)数控 RTOS 软件模块完成 G 代码对应的加工任务分配、文件管理和刀具管理等。

2.CNC 系统软件的主要任务

数控软件模块由实时操作系统 CNC-RTOS 和加工零件 G 代码程序文件组成。从功能来看，CNC-RTOS 系统是具有实时性和多任务性的专用操作系统，由 CNC 管理软件和 CNC 控制软件两部分组成，如图 3-23 所示。

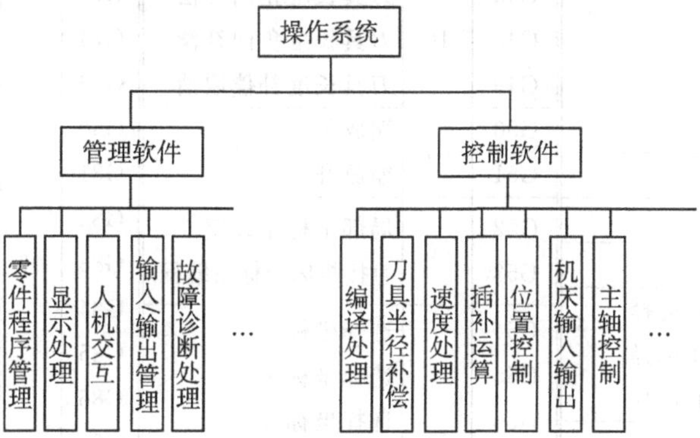

图 3-23　CNC 的功能结构

图 3-23 中，CNC 软件的主要任务是执行各进给轴的位移指令、主轴转速指令、刀补指令和辅助动作指令，实现加工设备的轨迹运动和逻辑动作控制。CNC 系统软件在硬件支持下，合理地组织、管理整个系统的各项工作，实现各种数控功能，使数控机床按照操作者的要求，有条不紊地进行加工。

(1)控制功能是指 CNC 能联动控制的运动进给轴，分为移动轴(X、Y、Z)、回转轴(A、B、C)、基本轴和附加轴(U、V、W)。

(2)G 代码的插补功能是指数控系统有多通道插补器，主要完成直线、圆弧、螺纹等插补运算，如图 3-24 所示。

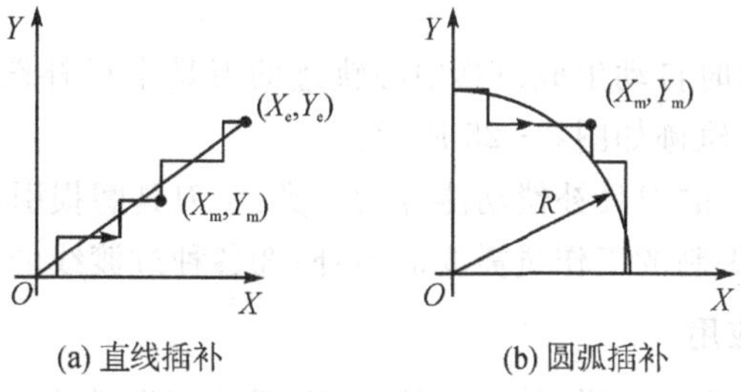

图 3-24　G 代码的插补功能

图 3-24 中，根据加工零件的给定进给速度和轮廓线形要求，在轮廓已知点之间，计算插补中间点。插补算法有直线插补、圆弧插、数字积分法（DDA）、二阶近似、双 DDA、角度逼近和时间分割法等。

3.4.3 数控系统的基本应用

1.CNC 系统 G 代码指令集

CNC 系统 G 代码指令包括 G 指令和 M 辅助指令，见表 3-3。

表 3-3 G 代码指令集表

代码	组号	意义	代码	组号	意义	代码	组号	意义
G00	01	快速定位	G43	10	刀具长度正向补偿	G73	06	深孔高速钻循环
G01		直线插补	G44		刀具长度负向补偿	G74		反攻丝循环
G02		顺圆插补	G49		刀具长度补偿取消	G76		精镗循环
G03		逆圆插补	G50	04	缩放关	G80		固定循环取消
G04	00	暂停	G51		缩放开	G81		定义钻循环
G07	16	虚轴设定	G52	00	局部坐标系设定	G82		带停顿的钻孔循环
G09	00	准停效验	G53		直接机床坐标系编程	G83		深孔钻循环
G17	02	$X-Y$ 平面选择	G54	11	选择坐标 1	G84		攻丝循环
G18		$X-Y$ 平面选择	G55		选择坐标 2	G85		镗孔循环
G19		$X-Y$ 平面选择	G56		选择坐标 3	G86		镗孔循环
G20	08	英寸输入	G57		选择坐标 4	G87		反镗循环
G21		毫米输入	G58		选择坐标 5	G88		手动精镗循环
G22		脉冲当量	G59		选择坐标 6	G89		镗孔循环
G24	03	镜像开	G60	00	单方向定位	G90	13	绝对值编程
G25		镜像关	G61	12	精确停止效验方式	G91		增量值编程
G28	00	返回到参考点	G64		连续加工方式	G92	00	坐标系设定
G29		由参考点返回	G65	00	子程度调用	G94	14	每分进给
G40	09	刀具半径取消	G68	05	旋转变换	G95		每转进给
G41		刀具半径左补偿	G69		旋转取消	G98	15	固定循环后返回起始点
G42		刀具半径右补偿				G99		固定循环后返回 R 点

2.G 代码的刀补功能

数控系统具有能够实时自动生成刀具中心轨迹的刀具半径补偿功能，其典型零件环形槽加工图纸和刀具半径补偿轨迹如图 3-25 所示。

图 3-25 中，数控系统的刀具补偿功能分为三类：①刀具磨损引起的刀补或换刀引起的刀补；②减少粗精加工程序编制的工作量需要的刀补；③各种过渡线的刀补。

3.CNC 系统 G 代码应用

典型数控机床的外形可以一样，核心数控 CNC 系统可以选择西门子数控、华中数控或广州数控。这些 CNC 系统能够完成数控机床的加工运动和辅助功能所需要的各种编程控制，通过数控加工 G 代码能够控制数控机床的加工刀具的运动轨迹。在图 3-25 的加工应用中，

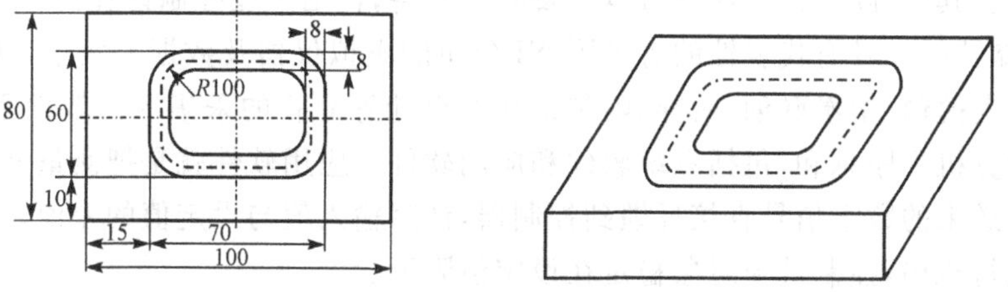

(a) 零件三维模型图纸　　　　(b) 轮廓与刀刀具半径补偿轨迹

图 3－25　零件环形槽图纸和刀具半径补偿轨迹图

用 $\phi 8\,mm$ 的刀具沿双点划线加工距离工件上表面 3 mm 的深凹槽，其加工 G 代码如图 3－26 所示。

```
O5002
N10 G54 X0 Y0 Z50;
N20 M03 S500;
N30G00 X19 Y24;
N40 Z5;
N50 G01 Z-3 F40;
N60 Y56;
N70 G02 X29 Y66 R10;
(N70 G02 X29 Y66 I10;)
N80 G01 X71;
N90 G02 X81 Y56 R10;
(N90 G02 X81 Y56 J-10;)
N100 G01 Y24;
N110 G02 X71 Y14 R10;
(N110 G02 X71 Y14 I-10;)
N120 G01 X29;
N130 G02 X19 Y24 R10;
(N130 G02 X19 Y24 J10;)
N140 G00 Z50;
N150 X0 Y0;
N160 M30;
```

图 3－26　环形槽加工 G 代码图

3.5　计算机控制系统

3.5.1　计算机控制系统概述

计算机控制系统由工业控制计算机、数字量板卡、模拟量板卡、伺服控制板卡和生产过程中的多个伺服轴组成，计算机控制系统组成图如图 3－27 所示。

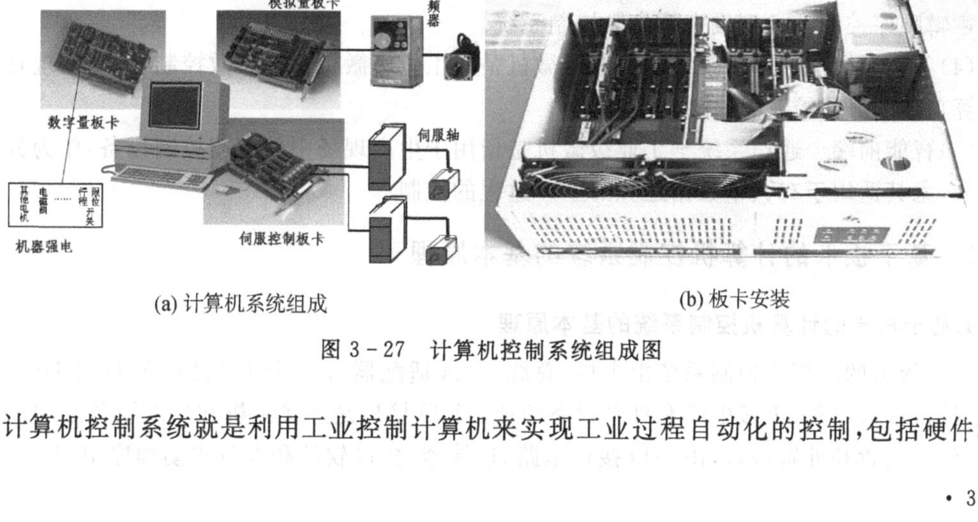

(a) 计算机系统组成　　　　(b) 板卡安装

图 3－27　计算机控制系统组成图

计算机控制系统就是利用工业控制计算机来实现工业过程自动化的控制，包括硬件和软件两大部分。其中,硬件是指计算机本身及外围设备,包括工业控制计算机、I/O 接口、人机接口、外部存储器等。具有代表性的有美国 NI 公司的虚拟仪器及数据采集卡,研华公司的数据采集卡以及安捷伦、中泰联创、研祥、阿尔泰和傅里叶等品牌的采集卡。软件系统是指完成各种功能的计算机程序总和,包括系统软件和应用软件。应用软件就是把测量元件、变送单元和模数转换器送来的数字信号直接反馈到控制器,计算输入值与设定值的差值,然后根据偏差大小输出到执行机构,控制被控对象稳定在设定值附近。

在自动化领域位列前茅的计算机控制软件编程平台有美国 NI 公司的 LabVIEW、德国西门子公司的 WINCC 和英国 Wonderware 公司的 InTouch 等组态软件;国内组态软件的品牌有三维力控(Force Control)、亚控(组态王)、昆仑通态(MCGS)等。

随着工业自动化程度的不断提高,计算机控制系统也得到了广泛应用。按照计算机控制系统的组成分为两个大类:基于板卡的集中式计算机控制系统和基于网络的分布式计算机控制系统。

1.基于板卡的集中式计算机控制系统

基于板卡的集中式计算机控制系统由工业计算机和各种功能板卡组成。其中,功能板卡是通过计算机扩展总线(PCI、ISA、USB、232 等)扩展出来的各种测量或者控制的功能单元。在各种应用中,充分利用计算机较强的计算能力和控制算法理论,直接完成控制任务,所以基于板卡的集中式计算机控制系统具备实时性好、可靠性高和适应性强的优点。计算机根据控制理论进行运算,然后将运算的结果经过板卡输出通道实现对工艺要求的控制。

2.基于网络的分布式计算机控制系统

基于网络的分布式计算机控制系统由工业计算机、通信系统和分散控制装置组成。其中,工业计算机是集中人机交互操作和数据管理的装置。

根据分布式计算机控制系统的组成具体可分为:

(1)工业级微机+通信系统+人机交互操作管理计算机是指工业级微机用作多功能、多回路的分散控制装置和操作管理计算机,相应软件由软件厂商开发。

(2)单回路控制器+通信系统+工业级微机是指单回路控制器(智能仪表)作为分散控制装置,适用于中小型集散控制系统。

(3)PLC+通信系统+工业级微机是指 PLC 作为分散控制装置,适用于复杂制造过程中大量逻辑顺序控制的大型或中型集散控制系统。

(4)工业级微机+通信系统+工业级微机是指工业级微机作为分散控制装置,实现具有复杂运算功能的分散控制、操作和管理。

(5)智能前端+通信系统+工业级微机是指用于生产现场中的智能控制设备,作为分散控制装置,尤其适用于有大量数据运算的生产过程的控制。

3.5.2 基于板卡的计算机控制系统的基本原理

1.基于板卡的计算机控制系统的基本原理

基于板卡的计算机控制系统由主机、总线、总线适配器、I/O 接口电路、A/D 与 D/A 功能电路、外设接口电路、链接电缆和外部设备组成。I/O 接口是连接主机和外部设备之间的逻辑部件,分为内置和外置接口,由 I/O 接口电路、连接器、接口软件和设备驱动程序组成。

(1)内置 I/O 接口:将 I/O 接口电路内嵌在主板中,由主板直接提供外设接口电路插座,如键盘接口、鼠标接口、USB 接口、串行接口、并行接口及软盘和硬盘接口等。

(2)外置 I/O 接口:将 I/O 接口集成到一块独立的电路板上,此时接口卡必须插在总线扩展插槽(如 PCI、PCI Express 等插槽)上。

2.基于板卡的计算机控制系统基本构成

基于板卡的计算机测控系统的基本构成如图 3-28 所示。

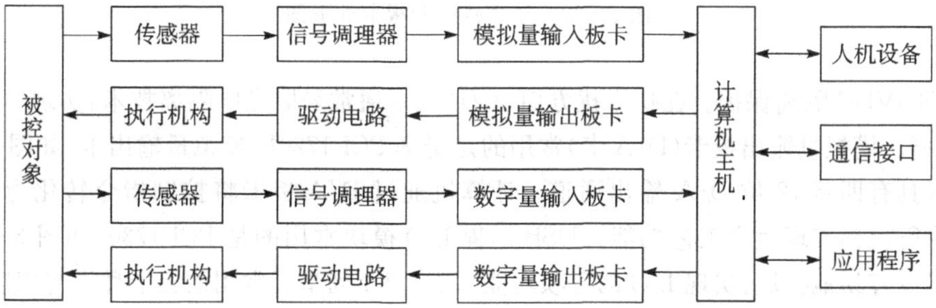

图 3-28　基于板卡的计算机测控系统的基本构成

目前普遍采用的工业控制 IPC 系统都是通过计算机内部总线配置不同的标准控制板卡,再连接不同传感器与变送器或者信号调理器,实现工业现场的不同工艺过程自动化控制。

(1)通用计算机主机是整个计算机控制系统的核心,主机由 CPU、存储器等构成。

(2)各种 I/O 控制板卡通过计算机 PCI 或 PXI 总线进行工作,因为要通过各种传感器采集各种被测量工艺参数,并将计算机处理后的控制量输出,控制执行器或生产过程,所以这些 I/O 接口是主机和板卡、外围设备进行信息交换的纽带。目前绝大部分 I/O 接口都是采用可编程接口芯片,通过编程设置板卡的工作方式。

3.基于板卡的计算机控制系统特点

基于板卡的计算机控制系统将板卡直接插在计算机主机的扩展槽上,其特点如下。

(1)工业现场的传感器是把非电物理量(如温度、压力、速度等)转换成电压或电流信号,通过 A/D 采集卡实现数据采集。

(2)这些输入/输出板卡往往按照某种标准由第三方批量生产,开发者或用户可以直接在市场上购买,也可以由开发者自行制作。PC 板卡具有价格低廉、组成灵活、标准化程度高、结构开放、配件供应来源广泛、应用软件丰富等特点,因此得到了广泛应用。

(3)工业控制 IPC 系统接收或者输出的标准信号为规范化的标准信号(如模拟量为 4~20 mA、1~5 V、0~10 V、±5 V、±10 V 等,数字量为 24VDC)。

4.计算机控制系统板卡分类

计算机控制系统板卡种类很多,研华板卡是比较常用的品牌,包括模拟量卡、开关量输入板卡、开关量输出板卡、脉冲量输入板卡、多功能板卡等。根据总线的不同,可分为 PCI 板卡、ISA 板卡和 USB 的 I/O 板卡,如图 3-29 所示。

在性能方面,模拟量输入板卡(A/D 卡)常用的是研华 PCI-1713 模拟量输入卡,如图 3-29(a)所示,该卡具有 32 路单端或 16 路差分模拟量输入或组合输入方式,12 位 A/D 转换分辨率,A/D 转换器的采样速率可达 100 kHz,每个输入通道的增益可编程。卡上有 4k 采样 FIFO

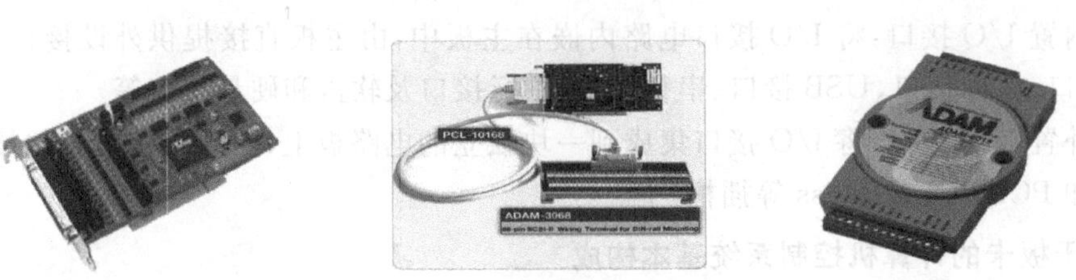

(a) PCI-1713外形图　　(b) PCI-1720U外形图　　(c) PCI-1730外形图

图 3-29　计算机控制板卡外形图

缓冲器,2500VDC 隔离保护。在抗干扰方面,A/D 板卡通常采取光电隔离技术,实现信号与现场设备的隔离。模拟量输出板卡(D/A 卡)常用的是研华 PCI-1720U 模拟量输出卡,如图 3-29(b)所示,该卡具有四路 12 位 D/A 输出通道。计算机通过 D/A 板卡将控制指令转化为模拟量输出,控制执行机构实现生产工艺功能。USB 远程 I/O 模块常用的是 PCI-1730,如图 3-29(c)所示,该卡可以容易地扩展,实现 I/O 的各项功能。表 3-4 列举了常用的板卡种类与用途。

表 3-4　板卡种类与用途

输入/输出信息来源及用途	信息种类	相配套的接口板卡产品
温度、压力、位移、转速、流量等来自现场设备运行状态的模拟量电信号	模拟量输入信息	模拟量输入板卡
限位开关状态、通断状态的输出	数字量输入信息	数字量输入板卡
执行机构的测控执行、记录等电压/电流	模拟量输出信息	模拟量输出板卡
执行机构的驱动执行、报警及显示	模拟量输出信息	模拟量输出板卡
流量、电功率、转速、长度测量脉冲输入	脉冲量输入信息	脉冲计数处理板卡
操作、事件和报警中断及其他中断信号	中断输入信息	多通道中断控制板卡
位移驱动机构控制信号输出	间断信号输出信息	步进电机、变频电机和伺服电机控制板卡
串行/并行通信	通信收发信息	通信板卡
远距离输入/输出模块	模拟量或数字量信息	远程 I/O 模块或板卡

3.5.3　基于分布式网络的计算机控制系统原理

1.集散控制系统 DCS 的基本原理

基于分布式网络的计算机控制系统也称为集散控制系统(DCS),如图 3-30 所示。图中是一个由下位 PLC 过程控制级和上位计算机监控级组成的以通信网络为纽带的多级计算机系统,其基本思想是分散控制、集中操作、分级管理、配置灵活、组态方便。DCS 系统将若干台计算机分散应用于过程控制,全部信息通过通信网络由上位管理计算机监控,整个装置继承了常规仪表分散控制和计算机集中控制的优点。DCS 系统在现代化生产过程的控制、管理和显示方面起着重要作用,随着现代计算机和通信网络技术发展,DCS 正向着智能化、自组织、开放化、集成管理方向发展。

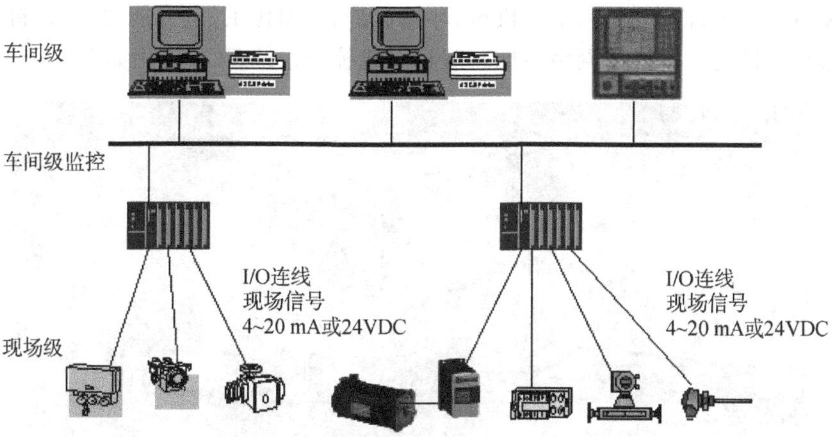

图 3-30　集散控制系统 DCS 构成

2.现场总线控制系统 FCS 的基本原理

现场总线控制系统 FCS 是新一代分布式控制系统，是连接工业现场仪表和控制装置之间的全数字化、双向、多站点的串行通信网络，其构成如图 3-31 所示。现场总线用数字信号取代了 4～20 mA 模拟信号，可见，现场总线正向数字化方向发展。

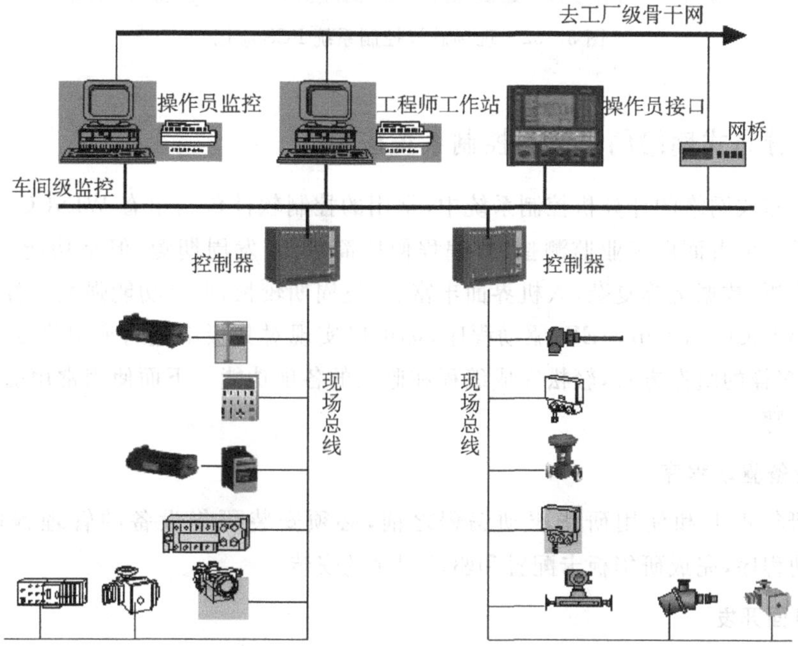

图 3-31　现场总线控制系统 FCS 构成

图 3-31 中，由于现场总线控制系统采用单一总线电缆将很多设备连接起来，导线和连接大幅度减少，使原来几百上千根的控制电缆减少到一根总线电缆，系统综合成本及一次性安装费用大幅度减少，原来繁琐的原理图、布线图设计变得简单易行，标准接插件快速、简便地安

装,使消耗的人力、物力大大减少,从而,使其具有较高的性价比。现场总线控制系统 FCS 已经大规模应用于冶金、汽车制造、烟草机械、环境保护、石油化工、电力能源、纺织机械等各个行业,已经成为 21 世纪工业控制网络标准。现场总线控制系统 FCS 应用如图 3-32 所示。

图 3-32　现场总线控制系统 FCS 应用

3.5.4　基于分布式网络的计算机控制系统应用

在基于分布式网络的计算机控制系统中,常用的控制软件包括组态 WINCC 软件和 LabVIEW 两大类。前者面向工业监测控制,编程便捷简单、开发周期短,但是功能有限;后者面向工艺数据分析,数据运算复杂、人机界面丰富、开发周期较长,但是功能强大。各种计算机的板卡都提供 WINCC 和 LabVIEW 驱动程序,都可以实现对其板卡进行所见即所得的编程使用,并以灵活多样的组态方式,轻松完成编程和监控的各项功能。下面使用常用的研华板卡来说明其开发步骤。

1.安装设备驱动程序

在测试研华板卡和使用研华驱动编程之前,必须安装研华设备的管理程序和 Device Manager 驱动程序,完成研华板卡配置和驱动程序的安装。

2.软件界面开发

控制系统的软件界面开发使用 LabVIEW 软件平台和开发环境,可以非常方便地形成专业数据显示仪表盘、所见即所得操作仪表盘和诸如高斯滤波和功率频谱等复杂矩阵与向量数学运算功能的数据分析结果曲线图表,如图 3-33 所示。控制系统的软件界面是面向用户使用的,虽然表面上和研华板卡无关,但是通过板卡驱动程序可以自动完成数据采集和分散控制。

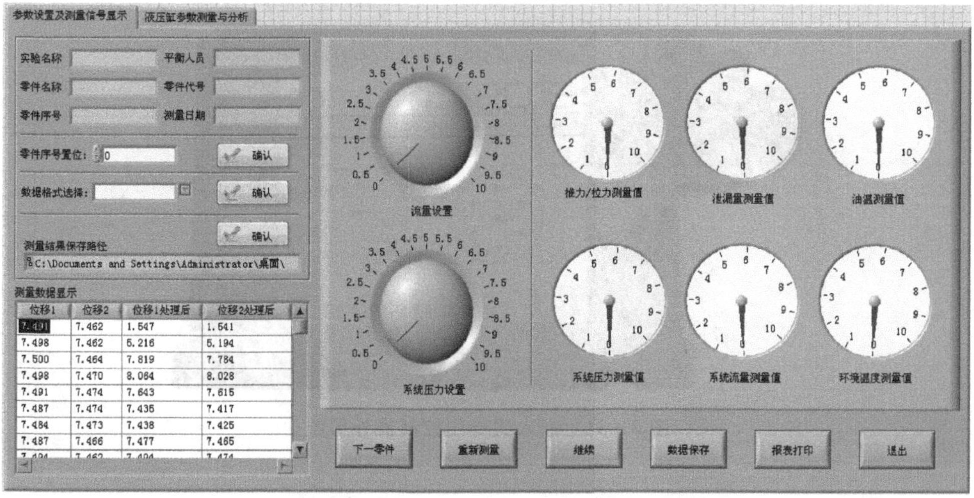

图 3 - 33　基于板卡的计算机控制系统开发步骤

3.安装硬件

关闭计算机电源，打开机箱，将研华 PCI - 1710HG 板卡正确地插到 PCI 插槽中，并在 Windows 系统中通过研华板卡配置软件 Device Manager 来实现板卡配置。

4.板卡测试

在研华设备管理程序 Advantech Device Manager 对话框中点击“Test”按钮，实现不同选项卡可以对板卡的模拟量输入、模拟量输出、数字量输入、数字量输出和计数等功能测试。

5.板卡使用

完成上述研华板卡测试后，使用研华板卡自动完成数据采集，并通过计算机屏幕上的人机界面进行显示、操作和控制，完成实际工艺要求的各种控制功能。

3.6　嵌入式专用控制器

3.6.1　嵌入式专用控制器概述

嵌入式专用控制器是各个机电液装备中控制产品的生产厂家单独开发的，嵌入了厂家技术人员的很多经验，因此这种嵌入式专用控制器包含的技术不公开、不透明，从而保护了产品的知识产权，保持了这种产品独有的性能优点和先进性，因此，在工业自动化领域中得到了广泛应用，起到了举足轻重的作用，其外形如图 3 - 34 所示。

嵌入式专用控制器种类很多，用在伺服阀专业控制的主要有伺服压力专用控制、伺服流量专用控制和电液比例换向专用控制等。对于特殊用途的伺服阀中的比例电磁铁控制，常常借助于嵌入式专用控制器，经过数据滤波、补偿校正和 PID 控制，组成标准规范的专用控制系统。

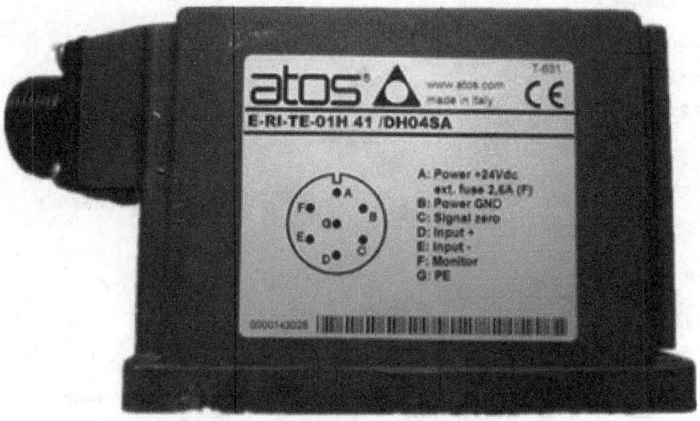

图 3-34　嵌入式专用控制器外形图

3.6.2　嵌入式专用控制器的基本原理

1.嵌入式专用控制器功能分析

嵌入式专用控制器采用传感器技术和微电子技术，既可以将传感器感受到的被测物理参数转变成标准的电信号（如 4～20 mA DC 等），又可以根据自动化功能要求实现 PID 控制，以便供给工业现场的控制对象进行测量和过程调节，如图 3-35 所示。

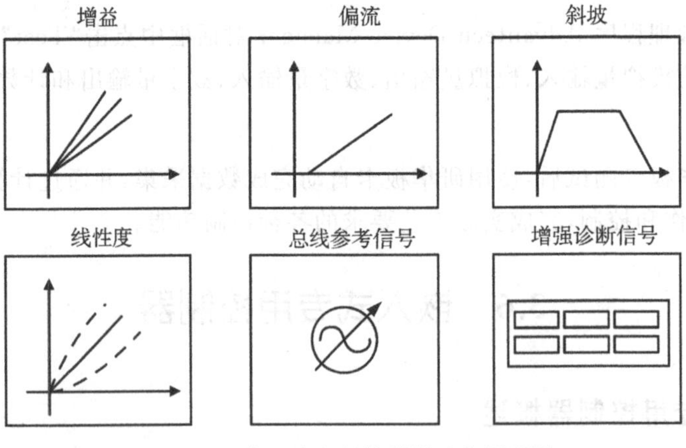

图 3-35　嵌入式专用控制器功能原理图

嵌入式专用控制器是某个厂家针对自有产品开发的控制器，可以很好地实现非线性补偿的功能，但是对其他产品或某个控制环节常常不兼容。专用控制器结构简单、体积小、功能多、寿命长、精度高、响应速度快以及抗干扰能力强。当工业现场的环境发生变化时，可以通过补偿单元实现温漂/零漂的补偿，保持被控量始终为恒定值。嵌入式专用控制器设计有反接保护、限流保护、补偿单元和 V/I 转换等单元，从而具有较高的安全性、可靠性、重复性和抗干扰能力。

2.嵌入式专用控制器的内部结构

嵌入式专用控制器内部结构如图 3-36 所示。

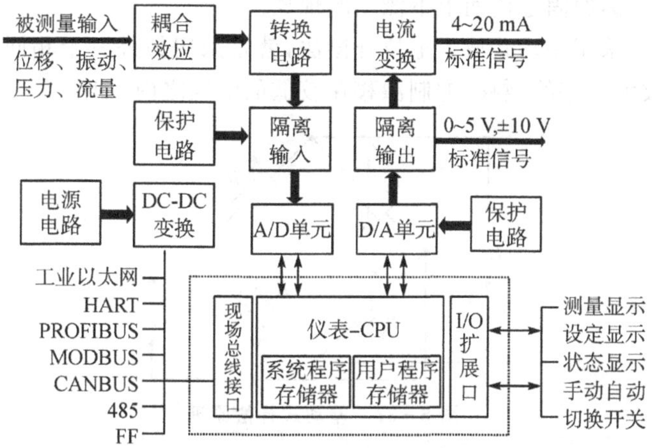

图 3-36　嵌入式专用控制器内部结构

嵌入式专用控制器由 CPU、内存 RAM、程序存储器和保护单元组成，它充分利用了微处理器的运算和存储能力，可对传感器的数据进行处理和信号调理等。嵌入式专用控制器是现代机电液装备伺服运动控制的智能化解决方案，专用于对电液控制的位移、速度或力的最优化闭环控制，实现了数字滤波、增益放大、颤振抑制、前馈校正、滞环、中位死区校正和温漂与零漂自动补偿等。

3.嵌入式专用控制器的基本原理

嵌入式专用控制器的工作原理也就是在嵌入式 CPU 控制下，除了完成数据采集、运算、分析、存储、通信和控制等功能之外，还采用信号处理技术和控制理论，在嵌入式专用控制器内部嵌入了很多控制专用的处理单元，使得嵌入式专用控制器拥有强大的补偿能力，实现了典型非线性特征进行线性化处理，在实际应用中表现出专业用途的优异性能。

1)嵌入式数字滤波方法

机电液传动与伺服控制过程中高精度和高平稳的伺服控制中电源波动和信号波动都会引起控制精度和控制性能的下降。具体嵌入式低频增强的平滑处理滤波方法分为均值滤波、中值滤波、高斯滤波和双边滤波等，是抑制和防止干扰的一项重要措施。

(1)中值滤波。中值滤波是一种非线性平滑滤波，它将所有信号值的中间值替换。中值滤波通过选择中间值避免噪声点的影响，对脉冲噪声有良好的滤除作用。中值滤波法的算法比较简单，也易于用硬件实现，在数字信号处理领域得到重要的应用。

(2)高斯滤波。高斯滤波是一种线性平滑滤波，适用于消除缓慢变化的信号滤波分析，在保留信号的条件下减少噪声，对于抑制服从正态分布的噪声非常有效。

2)嵌入式自动补偿方法

机电液传动与伺服控制过程中环境温度变化和机电液装备克服负载做功都会引起温度的变化，导致温度漂移的控制困难较大。同理，机电液装备长时间工作会引起工作点的漂移，因此，需要嵌入式自动补偿方法来实现机电液装备的温漂补偿和零漂补偿。

(1)温漂的自动补偿。温度漂移是指当一定的不变输入信号为零时，由于受温度变化、硬件参数变化和电源电压不稳等因素的影响，使静态工作点发生变化，并被逐级放大和传输，导致电路输出端电压偏离原固定值而上下漂动的现象。

在实际电路中常采用差动式放大电桥补偿法，就是采用另外一个相同参数元器件构成差动式电桥，来抵消放大电路的漂移，抑制漂移在较低的限度之内，如图 3-37 所示。

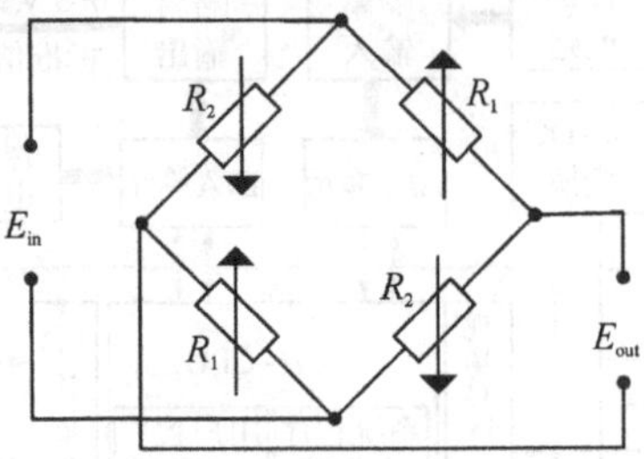

图 3-37　差动式补偿原理

图 3-37 中，为了减小温漂和克服元器件的非线性误差，常采用全桥差动电桥，若 $\Delta R_1 = \Delta R_2 = \Delta R_3 = \Delta R_4$，且 $R_1 = R_2 = R_3 = R_4$，则该电桥方程为：

$$U_{out} = E\frac{\Delta R_1}{R_1}$$

可见，差动电桥输出电压 U_{out} 与($\Delta R_1/R_1$)呈线性关系，不存在非线性的误差，同时具有了温度补偿作用。

(2)嵌入式非线性校正方法。针对死区与非线性的校正方法常常采用反函数校正方法，由理论正确曲线和实际特性曲线计算其反函数，再将反函数添加在控制回路中进行补偿，使得控制回路与特性函数的整体作用接近于线性。求反函数常用的方法是非线性曲线的多项式拟合和补偿线性化。

针对实际非线性信号，其多项式拟合方程：

$$f_{(x)} = a_0 + a_1x^1 + a_2x^2 + a_3x^3 + \cdots = \sum a_ix^i$$

残差方程：

$$\sum_{i=1}^{n} e^2 = \sum_{i=1}^{n} (f_{(i)} - y_{((t))})^2 \rightarrow \min$$

$$\frac{\partial e}{\partial a_i} = 0 \Rightarrow \sum_{i=1}^{n} x^i f_{(i)} = \sum_{i=1}^{n} x^i y_{((t))}$$

$$\Rightarrow \begin{bmatrix} N & \sum_{i=1}^{N} x_i & \sum_{i=1}^{N} x_i^2 \\ \sum_{i=1}^{N} x_i & \sum_{i=1}^{N} x_i^2 & \sum_{i=1}^{N} x_i^3 \\ \sum_{i=1}^{N} x_i^2 & \sum_{i=1}^{N} x_i^3 & \sum_{i=1}^{N} x_i^4 \end{bmatrix} \cdot \begin{bmatrix} a_0 \\ a_1 \\ a_2 \end{bmatrix} = \begin{bmatrix} \sum_{i=1}^{N} y_i \\ \sum_{i=1}^{N} x_iy_i \\ \sum_{i=1}^{N} x_i^2y_i \end{bmatrix} \Rightarrow y = a_0 + a_1x + a_2x^2$$

反函数补偿后的方程：

$$f_{(x)} = y_{(x)} - y_{(s)} = y_{(x)} - (a_0 + a_1x + a_2x^2)$$

补偿后的特性曲线如图 3-38 所示。

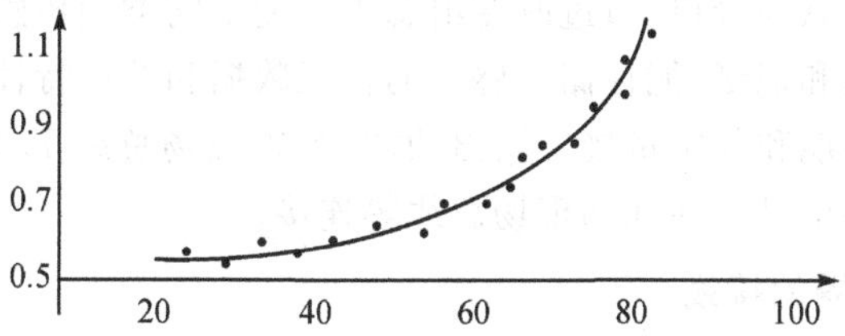

图 3-38　非线性补偿校正特性曲线图

(3)嵌入式死区校正方法。电液比例阀主要工作在死区段和线性段。当阀工作在死区段时，放大器增益增大，控制电流变大，阀芯快速移过中位，实质上减小了死区范围，如图 3-39(a)所示。当阀工作在线性段时，放大器增益保持正常，满足控制精度的要求。由于具体的电液比例阀的死区范围各不相同，因此，变增益放大器应能在一定范围内调整增益到正常增益的转折点。变增益放大器的特性如图 3-39(b)所示，死区校正控制框图如图 3-39(c)所示。通过专用控制器补充后，将死区补偿量 D 及比例阀控制驱动单元并联起来，根据控制指令大小，完成比例控制和死区补偿电流 $E=D-(KUD/M)$控制。其中，M 为比例阀最大开口电流，K 为电压增益系数，U 为死区边界电压，补偿后的性能曲线如图 3-40 所示。

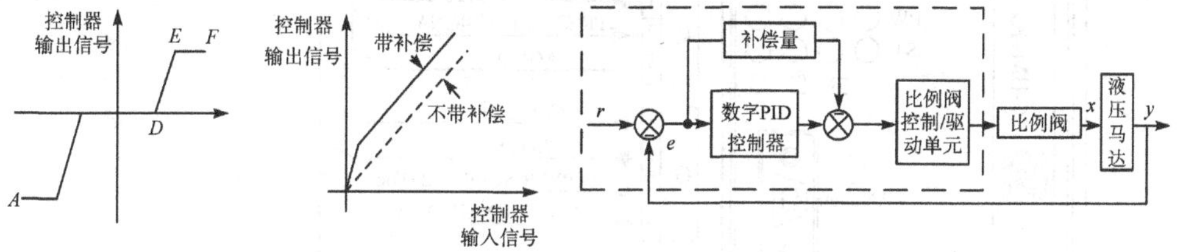

(a) 快速控制校正　　(b) 不同增益放大器的特性　　(c) 死区校正控制框图

图 3-39　专用控制器的校正方法

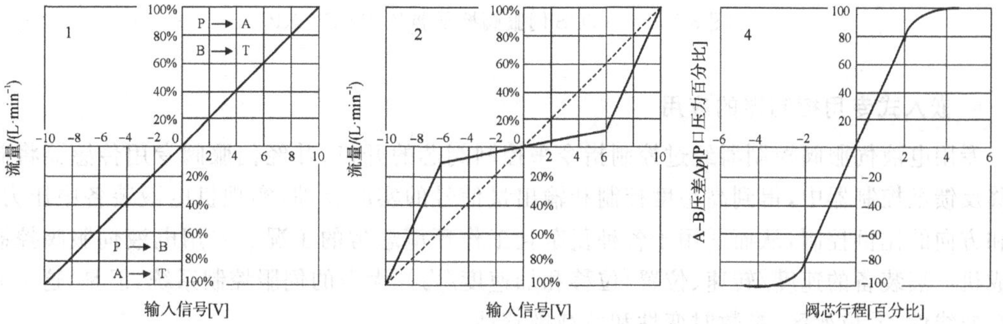

(a)　　(b)　　(c)

图 3-40　智能化专用控制器补偿后性能曲线

4. 嵌入式专用控制器的特点

智能化专用控制器是嵌入式微电子技术发展的产物，具有以下特点：

(1)具有自动补偿能力，可通过软件对传感器的非线性、温漂、时漂等进行自动补偿；

(2)可自动统计和去除异常数值等；

(3)可嵌入组态连接软件接口,通过改变组态来匹配不同类型传感器;

(4)可进行信息存储和记忆,能存储传感器的特征数据和补偿特性等;

(5)具有双向通信功能和数字量接口输出功能;配置现场总线 HART、FF 或 Profi-bus 通信协议,可将输出的数字信号方便地和现场总线等连接。

5. 嵌入式专用控制器的接线

嵌入式专用控制器 ATOS 伺服阀控制器 Z-BM-KZ-NP 的接线如图 3-41 所示。图中,ATOS 伺服阀属于比例电磁铁驱动的伺服阀,其控制电路和非线性补偿都具有单独的特性,因此,使用和购买 ATOS 伺服阀的时候,都是成套购买的。

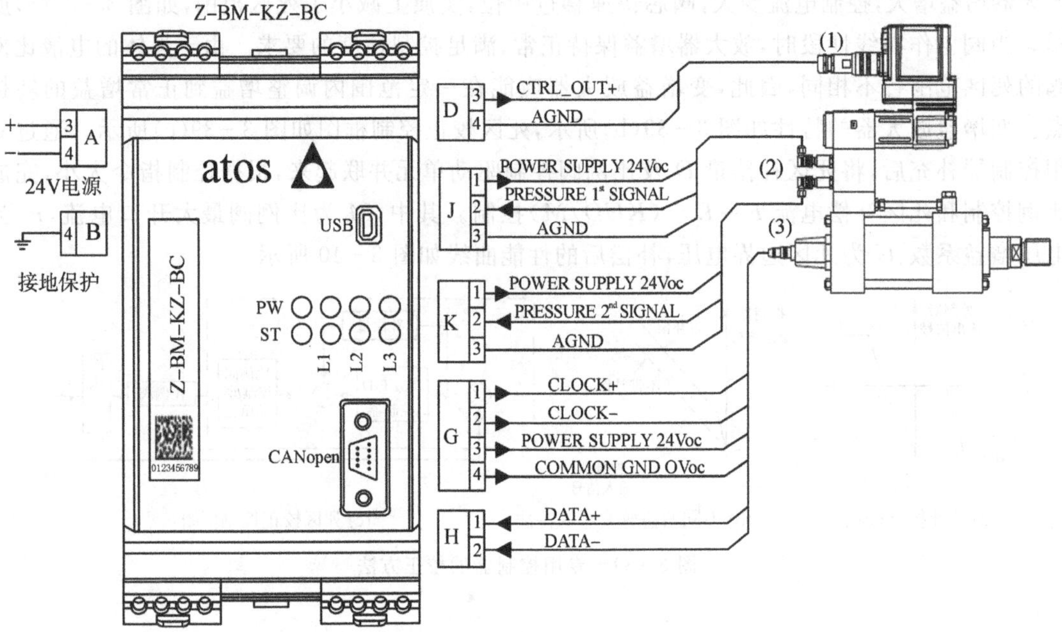

图 3-41 ATOS 伺服阀控制器 Z-BM-KZ-NP

6. 嵌入式专用控制器的应用

专用电液伺服阀控制器经过控制指令来控制阀芯的开口,并经伺服阀专用传感器将阀芯位移反馈至控制器中,得到高精度控制和输出量信号的实时反馈,实现机电液装备中压力、流量和方向的比例控制,从而适用于各种复杂且工作环境恶劣的工况。专用电液伺服阀控制器形成机电液装备的速度/转速、位置/位移和加速度/力三大类的伺服控制系统,但是,这个系统存在非线性、零位死区、参数时变性和负载敏感性。

电液位置伺服系统是一个负反馈系统,通过对给定量和反馈量偏差的控制使被控对象有良好的跟踪特性。控制器的功能主要是对输入/输出信号进行比较,控制算法和补偿算法的实现以及通过软硬件将控制信号转化为相应电信号的输出。由于伺服阀需要的驱动电流较大,功率要求高,因此需要专用的功率放大器将运动控制器输出的控制信号放大后,驱动伺服阀工作。

3.7　思考

1.机电液装备及系统控制类器件的研究目标是什么？
2.机电液装备及技术的五类控制器是什么？其应用场合是什么？
3.机电液装备及系统控制类器件的基本组成是什么？
4.机电液装备及系统控制类器件的技术指标是什么？
5.为什么说控制类器件的选型决定了机电液装备设计的主要内容？
6.非线性对系统控制的影响有哪些？常用的补偿措施是什么？

第 4 章　常用机电液检测器件分类及其选型

本章重点讲解机电液装备的检测器件体系架构，全面介绍检测器件的分类、基本工作原理、性能指标和选型原则，了解不同检测器件的不同应用特点，培养学生举一反三的综合设计能力和机械工程实践能力。

4.1　常用机电液装备的检测器件概况

4.1.1　检测器件的作用

工业自动化技术中，检测技术又称测量技术或传感技术，对应的检测器件又称测量器件、传感器件、传感器或反馈器件等。检测器件是一种能够将被测物理量(如位移、力、加速度等)以一定精度转换为与之有确定对应关系的、易于精确处理和测量的某种物理量(如电量)的部件或装置。检测器件是自动化系统中重要的组成部分，自动化系统的自动化程度越高，对检测器件的依赖性就越大，可以说，检测器件是实现自动化控制的基础。

实际工业生产中常用的检测器件的物理量信号种类较多，一般分为开关信号检测类、运动参数检测类、生产工艺参数检测类三大类。因此，检测系统常使用敏感器件将被测试的物理量信号转变为电信号，再经过放大、调制、解调、滤波等电路处理，得到能够进行显示、记录、控制等装置需要的标准信号。

4.1.2　检测器件的组成

检测器件一般是利用物理、化学和生物等某些效应或机理，按照一定工艺和结构制造出来的，包括敏感耦合器件、转换与变换电路器件和辅助电源部件，如图 4-1 所示。

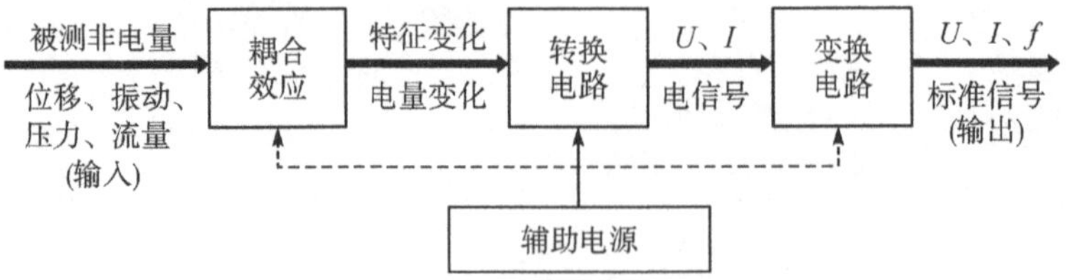

图 4-1　测量系统构成图

(1)耦合效应环节将直接感应被测的非电物理量(如位移、应变、光强、压力等)，以确定的对应关系输出某一物理量。如弹性器件将力转换为电荷、位移或应变输出。

(2)转换电路环节将敏感器件输出的信号转换成电路参数(如电阻、电感、电荷、电容等)。

(3)变换电路环节将电路参数转换成便于测量的标准电信号，包括 4～20 mA 直流电流信号，1～5 V、±5 V、0～10 V 和±10 V 直流电压。检测器件有两个功能，一是感应被测物理量，二是把感应到的被测物理量变换成一种与被测物理量有确定函数关系且便于传输和处理的信号。

实际检测器件原理有的简单，有的复杂。有些检测器件只有敏感器件，如热电偶直接感应被测温差，输出电动势，即热电偶感应的是微环境温度，输出的是微小电压；有些检测器件由敏感器件和转换器件组成，如压电式加速度传感器，感应的是加速度，输出的是电荷；有些检测器件由三部分组成，如电容式位移检测器件和旋转式变压器感应的是位移，输出的是电容和电感，再由变换电路变为标准信号；再有一些传感器具有非线性补偿、防止温漂等，称为智能传感器。

4.1.3　检测器件的分类

检测器件品种繁多，分类方法也很多。工程中常用的检测器件的分类方法是按被测物理量来分，例如位移或速度传感器；另一种是按工作原理来分，例如电阻应变片和旋转变压器。大多数生产厂家和用户都习惯按被测物理量来分类，能更明确体现检测器件的用途。而按工作原理分类，则便于学习和研究，见表 4-1。

表 4-1　检测器件按工作原理分类

类型	工作原理	典型应用
电阻应变片	利用应变片的电阻值发生变化	力、压力、加速度、力矩、应变、位移、载重
固体压阻式	利用半导体的压阻效应	压力、加速度
电位器式	移动电位器触点改变电阻值	位移、力、压力
自感式	改变磁阻	力、压力、振动、液位、厚度、位移、角位移
互感式	改变互感(互感变压器、旋转变压器)	
电涡流式	利用电涡流现象改变线圈自感或阻抗	位移、厚度、探伤
压磁式	利用导磁体的压磁效应	力、压力
感应同步器	两个平面绕组的互感随位置不同而变化	速度、转速
磁电感应式	利用半导体和磁场相对运动的感应变化	速度、转速、转矩
霍尔式	利用霍尔效应	位移、力、压力、振动
磁栅式	利用磁头读取不同位置上磁栅上磁信号	长度、线位移、角位移
正压电式	利用压电器件的正压电效应	力、压力、粗糙度
声表面波式	利用压电器件的正压电效应	力、压力、角加速度、位移
电容式	改变电容量	位移、加速度、力/压力、液位、含水量、厚度
容栅式	改变电容量或加以激励生产感应电动势	位移
一般形式	改变光路的光通量	位移、温度、转速、浑浊度
光栅式	利用光栅副形成的莫尔条纹变化	位移、长度、角度、角位移

续表

类型	工作原理	典型应用
光纤式	利用光导纤维的传输特性或材料的效应	位移、加速度、速度、压力
光学编码器	利用光线衍射、反射、透射引起的变化	线位移、角位移、转速
激光式	利用激光干涉、多普勒效应、衍射	长度、位移、速度、尺寸
红外式	利用红外辐射的热效应或光电效应	温度、探伤、气体分析
热电偶	利用热电效应	温度
热电阻	利用金属的热电阻效应	温度
热敏电阻	利用半导体的热电阻效应	温度

4.1.4 检测器件的选用原则

检测器件实际选择时要考虑的指标非常多，涉及方方面面。由于电子技术的不断发展，各种传感器的性能不断提高，种类也不断丰富，根据现场使用的具体要求和成本条件，选用合适的检测器件指标和原则见表 4-2。实际工作中选择器件时，大多数工程技术人员应根据自己的工作经验和企业的技术积累与习惯，只需要考虑几个关键的指标就可以满足项目的使用功能要求和静、动态技术指标要求。

表 4-2 传感器选型时常用性能指标及选用原则

选择指标	名称定义	选用原则
用途	压力、流量、转速	条件允许时，采用直接测量法
分辨力	满足测量与控制的精度	条件允许时，市场上流行的。价格低，性能好，不会停产
输出量类型	标准信号：4～20 mA	优先选择电流，提高抗干扰能力
电源	工作电压：24VDC	安全方便，采用 220VAC 供电容易获得
远程接口	485、CAN、HART、DP	条件允许时，选择 DP 接口；条件允许时，网络接口更加可靠
辅助功能	简单闭环控制	报警功能、显示功能简单 PID 闭环控制功能
安装形式	螺纹接口	方便安装、方便使用、方便维护

对于不同工作环境，正确合理地选用检测器件，是自动化系统安全、可靠工作的保证。

(1)很多检测器件输出的信号通常比较微弱，同时还夹杂着其他干扰信号，因此，在传输过程中，根据检测器件输出信号的具体特征和后续系统的要求，需对检测器件输出信号进行阻抗变换、电平转换、屏蔽隔离、放大、滤波、调制、解调、A/D 和 D/A 等各种形式的处理。在成本条件允许的情况下，尽可能选用标准输出的检测器件。

(2)对检测器件信号处理电路的组成进行合理地选择和确定时，还要考虑信号在传输过程中，噪声、温度、湿度、磁场等方面的干扰影响，并选择能对检测系统的非线性、零位误差和增益误差等进行补偿和修正的传感器。

(3)检测器件信号处理电路的组成需要考虑的问题主要包括：检测器件采集到的信号是数字信号还是模拟量信号，是电压信号还是电流信号，输出电路的输出端是单端还是差动输出，输出信号的阻抗、线性度分辨率如何等。

4.1.5　检测器件的技术指标

衡量一种自动化测量输入类器件传感器的好坏，有许多标准和特征指标，如表 4－3 所示。

表 4－3　传感器标准性能指标

	性能指标	定义
静态特性	测量范围	测量的上限到下限
	满量程输出	测量范围的上限和下限之差
	线性范围	线性范围或动态线性范围是指机械输入量与传感器输出量之间维持线性比例关系的测量范围
	线性度	被测值处于稳定状态时，传感器输出与输入之间的关系曲线与理想直线的接近程度
	灵敏度	传感器的输出变化量与输入变化量之比
动态精度	精确度	简称精度，表示传感器的输出量和被测量的符合程度
	分辨率	传感器能检测到的最小输入增量
	时滞	传感器正、反行程的重合程度
	稳定性	传感器在相同条件下，在长时间内输出值不发生变化的性能
	可靠性	工作寿命、平均无故障时间、保险期、疲劳性能、绝缘电阻、耐压
	响应速度	测量交变信号时的快慢
	幅频特性	传感器的输出和输入的关系
	相频特性	传感器的输出滞后于输入的特性
其他	温度范围	工作温度范围、温度误差
	振动、冲击	允许各项抗冲击振动的频率、振幅及加速度冲击振动所引起的误差
	其他	抗潮湿、抗腐蚀、抗电磁干扰

有的检测器件尽管其静态特性非常好，但输出的动态响应特性差，导致严重的动态误差。因此，必须从静态和动态两方面的特性来衡量一个检测器件的优劣。

(1)检测器件的静态特性是指检测器件在静态工作状态下的输入与输出特性，是衡量检测器件静态性能优劣的重要依据。

(2)检测器件的动态特性指检测器件测量动态信号时，输出对输入的响应特性。在实际检测中的大量被测量是随时间变化的动态信号，检测器件的输出不仅能精确地显示被测量的大小，而且还能显示被测量随时间变化的规律。

4.2 典型旋转运动参数测量器件

4.2.1 光电式旋转编码器

光电编码器是一种旋转角度的检测装置，常用编码器可分为增量式和绝对式两种形式，如图 4-2 所示。光电编码器将输入的角度量利用光电转换原理转换成相应的电脉冲，它广泛应用于数控机床、回转台、伺服传动、机器人、雷达、军事目标测定等需要检测角度的装置和设备中。光电编码器的特点如下：

(1)非接触测量，无接触磨损，码盘寿命长，精度保证性好；

(2)允许测量转速很高，精度较高；

(3)光电转换，适合于长距离传输，抗电信号干扰能力强，可靠性高；

(4)体积小，便于安装，适合于机床行业；

(5)构造原理简单，价格低廉；

(6)码盘基片为玻璃，抗冲击和抗震动能力差。

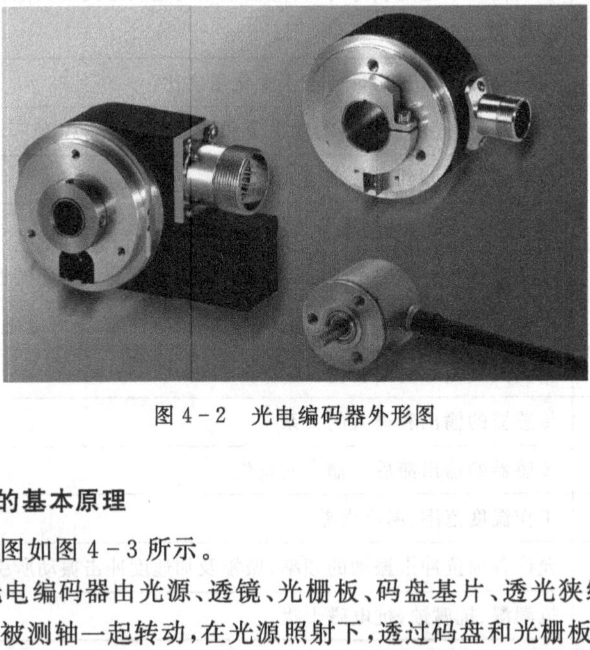

图 4-2 光电编码器外形图

1.增量式编码器的基本原理

光电编码器原理图如图 4-3 所示。

图 4-3(a)中，光电编码器由光源、透镜、光栅板、码盘基片、透光狭缝和光敏元件以及转换电路组成。码盘随被测轴一起转动，在光源照射下，透过码盘和光栅板形成忽明忽暗的光信号，光敏器件把此光信号转换成脉冲电信号，通过信号转换电路的整形、放大等处理后输出。图 4-3(b)中，①增量式编码器是直接利用光电转换原理转换为三组方波脉冲 A、B 和 Z 相。Z 相用于每转一个脉冲的基准点定位，A、B 两组脉冲相位差 90°。根据 A、B 两相脉冲数目可计算得出被测轴的角位移，完成角度的测量；根据 A、B 两相脉冲的频率可求得被测轴的转速，并且可以利用 A、B 两相的 90°相位差的四倍频电路实现角位移的细分。②增量式编码器根据相位相差 90°的 A 和 B 相脉冲就可以判断旋转方向，如果 B 相脉冲滞后于 A 相脉冲 90°，电机正转；相反，如果超前，电机反转。③增量式编码器旋转一周常用的脉冲数有 256、512、1024、

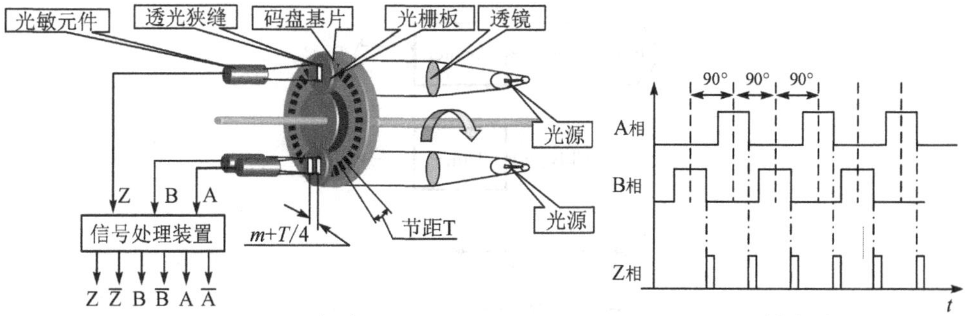

(a) 组成　　(b) 辨向原理

图 4－3　光电编码器组成及辨向原理图

2048 和 5000，可见每一个脉冲代表的精度非常高。可利用 Z 相作为被测轴的周向定位基准信号，也是被测轴的旋转圈数记数信号。

2.绝对式编码器的基本原理

绝对式编码器(简称绝对编码器)利用格雷码二进制进行光电转换，如图 4－4 所示。绝对编码器与增量式编码器不同在于圆盘上透光、不透光的线条图形。绝对编码器根据码盘上的编码，检测角位移的绝对位置。编码的设计可采用二进制码、循环码、二进制补码等。

图 4－4 的特点：①可以直接读出角度的绝对值。分辨率是由二进制的位数来决定的，目前有 10 位、14 位等多种。②没有累积误差。绝对编码器基片上有多圈码道，且每码道的刻线数相等，说明对应每圈都有光电传感器。绝对编码器检测信号按某种规律编码输出，故可测得被测轴的周向绝对位置。③电源切除后位置信息不会丢失。绝对编码器有二进制码和格雷码编码两种方法。④绝对编码器采用格雷码编码的优点是任何两个编码之间只有一位是变化的，因而可以提高可靠性，即，可以把误差控制在最小单位上。其编码必须从二进制编码转换而来，转换规则：将二进制编码与其本身右移一位后并舍去末位的编码作不进位加法，得出的结果即为格雷码(循环码)。

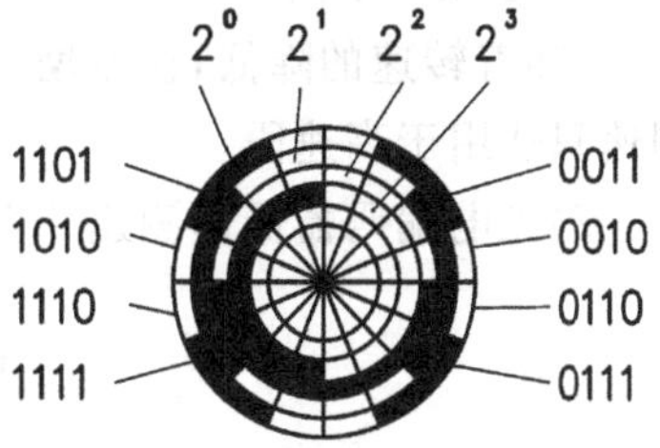

图 4－4　格雷码编码原理

可见，绝对编码器是直接输出数字量的传感器，在它的圆形码盘上沿径向有若干同心码道，每条道上由透光和不透光的扇形区相间组成，码盘上的码道数就是它的二进制数字码的位数。在转轴的任意位置都可读出与位置相对应的数字码，形成二进制数。显然，码道越多，分辨率就越高，目前国内已有 16 位的绝对编码器产品。

3.光电编码器的应用

光电编码器的测速方法包括测频率(M 法)、测周期(T 法)和 M/T 法三种。

1)光电编码器高速测速 M 法(如图 4－5 所示)

M 法是测量单位时间内的脉数换算成频率，因存在测量时间内首尾的半个脉冲问题，可能会有 2 个半脉冲误差。速度较低时，因测量时间内的脉冲数变少，误差所占的比例会变大，所以 M 法宜测量高速。其转速和误差的计算公式分别为：

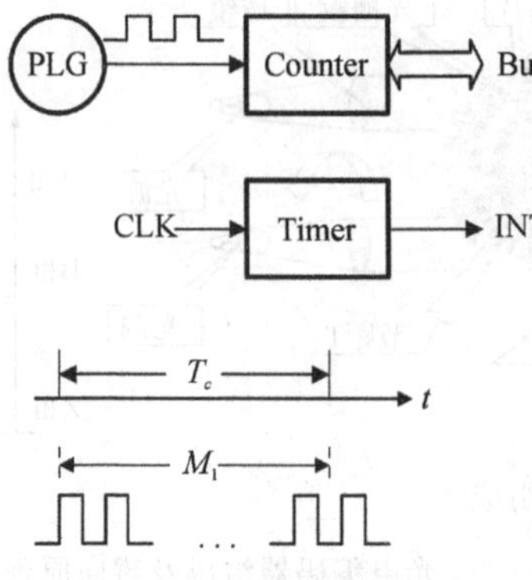

图 4-5　M 法测速原理图

$$n=\frac{60M_1}{ZT_c}$$

$$\delta_{\max}=\frac{\dfrac{60M_1}{ZT_c}-\dfrac{60(M_1-1)}{ZT_c}}{\dfrac{60M_1}{ZT_c}}\times 100\%=\frac{1}{M_1}\times 100\%$$

可见，在上式中，Z 和 T_c 均为常值，因此转速 n 正比于脉冲个数。高速时 Z 大，量化误差较小，随着转速的降低，误差增大，转速过低小于 1 时，测速装置便不能正常工作。所以，M 法测速只适用于高速段。

2)光电编码器低速测速 T 法(如图 4-6 所示)

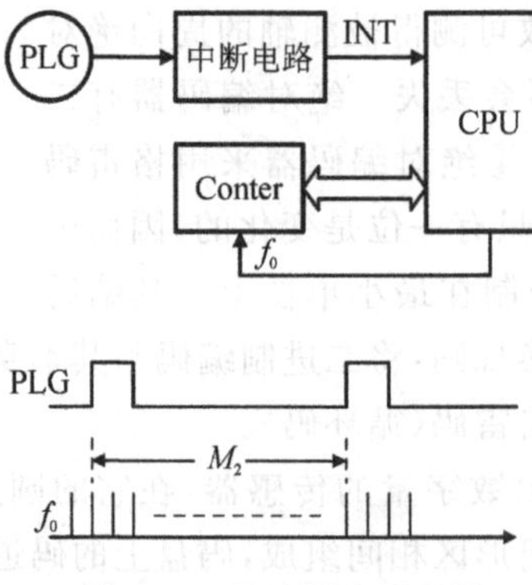

图 4-6　T 法测速原理图

T 法是测量两个脉冲之间的时间换算成周期，从而得到频率。因存在半个时间单位的问题，可能会有 1 个时间单位的误差。速度较高时，测得的周期较小，误差所占的比例变大，所以 T 法宜测量低速。如要增加速度测量的上限，可以减小编码器的脉冲数，或使用更小更精确的计时单位，使一次测量的时间值尽可能大。其转速和误差的计算公式分别为：

$$n=\frac{60f_0}{ZM_2},$$

$$\delta_{\max}=\frac{\dfrac{60f_0}{Z(M_2-1)}-\dfrac{60f_0}{ZM_2}}{\dfrac{60f_0}{ZM_2}}\times100\%=\frac{1}{M_2-1}\times100\%$$

可见，低速时，编码器相邻脉冲间隔时间长，测得的高频时钟脉冲个数 M_2 多，所以误差率小，测速精度高，故 T 法测速适用于低速段。

3）光电编码器高低速测速 M/T 法（如图 4－7 所示）

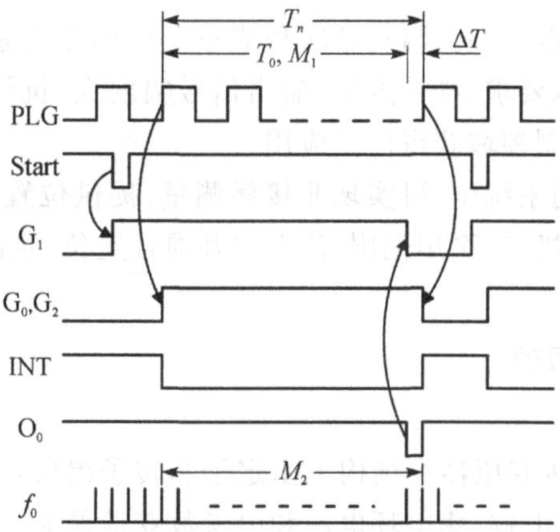

图 4－7　M/T 法测速原理图

M 法、T 法各有优劣和适应范围，编码器线数不能无限增加，测量时间也不能太长，计时单位也不能无限小，所以往往 M 法、T 法都无法胜任全速度范围内的测量，因此产生了M 法、T 法结合的 M/T 测速法：低速时测周期、高速时测频率。这样可以将两种测速方法相结合，取长补短，既检测 T_c 时间内旋转编码器输出的脉冲个数 M_1，又检测同一时间间隔的高频时钟脉冲个数 M_2，用来计算转速，其转速和分辨率的计算公式分别为：

$$n=\frac{60M_1}{ZT_t}=\frac{60M_1f_0}{ZM_2}$$

$$Q=\frac{60f_0M_1}{ZM_2(M_2-1)}$$

可见，低速时 M/T 法的检测精度趋向于 T 法，高速段 M/T 法的检测精度相当于 T 法的 M_1 次平均，而在这 M_1 次中最多产生一个高频时钟脉冲的误差，因此，M/T 法测速可在较宽的转速范围内具有较高的测速精度，故 M/T 法测速能适用的转速范围明显大于 M 法和 T 法。测速时，首先定义一个 T_c 定时器控制采样时间，其次中断实现 M_1 计数器记录 PLG 脉冲和 M_2 计数器记录时钟脉冲，最后按照 M/T 法的计算公式计算转速。

4.2.2　电磁感应旋转变压器

1. 旋转变压器概述

旋转变压器是一种能转动的变压器，典型旋转变压器的外形如图 4－8 所示。

转动过程中，定子和转子相互电磁感应，使得转子绕组的输出电压与转子的转角相关，所以，旋转变压器是一种角度测量器件。励磁电压接到定子绕组上，当励磁绕组以一定频率的交

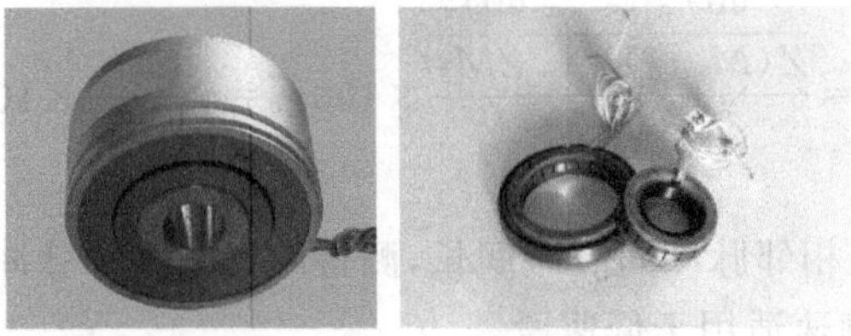

图 4-8　旋转变压器外形图

流电压励磁时，输出绕组的电压幅值与转子转角成正余弦函数关系。旋转变压器具有结构简单、动作灵敏、对环境无特殊要求、维护方便、输出信号幅度大、抗干扰性强、工作可靠、适应性强等优点，因而在检测和控制领域获得广泛应用。

例如在旋转运动的随动系统中，可实现非接触测量，提供位置反馈信号，用于各种纺织机械、电子凸轮、注塑机、数控机床、军用伺服、汽车以及惯性定位、定向系统和惯性导航的稳定平台领域。

2. 旋转变压器的工作原理

1)旋转变压器的组成

如图 4-9(a)所示，旋转变压器在结构上由定子和转子组成，包括线圈、转轴、轴承、机壳、转子绕组、定子绕组、端盖、电刷、集电环电源和电参数变送器等。定子绕组为变压器的原边，转子绕组为变压器的副边。旋转变压器可以简化为变压器模型，如图 4-9(b)所示。旋转变压器定子和转子各有两对磁极，相位相差 90°。

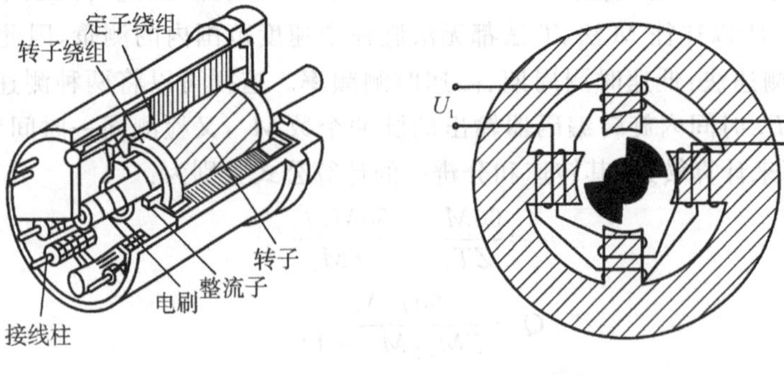

(a) 内部组成　　(b) 变压器模型

图 4-9　旋转变压器组合及测量原理图

同时在定子和转子上设计完全相同的两套绕组结构，在空间上正交的互相垂直绕组，如图 4-10 所示。一套是定子励磁绕组和补偿绕组；另一套是正弦输出绕组和余弦输出绕组。

旋转变压器是将被测磁芯与衔铁之间的磁场变化信号转换成电信号，可用于检测直接引起场强度变化的场合。当励磁电压 $U_1=U_m\sin\omega_t$ 加到定子绕组时，通过电磁耦合，转子绕组中将产生感生电压；由于转子是可以旋转的，当转子转动一周时，感应电压由弱到强，再由强变弱。当转子绕组磁轴自垂直位置转过任意角度时，转子绕组产生的感应电压 U_2 为：

$$U_2=kU_1\sin\theta=k\sin\omega_t\sin\theta$$

式中，U_2 为转子绕组感应电势；θ 为定子与转子绕组轴线间夹角；k 为变压绕组匝数比。于是，两个转子绕组产生的感应电压 $U_{2\text{-}1}$ 和 $U_{2\text{-}2}$ 为：

$$U_{2\text{-}1} = 4.44 f w_t k \Phi_D \cos\theta = U_1 \cos\theta$$

$$U_{2\text{-}2} = 4.44 f w_t k \Phi_D \cos(\theta + 90°) = -U_1 \sin\theta$$

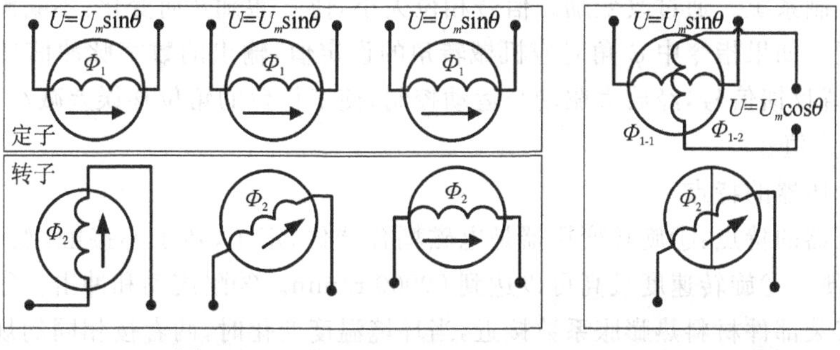

(a) 单线圈激励与感应原理图　(b) 双线圈激励与感应原理图

图 4－10　旋转变压器差动测量原理图

转子绕组感应电势的波形如图 4－11 所示。图中，当线圈匝数为常数时，其感应电势 U_2 仅仅是励磁电压被转子绕组旋转调制后的结果，需要解调电路进行解调才能用于转速和转角的测量。因此，根据不同的励磁供电方式，旋转变压器有相位和幅值两种工作状态。

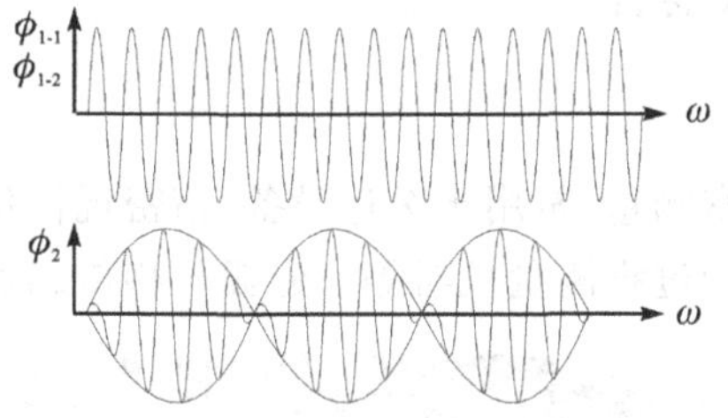

图 4－11　旋转变压器感应电动势波形图

2)旋转变压器的相位正交激励

当定子绕组由两个幅值相等，相位相差 90°的正弦电压 $U_1 = U_m \cos\omega_t$，$U_2 = U_m \sin\omega_t$ 励磁时，根据迭加原理，在转子绕组中的输出电压为：

$$U_3 = kU_1 \sin\theta + nU_2 \cos\theta$$

$$U_3 = kU_m \cos\omega_t \sin\theta + nU_\mathrm{m} \sin\omega_t \cos\theta$$

$$U_3 = kU_m \cos(\omega_t + \theta)$$

可见，正弦信号 U_3 的相角就是转子与定子间的机械转角 θ，因此，这种工作状态的旋转变压器处于相位工作状态，若将其输出信号经放大、整形和鉴相就可测得相应的机械转角。

3)旋转变压器的幅值正交激励

在两个定子绕组上，分别加以频率、相位相同但幅值成正交关系的励磁电压 $U_1 = U_m \sin\omega_t \sin\varphi$，$U_2 = U_m \sin\omega_t \cos\varphi$ 时，则转子绕组的输出电压 U_3 为：

$$U_3 = kU_1 \sin\theta + nU_2 \cos\theta$$

$$U_3 = kU_m \sin\omega_t \sin\varphi \sin\theta + nU_m \sin\omega_t \cos\varphi \cos\theta$$

$$U_3 = kU_m \sin\omega_t \cos(\theta - \varphi)$$

可见，正弦信号U_3的幅值就是转子与定子间的机械转角φ与波形发生器相位之差，这种工作状态的旋转变压器处于幅值工作状态，若将其输出信号经放大、整形和鉴相就可直接用于工作台位置测量，也就是控制伺服电机跟随位置指令的变化而变化，从而组成按幅值进行控制的闭环伺服控制系统。通过改变励磁信号相位大小，使φ跟随θ而变化，不断测量和调整工作台的实际位置。如果指令中φ角对应机械转角的设定值，输出的数字脉冲信号反映了角位移误差，作为位置反馈信号，经放大驱动与运动控制，使工作台的角位移误差减小，直到机械转角θ不断接近给定值φ。

4)旋转变压器的特点

旋转变压器的特点：①旋转变压器是电磁耦合器件，定子、转子不接触，没有磨损，使用寿命长，维护方便。②旋转速度最高可以达到60000 r/min。③耐震动和冲击。④由于旋转变压器的基板与安装部件材料热膨胀系数接近，当环境温度变化时，两者按相同的规律变化，因此，工作温度范围宽，允许工作温度范围－55～155 ℃。⑤体积可以很小。⑥适应于比较恶劣的环境，如钢铁行业、水利水电行业，但是对电磁干扰比较敏感。

4.3 典型直线运动参数测量器件

4.3.1 光栅直线位移测量器件

1. 光栅直线位移传感器

光栅适用于大量程的精密测量，常用于医疗设备、精密现代化加工设备、数控加工中心、磨床、铣床、机器人和自动化生产过程测量机器等。光栅位移传感器外形如图4－12所示。

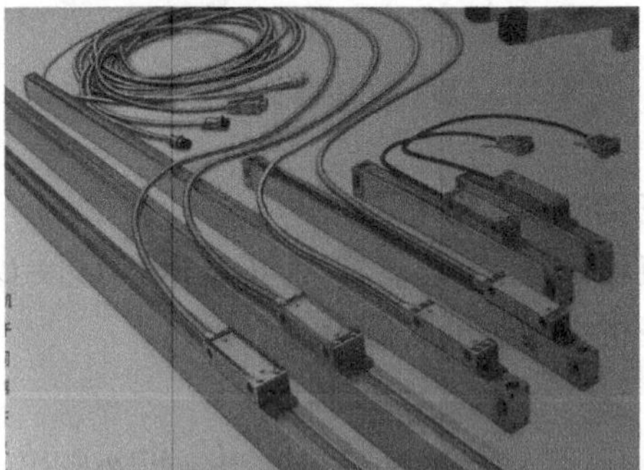

图4－12　光栅位移传感器外形图

光栅是一种在基体上刻制有等间距均匀分布条纹的光学器件。光栅传感器一般由光源、透镜、光栅副(主光栅和指示光栅)和光电接收器件组成。在检测中，光栅传感器是将莫尔条纹光信号转换成电信号的光敏器件，可用于检测直接引起光强变化的非电量，也可用来检测长度或位移。光栅传感器具有响应快、性能可靠、能实现非接触测量等优点。光栅的种类很多，按光线的走向可分为透射光栅和反射光栅。刻画在玻璃尺上的光栅称为长光栅，条纹密度可多达250根/mm，主要用于测量长度或直线位移。

2. 透射式光栅传感器的基本原理

透射式光栅传感器在透明的玻璃上均匀地刻画间距为 W、宽度相等的条纹而形成透射光栅，其宽度和缝隙宽度为 $W/2$。其原理图如图 4－13 所示。

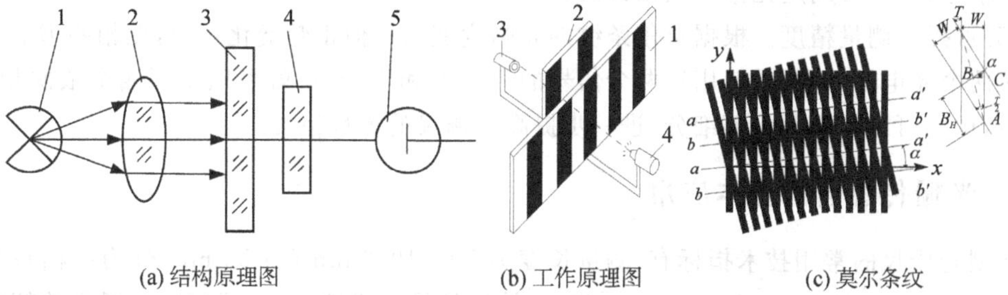

1—光源；2—准直透镜；3—主光栅；4—指示光栅；5—光电器件。

图 4－13　光栅测量原理图

图 4－13 中，光栅传感器由光源、准直透镜、主光栅、指示光栅和光电器件组成。光源发出的光，经准直透镜形成平行光束，垂直投射到光栅和指示光栅上，透过的光信号形成规则的明暗线条，称为莫尔条纹，莫尔条纹再由光电器件接收，实现位移的测量。透射式光特点是结构简单、位置紧凑、调整使用方便，适合位移测量及与位移相关的物理量测量。

(1)主光栅是长光栅，指示光栅是短光栅，通常栅线分为每毫米 25、50、100、250 根线。

(2)如果把主光栅和指示光栅相对叠和在一起，并使两者栅线之间保持很小的夹角 θ 时，就会在垂直栅线的方向上出现明暗相间的莫尔条纹。主光栅相对于指示光栅移动时，莫尔条纹也在垂直于移动方向上产生移动。再利用光电接收器件将莫尔条纹亮暗变化的光信号转换成电脉冲信号，便可测量出光栅的移动距离。

莫尔条纹间距关系式为：

$$B_H = AB = BC/\sin 0.5\theta \approx W/0.5\theta$$

若 θ 很小，则 $1/\theta$ 很大，这样，莫尔条纹宽度是栅距的 $1/\theta$ 倍，相当于把栅距放大了 $1/\theta$ 倍，提高了测量灵敏度。

3. 莫尔条纹的特性分析

(1)莫尔条纹具有位移放大作用。在光栅副中，若两光栅的光栅常数相等，因为夹角很小，所以放大倍数 $1/\theta$ 很大，尽管栅距很小，但莫尔条纹却清晰可见，这样就可以把一个微小移动量的测量转变成一个较大移动量的测量，从而提高了测量精度。

(2)莫尔条纹的变化规律。两片光栅相对移过一个栅距，莫尔条纹移过一个条纹间距。莫尔条纹的移动量和移动方向与主光栅相对于指示光栅的位移量和位移方向有着严格的对应关系。也就是说，当光栅相对运动一个栅距 W，莫尔条纹就会移动一个条纹间距 B。

(3)莫尔条纹具有误差平均效应。莫尔条纹是由光栅的很多栅线共同形成的，而光电器件接收的并不只是固定一点的条纹，而是在一定长度范围内很多刻线产生的条纹，因此对光栅的刻线误差有平均作用，克服了刻线的局部误差和周期误差对于测量精度没有直接的影响，因此，就有可能得到比光栅本身的刻线精度高的测量精度。

(4)光栅辨向。由于光的衍射与干涉作用，莫尔条纹的变化规律近似正弦函数，变化周期数与两光栅相对移过的栅距数同步。光栅传感器在测量时，可安装两个或者四个彼此错开1/4间距 B_H 的光电器件。当光栅移动时，莫尔条纹通过两个隙缝的时间不同，所以两个光电器件所获得的电信号虽然波形相同，但相位相差 90°。若以其一为参考信号，则另一信号超前或滞后参考信号，由此可判定光栅的运动方向。

(5)可提高测量精度。根据莫尔条纹的光强度变化近似正弦变化规律，在相差 $B_H/4$ 位置上安装两个光电器件，如果使用这两个信号的上升沿和下降沿，就可以得到四个依次相差 45°的信号，从而可以实现四倍频细分，进一步提高光栅尺的测量精度。

4.3.2 光栅传感器的基本应用

典型光栅尺的常用技术指标有：测量长度为 50～1000 mm(每 50 mm 分为一档)；分辨率为 0.1 μm，0.2 μm，0.5 μm，1 μm，5 μm；TTL 输出信号有线性差动。可见，光栅尺的精度范围很大，高精度光栅尺的精度可达±1 μm，分辨率可达 0.1 μm。高精度光栅尺的特点有：①可用于大量程测量；②抗干扰能力强；③易于实现测量及数据处理自动化；④可实现动态测量；⑤高精度光栅成本高；⑥测量精度高；⑦怕振动、油污。光栅传感器测量位移原理如图 4-14 所示。

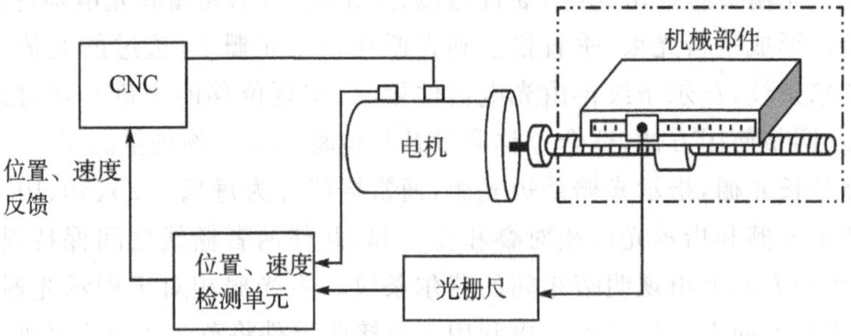

图 4-14　光栅传感器测量位移原理图

图 4-14 中，机械工作台常常使用光栅传感器进行位移测量，测量过程中电机通过带动齿轮副和丝杠副进行转动，实现工作台的直线运动，同时通过光栅传感器测量工作台的位移，可见，这种结构属于全闭环位移控制模式，因此，属于一种精度高，价格高的运动机械。

4.4 典型小位移参数测量器件

4.4.1 电感式小位移传感器

电感式小位移传感器利用了电磁感应原理将被测非电量转换成线圈自感系数或互感系数的变化，再由测量电路转换为标准信号，从而实现位移、速度、加速度等的测量，如图 4-15 所示。

常用电感式小位移传感器种类很多，按照转换原理分为自感式、差动式、互感式和电涡流式传感器；按照结构形式分为气隙式、变面积式和螺管式传感器。

实际应用比较多的是差动变压器式传感器，根据变压器原理，它的次级绕组采用差动形式连接，差动变压器结构有变隙式、变面积式和螺线管式等几种。

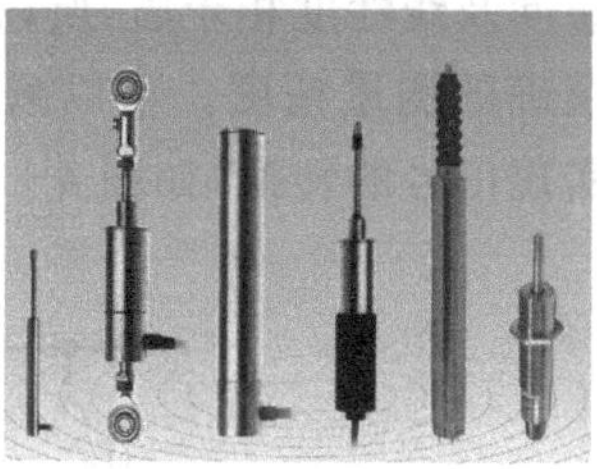

(a) 位移传感器

(b) 压差传感器

图 4-15　电感传感器外形图

电感式传感器具有抗污染、测量范围可大可小、精度高、线性好、灵敏度高、性能稳定、工作可靠、寿命长、重复性好、分辨力高、响应快、机械损失小、结构简单等优点，因而在检测和控制领域获得广泛应用。

1. 气隙式电感小位移传感器

电感式位移传感器原理图如图 4-16(a)所示，其特征曲线如图 4-16(b)所示。

图 4-16 中，电感式位移传感器一般由固定磁芯、动衔铁、线圈、电源和电参数变送器组成。电感式传感器是将被测磁芯与衔铁之间的磁场参数变化信号转换成电信号的器件，可用于检测直接引起场强度变化的电量或非电量场合。

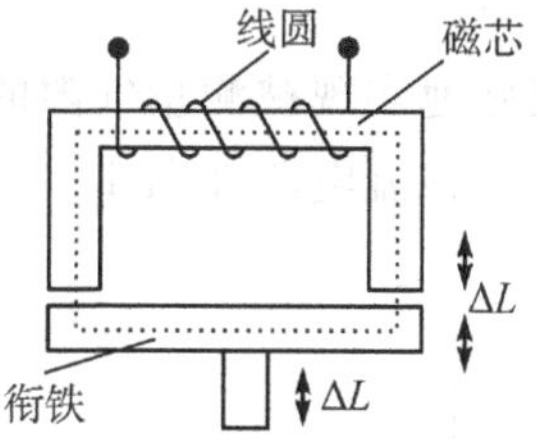

(a) 结构原理

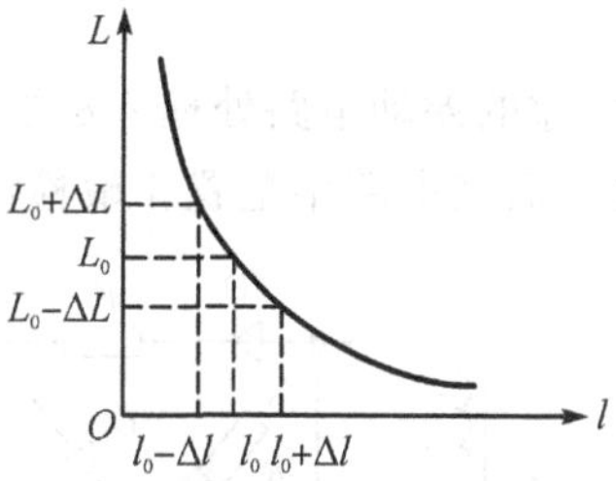

(b) 特征曲线

图 4-16　电感气隙测量原理图

1)电感与气隙关系

为了求磁阻式电感传感器的电感与气隙的关系，根据电感定义和磁路欧姆定律，线圈中电感量和磁通量由下式确定：

$$L=N\Phi/I \cup \Phi=IN/R_m \Rightarrow L=N^2/R_m$$

在电感传感器中，因为气隙很小，可以认为气隙中的磁场是均匀的，通常气隙磁阻远大于铁心和衔铁的磁阻，若忽略磁路磁损，则磁路总磁阻只和气隙磁阻相关，即：

$$R_m \approx 2\Delta L/\mu_0 S_0 \Rightarrow L=N^2/R_m=N^2\mu_0 S_0/2\Delta L$$

可见，当线圈匝数为常数时，电感 L 仅仅是磁路中磁阻 R_m 的函数，只要改变 ΔL 或 S_0 均可导致电感变化。

2)变气隙长度式电感传感器的线性化处理

自感式传感器又可分为变气隙长度式电感传感器和变气隙面积式电感传感器。电感传感器中的电感量和气隙成反比，即为非线性关系，不能直接使用。采用差动变气隙式电感传感器，变气隙长度式电感传感器的测量范围与灵敏度及线性度相矛盾，所以变气隙长度电感式传感器用于测量较小位移的场合，可以获得比较精确的测量精度。可以减小较长测量长度的非线性误差，通过交流阻抗测量电桥和谐振电路实现信号的转换，如图 4－17 所示。

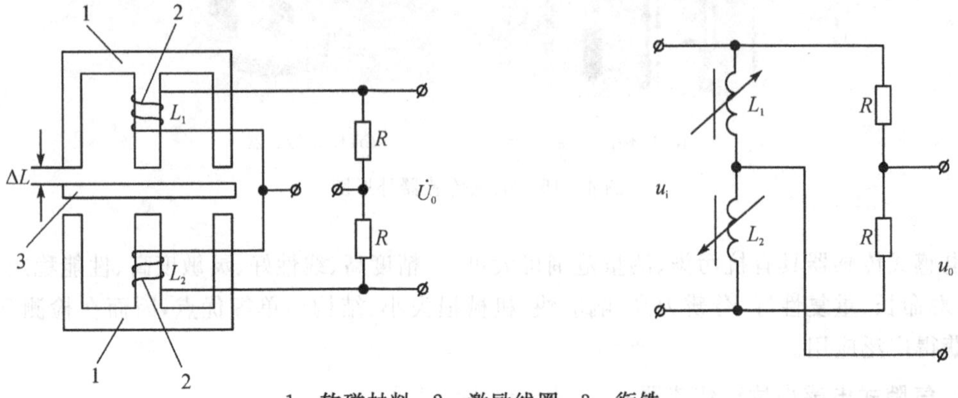

1—软磁材料；2—激励线圈；3—衔铁。

图 4－17　电感差动测量原理图

这两个电气参数和几何尺寸完全相同的传感线圈共用一个衔铁来构成，其输出空载电压为：在平衡时，$Z_1=Z_2=Z$，$u_0=0$；在衔铁偏离中间零点时，$Z_1=Z+\Delta Z$，$Z_2=Z-\Delta Z$；可见，这个测量方案只能确定衔铁位移的大小，不能判断位移的方向。

3）辨向电路

电感传感器变气隙的差动电路处理方法能够很好地实现被测量气隙的线性化，这样，为了判断位移的方向，要在后续电路中配置相敏检波器，其整流电路如图 4－18 所示。

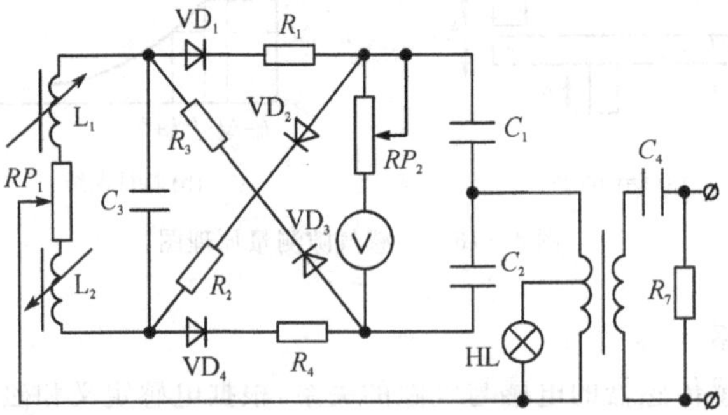

图 4－18　辨向相敏整流电路图

测量电压如下：

$$u_0=\frac{u}{Z_1+Z_2}Z_1-\frac{u}{2}=\frac{u}{2}\frac{Z_1-Z_2}{Z_1+Z_2}$$

$$u_0=u_i\Delta Z/2Z$$

可见，u_0 的大小反映位移的大小，u_0 的极性反映位移的方向。

2. 差动式电感小位移传感器

差动式电感小位移传感器也称电感测微仪，为了增大电感传感器的位移测量范围，可以采用螺线管式结构，称为螺线管式差动变压器。电感差动测量原理图如图 4－19 所示。

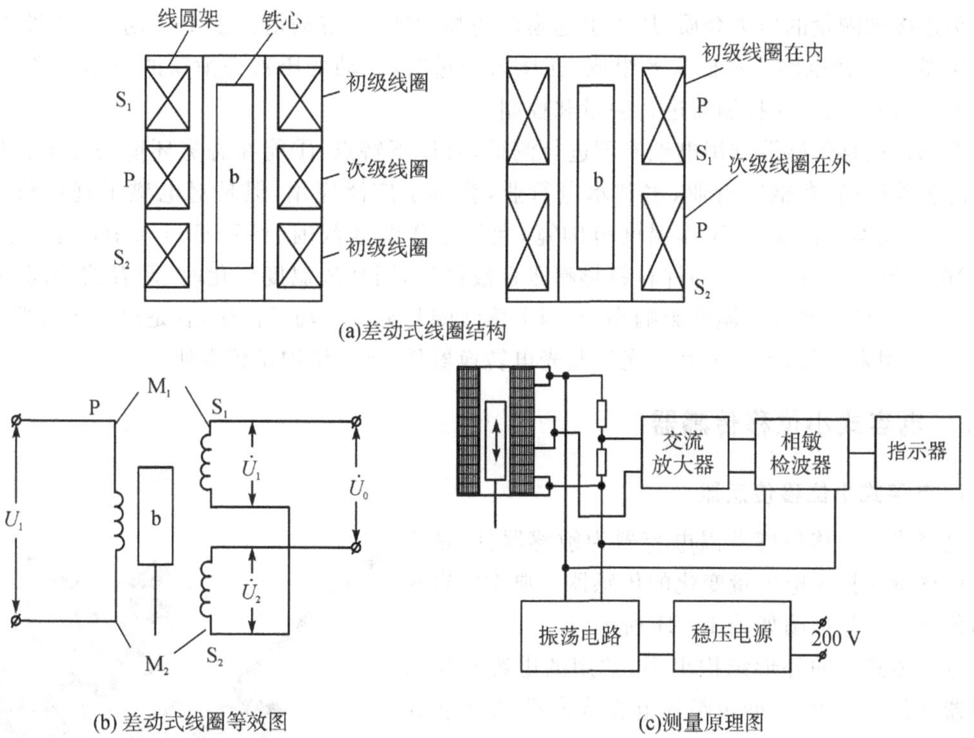

图 4－19　电感差动测量原理图

图 4－19 中，螺线管式差动变压器在导磁外壳的骨架内安装一个初级绕组和两个次级绕组，圆柱形的活动衔铁在三个绕组内孔中运动，三个传感线圈共用一个衔铁。当一次线圈接入激励电源之后，二次线圈就将产生感应电动势，当两者间的互感量变化时，感应电动势也相应变化，该传感器的简化变压器模型如图 4－19(b)所示。当活动衔铁位于中间位置并且两个次级绕组的异名端相连时，两个绕组的互感电动势相等，因此，总的互感电动势为 0；当活动衔铁偏离了中间位置时，在线性范围内，输出感应电动势随衔铁正、负位移而线性增大。

利用差动电感式位移传感原理的压力测量如图 4－20 所示。

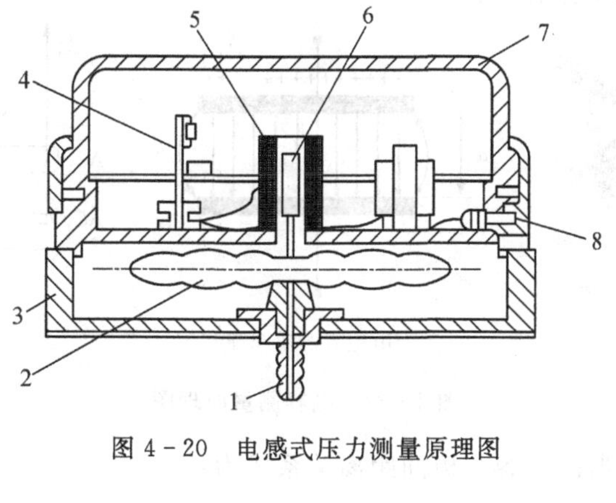

图 4－20　电感式压力测量原理图

图 4－20 中，该传感器分为两部分，第一部分由管接头 1、膜盒 2、衔铁 6 和罩壳 3、7 组成，

管接头连接被测量的压力介质，压力引起膜盒的弹性变形，带动衔铁上下移动；第二部分由差动变压器5、转换电路4和插头8组成，在压力测量时，差动变压器将衔铁的位移转换成输出标准电压信号，以方便控制器进行测量和控制。

电感式位移传感器利用电磁原理进行测量，有以下特点：①能在恶劣环境条件下工作，因为其防护等级高，在钢铁行业、水利水电行业，获得了广泛应用，但是对电磁干扰比较敏感；②体积小，成本较低廉；③工作温度范围宽，允许工作温度范围－55～155 ℃；④耐震动和冲击；⑤由于测量芯轴与安装部件材料热膨胀系数接近，当环境温度变化时，两者按相同的规律变化，故测量精度受环境温度影响小；⑥因电感线圈与测量芯轴不接触，且是电磁耦合器件，没有磨损，使用寿命长，不需要其他光源及光电转换器件，所以维护比较方便。

4.4.2 电容式小位移传感器

1. 电容式小位移传感器

电容式小位移传感器以电容器为敏感器件，是将机械位移量转换为电容量变化的传感器。典型电容式位移传感器的外形图如图4-21所示。

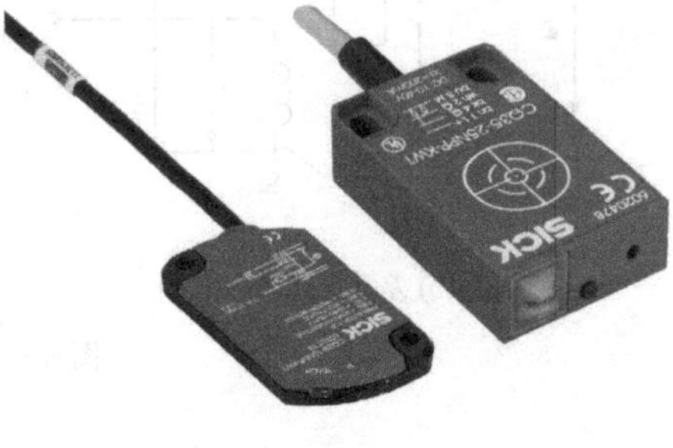

图4-21 电容式位移传感器的外形图

电容传感器的外形结构很多，常用的电容式位移传感器可分为三大类：变极距式电容传感器、变面积式电容传感器和改变极板间介质的电容式传感器。电容传感器是将被测电容的间距、电荷和场强度等信号转换成电信号的器件，可用于检测直接引起场强度变化的电量或非电量的场合，具有测量范围很大、灵敏度高、响应快、机械损失小、结构简单、适应性强等优点，但也存在寄生电容影响大和具有非线性输出等不足，可用来检测位移、速度、加速度、介质材料、介质密度、振动、压力、应变、流量、比重等。

1）电容式小位移传感器的基本原理

电容式小位移传感器一般由固定电极板、动极板、电源和电参数变送器组成。电容式位移传感器原理图如图4-22所示。

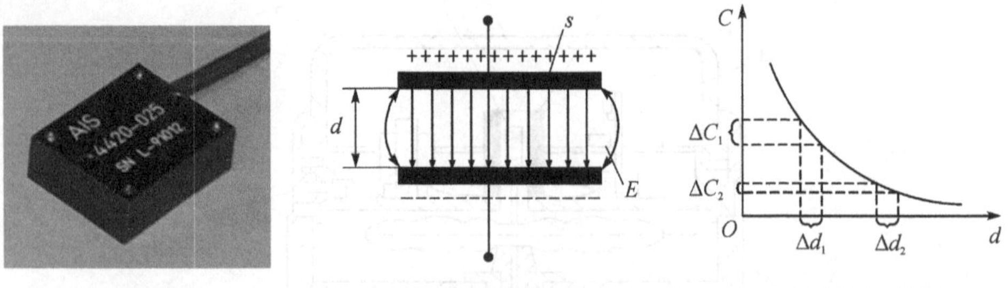

(a) 外形图　　(b) 电容测量原理　　(c) 电容测量曲线

图4-22 电容测量原理图

变极距式电容传感器的电容与极间距离关系式为：

$$C=\frac{\varepsilon S}{d}=\frac{\varepsilon_r\varepsilon_0 S}{d}$$

式中，ε_r 为相对介电常数，ε_0 为空气介电常数，d 为介质间距，S 为介质面积。

可见，传感器的电容增量与被测液位高度长宽尺寸和面积成正比，与介质高度成反比，这样测量位移和测量厚度精度特别高，能达到纳米级，但是，量程很小。由于电容式位移传感器测量特征为非线性曲线，需要采用差动式测量方法来线性处理，差动电容测量原理如图 4－23 所示。

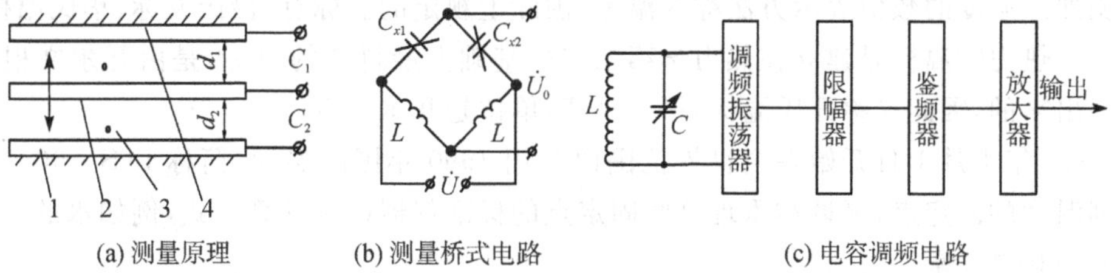

1—下极板；2—中间极板；3—介质；4—上极板。

图 4－23　差动电容测量原理

差动式电容变化与位移的关系式为：

$$\Delta C = C_1 - C_2 = 2C_0\left[\frac{\Delta d}{d_0} + \left(\frac{\Delta d}{d_0}\right)^3 + \left(\frac{\Delta d}{d_0}\right)^5 + \cdots\right]$$

$$\Delta C = C_1 - C_2 = 2C_0\,\frac{\Delta d}{d_0}$$

可见，差动式电容电桥更适合高频工作。当放大器输入阻抗极大时，电桥输出电压与输入位移成线性关系，但是对电源电压的要求很高，必须采用稳幅、稳频等措施才能保证波动极小，而且电容传感器必须工作在平衡位置附近。电容传感器的交流电桥输出阻抗很高，可达几兆欧以上，输出电压幅值又小，所以必须后接高输入阻抗放大器将信号放大后进行测量。

2）电容式小位移传感器的放大电路

在大多数应用情况下，电容传感器采用交流电桥作为电桥的一个臂或两个相邻臂进行测量，将电容式传感器接入振荡器电路时，当被测量电容量发生变化时，振荡器的振荡频率受变化电容的调制变化而变化。另两臂可以是电阻、电容或电感，从而可以提高测量精度。

3）电容式小位移传感器的应用

将电容式传感器用于压力测量系统中，电容式传感器压力测量原理图如图4－24所示。该系统采用交流全桥原理，分别将两种压力的介质通入传感器中，由振荡器输出成正比的脉冲频率信号，实现两端压力差的测量。

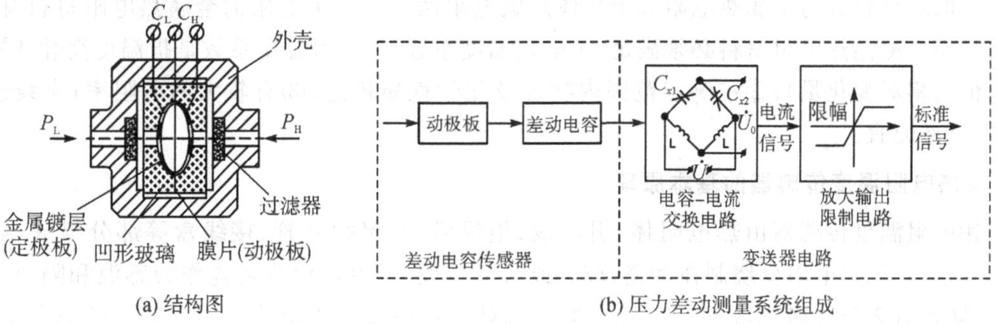

图 4－24　电容式传感器压力测量原理图

4.5 温度传感器的基本原理及应用

温度标志着物质内部大量分子无规则运动的剧烈程度。温度越高,表示物体内部分子热运动越剧烈。温度的数值表示方法称为温标,国际上规定的温标有:摄氏温标、华氏温标、热力学温标等。热力学温标是建立在热力学第二定律基础上最科学的温标,是由开尔文根据热力学定律提出来的,因此又称开氏温标,符号是 T,单位是开尔文 K。

从 1990 年 1 月 1 日开始在全世界范围内采用 1990 年国际温标,简称 ITS－90。它定义了一系列温度的固定点,测量和重现这些固定点的标准仪器以及计算公式,例如水的三相点为 273.16 K(0.01 ℃)等。

温度测量分为热电阻测温、热电偶测温和半导体测温三种方法,具体如下。

(1)热电阻传感器是一种利用热阻效应构成的温度传感器。测量时在外部电源的配合下,可直接驱动动圈式仪表,其测温范围广,下限可达－200 ℃,上限可达 500 ℃以上;电阻的热效应早已被人们所认识,即电阻的阻值随温度升高而增加或减小。目前国际上最常见的热电阻有铂、铜及半导体热敏电阻等。因此,其结构简单、动作灵敏,对环境无特殊要求,维护方便,输出信号幅度大,抗干扰性强,工作可靠,适应性强等。

(2)1821 年,德国物理学家赛贝克发现了热电效应。热电偶是一种利用热电效应而构成的温度传感器。测量时不需外加电源,可直接驱动仪表,其测温范围广,下限可达－270 ℃,上限可达 1800 ℃以上,各温区中的热电势均符合国际计量委员会的标准。因其结构简单、动作灵敏、对环境无特殊要求、维护方便、输出信号幅度大、抗干扰性强、工作可靠、适应性强等,在检测和控制领域获得广泛应用。

(3)一般来说,半导体热敏电阻(PTC/NTC)有很高的电阻温度系数,其灵敏度比热电阻高得多(是金属热电阻的十多倍),因此,可大大降低显示仪表的精度要求。半导体热敏电阻在常温下的阻值很大,通常在几千欧以上,这样引线电阻几乎对测温没有影响。半导体热敏电阻体积可以做得很小,热惯性也小,时间常数通常在 0.5～3 s,特别适合在－50～300 ℃之间测温。但是,热敏电阻的缺点是其热电特性是非线性的。

4.5.1 热电阻温度传感器分类

1.标准型热电阻分类

热电阻材料分为金属热电阻和半导体热敏电阻两大类。工业用的金属热电阻材料有铂、铜、铁、镍。测温热电阻材料必须满足:①电阻温度系数大(电阻温度系数是指温度变化 1 ℃时电阻值的相对变化量);②在测温范围内物理及化学性质稳定;③有较大的电阻率;④线性度好;⑤价格便宜。

2.热电阻温度传感器的基本原理

铂电阻温度传感器由热电阻体、引出线、绝缘骨架、保护套管、接线盒等部分组成,如图 4－25所示。铂热电阻丝绕制在陶瓷、玻璃或云母骨架上,由玻璃或陶瓷作为感温和隔离外保护层,防止有害气体腐蚀或氧化。其采用中间对折双绕方式绕制的作用是避免感应电动势。绝缘骨架的作用是缠绕、支撑和固定热电阻丝的支架。

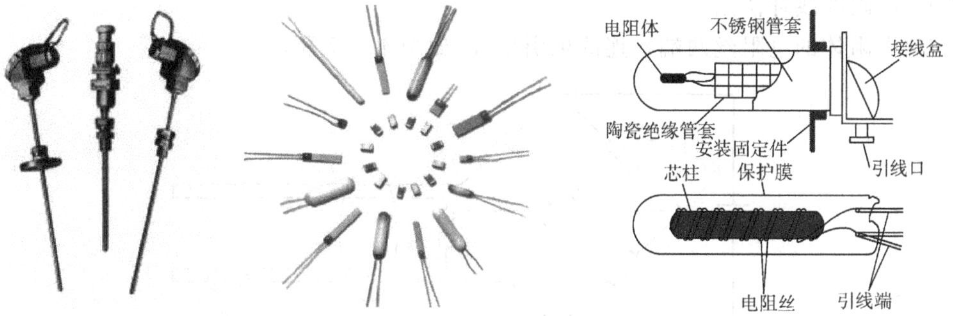

图 4-25　温度传感器外形图与内部结构

常用的铂热电阻 Pt100 的电阻值为 100 Ω，测温范围均为 −200～850 ℃，铂电阻温度传感器由于铂电阻的输出与输入特性接近线性，在氧化气体(甚至高温)中，物理、化学性质非常稳定，因此，具有测量精度高、稳定性好、性能可靠等优点。铠装热电阻的制造工艺把热电极材料与高温绝缘材料预置在金属保护管中，将这三者合为一体，有着良好的抗高温氧化、抗低温水蒸气冷凝、抗机械外力冲击的特性。同时，将其制成各种直径、规格的铠装体，再截取适当长度，将工作端焊接密封，配置接线盒，即成为柔软、细长的铠装热电阻，从而使其具有抗震、可弯曲、超长等优点，广泛用于工业测温元件并作为现场温度标准。

3.热电阻接线方式

用于测量温度的热电阻有二线制、三线制和四线制接线方法。其中，热电阻二线制测温方法用于精度要求不高的应用场合，但是，实际应用中仪表测量与显示或变送位于远离现场部分，两者之间的连线电阻将会对温度测量精度构成影响。因此，针对温度测量精度较高的场合，需要三线制和四线制。

1)热电阻三线补偿法

热电阻采用三线制接法，如图 4-26 所示。

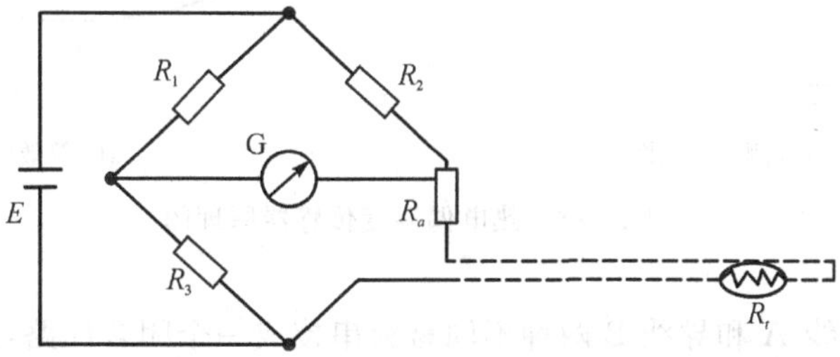

图 4-26　热电阻三线补偿法原理图

图 4-26 中，将一根导线接到电桥的电源端，其余两根分别接到热电阻所在的桥臂及其相邻的桥臂上，这样消除了导线线路电阻带来的测量误差。实际中，三线制通常与电桥配套使用，可以较好地消除引线电阻影响，这种影响是未知的且随环境温度变化，将会造成测量误差。这种方法是工业过程控制中的最常用测量方法。

2)热电阻四线补偿法

在热电阻体的电阻丝两端各连两根引出线,如图 4-27 所示。

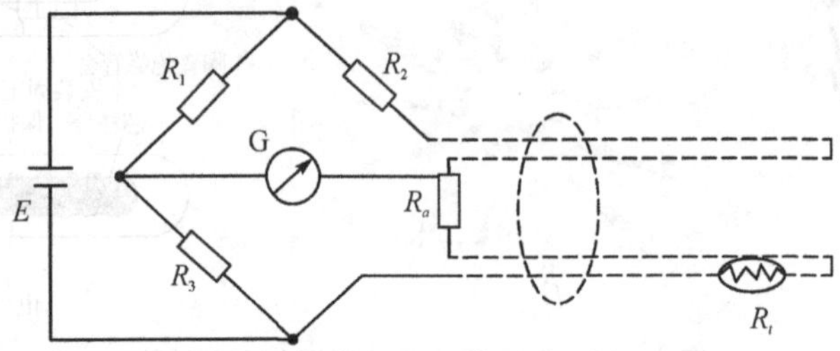

图 4-27　热电阻四线补偿法原理图

测温时,该方法不仅可以消除引出线电阻的影响,还可以消除连接导线间接触电阻及其阻值变化的影响,可见这种引线方式可以完全消除引线电阻影响。此方法主要用于高精度温度检测。

4.5.2　热电偶温度传感器的基本原理

1.标准型热电偶分类

根据金属的热电效应原理,常用的热电偶材料有铂铑30-铂铑 6 热电偶(代号为“B”),铂铑 10-铂热电偶(“S”)和镍铬-镍硅热电偶(“K”)等。在实际应用中,其特点为:温度测量范围广,性能稳定,物理、化学性能好。

2.热电偶温度传感器的基本原理

热电偶传感器原理图如图 4-28 所示。

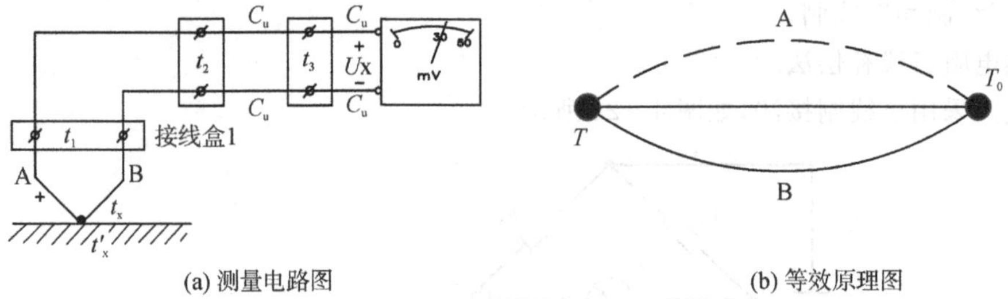

图 4-28　热电偶温度传感器原理图

其结构主要由导线 A 和导线 B 两种不同材料串接成一个闭合回路,当两个连接点温度不同时,在回路中就会产生热电势,形成电流,其热电效应的电动势为:

$$e_{AB}(T)=\frac{kT}{e}\ln\frac{N_A}{N_B}$$

式中,k 为玻耳兹曼常数;e 为电子电荷量;T 为接触处的温度;N_A/N_B 分别为导体 A 和 B 的自由电子密度。但由于热电偶产生的电势与导体 A 和 B 的自由电子密度有关,也与导体 A 与 B 两端的温度有关,因此只有将冷端温度保持恒定才能使热电势正确反映热端的被测温度。

由于很难保证冷端温度恒定在 0℃,故常采取一些冷端补偿措施,主要有:冷端恒温法、补偿导线法、计算修正法和桥补偿法等几种。

4.5.3　集成温度传感器

集成温度传感器是利用晶体管 PN 结的电流或电压特性与温度的关系，把感温 PN 结和放大电子线路集成在一个小硅片上，构成一体化的专用集成电路片。集成温度传感器具有体积小、反应快、线性好、价格低等优点，但由于 PN 结受耐热性能和特性范围的限制，故只能用来测 150℃以下的温度。温度测量芯片有很多种，常见的有 DS18B20、TMP35、TMP36 等。如图 4-29 所示是集成温度传感器 AD590 的基本原理图，分为电压型和电流型。

(1)图 4-29(a)为电压输出型集成温度传感器原理电路。当电流 I_1 恒定时，通过改变 R_1 的阻值，可实现 $I_1=I_2$，当晶体管的放大比不小于 1 时，电路的输出电压可由下式确定：

$$U_0=I_2\cdot R_2=\frac{\Delta U_{be}}{R_1}\cdot R_2=\frac{R_2}{R_1}\cdot\frac{KT}{q}\ln\gamma$$

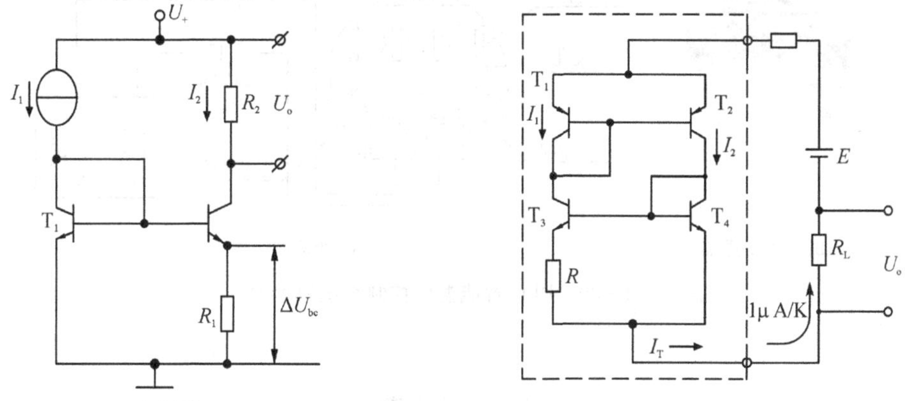

(a) 电压型　　(b) 电流型

图 4-29　集成温度传感器 AD590 原理图

(2)图 4-29(b)为电流输出型集成温度传感器的原理电路。T_1 和 T_2 是结构对称的两个晶体管，作为恒流源负载，T_3 和 T_4 管是测温用的晶体管，其中 T_3 管的发射结面积是 T_4 管的 8 倍，流过电路的总电流 I_T 为：

$$I_T=2I_1=\frac{2\Delta U_{be}}{R}=\frac{2KT}{qR}\cdot\ln\gamma$$

可见，式中当参数一定时，电路的输出电流与温度有良好的线性关系。

4.5.4　基本应用

典型热电阻传感器在工业现场中的温度控制是采用西门子 PLC-S7-200EM235 系统完成标准信号的温度采集并进行自整定和无超调控制，如图 4-30 所示。

图 4-30 中，由于温度传感器检测来的信号不是标准的电压(电流)信号，不能直接送给 PLC 的 A/D 转换模块，因此，常用信号变送器将温度传感器(热电偶、热电阻)检测的信号处理为标准信号，以方便 PLC 等控制器进行控制，接线图如图 4-30(a)所示，这样，温度传感器采集到的温度信号经过变送器的处理后，转换为标准信号 4～20 mA，如图 4-30(b)所示。PLC 对温度信号进行处理后，通过模拟量模块输出电流信号，电流信号可以通过调压器来控

制电源的开度，也可以采用 PWM 方式进行控制固态继电器，从而控制电源的输出功率。加热器根据电源输出功率调节加热，从而达到温度调节的效果；热电阻采用三线制接线方式，如图 4－30(c)所示，其中变送器由外部提供 24 V 电源；最后，西门子 PLC 通过网络接口和计算机进行通信，实现温度的远程监测和控制。

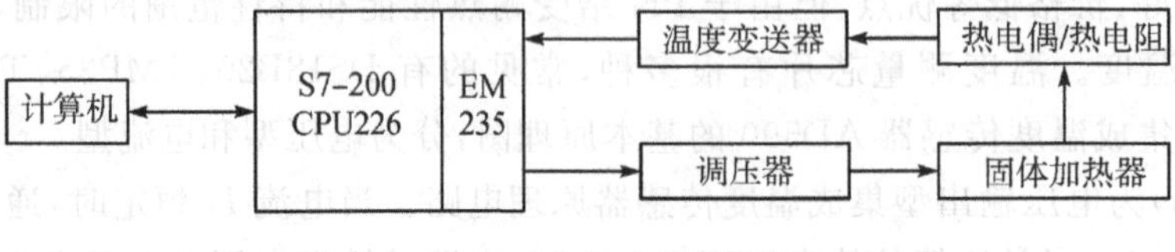

(a) PLC智能温度控制系统框图

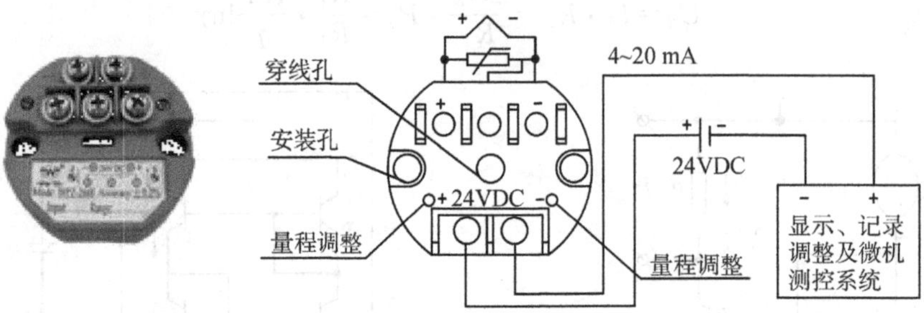

(b) 温度变送器　　(c) 变送器接线图

图 4－30　PLC 智能温度控制系统原理图

4.6　思考

1. 机械自动化测量器件工作的基本组成是什么？
2. 机械自动化测量器件工作的基本原理是什么？
3. 常用的自动化测量器件选用原则是什么？
4. 常用的自动化测量器件检测的参数有哪两大类？
5. 为什么说机械自动化测量器件是自动化系统工作的基础？
6. 为什么说在工业自动化系统中“测得准才能控得准”？

第 5 章　典型伺服电机的建模分析

本章重点讲解电气传动装备中的典型伺服电机数学建模和典型应用，详细介绍两类伺服电机的基本工作原理、数学建模和动态性能，培养学生举一反三地利用两类伺服电机完成综合设计的能力。

5.1　伺服电机简介

伺服电机是高精度运动闭环伺服控制应用系统中的核心元件，它是一种将计算机控制指令转变为高精度的位置或速度的运动部件。伺服电机按照原理可分为直流伺服和交流伺服两大类。由于伺服电机具有结构简单、动态响应快、控制精度高和使用寿命长等优点，已广泛应用于机械制造、土建、冶金、化工等领域的电气伺服运动控制系统中，其外形如图 5-1 所示。

(a) 直流伺服电机　　(b) 交流伺服电机

图 5-1　典型电气伺服电机外形图

5.1.1　典型电气伺服电机的性能对比

1.直流伺服电机的优点和缺点

优点：速度控制精确，低速时转矩速度特性很好，控制原理简单，使用方便，价格便宜。

缺点：电刷换向，速度限制，附加阻力，产生磨损微粒，不适宜用在污染与易爆等场合。

2.交流伺服电机的优点和缺点

优点：速度控制可控性良好、响应速度快、灵敏度高、运行稳定。在整个速度区内可实现平滑控制、无振荡，在额定运行区域内发热少，效率大于 90%，适应于高速、高精确度的控制、污染与易爆、工作寿命长等场合；在转矩机械特性方面，可实现恒转矩和恒功率两种模式的控制。

缺点：控制原理复杂，驱动器参数需要现场调整 PID 参数整定。

5.1.2 电气伺服电机的控制原理

针对直流伺服电机的工作原理，当电枢绕组有直流电流流过时，转子在定子磁场的作用下就会产生电磁转矩，克服负载实现转动。转动的快慢取决于流过电枢的电流大小。

针对交流伺服电机的工作原理，当定子线圈流过三相交流电流时，产生了旋转磁场，使得转子中的导体切割磁力线获得电磁转矩，带动转子转动，进而克服负载。转动的快慢取决于旋转磁场的转速。

针对伺服电机和普通电机的工作原理，其相同点在于电机结构本身分为定子和转子两大部分，其不同点在于伺服电机在电机结构配套一个角位移检测传感器，角位移检测传感器反馈角位移给驱动器，驱动器根据反馈值与目标值进行比较，调整转子转动的角度，形成角位移、角速度和转矩的闭环控制。值得指出，伺服电机都是和驱动器成对使用的，例如，带标准 2000 线编码器的伺服电机，由于驱动器内部采用了四倍频技术，故伺服电机的角位移分辨率为 $360°/8000=0.045°$。对于带 2^{17} 位编码器的伺服电机而言，驱动器每接收 131072 个脉冲说明伺服电机转了一圈，即其角位移分辨率为 $360°/131072=0.0027466°$。可见，伺服电机的转动精度决定于编码器的精度(线数)。

伺服电机的控制模式分为三种：

(1)伺服电机的转矩/电流闭环控制：伺服电机的输出电流/转矩大小由电流传感器检测电机的电枢回路，一方面用于对电枢回路的滞后进行补偿，使动态电流按要求的规律变化，感应电动势对电枢电流的影响将变得很小。另一方面采用电流环后，当电机负载突变时，电流负反馈的引入起到了快速响应控制和过载保护的作用。

(2)伺服电机的速度闭环控制：伺服电机的转速可由测速旋转变压器或光电旋转编码器获得，驱动器根据速度反馈信号，对伺服电机的速度进行控制，以实现要求的运动规律和动态特性。同时，速度环的引入还会增加系统的动态阻尼比，减小系统的超调，使电机运行更加平稳。

(3)伺服电机的位置闭环控制：对伺服电机的角位移或伺服平台的位移进行控制，可采用光电旋转编码器或光栅尺等对转角或直线位移进行测量反馈，与指令信号比较后产生偏差控制信号，控制电机向消除误差的方向旋转，直到达到准确的位置。

因此，高性能电气伺服系统可以采用伺服电机直接构成快速、准确的位置、速度和转矩控制系统。

5.2 直流伺服电机的机电传动建模分析

基于直流伺服电机的控制系统就是用一个直流伺服电机来驱动一个旋转或直线运动的机电装备，最终克服负载的阻尼和转动惯量，实现工艺要求的运动功能，从而具有良好的快速响应和线性调节特性。

5.2.1 直流伺服电机工作原理

直流伺服电机的构造由磁极、电枢绕组、电刷和换向器组成，其结构如图 5-2(a)所示，直流伺服电机驱动器控制电枢电压时的电枢等效电路如图 5-2(b)所示。

图 5-2(b)中，直流伺服电机的原理与一般直流电机相似。当电枢绕组流过直流电流 I_a

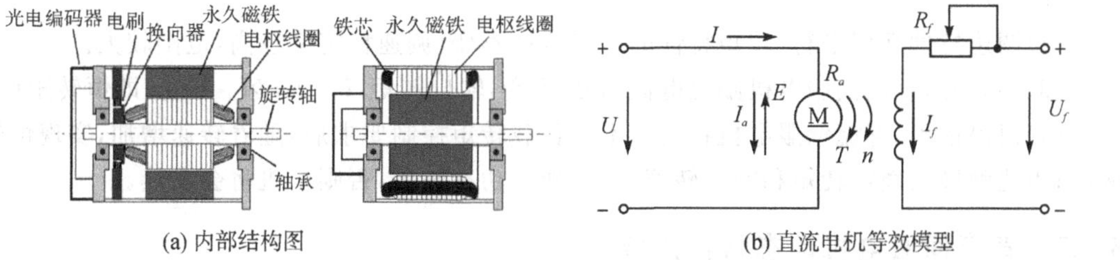

(a) 内部结构图　　(b) 直流电机等效模型

图 5－2　直流伺服电机内部结构和等效模型图

时，一方面在电枢导体中产生电磁力，克服负载转矩 T_n 使电机转子旋转；另一方面，电枢导体在定子磁场中以转速 ω 旋转切割磁力线，产生感应反电动势 E_a，其方向与电枢电流方向相反，其大小与转子旋转速度和定子磁场中的磁极气隙的磁链（磁通量）有关。其中，L_a 和 R_a 分别是电枢绕组的电感和电阻。

5.2.2　直流伺服电机静态特征建模

直流伺服电机定子通常采用永磁式结构，也就是说定子磁场中的磁链始终保持常量，克服恒定负载后电机的旋转速度不会变化，从而使得转速与电压之间为线性关系，即转速仅随电枢电压变化而变化。

1.直流电机静态电气方程组

在直流电机模型中，根据电磁学原理和物理学原理，转子线圈中流过电流时，受电磁力的作用而产生的电磁转矩方程，电机转动时的感应电动势方程和转矩平衡方程如下：

$$\begin{cases}\text{电压平衡方程：} U_a(s)=E_a(s)+R_aI_a(s)\\ \text{感应电动势方程：} E_a(s)=K_e\Phi n(s)\\ \text{电磁转矩方程：} T(s)=K_T\Phi I_a(s)\end{cases}$$

稳态方程组中，磁通量 Φ 为定值时，负载将不再变化，引起的绕组线圈电流和感应电动势也将不再变化。

2.直流电机的稳态特性

当电机控制过渡过程完成后，当 $s\to 0$ 和 $t\to\infty$ 时系统将达到稳态，求解上述方程组得：

$$n=\frac{U_a}{K_e\Phi}-\frac{R_a}{K_eK_T\Phi^2}T$$

3.直流电机的稳态特性分析

改变直流电机的电枢电压 U_a 时，电机的稳态特性曲线如图 5－3 所示。从特性曲线可看出，改变电枢电压 U_a 时的电机速度特性，其空载速度随着 U_a 的减小而减小，表现为平行的斜线。在一定的负载转矩 T_L 下，电枢外加不同电压可以得到不同的转速，即改变电枢电压可以达到调速的目的，对应不同的转速，可以得到不同的稳定工作点。

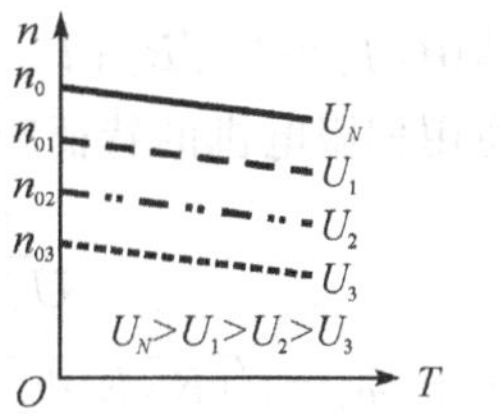

图 5－3　改变电压的电机稳态特性曲线

其调速特点为：

（1）当电源电压连续变化时，转速在额定转速以下可以实现平滑无级调节。

(2)调速特性互相平行，转矩特性的水平特性不变，调速稳定度较高，范围较大。

(3)调速时，直流伺服电机励磁电流与 Φ 不变，输出转矩 $T=Kt\Phi I_a$ 不变，即恒转矩调速。

(4)值得指出，直流伺服电机在满足不变负载转矩控制要求后，随着转速增加，实现恒转矩输出；当达到最大额定转矩和额定转速时，实现恒功率输出，否则电机将会发热。

5.2.3 直流伺服电机动态特征建模

1.直流电机动态特征电气方程组

根据电磁学原理和物理学原理，在直流电机模型中，转子线圈中流过电流时，受电磁力的作用而产生的电磁转矩方程、电机转动时的感应电动势方程和转矩平衡方程，构成如下方程组：

$$\begin{cases}\text{电压平衡方程：}U_a(s)=E_a(s)+R_aI_a(s)+L_asI_a(s)\\ \text{感应电动势方程：}E_a(s)=K_e\Phi\omega(s)=K_e\Phi s\theta(s)\\ \text{电磁转矩方程：}T(s)=K_T\Phi I_a(s)\\ \text{转矩平衡方程：}T(s)=T_L(s)+Js^2\theta(s)+bs\theta(s)\end{cases}$$

2.直流伺服电机等效方块组

根据上述直流伺服电机方程组，绘制直流伺服电机等效方框图如图 5-4 所示。

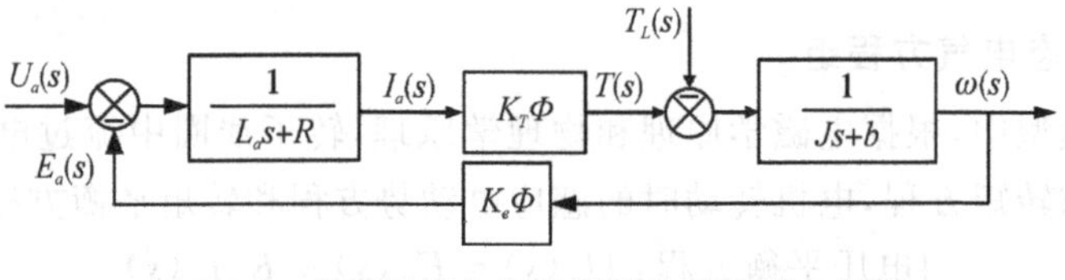

图 5-4　直流伺服电机的旋转控制系统方框图

3.直流电机的传递函数

针对直流伺服电机方程组求解：

$$\frac{\omega(s)}{U_a(s)}=\frac{K_T\Phi}{JL_as^2+(L_ab+JR_a)s+(K_TK_e\Phi^2+R_ab)}-\frac{(L_as+R_a)}{JL_as^2+(L_ab+JR_a)s+(K_TK_e\Phi^2+R_ab)}\times\frac{T_L(s)}{U_a(s)}$$

可见，当电机控制过渡过程完成后达到稳态，这个公式的特征时间表达式为：

$$\frac{\omega(s)}{U_a(s)}=\frac{K_{m1}}{T_mT_as^2+(T_m+T_a)s+K_{m2}}-\frac{K_{p1}(T_as+1)}{T_mT_as^2+(T_m+T_a)s+K_{m2}}\times\frac{T_L(s)}{U_a(s)}$$

其中，$T_a=L_a/R_a$；$T_m=J/b$；$K_{m1}=K_T\Phi/R_ab$；$K_{m2}=1+K_TK_e\Phi^2/R_ab$；$K_{p1}=1/b$。

使用伺服电机的特征频率表达式有：

$$\frac{\omega(s)}{U_a(s)}=\frac{K_m}{s^2+2\xi\omega_ns+\omega_n^2}-\frac{K_p(s+\omega_{n1})}{s^2+2\xi\omega_ns+\omega_n^2}\times\frac{T_L(s)}{U_a(s)}$$

式中，$\omega_n=\sqrt{(K_TK_e\Phi^2+R_ab)/JL_a}$；$\xi=(T_m+T_a)/2\omega_n$；$K_m=K_T\Phi/JR_a$；$K_p=L_a/JR_a$。

4.直流伺服电机传递函数化简

针对永磁伺服电机的电气结构特点，电磁线圈的电感很小($L_a\approx0$)，可以忽略，说明电气系统的转折频率远远高于可运动的机械部件频率；同时电机的摩擦阻力 b 较小，也可以忽略，因此，电机模型进一步简化为一阶系统：

$$\frac{\omega(s)}{U_a(s)}=\frac{K_T\Phi}{JR_as+K_TK_e\Phi^2}-\frac{R_a}{JR_as+K_TK_e\Phi^2}\times\frac{T_L(s)}{U_a(s)}$$

$$\omega(s)=\frac{K_D}{T_Ds+1}U_a(s)-\frac{K_L}{T_Ds+1}\times T_L(s)$$

可见，电机的转速取决于励磁电压和负载两方面，其中，T_D，K_D，K_L 分别为电机控制的时间常数、电机控制的增益和负载增益，$T_D=JR_a/(K_TK_e\Phi^2)$；$K_D=1/K_e\Phi$；$K_L=R_a$。

5.直流伺服电机的三环伺服控制框图

大多直流伺服电机使用配套驱动器，能够直接实现三个闭环的反馈控制，其等效方框图如图 5－5 所示。

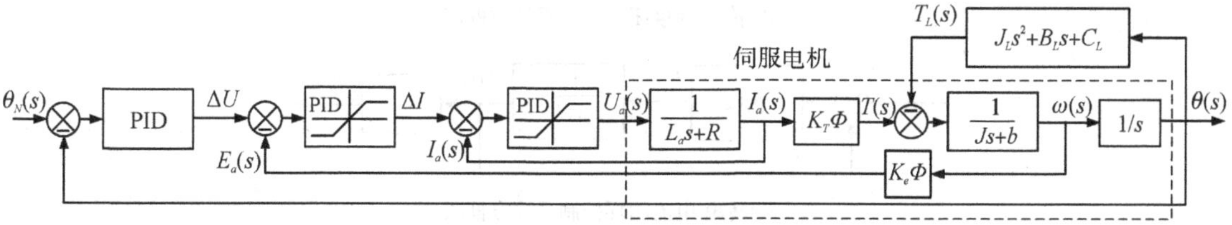

图 5－5　直流伺服电机的三环控制系统方框图

值得指出，通过 PID 实现三环综合控制过程，需要在转矩输出和转速输出在 PID 的线性区域采用正常的 PID 控制。假如超过线性区域，驱动器必须对内部控制闭环的输出值做幅值控制，避免铁心磁通饱和，这样，伺服电机的功率容量将受到限制。选型时额定功率一定要大于实际功率 1.5 倍以上。

直流伺服电机的转矩控制环是驱动器克服负载变化的控制方法，在额定负载范围内，转矩大小随负载不同的线性变化，输出为恒转矩控制。超过额定负载转矩后，驱动器将不再增加转矩，并进行过载报警。

直流伺服电机的转速控制环是驱动器在一定负载范围内对电机转速进行控制的方法，其中有梯形曲线和 S 形曲线两种控制方法。在电机启动的低速阶段，转速根据控制指令将线性增加；达到额定转速时，转速将不再变化直到工作结束；在电机停止阶段，转速将线性减小。

直流伺服电机的位置控制环比较特殊，是驱动器根据位置大小控制的要求，计算出位置指令大小，由驱动器实时控制电机按照转速的梯形曲线或 S 形曲线进行转速控制，当接近目标位置时，控制电机减速并停机。

5.2.4　基于直流伺服电机的转速伺服控制应用

针对大多数机电液应用，通用负载是一个零型二阶系统，而直流伺服电机是用于驱动负载而做功的。一方面，其负载的转动惯量和阻尼都比伺服电机本身大很多，可以忽略电机本身的转动惯量和阻尼；另一方面，大多负载的弹性不能忽略。因此，转矩平衡方程中必须考虑负载的转动惯量、阻尼和弹性影响，这样，可以采用伺服电机配套的驱动器来单独实现对直流伺服电机的转矩/电流、转速/速度和角位移/位置等运动参数的三种闭环控制，其控制方框图如图 5－6 所示。

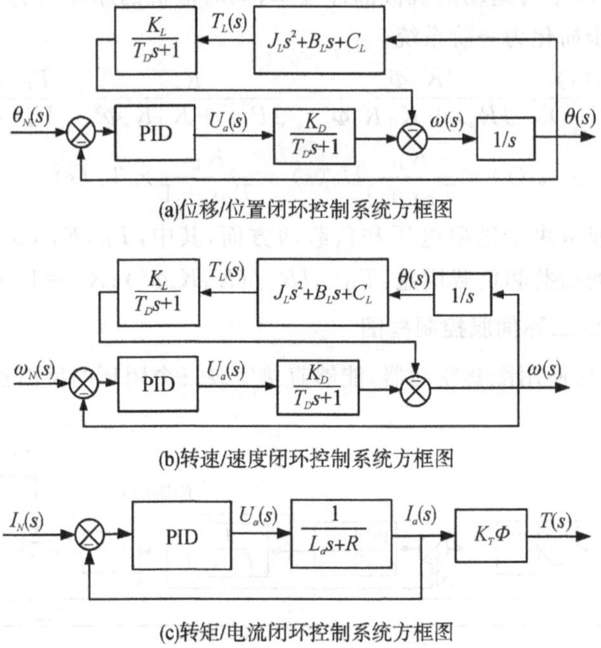

图 5-6　直流伺服电机的闭环控制系统方框图

由图可见，直流伺服电机的闭环控制既可以采用 PID 对电流环进行单独控制，通过调节电枢电流来控制电机的转矩，进而改善电机的工作特性和安全性，也可以通过 PID 单独控制转速或位置。

直流电机结构复杂、制造困难、所用钢铁材料消耗大，制造成本高。虽然直流电机广泛应用在要求调速性能较高的场合，但其还存在一些固有的缺点，如电刷换向器易磨损，换向器换向时会产生火花，使电机的最高速度受到限制，也使应用环境受到限制，因此需要经常维护。

5.3　永磁交流伺服电机的机电传动建模分析

永磁交流伺服电机也称为 PMSM，由于其转子惯量较小，使得动态响应特征更好，特别是鼠笼式感应电机克服了上述结构复杂和制造困难等缺点。在同样体积下，交流电机输出功率可比直流电机提高 10%～70%，还有大功率交流电机价格低、运行稳定、可控性好、响应快速、灵敏度高，机械调节特性的非线性度指标要求小于 10%～25%等特点。因此，数控机床等精度要求较高的现代运动装备交流伺服驱动技术是发展的趋势。

5.3.1　永磁交流伺服电机的基本构成

交流伺服电机按照转子结构可分为鼠笼形电枢和空心杯形电枢；也可以按照转子构成分为同步和异步电机。交流伺服电机本身的内部结构如图 5-7(a)所示，由激磁绕组 1、内转子 2、编码器 3、外接口 4、轴承 5 和旋转轴 6 组成。目前常用三相同步交流伺服电机控制方法实现运动控制，原理如图 5-7(b)、(c)所示，控制波形如图 5-7(d)所示。

图 5－7 中，由于交流伺服电机结构简单，可以做到很大的功率，且具有较宽的调速范围、线性的机械特性、无“自转”现象和快速响应的性能，因此，其适用于高精度的自动控制系统及测量装置等设备，如机床控制系统、天线旋转、驾驶盘和流体阀门控制等方面。

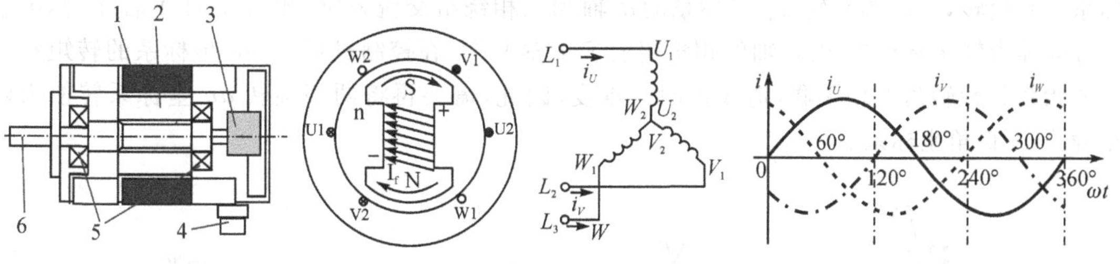

(a) 内部结构　(b) 截面原理图　(c) 等效模型　(d) 交流波形

图 5－7　交流伺服电机内部结构和等效模型图

5.3.2　交流伺服电机的物理结构模型

1.交流伺服电机工作原理

永磁交流伺服电机由电机本身、正弦波波形发生器、位置传感器、电流逆变器和驱动电路等组成。虽然交流伺服电机具有很多优点，但建模复杂，交流伺服电机既要按照要求的波形进行输出电流的控制，也要按照三相定子电流和角度进行相位控制，这就是交流伺服电机控制的难点。恒速运行时，三相绕组感应的电势呈现正弦波，如图 5－8 所示。正弦波永磁同步电机定子的三相绕组的电流是由逆变器提供的，其电流大小由负载决定，频率由实际位置和转速决定，转子位置由高精度位置传感器实时测量得到。

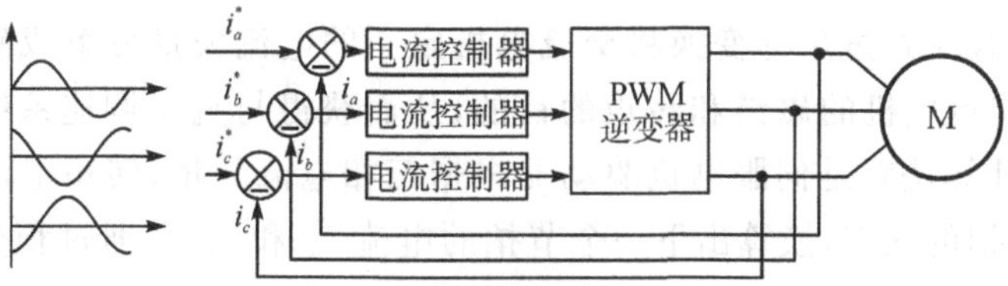

图 5－8　交流伺服电机绕组的正弦波形控制图

图 5－8 中，交流伺服电机在没有控制电压时，在定子内没有产生一个旋转磁场，转子静止不动；当有控制电压时，定子绕组产生一个旋转磁场，转子受到电磁转矩作用沿旋转磁场的方向旋转；在负载恒定的情况下，伺服电机的转速随控制电压的大小变化，当控制电压的相位相反时，伺服电机将反转。

2.交流伺服电机的工作坐标系

对于永磁伺服电机来说，其工作原理如图 5－9(a)所示，三相绕组 AX、BY、CZ 在圆周上均匀成对分布，相位互差 120°，三相定子绕组为 Y 型接法，从 X、Y、Z 流入，从 A、B、C 流出的电流为顺时针正方向。按照交流伺服电机的三相绕组建立三相绕组 ABC 坐标系，如图 5－9(b)所示。可见，转子上永磁体在定子气隙中脉动的旋转磁场作用下产生电磁转矩 F_s，其大小和形成三相绕组电流合成的磁链矢量 ψ_f 相同，其方向和旋转磁场的方向相同。为了便于独立控制转矩或转速，需要将三相绕组坐标系转换为两相转矩和转速的直角 dq 坐标系，如图 5-9(c)所示。

图 5-9 中，对于 PMSM 永磁伺服电机来说，两相旋转 dq 坐标系和三相绕组交流 ABC 坐标系一起旋转，其两相旋转 dq 坐标系的 d 轴和三相绕组交流 ABC 坐标系的 A 轴重合，d 轴的方向即为转子磁链方向，q 轴的相角超前于 d 轴 90°。在控制过程中，dq 坐标系的转矩和转速值始终和旋转角度相关联，造成控制的难度，因此，需要再将两相旋转 dq 坐标系转换为两相静止 $\alpha\beta$ 直角坐标系。

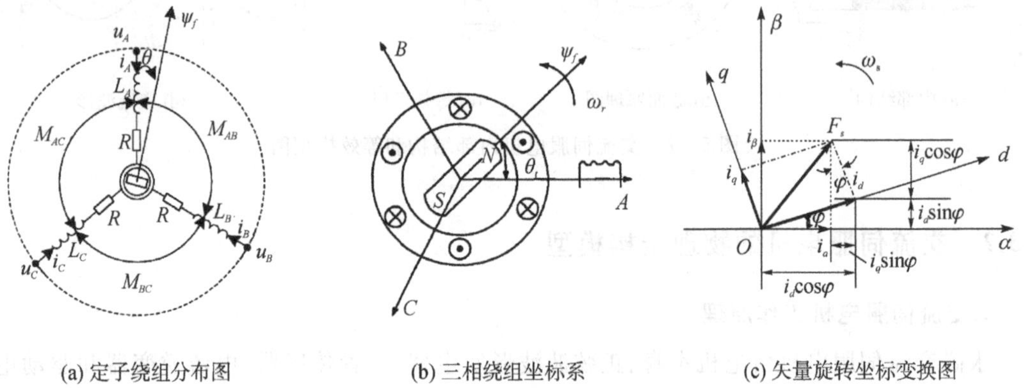

图 5-9 交流伺服电机工作原理图

5.3.3 交流伺服电机的空间矢量(SVPWM)建模

1.交流伺服电机的空间矢量方程

SVPWM 控制技术通过坐标变换将交流电机定子的电流矢量分解成磁链分量和转矩分量，达到分别控制交流电机的磁链和转矩的目的，从而获得与直流调速系统同样好的控制效果。这样，SVPWM 算法就是伺服电机驱动器根据三相电流矢量、转矩电流矢量和励磁电流矢量前一个控制节拍的状态，换算出下一个节拍的电流 i_d 和 i_q，再通过积分运算可得转子磁链位置角 ψ，预测出旋转磁场的转速，实现转速的控制。同时由测得电流经矢量变换得到转矩电流分量 i_M 和励磁电流分量 i_T，实现转矩的控制，如图 5-10 所示。

图 5-10 中，由于永磁同步交流伺服电机的转子转动惯量小、电枢电感小、转轴无电刷的特点，使得 SVPWM 方法具有较多优点，例如：输出电流谐波成分少、低脉动转矩，具有比 SPWM高 15%的电源利用率，对环境的污染较少，算法虽然复杂但是适合数字化运算和实时

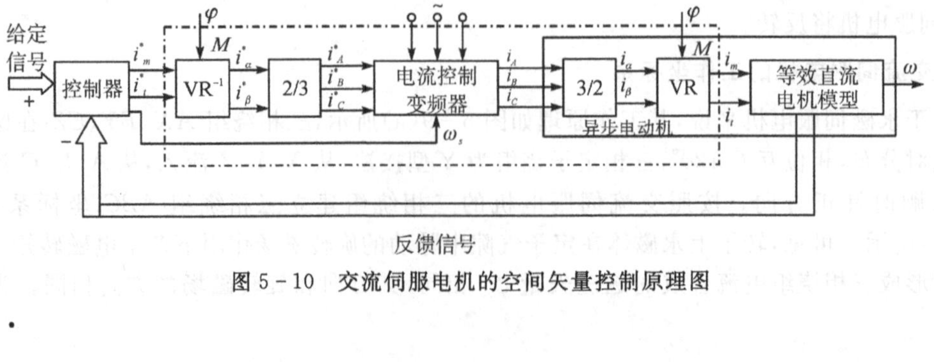

图 5-10 交流伺服电机的空间矢量控制原理图

控制，是伺服电机和变频器的首选控制方法。其主要应用在中小功率、高性能、高要求以及运行效率要求较高的控制过程中。

假设理想情况下，忽略铁心饱和，永磁材料磁导率为零，不计涡流和磁带等损耗；因PMSM 为 Y 型接法，三相电流应满足 $i_A+i_B+i_C=0$。圆心 O 到 ABC 三相定子 A 相绕组的轴线与转子的轴线电气角为 θ，三相定子绕组夹角 120°，这样，建立电气联合方程如下：

(1)PMSM 的磁链方程为：

$$\begin{bmatrix}\psi_A\\ \psi_B\\ \psi_C\end{bmatrix}=\begin{bmatrix}\cos 0^\circ & \cos 120^\circ & \cos 240^\circ\\ \cos 240^\circ & \cos 0^\circ & \cos 120^\circ\\ \cos 120^\circ & \cos 240^\circ & \cos 0^\circ\end{bmatrix}\begin{bmatrix}L_A i_A\\ L_B i_B\\ L_C i_C\end{bmatrix}+\begin{bmatrix}\cos\theta\\ \cos(\theta-120^\circ)\\ \cos(\theta+120^\circ)\end{bmatrix}\psi_f$$

式中，ψ_A、ψ_B、ψ_C 表示定子绕组的磁链；绕组电感 $L_A=L_B=L_C=L$，ψ_f 为永磁铁转子磁链。

(2) PMSM 电机定子绕组的电压方程为：

$$\begin{bmatrix}u_A\\ u_B\\ u_C\end{bmatrix}=\begin{bmatrix}R_A & 0 & 0\\ 0 & R_B & 0\\ 0 & 0 & R_C\end{bmatrix}\begin{bmatrix}i_A\\ i_B\\ i_C\end{bmatrix}+\begin{bmatrix}\psi'_A\\ \psi'_B\\ \psi'_C\end{bmatrix}=(R+Ls)\begin{bmatrix}1 & 0 & 0\\ 0 & 1 & 0\\ 0 & 0 & 1\end{bmatrix}\begin{bmatrix}i_A\\ i_B\\ i_C\end{bmatrix}-\begin{bmatrix}\sin\theta\\ \sin(\theta-120^\circ)\\ \sin(\theta+120^\circ)\end{bmatrix}\psi_f$$

式中，u_A、u_B、u_C 表示 ABC 相的定子电压；R_A、R_B、R_C 表示定子绕组的电阻，且 $R_A=R_B=R_C=R$；i_A、i_B、i_C 表示定子电流；可见，定子交流轴和直流轴电压方程可以通过定子电阻压降和磁链的微分求得。

最后，在三相静止坐标系下。永磁同步电机的输出电磁转矩 T 方程为：

$$T=\psi_f[i_A\sin\theta+i_B(\sin\theta-120^\circ)+i_C(\sin\theta+120^\circ)]$$

由上述公式可见，PMSM 在基于 ABC 坐标系下电磁转矩方程是基于定子绕组的磁链求得的，该磁链方程与转子的转角之间存在正弦非线性时变的关系，不利于实时运算和控制，因此，需要进行电机的电磁转矩方程等效解耦变换。

2.交流伺服电机的空间矢量等价变换

交流伺服电机的空间矢量变换目的就是针对非线性时变方程，通过坐标变换对其进行简化，其空间矢量等效解耦变换原理如图 5－11 所示，从而得到三相定子交流电流与矢量坐标等效变换后，与同步旋转直角坐标系下的直流电流所产生的磁动势相等，进而得到异步电机等效为直流电机的数学模型。因此，SVPWM 控制方法将交流电机定子电流矢量分解成磁链分量和转矩分量，从而达到分别控制交流电机的磁链和转矩的目的，获得与直流调速系统同样好的控制效果。

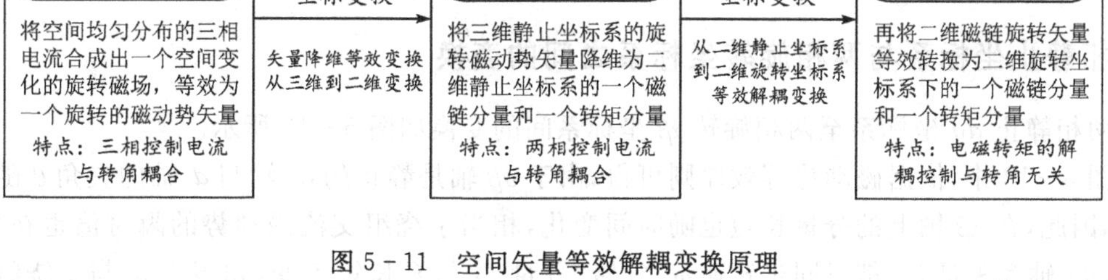

图 5－11　空间矢量等效解耦变换原理

(1)交流伺服电机的空间矢量等价变换。三相定子交流电流与矢量坐标等效变换的约束方程：

① 恒功率约束方程：$i_f\omega > k_\omega$：$P = T\times i_d =$ 常数。

这个约束主要用于伺服电机高速运转场合，伺服电机转子的旋转磁场趋近饱和，防止伺服电机发热。当输出功率没有达到电机额定值时，转矩随着负载变化而变化，负载大转矩大，转子电流就大，克服负载做功就多；当输出功率达到电机额定值时，转矩不随负载变化而变化。

② 恒转矩约束方程：$i_f\omega \leqslant k_\omega$：$T =$ 常数 $= i_d\times k_\alpha$。

这个约束主要用于伺服电机低速运转场合，伺服电机按照额定功率，尽可能地多输出扭矩进行做功。转矩随着负载变化而变化，负载大转矩大，转子电流就大，克服负载做的功就多；相反，负载小转矩小，转子电流就小。

(2)三相静止坐标系到两相静止坐标系的变换。定子的三相静止 ABC 坐标系到两相静止 $\alpha\beta$ 坐标系的变换原理图如图5－12所示。

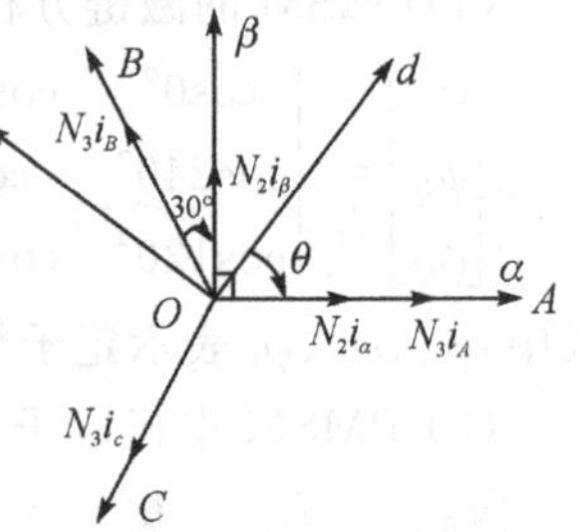

图 5－12　ABC 坐标系到 $\alpha\beta$ 坐标系变换原理图

假设 A 轴与 α 轴重合，三相电流为 i_A、i_B、i_C，两相电流为 i_α 与 i_β，为了使得电机的模型在这两个坐标系产生相同的磁动势，采用增益系数 $k_\alpha = \sqrt{N_3/N_2} = \sqrt{2/3}$ 为三相绕组有效匝数 N_3 和两相绕组有效匝数 N_2 相关系数，这样，在 $\alpha\beta$ 坐标系下，设磁动势波形是正弦分布，当三相总磁动势与二相总磁动势等效时，两个绕组的瞬时磁动势对应的电流在 $\alpha\beta$ 轴上的投影如下：

$$i_\alpha = k_\alpha(i_A - i_B\cos 60° - i_C\cos 60°) = k_\alpha\left(i_A - \frac{1}{2}i_B - \frac{1}{2}i_C\right)$$

$$i_\beta = k_\alpha(i_B\sin 60° - i_C\sin 60°) = \frac{\sqrt{3}}{2}k_\alpha(i_B - i_C)$$

其等效变换的矩阵表达式为：

$$\begin{bmatrix} i_\alpha \\ i_\beta \end{bmatrix} = k_\alpha \begin{bmatrix} 1 & -\frac{1}{2} & -\frac{1}{2} \\ 0 & \frac{\sqrt{3}}{2} & -\frac{\sqrt{3}}{2} \end{bmatrix} \begin{bmatrix} i_A \\ i_B \\ i_C \end{bmatrix}$$

可见，$\alpha\beta$ 两相静止坐标系 PMSM 的数学计算模型虽然得到了一定程度的简化，但因为公式中三相电流都存在转子的空间角度 θ，说明其电压与定子磁链方程之间仍属于非线性时变关系，不便于实时控制。因此，为更好地做到对 PMSM 调速控制的快速响应，需要对其数学模型进一步解耦。

3.两相静止坐标系与两相旋转坐标系之间的变换

两相静止 dq 坐标系至两相旋转 $\alpha\beta$ 坐标系间的变换如图 5－13 所示。

图 5－13 中，依据磁动势等效原则可得，由于 $\alpha\beta$ 轴是静止的，α 轴与 d 轴的夹角 θ 随时间变化，因此，在 $\alpha\beta$ 轴上的分量长短也随时间变化，相当于绕组交流磁动势的瞬时值也在变化。可见，dq 轴和矢量 F_s 都以同步转速 ω_s 旋转，分量 i_d 与 i_q 长短不变，相当于 d 与 q 绕组的直流磁动势。再由两相绕组中通入直流电流 i_d 与 i_q，其关系及等效变换方程如下：

i_α 与 i_β 和 i_d 与 i_q 之间存在下列关系：

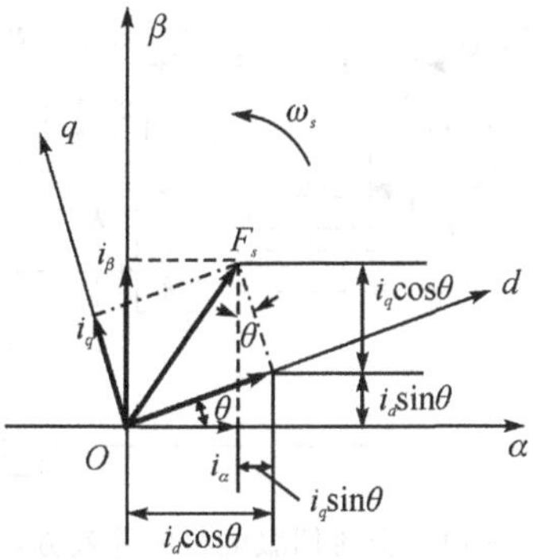

图 5-13　$\alpha\beta$ 到 dq 坐标系的相互变换

$$\begin{bmatrix} i_\alpha \\ i_\beta \end{bmatrix} = \begin{bmatrix} \cos\theta & -\sin\theta \\ \sin\theta & \cos\theta \end{bmatrix} \begin{bmatrix} i_d \\ i_q \end{bmatrix}$$

相反，静止 $\alpha\beta$ 坐标系至旋转 dq 坐标系间的变换方程为：

$$\begin{bmatrix} i_d \\ i_q \end{bmatrix} = \begin{bmatrix} \cos\theta & \sin\theta \\ -\sin\theta & \cos\theta \end{bmatrix} \begin{bmatrix} i_\alpha \\ i_\beta \end{bmatrix}$$

可见，图 5-13 完成了两相静止 dq 坐标系至两相旋转 $\alpha\beta$ 坐标系间的等效变换。

4.两相静止坐标系与两相旋转坐标系的电气方程

由于上述坐标变换完成了三相静止坐标系到两相静止 $\alpha\beta$ 坐标系，再到两相旋转 dq 坐标系的等效变换，因此，在两相静止 $\alpha\beta$ 坐标系和两相旋转 dq 坐标系下的 PMSM 电气方程组，见表 5-1。

表 5-1　两相坐标系下 $\alpha\beta$ 和 dq 的电气方程

两相静止 $\alpha\beta$ 坐标系上方程组	两相旋转 dq 坐标系上方程组
电压方程为： $u_\alpha = Ri_\alpha + Lsi'_\alpha - \omega\psi_f\sin\theta$ $u_\beta = Ri_\beta + Lsi'_\beta - \omega\psi_f\sin\theta$	电压方程为： $u_d = Ri_d + \psi'_d - \omega\psi_q$ $u_q = Ri_q + \psi'_q - \omega\psi_d$
磁链方程为： $\psi_\alpha = Lsi_\alpha + \psi_f\sin\theta$ $\psi_\beta = Lsi_\beta + \psi_f\sin\theta$	磁链方程为： $\psi_d = L_d i_d + \psi_f$ $\psi_q = L_q i_q$
电磁转矩方程为： $T = k_\alpha(\psi_\alpha i_\beta - \psi_\beta i_\alpha)$	电磁转矩方程为： $T_e = \psi_d i_q - \psi_q i_d$

简化后，在 dq 坐标系下输出电磁转矩 T_e 为：

$$T_e = \psi_f i_q + (L_d - L_q) i_d i_q$$

可见，第一，通过三维到二维的坐标等效变换两相控制电流 i_d 与 i_q 后，输出电磁转矩 T_e 已经和转角 θ 无关，说明交流伺服电机的矢量变换得到了解耦；第二，输出电磁转矩可以通过两个 PI 调节器分别对 i_d 与 i_q 进行控制，分别完成对旋转磁场转速和转矩的独立控制。交流伺服电机的等效方框图如图 5-14 所示。

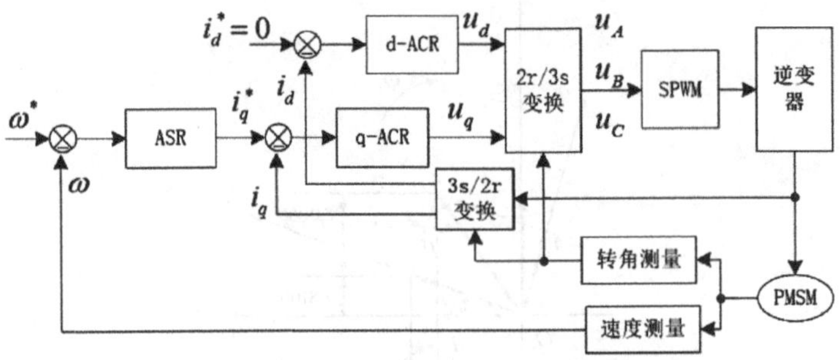

图 5-14　交流伺服电机的等效方框图

图 5-14 中,永磁同步交流伺服电机的转矩 T_e 和 i_q 成正比,因此通过定子电流 i_q 控制就可以实现转矩大小的控制。另外,其励磁绕组控制电压 U_c 越高、定子电流 i_d 越高,定子的励磁分量就越高、电机转速越高。将设定的速度指令与检测到的转子速度信号比较,经过转速调节器 ASR 输出 i_q 指令,然后通过检测输入到 PMSM 三相绕组中的电流,等效变换得到 dq 轴上的 i_d 与 i_q,将其同给定的 dq 轴电流相 i_d^* 与 i_q^* 比较,通过各自电流调节器 ACR 输出直流轴、交流轴电压 U_d、U_q,经两相旋转/三相静止坐标变换 2r/3s,得到 SPWM 调制器的三相电压调制信号。

目前,永磁同步交流伺服电机的矢量控制调速方法有幅值控制、相位控制、幅相控制三种。

(1)幅值控制方法:$i_d=0$ 控制时,使得转矩的大小只和交轴电流有关,从而实现了交轴、直轴电流的完全解耦。此种控制方法简单、转矩脉动小、稳定性好。缺点是当输出转矩增加时,功率因数会随之降低。

(2)相位控制方法:即 $\cos\varphi=1$ 控制。这种控制方法是把电压和电流矢量放在同一方向上,保证电机的功率因数始终为 1,这样驱动器的容量会得到充分利用。其缺点为在负载发生变化时,电机的转子励磁不可以调节,输出最大转矩变小。

(3)幅-相控制方法:最大转矩/电流控制。这种控制方法能够让永磁伺服电机在满足转矩要求的前提下,使驱动器输出电流达到最小,这样既有利于保证驱动器正常工作,又可以减小铜耗,提高效率。其缺点是控制算法复杂,驱动器 CPU 的占用空间大,对控制实时性要求高。

5.3.4　空间矢量(SVPWM)控制模式

通过以上分析得出,永磁同步交流伺服电机的数学模型是一个正弦高阶、非线性、强耦合的多变量系统。在忽略了非线性、多变量强耦合的条件下,得到线性单变量的、动态控制的三相定子交流电流和电磁转矩的控制方程,其机械特性曲线如图 5-15 所示。

图 5-15(a)中特征曲线是电机的恒转矩特性,图 5-15(b)中特征曲线是电机的恒功率特性,说明电机转速为额定转速 n_0 时,电机输出转矩 T_M 和负载转矩 T_L 正好平衡。如果转速上升,电机将减速;反之,如果转速下降,电机将降速,所以,交流伺服电机的转速控制有两种模式。

(1)恒转矩控制模式:电机在额定转速下进行恒转矩控制。此时电机的反电动势 E 与电机转速成正比。电机输出功率和电机转矩及转速的乘积成正比。该模式常常应用于传送带、搅拌机,挤压机等摩擦类负载,以及吊车、提升机等克服位能的负载。这种负载的转矩 T_L 与

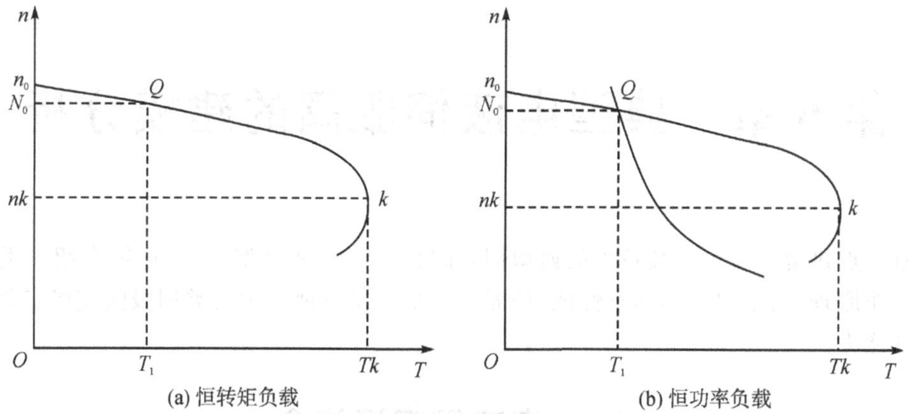

图 5－15　伺服电机的机械特性曲线

转速 n 无关，任何转速下 T_L 总保持恒定或基本恒定，这就要求变频器拖动恒转矩性质负载时，低速下转矩要足够大，并且有足够的过载能力。

(2)恒功率控制模式：通过调节电机励磁电流来使电机的反电动势基本保持恒定，使得电机输出功率基本保持恒定，但电机转矩与转速成反比例下降，转矩与转速成反比。该模式常常应用于机床主轴和轧机、造纸机、塑料薄膜生产线中的卷取机、开卷机等恒功率负载。

负载的恒功率性质是就一定的速度变化范围而言的。当速度很低时，受机械强度的限制，T_L 不可能无限增大，因此，表现为低速下的恒转矩性质。负载的恒功率区和恒转矩的控制区域对传动方案的选择有很大影响。电机在恒磁链调速时，最大容许输出转矩不变，属于恒转矩调速；而在弱磁调速时，最大容许输出转矩与速度成反比，属于恒功率调速。如果交流伺服电机的恒转矩和恒功率调速的范围，以及负载的恒转矩和恒功率范围相一致时，电机的容量和变频器的容量均最小。

5.4　思考

1. 电气伺服控制技术为什么是未来发展的方向？
2. 电气伺服系统的种类较多，直流伺服和交流伺服相比，各自的优缺点是什么？
3. 直流伺服在转矩、位置和速度控制方面是如何实现的？
4. 交流伺服在转矩、位置和速度控制方面是如何实现的？
5. 电气伺服控制建模的目的是什么？

第 6 章　典型电液伺服阀的建模分析

本章重点讲解电液传动装备中的典型伺服阀数学建模和典型应用，详细介绍三类伺服阀的基本工作原理、数学建模和动态性能，培养学生举一反三地利用两类伺服阀完成工程应用的综合设计能力。

6.1　电液伺服阀简介

6.1.1　电液伺服阀概述

电液伺服阀是高速闭环伺服控制应用系统的核心元件，它是一种比液压阀精度更高且响应更快的电液控制阀，其动态特性在很大程度上决定了整个电液系统性能，是整个电液伺服系统的基础。电液伺服阀具有动态响应快、控制精度高、使用寿命长等优点，已广泛应用于制造、土木、冶金、化工、水泥、油田、电厂、汽车、矿山机械及工程机械等领域。电液伺服阀按照结构原理可分为喷嘴挡板式和比例电磁铁两种，其外形如图 6－1 所示。

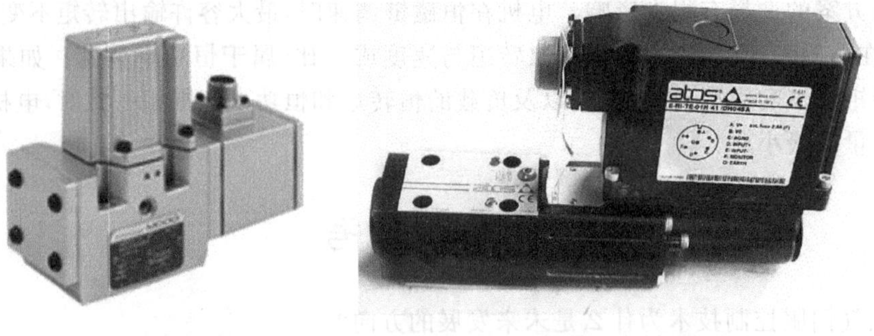

(a) 喷嘴挡板伺服阀　　　(b) 比例电磁铁伺服阀

图 6－1　两种典型原理的电液伺服阀外形图

6.1.2　电液伺服阀工作原理

在电液伺服控制系统中，电液伺服阀工作时，接受到模拟电信号后，实现机电转换；再利用流体液体的不可压缩特征，相应输出调制的流量或压力，实现机械动作到液压参数的转换。由于电液伺服系统具有非常大的放大增益，可以在较小空间约束下输出较大的功率，从而使其具有动态响应快、控制精度高、使用寿命长等优点。这种电液伺服阀的数学模型相对独立简单，仅仅和自身结构参数有关，所以，由其组成的电液应用系统可以根据控制目标的不同，构成各种控制闭环的典型电液应用，包括：压力伺服系统、推力与拉力伺服系统、流量与速度伺服系统、位置伺服系统和仿形伺服系统等，其工作原理如图 6－2 所示。

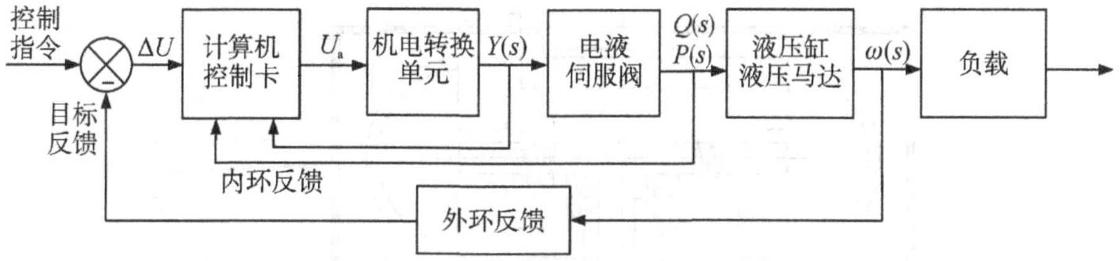

图 6 - 2　电液伺服阀工作原理框图

图 6 - 2 中，典型的电液伺服系统包括：计算机/控制单元、运动控制卡/AD 单元、机电转换单元、伺服阀（其中有电磁铁、阀芯、阀体、弹簧等）、位移传感器，用于驱动器与计算机的交流电源和直流电源等。

在此基础之上，电液伺服阀是根据输入的控制指令，转换为相应的电信号后经过比例放大器放大以后输出电流，从而通过机电转换单元，电流产生电磁力驱动比例阀阀芯产生位移。阀芯的移动产生液压流量或压力，再驱动液压缸，克服负载进行运动。为了提高伺服阀芯的控制精度，在液压伺服系统阀内部加入了阀芯位移内环反馈环节，将阀芯位移通过位移传感器产生反馈电压反馈给控制器，可以实现温度补偿或者流量补偿。其次，根据控制对象的不同，在系统中加入了外环反馈环节，将控制负载被控制量（位移）通过相应传感器反馈给控制器，最终实现阀芯在阀体中自由移动，并获得精确阀芯位置的伺服控制。

6.2　基于喷嘴挡板的电液伺服阀建模分析

本节重点讲解喷嘴挡板电液伺服阀的数学建模。基于喷嘴挡板的伺服阀以美国穆格公司和俄罗斯沃斯霍得工厂的电液伺服阀为典型代表。喷嘴挡板阀常用作多级放大伺服控制元件中的前置级。其中，喷嘴挡板阀有单喷嘴式和双喷嘴式两种，二者的工作原理基本相同。

基于喷嘴挡板的伺服阀的优点是结构简单、加工方便、运动部件惯性小、响应反应快、精度和灵敏度高等；缺点是无功损耗大、抗污染能力差等。喷嘴挡板阀常用作多级放大伺服控制元件中的前置级。

6.2.1　基于喷嘴挡板的电液伺服阀工作原理

基于喷嘴挡板的伺服阀内部结构剖面如图 6 - 3 所示。图中，伺服阀结构分为上、下两部分。上部分完成电信号到液压信号的转换，也称为力矩马达，分别由信号线 1，永磁铁 2，力矩线圈 3，衔铁 4 和弹簧管 5 组成；下部分完成液压信号到液压介质的压力与流量功率放大转换，也称为主阀，分别由喷嘴 6，挡板 7，反馈弹簧 8，主阀芯 9，固定阻尼孔 10，阻尼孔 11、过滤器 12、阀体 13 和安装板 14 组成。

图 6 - 3 中，基于喷嘴挡板的伺服阀工作原理分为两个阶段：

第一阶段，电信号到液压信号的转换阶段。喷嘴挡板工作时，伺服阀靠力矩马达来驱动喷嘴挡板的微量偏转。当力矩马达线圈通入电流时，力矩马达就会产生一个微小的摆动力矩作用在挡板上，使得挡板可以在阀体狭小空间内部左右摆动，从而改变了挡板与喷嘴之间的距离。针对基于喷嘴挡板的伺服阀对称的挡板结构，使得两个挡板与喷嘴的距离一边小一边大，

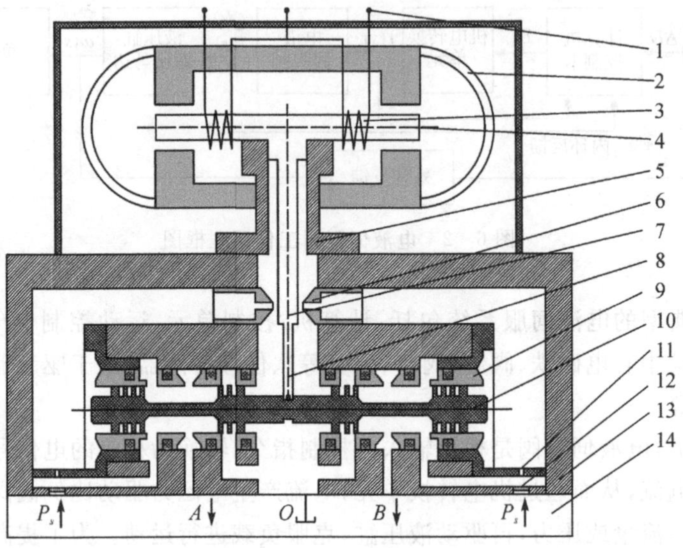

图 6-3　典型基于喷嘴挡板的电液伺服内部剖面图

由喷嘴挡板的放大效应导致喷嘴内腔形成的压力也一边大一边小，完成喷嘴挡板的压力差输出。这样，控制电流越大，偏转的转矩就越大，压力差就越大。

第二阶段，液压功率的压力与流量放大阶段。主阀两端的压力差推动放大级滑阀阀芯左右移动，导致伺服阀的开口不断变化。主阀两端的压力差越大，阀芯位移量就越大，输出的流量或压力也就会越大。这种阀输出的压力差和电流成正比，也就是说，阀芯位移和输入电流成正比。当输入电流反向时，输出的阀芯位移也会反向，输出的流量也就会反方向流动，从而实现电液伺服系统的左右运动控制。

6.2.2　基于喷嘴挡板的电液伺服阀建模

1.基于喷嘴挡板的电液伺服阀结构分析

基于喷嘴挡板的伺服阀工作原理如图 6-4 所示。图中，喷嘴挡板阀由挡板 1、喷嘴 2 和 3、固定节流小孔 4 和 5 等元件组成。挡板和两个喷嘴之间形成两个可变截面的节流缝隙

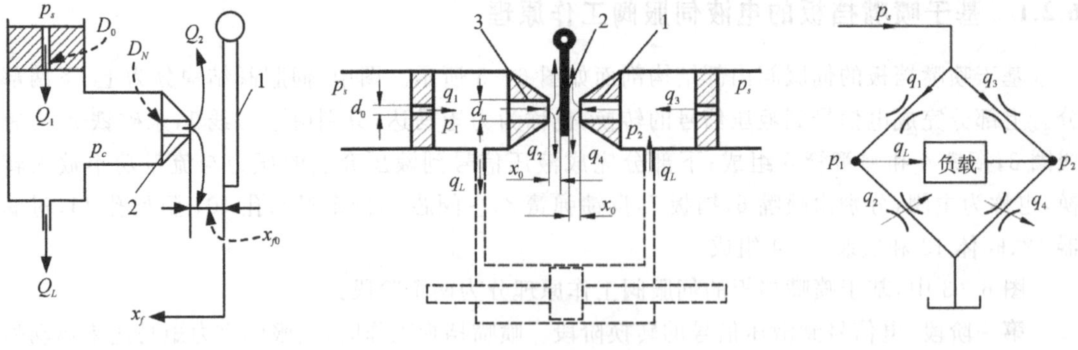

图 6-4　基于喷嘴挡板的伺服阀原理图

$\delta_1 = x_0 - x_f$ 和 $\delta_2 = x_0 + x_f$。当输入信号使挡板向左偏摆时，其挡板可以在阀体中左右摆动，改变了喷嘴与挡板的距离，可变缝隙变小或变大，主阀芯左右移动。由于这样的转换起到了负反馈作用，当输入信号使挡板向左偏摆时，可变缝隙 δ_1 变小，δ_2 变大，P_1 上升，P_2 下降，主阀芯向左移动。当喷嘴随主阀芯移动到挡板两边对称的位置时，主阀芯停止运动。当挡板处于中间位置时，两缝隙所形成的液阻相等，两喷嘴腔内的油压相等，主阀芯不动，$\delta_1 = \delta_2 = x_0$。

2.基于喷嘴挡板的电液伺服阀建模

根据流体的伯努力方程，建立基于喷嘴挡板的伺服阀流量方程、压力平衡方程及性能曲线，如图 6-5 所示。

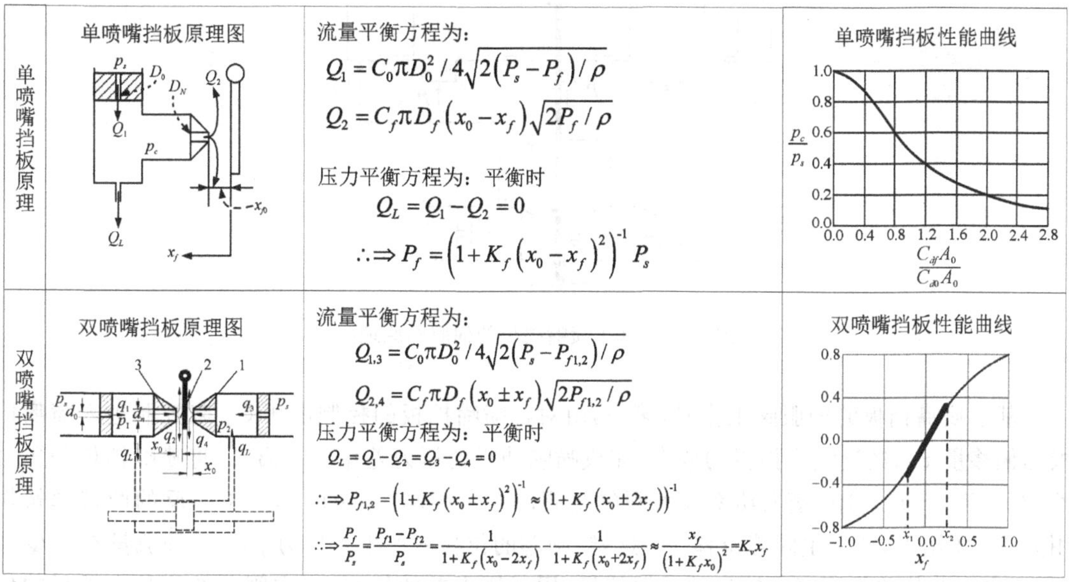

图 6-5　基于喷嘴挡板的伺服阀方程组及性能曲线

图 6-5 中，第一，根据单喷嘴挡板的流量平衡方程和压力平衡方程，可以得到阀芯位移与控制的压力为 $P_f = (1 + K_f(x_0 - x_f)^2)^{-1} P_s$，可见，单喷嘴挡板的特征曲线特点呈现非线性。第二，为了克服上述非线性，采用对称的双喷嘴挡板的工作原理，根据双喷嘴挡板的流量平衡方程和压力平衡方程，可以得到在双喷嘴挡板的对称位置附近，阀芯位移与控制的压力为 $P_f/P_s = K_v x_f$，可以发现，经过建模和简化，喷嘴挡板的位移与输出压力差在平衡位置附近具有线性关系，对于电液控制来讲，双喷嘴挡板式电液伺服阀具有线性度好、动态响应快、压力灵敏度高、主阀心基本处于润滑油液体中的浮动、温度和压力零漂小等优点，其缺点是抗污染能力差，由于喷嘴挡板级间隙较小(仅 0.02～0.06 mm)，阀易堵塞。另外，喷嘴挡板始终存在间隙，造成内部泄漏较大、功率损失大、效率低的缺点；还有，由于喷嘴挡板的间隙非常小，控制流量大的场合提高阀的频宽将受到限制。

6.2.3　基于喷嘴挡板的电液伺服阀应用系统建模

针对实际基于喷嘴挡板的电液伺服阀来讲，可以很方便地设计成为压力伺服阀和流量伺服阀等。

1.基于喷嘴挡板的伺服阀应用系统建模

基于喷嘴挡板的伺服阀原理如图 6－6 所示。图中，基于喷嘴挡板的伺服阀分为上、下两部分，下部分是喷嘴挡板部分完成电信号到两端液压油的压力差转换；上部分是伺服阀的阀芯部分，完成压力差到电液伺服阀再到上述阀开口或者压力等参数的转换。

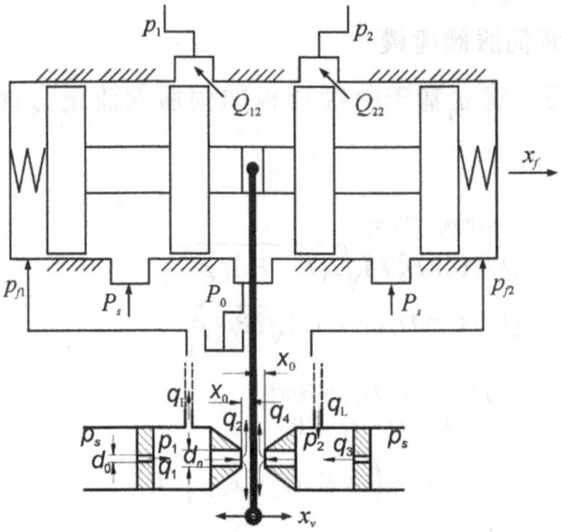

图 6－6　基于喷嘴挡板的伺服阀原理图

基于喷嘴挡板的伺服阀工作时，第一，由对称喷嘴挡板的控制电压 U_a 来控制进入喷嘴挡板的偏移量 x_f，经过喷嘴挡板的放大，完成喷嘴挡板的压力差输出。第二，将喷嘴挡板的压力差 $P_f=P_{f1}-P_{f2}$分别接入功率放大阀的主阀芯左右两端，在主阀芯一正一反的两端弹簧作用力 F_f 作用下，产生主阀芯位移 x_v，这样，阀芯的位移就产生了压力 p_1、p_2 和流量 Q_{12}、Q_{22}。第三，主阀芯位移作为喷嘴挡板的反馈信号，用于压力差的控制，当主阀芯的位移和挡板的位移乘上挡板杠杆比的值相等时，喷嘴挡板两侧的间隙相等，压力差为零，完成对伺服阀的控制；当主阀芯的位移小于挡板的位移乘上挡板杠杆比的值时，喷嘴与挡板的间隙一边变大一边变小，产生的负反馈作用使压力差变大，推动主阀芯移动，直到喷嘴挡板两侧的间隙相等，压力差为零，完成对伺服阀的控制。可见，这种双喷嘴挡板阀在不需要任何编程的情况下完成了闭环控制。

因此，根据上述工作过程和液压传动中的流体理论，建立电液伺服控制流量平衡方程，并进行求解得到流量连续性方程和流量平衡方程。伺服流量相关性方程如下：

进油腔流量压缩方程：$Q_{F1}=\dfrac{V}{\beta_e}\times\dfrac{\mathrm{d}P_f}{\mathrm{d}t}$

进油腔体积变化方程：$Q_{F3}=A\times\dfrac{\mathrm{d}y}{\mathrm{d}t}$

过油腔内泄漏方程：$Q_{F2}=C_tP_f$

进油腔调流量方程：$Q_L=Q_{F1}+Q_{F2}+Q_{F3}=\dfrac{V}{\beta_e}\times\dfrac{\mathrm{d}P}{\mathrm{d}t}+C_tP+\dfrac{\mathrm{d}V}{\mathrm{d}t}$

进油腔当量体积定义：$V=V_t/2=(V_1+V_2)/2$

进油腔当量压力定义：$P=P_t/2=(P_1+P_2)/2$

流量连续性方程：$Q_L = A \times \frac{dy}{dt} + C_t P_f + \frac{V_t}{4\beta_e} P_f$

流量平衡方程：$Q_L = K_q x_f - K_c P_L$

$$K_q = \partial Q_L / \partial x_f = C_d A \sqrt{(P_s - P_L)/\rho}$$

$$K_c = \partial Q_L / \lambda p_L = C_d S x_f \sqrt{(P_s - P_L)/\rho} / 2(p_s - p_L)$$

式中，β_e 为液压油压缩系数；V_t 为等效油路体积；C_t 为内泄漏系数，忽略外泄漏系数。可见，实际应用的电液伺服系统不仅需要考虑到电液伺服系统液压油的压缩性，节流口的开口大小和压力变化引起的流量变化等控制问题，而且需要考虑系统的内泄漏问题。其基于喷嘴挡板的伺服阀原理图如图 6－7 所示。

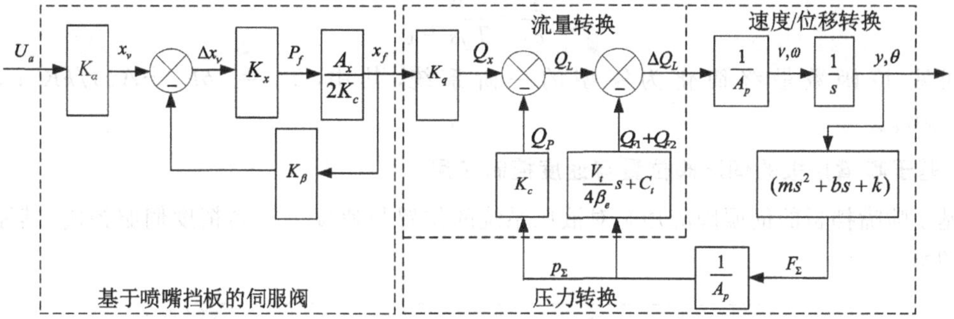

图 6－7　基于喷嘴挡板的伺服阀原理图

图 6－7 中与主阀芯相连接有增益 K_a 和 K_β，直接将主阀芯位移反馈给喷嘴挡板，其增益为 K_β，由控制电压 U_a 直接控制喷嘴挡板的位移 x_v，也就是控制系统再根据伺服阀控制的压力或流量参数进行二次闭环控制。因此，基于喷嘴挡板的伺服阀芯位移表达式为：

$$x_f = K_a \left(\frac{K_x A_x}{K_\beta K_x A_x + 2K_c} \right) U_a = K_A U_a$$

该计算公式说明，由于伺服阀在设计时，尺寸和质量可以做到很小，可以忽略，从而伺服阀的固有频率很高，远大于液压系统的固有频率，从而得到伺服阀的高响应性能。因此，相对实际液压系统传动中的时间常数，基于喷嘴挡板的伺服阀芯位移和输入电压可以简化为线性关系，使得伺服阀对液压传动系统的压力、流量、输出力和输出转矩等参数进行高精度的伺服控制。

2.基于喷嘴挡板的伺服阀传递函数

为了求解伺服阀芯的传递函数，其相关方程组如下：

$$\text{阀芯相关方程}\begin{cases} \text{流量平衡方程 } \Delta Q_L = K_q x_f - Q_F = K_q x_f - (K_c + \frac{V_t}{4\beta_e} s) P_\Sigma \\ \text{压力平衡方程 } P_\Sigma = (ms^2 + bs + k) y / A_p \\ \text{位移方程 } y = \Delta Q_L / s A_p \end{cases}$$

联合求解后：

$$\Delta Q_L = y s A_p = K_q x_f - (K_c + \frac{V_t}{4\beta_e} s)(ms^2 + bs + k) y / A_p$$

整理得到传递函数为：

$$\frac{y}{x_f}=\frac{A_qK_q}{\frac{V_tm}{4\beta_e}s^3+(mK_c+\frac{bV_t}{4\beta_e})s^2+(\frac{K_LV_t}{4\beta_e}+bK_c+A_p^2)s+kK_c}$$

可见，基于喷嘴挡板的伺服阀传递函数是一个三阶零型系统。

3.基于喷嘴挡板的伺服阀传递函数简化

为了提高伺服阀的响应频率，设计时将伺服阀的阀芯质量设计的相对很轻，考虑到阀芯运动在阀套的润滑充分的间隙中滑动，两端的弹簧具有足够的刚性，还有伺服液压油的不可压缩性，因此，忽略上式中含 m 和 V_t 的项目和外泄漏，可以简化为：

$$\frac{y}{x_f}=\frac{K_x}{T_fs+1}$$

可见，该函数最终简化为零型的一阶系统，其中，$T_f=(bK_c+A_p^2)/kK_c$；$K_x=A_qK_q/kK_c$。

4.基于喷嘴挡板的伺服阀位置与速度控制应用

基于喷嘴挡板的伺服阀应用是对液压系统的位置与速度进行高精度伺服控制，其原理如图6-8所示。

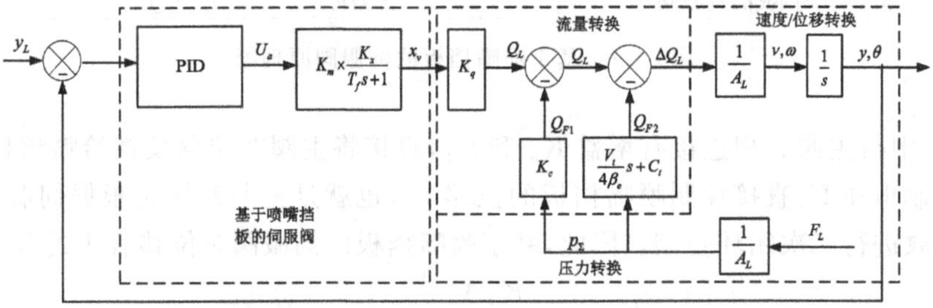

图6-8　基于喷嘴挡板的伺服阀的液压缸位移/速度控制原理图

图6-8中，针对基于喷嘴挡板的伺服阀，第一，由对称喷嘴挡板的控制电压 U_a 来控制进入喷嘴挡板的偏移量 x_f，经过喷嘴挡板的放大，完成喷嘴挡板的压力差输出。第二，将喷嘴挡板的压力差 P_f 直接接入功率放大阀的主阀芯左右两端，与主阀芯的右端液压力 P_1 相平衡，$P_{f1}=P_{f2}$。当输出压力 P_1 下降时，主阀芯向右移，输出流量增加，直到 $P_{f1}=P_{f2}$。整理得到速度与位置的开环传递函数为：

$$y=\frac{K_mK_xK_q/A_L}{(T_fs+1)s+K_mK_xK_q/A_L}y_L-(\frac{V_t}{4\beta_e}s+K_c+C_t)F_Ls/A_L^2$$

可见，针对速度的传递函数分为两项，一个是一阶零型系统，对速度指令有较好的跟随效果；另一部分是包含了负载的一阶微分系统，对于管路比较长和直径比较大的液压系统，说明系统速度与负载密切相关。针对位移的传递函数也分为两项，一个是二阶零型系统，对位移指令有较好的跟随效果；另一部分是包含了负载的一阶微分系统，说明系统速度与负载密切相关。

6.3　基于比例电磁铁的电液伺服阀建模分析

本小节重点使用比例电磁铁的电液伺服阀来构建高性能的液压伺服控制应用系统。

基于比例电磁铁的伺服阀以阿托斯 ATOS 液压伺服阀为典型代表，分为单电磁铁式和双电磁铁式两种，二者的工作原理基本相同。其基本原理为控制电流直接驱动圆柱主阀芯进行运动，直接决定伺服阀开口大小，从而直接决定输出的液压流量或者压力的大小。

基于比例电磁铁的伺服阀的优点有：结构和控制方法同样简单、加工方便、运动部件惯性是主阀芯的直接运动、抗污染能力强、无功损耗小；缺点有：响应反应相比较慢、精度和灵敏度相比较低等。基于比例电磁铁的伺服阀常用作不同流量的直接驱动伺服阀。

6.3.1　基于比例电磁铁的电液伺服阀工作原理

基于比例电磁铁的电液伺服阀内部结构包括阀体 1，反馈复位弹簧 2，阀套座 3，阀芯 4，阀套 5，阀套密封圈 6，过滤器 7，阻尼孔 8，位移反馈芯轴 9，位移检测定子线圈 10，位移检测壳体 11 和位移检测移动线圈 12，如图 6－9 所示。其工作时，第一，比例电磁铁在电流的作用下产生电磁吸力，推动主阀芯移动；第二，阀芯的一端通过位移传感器进行位置反馈，另一端和弹簧相连接，根据实际被测量的大小，通过控制系统构成一个闭环反馈系统。

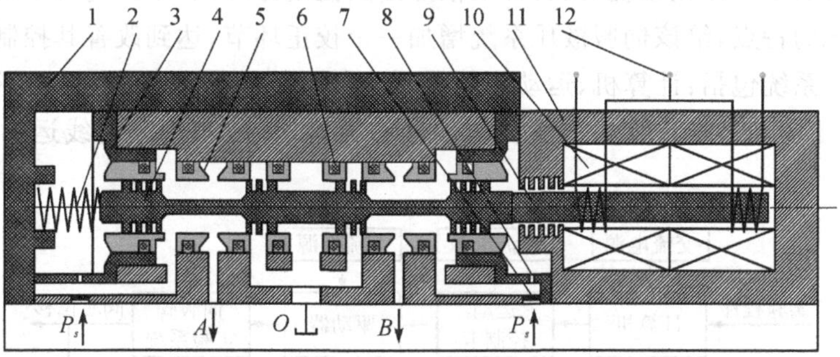

图 6－9　基于比例电磁铁的电液伺服阀内部剖面图

图 6－9 中，当实际压力或流量的被测量偏离目标的平衡位置后，控制器通过控制电磁铁驱动阀芯的移动，使被测量稳定在某一平衡位置，从而实现阀芯的位置控制。在比例电磁铁数学建模中，阀芯位置对应了阀开口的大小，通过校正算法和参数设置，配置控制系统的主极点位置，最终完成阀芯可以在阀体中自由移动的精确位置控制。根据实际应用的控制目标，可以构成各种流量、压力、速度和位置等的液压伺服控制系统。主阀芯的电磁吸力与液压作用力和主阀芯的弹性反作用力之和达到平衡时，主阀芯不再移动，并一直使其阀口保持在这一开口上。当控制电流变化或负载变化、系统压力变化时，破坏了主阀芯的力学平衡，在负反馈的作用下，推动阀芯反向移动，加大或减小阀的开口，增大了液压流量或压力，直到主阀芯的合力为零，控制循环结束。

6.3.2 比例电磁铁的数学建模

1.比例电磁铁的直线运动原理

从上述工作原理来看，比例电磁铁就是一种直线运动系统，其工作原理图如图 6-10 所示。

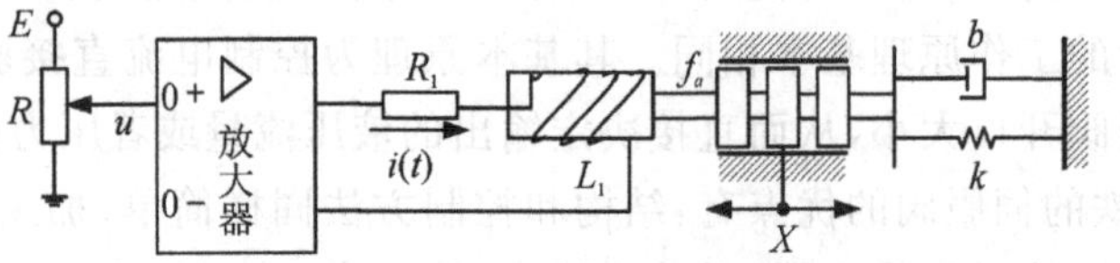

图 6-10 基于比例电磁铁的直线运动系统工作原理图

图 6-10 中，阀芯可以在阀体中自由移动，阀芯的一端通过位移传感器进行位置反馈，另一端和弹簧相连接，根据实际被测量的大小，通过控制系统构成一个闭环反馈系统。当实际被测量偏离目标的平衡位置后，控制器通过控制电磁铁驱动阀芯的移动，使被测量稳定在某一平衡位置，从而实现阀芯的位置控制。

2.比例电磁铁的直线运动控制框图

基于比例电磁铁的直线运动系统是一种以完成伺服阀阀芯的直线位移精确控制为目标的典型高频响应的机电一体化系统，其目标是依照经典控制方法，利用其电气系统频响特性远远好于纯机械系统的特点，给该伺服液压系统增加一个校正环节，达到改善其控制性能的目的。

该伺服液压系统包括：计算机、运动控制卡、伺服阀（其中有电磁铁、阀芯、阀体、弹簧等）、位移传感器，用于驱动器与计算机的交流电源和直流电源等，其阀芯直线运动控制框图如图 6-11所示。

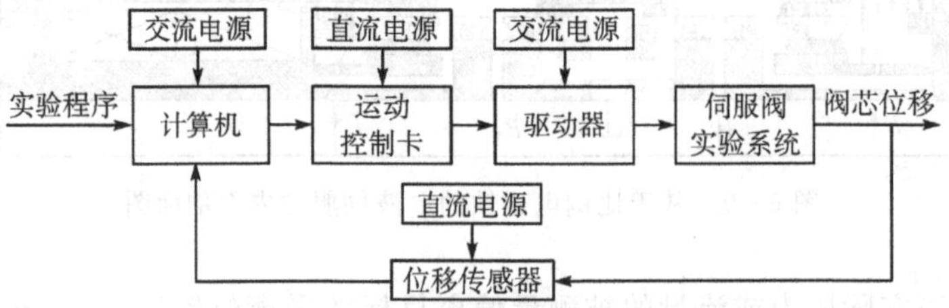

图 6-11 基于比例电磁铁的阀芯直线运动控制框图

3.比例电磁铁的直线运动方程

由于比例电磁铁通常采用永磁式结构，所以定子磁场中的磁通量始终保持常量，从而使得推力与电压之间为线性关系，即推力仅随电枢电压变化而变化。因此，根据电磁学原理和物理学原理，对比例电磁铁的直流线圈各个方程进行拉普拉斯变换，得到如下方程组：

$$\begin{cases}\text{电压平衡方程：}U_a(s)=E_a(s)+R_aI_a(s)+L_asI_a(s)\\ \text{感应电动势：}E_a(s)=K_e\Phi(s)\times\nu(s)=K_e\Phi(s)\times sx_v(s)\\ \text{电磁推力：}F(s)=K_t\Phi I_a(s)\\ \text{推力平衡方程：}F(s)=(ms^2+bs+k)x_v(s)\end{cases}$$

式中，基于比例电磁铁的直线运动系统中，直驱式伺服阀包括控制电压 U_a、电流 I_a、感应电势

E_a、线圈内阻 R_a、线圈电感 L_a、主阀芯位移 x_v、主阀芯速度 v、电磁铁阀芯的质量 m、阻尼系数 b、弹簧弹性系数 k、比例电磁铁的电流力增益 K_t、线圈感应反电动势系数 K_e 和推力 F。

4.比例电磁铁的等效方块组

根据上述直流伺服电机方程组，绘制直流伺服电机旋转控制系统方框图如图 6－12 所示。

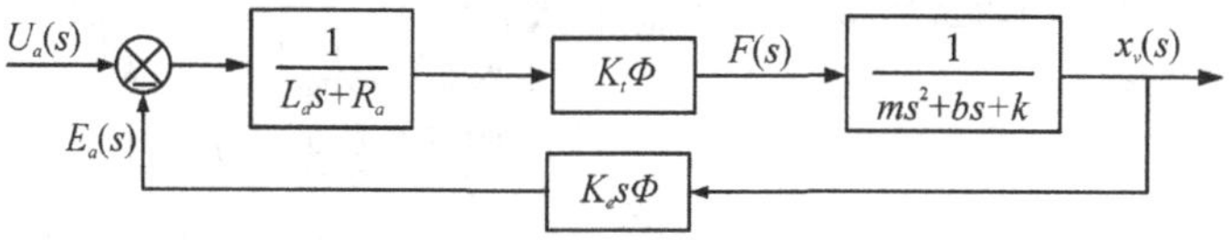

图 6－12　直流伺服电机的旋转控制系统方框图

5.比例电磁铁的传递函数

求解直流伺服电机方程组后直接表达为：

$$\frac{x_v(s)}{U_a(s)}=\frac{K_t\Phi}{(L_a s+R_a)(Js^2+bs+k)+K_e K_t\Phi^2 s}$$

由于电磁铁电气时间常数要比阀芯滑动时间常数小很多，另外，比例阀的阀芯注重轻量化设计，因此，两个参数可以忽略，即 $T_a=L_a/R_a\approx 0$。

比例电磁铁的传递函数简化为：

$$\frac{x_v(s)}{U_a(s)}=\frac{K_t\Phi}{R_a(bs+k)+K_e K_t\Phi^2 s}=\frac{K_p}{T_m s+1}$$

式中，$T_m=(bR_a+K_e K_t\Phi^2)/kR_a$；$K_p=K_t\Phi/bR_a$。

可以看出，比例电磁铁在设计时，主要目的就是要求有较高的频率响应。①比例电磁铁的固有频率没有改变，阻尼比在原有基础上增加了与电气相关阻尼系数，在机械结构方面，阀芯质量设计尽可能轻，弹性系数设计尽可能大；②在电气结构方面，电气线圈的 $L_a \ll R_a$，这样电磁时间常数 $\tau_a=L_a/R_a$ 极小，说明电磁线圈的电磁转折频率远远高于运动的机械部件频率，从而可以忽略电枢电感 L_a，将比例电磁铁抽象成阻尼加弹簧组成的一阶系统；③在被控对象方面，比例电磁铁传递函数与液压回路本身无关，换句话讲，基于比例电磁铁的液压控制系统中，整个系统的传递函数可以按照串联系统来设计分析，因此，在实际电液伺服控制中获得了广泛地应用。

6.3.3　基于比例电磁铁的电液伺服阀建模

针对实际应用来讲，基于比例电磁铁的电液伺服阀可以设计成比例压力伺服阀、比例流量伺服阀和比例换向伺服阀等。

1.电液比例压力伺服阀的传递函数

电液比例压力控制阀的作用是对液压传动系统中油液压力进行比例控制，从而实现对液压执行元件输出力或输出转矩的大小进行比例控制的目的。电液比例压力控制阀的分类方法很多，根据控制功能可以分为电液比例溢流阀、比例顺序阀、比例减压阀和电液比例压力阀；根据控制方式可以分为直动式和先导式；按照阀芯结构形式可以分为锥阀式、滑阀式和插装式等；按照阀芯位数可以分为二位阀和三位阀。最典型的是由比例电磁铁组成的电液比例溢流伺服阀，其原理如图 6－13 所示。

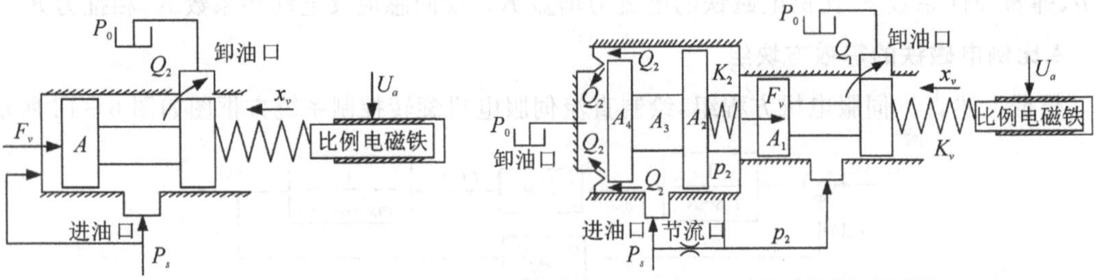

(a) 直动式溢流阀原理图 (b) 先导式溢流阀原理图

图 6－13 电液比例流量伺服阀原理图

图 6－13 中，采用比例电磁铁构成的直动式溢流阀，由比例电磁铁的控制电压 U_a 来控制阀芯的位移 x_v，转换为弹簧力 F_v 与溢流阀左端的液压作用力相平衡，其公式为：

$$F_v = p_s A = K_v x_v$$

$$p_s = K_v x_v / A$$

可见，系统压力由比例电磁铁的位移 x_v 电压 U_a 直接控制。当系统压力减小时，阀芯左端作用力小于右端的比例电磁铁推力，阀芯左移，使得溢流口减小，流回油箱的液压油减少，系统压力提高；相反，系统压力高于设定值时，阀芯右移，使得溢流口增大，流回油箱的液压油流量增大，从而保持系统压力不变，反之同理。另外，直动式溢流阀的溢流流量取决于阀芯大小，因此，在大流量的溢流液压系统中，需要先导式溢流阀。

比例调速阀由两部分组成，一部分是比例电磁铁控制的先导阀，另一部分是先导阀控制的溢流阀，其力学和流量方程为：

$$p_2 = K_v x_v / A_1$$

$$p_s (A_2 - A_4) = p_2 A_2$$

$$p_s = p_2 (1 - A_4/A_2) = (K_v/A_1)(1 - A_4/A_2) x_v = K_p x_v$$

可见，先导阀的输出位移决定了先导阀的输出压力 p_2；同时，溢流阀的压力又取决于 p_2，最终，比例溢流阀的输出压力由比例电磁铁的电压来控制。当系统压力减小时，主阀芯左端作用力小于右端的作用力，主阀芯左移，使得溢流口迅速减小，流回油箱的液压油大大减少，系统压力提高；相反，系统压力高于设定值时，主阀芯右移，使得溢流口增大，流回油箱的液压油增大，从而保持系统压力不变。

2.电液比例流量伺服阀的传递函数

电液比例流量控制阀的作用是对液压传动系统中流量进行比例控制，可对液压执行元件输出速度(转速)进行比例控制。根据结构和功能的不同，电液比例流量控制阀可以分为电液比例节流阀和电液比例调速阀两大类。其中，电液比例节流阀是采用电气-比例电磁铁阀芯控制阀芯位置，从而可自动实现对节流阀开度的调节的比例控制；电液比例调速阀也是在普通调速阀的基础上发展起来的一种流量控制元件。在结构上，采用比例电磁铁可自动实现对调速阀开度的调节的比例控制。因此，最典型的是由比例电磁铁组成的电液比例流量调速伺服阀原理，如图 6－14 所示。

图 6－14 中，比例流量伺服阀由两部分组成，上面是一个定压差的减压阀，下面是比例电

磁铁组成的节流阀，其流量方程为：

$$Q_1 = C_0 S_0 (x_0 - x_v)\sqrt{2(p_2 - p_3)/\rho}$$

可见，一方面，节流阀开口大小取决于阀芯的位移 x_v，该位移由比例电磁铁的控制电压 U_a 来控制；另一方面，节流阀的流量和压差 $p_2 - p_3$ 相关，当负载变化导致 p_3 变化时，流量跟着变化，影响到调速阀性能。因此，增加定压差的减压阀的作用是：当 p_3 降低时，作用在上图中定差减压阀芯左端压力减小，左端的作用力小于右端推力，阀芯左移、减压口变小、流量减小、压降增大，使得 p_2 减小，从而使得节流阀两端的压力差保持不变，节流阀出口的流量保持不变。这里，定压差的设定要求液压系统调速过程中，进油口与出油口的压力差必须高于这个定压差值，其方程为：

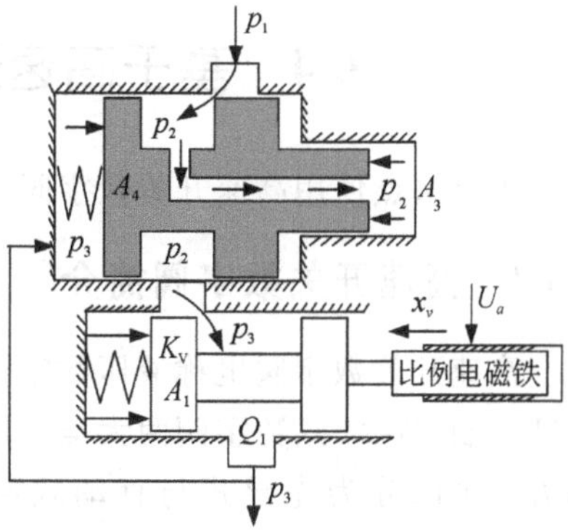

图 6-14　电液比例流量伺服阀原理图

$$p_3 A_4 = p_2 A_3 + \Delta_{K_2 x_0}$$

$$p_2 - p_3 = p_2 (1 - A_3/A_4) - C_1$$

$$Q_1 = C_0 S_0 (x_0 - x_v)\sqrt{2(p_2(1 - A_3/A_4) - C_0)/\rho}$$

总之，比例调速阀的流量由比例电磁铁决定，在一定范围内不受负载力变化的影响。

3.电液比例换向伺服阀的传递函数

电液比例换向阀由先导级和功率放大级两部分组成。该阀可以通过改变电磁铁的输入电流，控制阀口的大小实现流量调节和方向，从而具有换向和节流的复合功能。由比例电磁铁组成的先导阀和主换向阀的工作原理如图 6-15 所示。

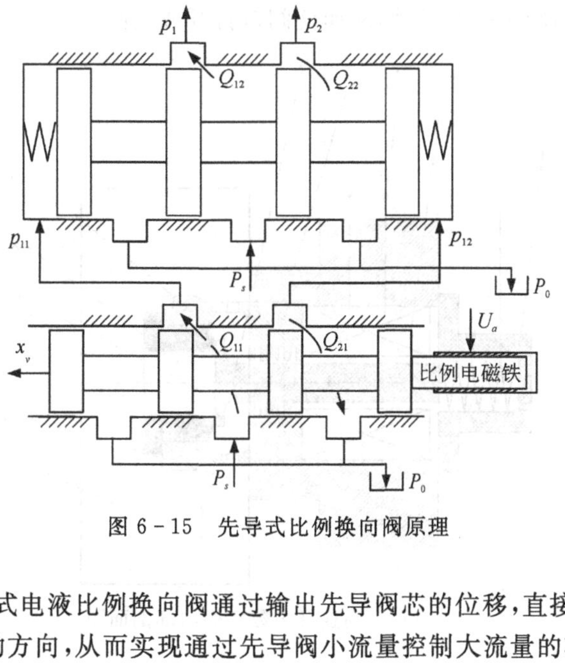

图 6-15　先导式比例换向阀原理

图 6-15 中，先导式电液比例换向阀通过输出先导阀芯的位移，直接改变功率放大阀的左右端的压力大小和流动方向，从而实现通过先导阀小流量控制大流量的功率比例换向阀。

6.4 基于高速开关数字阀的伺服阀建模分析

本节重点使用高速开关数字阀来构建高性能的液压伺服控制应用系统。

6.4.1 高速开关数字阀简介

高速开关数字阀也称液压数字阀，依据控制方式不同，分为增量式(步进电机式)数字阀和脉宽调制 PWM 式数字阀两大类。增量式数字阀是通过步进电机来驱动阀芯工作的，根据控制方式可以分为先导式与直动式两种。脉宽调制式数字阀又称高速开关数字阀，是通过 PWM 信号来控制电-机转换机构驱动阀芯工作的。常见高速开关数字阀分为二位二通、二位三通以及三位四通三种等；其中每一种又可以根据阀芯的初始状态分为常闭与常开两类。

液压高速开关数字阀可广泛应用于汽车涡轮增压、机床、成型机、工程机械、材料试验机等工业行业中。例如，在汽车欧Ⅳ标准的高速开关数字阀应用方面，工作压力为 10～20 MPa 范围时，开启时间为 3～3.3 ms，关闭时间为 2～2.8 ms，常用额定流量为 2～9 L/min。还有超高压高速开关数字阀，压力为高压 120～220 MPa 范围，开启时间为 0.3～0.35 m，关闭时间为 0.4～0.65 ms。

6.4.2 高速开关数字阀内部结构

高速开关数字阀内部结构如图 6-16 所示，由密封壳 1，复位弹簧 2，线圈 3，线圈连接线 4，阀连接接口 5，动铁心阀杆 6，阀体 7，阀座 8，数字阀口 9，输出口 10，压力油输入口 11 和安装板 12 等组成。

图 6-16 中，高速开关数字阀在结构上因为衔铁与阀芯是机械铆接成一体的，所以衔铁在吸合时也将带动数字阀阀芯一起运动，从而使阀口打开或关闭。

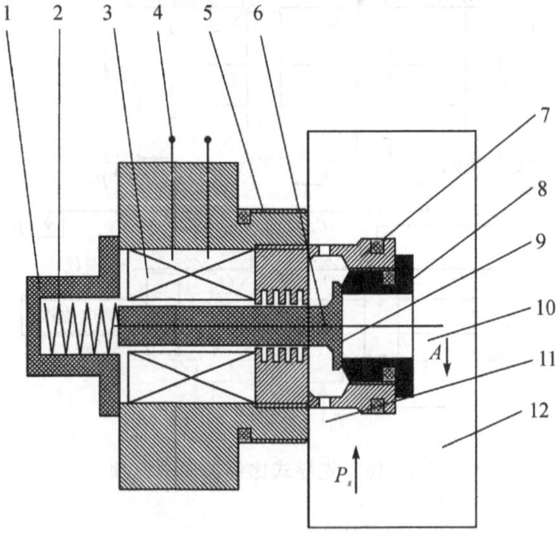

图 6-16 高速开关数字阀内部剖面图

6.4.3　高速开关数字阀建模

1.高速开关数字阀工作原理

高速开关数字阀又称脉宽调制式数字阀，是通过 PWM 信号来控制机电转换机构驱动阀芯工作的，其工作原理图如图 6－17 所示。PWM 控制信号是一系列幅值相等，但宽度不相等的脉冲信号。当 PWM 信号给高电平时，线圈得电，在磁通量的电磁作用下，衔铁（动铁心）使阀口打开；当 PWM 信号给低电平时，线圈断电，电磁铁（机电转换机构）失去磁性，因复位弹簧的作用使衔铁和阀芯一起将阀口关闭。

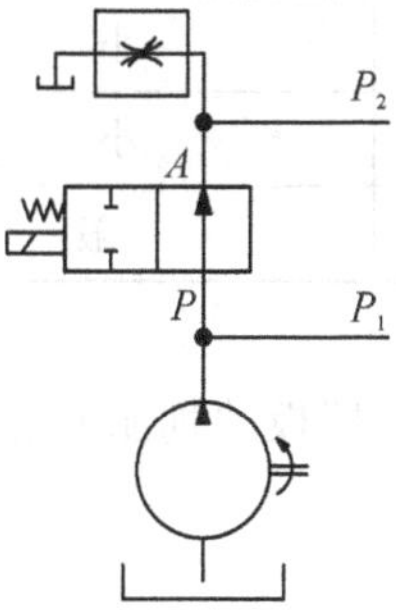

(a) 开关阀原理图

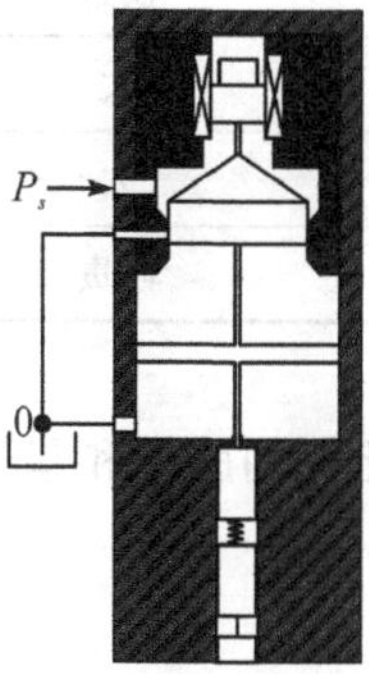

(b) 内部结构图

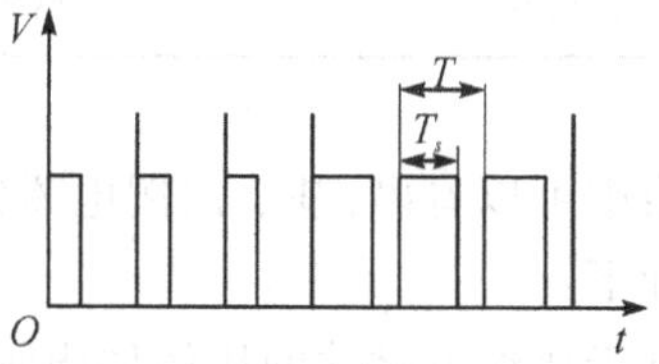

(c) 信号图

图 6－17　基于高速开关数字阀的伺服阀原理图

2.高速开关数字阀数学模型

由于高速开关数字阀工作有开与关两种状态，原理比较简单，其输出的流量按照脉冲当量流量来实现液压的压力与流量控制，这样，一个周期 T 内的液压平均流量方程为：

$$\overline{Q}=C_0 S_0 x_m \sqrt{2\Delta p/\rho}\times\tau$$

式中，τ 为 PWM 的占空比，说明高速开关阀导通时的平均流量。

6.4.4　电液伺服阀的性能对比

电液伺服阀是电液伺服闭环控制系统中最重要的控制器件，作为放大转换元件，能将微弱的电信号转换成大功率的液压信号（流量和压力），从而实现对执行机构的精确控制。其性能对比见表 6－1。

表 6－1　三种电液伺服阀的性能对比表

项目	喷嘴挡板式伺服阀	比例电磁铁式伺服阀	数字式伺服阀
内部结构	复杂	较复杂	简单
加工制造难度	大	较大	简单
对油液清洁度的要求	高	较高	低
抗污染能力	弱	较强	强

续表

项目	喷嘴挡板式伺服阀	比例电磁铁式伺服阀	数字式伺服阀
响应时间	快	较快	快
滞环	小	较小	无
重复精度	高	较高	高
控制精度	高	较高	较高
内泄漏	大	较小	无
阀压降	大	较大	小
阀通流量	大	大	小
单级阀控流量	小	大	小
价格	昂贵	较贵	一般

从表中可以看出:基于比例电磁铁的电液比例伺服阀和基于喷嘴挡板的伺服阀相比,各自优缺点如下:

1)基于比例电磁铁的比例伺服阀的优缺点

电液比例阀是阀内比例电磁铁根据输入的电压信号产生相应动作,使伺服阀阀芯产生位移,阀口大小发生改变,直接可以完成与输入电压成比例的压力或流量输出的控制。阀芯位移可用机械、液压或电的形式进行反馈。基于比例电磁铁的电液比例伺服阀的优点是加工精度较低、成本低、结构简单、功率大、控制精度略低、抗污染能力强,大大地减少了因污染所造成的工作故障,提高了液压系统的工作稳定性和可靠性,因此,在许多场合获得广泛应用;基于比例电磁铁的电液比例伺服阀的缺点是响应频率略低。

2)基于喷嘴挡板的伺服阀的优缺点

基于喷嘴挡板的伺服阀通过力矩马达来驱动喷嘴挡板,根据输入的电压信号产生相应动作,使挡板产生位移,驱动对称挡板位移改变喷嘴与挡板的间隙,完成与输入电压成比例的压力差的控制。其可以作为先导级和放大级共同构成压力和流量的电液伺服阀。放大级阀芯位移也可用机械、液压或电的形式进行反馈。

基于喷嘴挡板的伺服阀的优点是挡板的质量非常小、响应频率非常高、体积小、功率放大率高、直线性好、死区小、运动平稳可靠,能适应模拟量和数字量调制。基于喷嘴挡板的伺服阀的缺点是对油液介质条件要求高、价格昂贵等。所以,基于喷嘴挡板的伺服阀在高精度和高性能的电液伺服系统中得到了极广泛应用。

3)数字式伺服阀的优缺点

数字式伺服阀通过步进电机驱动伺服阀的阀芯开口大小或由 PWM 占空比开关来驱动伺服阀启闭,形成平均的流量累积,原理很简单。

数字式伺服阀的优点是体积小、功率放大较高、直线性好、死区小、响应速度快、运动平稳可靠,能适应模拟量和数字量调制。其缺点非常明显,精度一般,对阀的材料性能要求非常高。所以,数字式伺服阀在精度和性能一般的电液伺服系统中得到了极广泛的应用。

6.5　阀控对称液压缸的建模分析

本节重点使用对称液压缸来构建性价比较高的液压应用系统。

6.5.1　阀控对称液压缸简介

对称液压缸是液压传动系统的基础器件，也是一种面向左右直线运动要求相同的高精度和更高响应的液压执行器件。其外形和内部结构如图 6－18 所示。

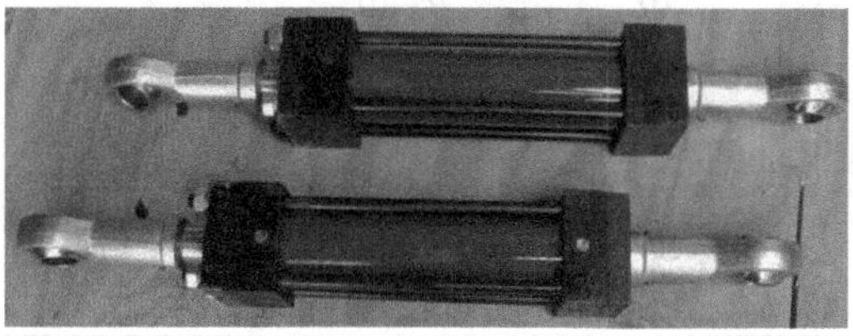

(a) 外形图

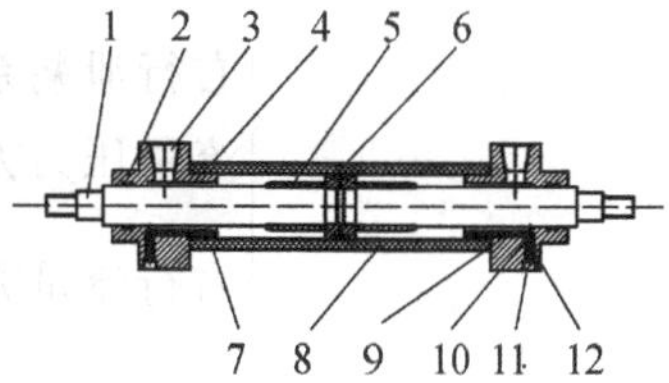

(b) 内部原理图

图 6－18　对称液压缸外形与结构图

图 6－18 中，对称液压缸包括两根活塞轴 1、活塞杆密封 2、油缸管接口 3、两端缓冲孔 4、缓冲轴套 5、活塞 6、缓冲油路 7、活塞套 8、油缸端部 9、单向阀钢球 10、缓冲接口 11 和单向阀复位弹簧 12。对称液压缸具有动态响应快、控制精度高、运动效率高、双边滑动密封结构相同、制造容易、价格低廉、使用寿命长及可靠性高等众多优点，已广泛应用于航空、航天、冶金、化工、水泥、油田、电厂、汽车、矿山机械及工程机械等领域，但是，它也存在双边都需要占用工作空间的不足。

阀控对称液压缸的工作原理如图 6－19 所示。阀控对称液压缸工作时，第一，当电液伺服阀接受模拟电信号后，输出为线性成比例的阀开口，实现电气信号到流量或压力的液压能量转换。第二，液压油通过液压进油回路进入液压缸的左边或右边进油腔，推动活塞和负载相连的质量阻尼与弹簧进行运动，液压油的压力大小取决于负载大小。第三，液压缸回油腔的液压油通过回油回路流回油箱，实现液压往复运动系统。

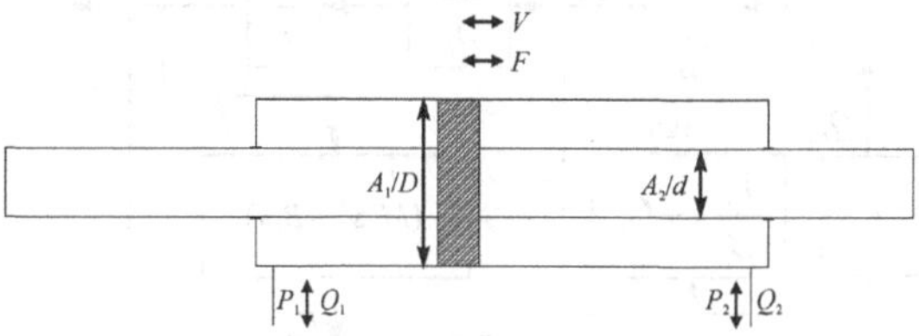

(a) 对称缸作用原理

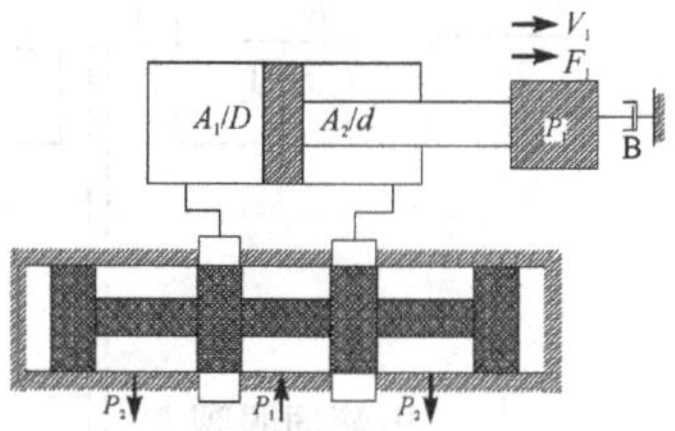

(b) 阀控对称缸原理图

图 6－19　阀控对称液压缸系统工作原理图

6.5.2 阀控对称液压缸建模

由于对称液压缸系统在不同方向上活塞杆和活塞套的结构以及作用面积等都是相同的，故阀控对称液压缸系统具有非常好的动态性能，由其阀口流量方程、液压缸的流量连续性方程和液压缸负载力平衡方程可以推导出阀口位移与油缸位移之间传递函数，其推导方程组如下：

$$\begin{cases}\text{左行作用面积 } A_L=\pi(D^2-D_1^2)/4\\ \text{右行作用面积 } A_R=\pi(D^2-D_1^2)/4\end{cases}$$

$$\begin{cases}\text{左行流量方程 } Q_L=A\dfrac{\mathrm{d}y}{\mathrm{d}t}+C_tP+\dfrac{V_t}{\beta_e}\dfrac{\mathrm{d}P}{\mathrm{d}t}\\ \text{右行泄漏系数方程 } C_{Rt}=C_{it}+C_{et}\\ \text{流量压力方程 } Q_{L,R}=K_qx_v-K_cP\\ \text{右行流量方程 } Q_R=A\dfrac{\mathrm{d}y}{\mathrm{d}t}+C_tP+\dfrac{V_t}{\beta_e}\dfrac{\mathrm{d}P}{\mathrm{d}t}\end{cases}$$

$$\text{流量增益系数 } K_q=\frac{\partial Q_L}{x_v}=C_d\omega\sqrt{\frac{(p_s-p_L)}{\rho}};\quad K_c=\frac{\partial Q_L}{\partial p_L}=\frac{C_d\omega x_v\sqrt{(p_s-p_L)/\rho}}{2(p_s-p_L)}$$

第一，根据液压缸的对称性，建立阀口的流量方程、流量连续性方程和负载力平衡方程，在液压缸的正反运动两个方向上相同，这一特点有利于提高系统响应能力。第二，由控制电压 U_a 来控制伺服阀的阀芯的成比例的偏移量 x_v，也就是阀的开口大小可以成比例地进行控制，有利于搭建不同闭环控制目标的电液伺服控制系统。第三，液压伺服系统中油源压力尽可能高一些，一方面可以进一步将液压油的压缩性忽略，另一方面可以进一步提高伺服控制的响应速度。在忽略液压缸的内部泄漏的基础上，通过阀控对称缸的控制框图，如图 6－20 所示，推导出其正反向运动的开环控制传递函数为：

$$y=\frac{K_xK_q/A_L}{s(K_xK_q/A_L^2(M_Ls+B_L)((V_t/\beta_e)s+C_t+B_c)+(T_xs+1))}x_v-\frac{((V_t/\beta_e)s+C_t+B_c)}{A_L^2s}F_L$$

$$\nu=\frac{K_xK_q/A_L}{K_xK_q/A_L^2(M_Ls+B_L)((V_t/\beta_e)s+C_t+B_c)+(T_xs+1)}x_v-\frac{((V_t/\beta_e)s+C_t+B_c)}{A_L^2}F_L$$

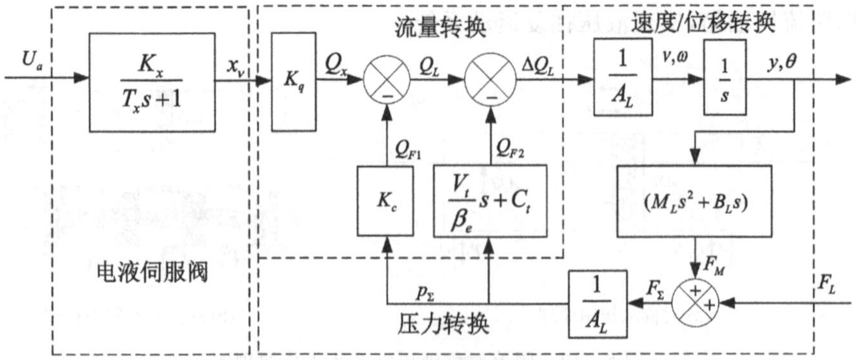

图 6－20 阀控对称液压缸控制框图

式中，β_e 为液压油压缩系数；V_t 为等效油路体积；C_t 为内外泄系数。可见，实际应用的电液伺服系统需要考虑电液伺服系统功能、液体可压缩性和内外泄漏等问题。

6.5.3　阀控对称液压缸控制应用分析

根据上述传递函数，阀控对称液压缸控制系统要想获得对称的高性能动态响应特性，就需要缩短液压管道长度和减少内部泄漏，这样，电液伺服系统才能获得较高系统固有频率，才能应用到各种模拟产品振动平台环境下，用以鉴定产品是否忍受环境振动的能力。该系统适用于电子、机电、光电、汽车制造等行业振动台等。电液伺服振动台从单自由度到多自由度，从低频 0 到高频 1 kHz，推力从 1 kN 到 250 kN，行程从 50 mm 到 250 mm，满足正弦、随机、正弦随机叠加、锯齿、窄脉冲等波形的再现振动试验，其外形和方框图如图 6－21 所示。

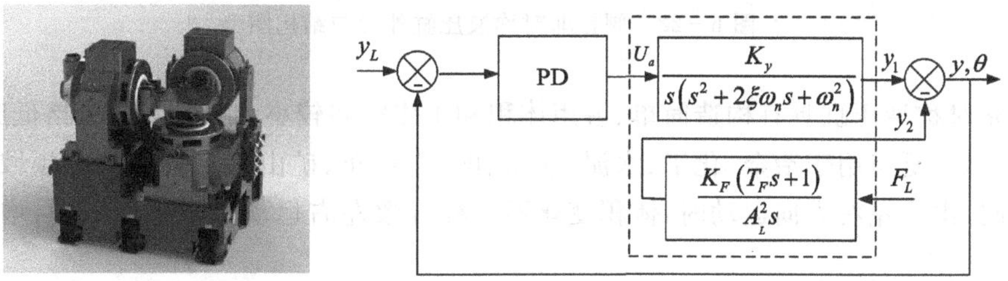

(a) 外形图　　(b) 控制框图

图 6－21　阀控对称液压缸位置闭环控制系统应用

图 6－21 中，第一，阀控对称液压缸位置闭环控制系统是一个 I 型三阶系统，实际应用中校正与控制采用 PD 算法就可以获得较好的效果。第二，为了进一步提高系统响应，振动台设计时，尽可能减小重量和油管长度以及直径，减小可压缩体积。第三，液压伺服系统中油源压力尽可能高一些，以提高伺服控制的响应速度。通过这个控制框图，可推导出其液压缸的控制传递函数为：

$$y=\frac{K_y}{s\left(s^2+2\xi\omega_n s+\omega_n^2\right)}U_a+\frac{K_F\left(T_F s+1\right)}{A_L^2 s}F_L$$

式中，$\omega_n=\sqrt{\left[\left(C_t+B_c\right)B_L+K_x K_q\right]/\left(A_L^2 M_L V_t/\beta_e\right)}$；$T_F=V_t/\left[\beta_e\left(C_t+B_c\right)\right]$；$K_y=\left(C_t+B_c\right)^{-1}$；$K_F=\left(C_t+B_c\right)^{-1}$。

可见，实际应用的电液伺服系统不仅需要考虑系统本身的控制问题，而且需要考虑系统内部泄漏问题。值得指出，实际对称液压缸的液压应用系统是一个对零件加工精度和密封结构要求很高的系统。

6.6　阀控非对称液压缸的建模分析

本节重点在于使用非对称液压缸来构建性能价格比较高的液压应用系统。

6.6.1　阀控非对称液压缸简介

非对称液压缸结构包括一根活塞轴 1、活塞杆密封 2、油缸管接口 3、两端缓冲孔 4、缓冲轴套5、活塞6、缓冲油路7、活塞套8、油缸端部9、单向阀钢球10、缓冲接口11和单向阀复位弹簧12,其外形和内部结构如图6-22所示。

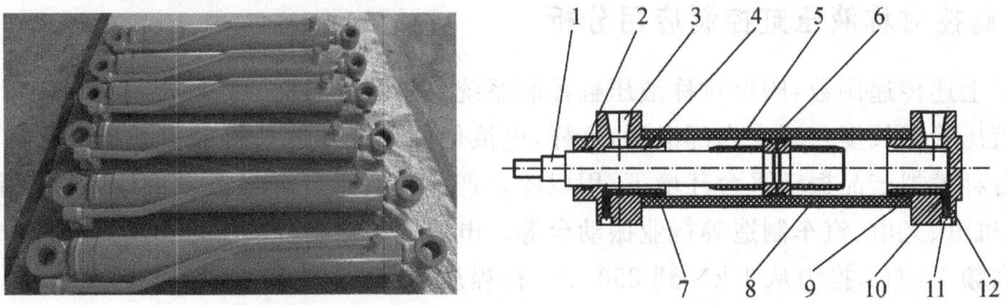

(a) 外形图　(b) 内部原理图

图6-22　阀控非对称液压缸外形与结构图

阀控非对称液压缸具有构造简单、占用体积和工作空间较小、制造容易、价格低廉、使用寿命长等优点,广泛应用于冶金、化工、水泥、油田、电厂、汽车、矿山及工程机械等领域。与对称液压缸不同,由于左右方向运动时,体积变化不一样导致左右运动数学模型不同,增加了控制难度。

阀控非对称液压缸原理如图6-23所示。该系统工作时,第一,当电液伺服阀接受模拟电信号后,输出为线性成比例的阀开口,实现电气信号到流量与压力的液压能量转换。第二,非对称液压缸左右运动时,由于液压缸左右运动的体积变化不一样,导致阀开口的大小和阀芯运动的响应不同,需要的左右运动控制信号也不同,直接影响到左右运动的控制精度。第三,液压油通过液压进油回路进入液压缸的左右进油腔,推动活塞和负载相连的质量阻尼与弹簧进行运动,液压油的压力大小取决于负载大小。第四,液压缸回油腔的液压油通过回油回路流回油箱。

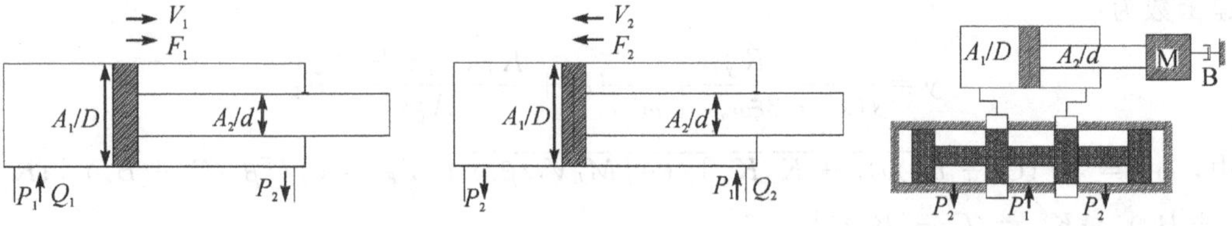

(a) 非对称缸左移原理　(b) 非对称缸右移原理　(c) 对称阀控非对称缸原理图

图6-23　阀控非对称液压缸原理图

6.6.2　阀控非对称液压缸建模

由于非对称液压缸系统在不同方向上活塞杆和活塞套的结构以及作用面积等不同,其阀口流量方程、液压缸的流量连续性方程和液压缸负载力平衡方程也就不同,进而可以推导出阀口位移与油缸位移之间的传递函数,其方程组如下:

$$\begin{cases}\text{左行作用面积 } A_L=\pi D^2/4\\ \text{右行作用面积 } A_R=\pi(D^2-D_R^2)/4\\ \text{左行泄漏方程 } C_{Lt}=C_{it}\\ \text{右行泄漏方程 } C_{Rt}=C_{it}+C_{et}\end{cases}$$

$$\begin{cases}\text{流量方程 } Q_{L,R}=A_{L,R}\dfrac{\mathrm{d}y}{\mathrm{d}t}+C_{L,R}P+\dfrac{V_{L,R}}{\beta_e}\dfrac{\mathrm{d}P}{\mathrm{d}t}\\ \text{流量压力方程 } Q_{L,R}=K_q x_v-K_c P\end{cases}$$

流量增益系数 $K_q=\dfrac{\partial Q_L}{x_v}=C_d\omega\sqrt{\dfrac{(p_s-p_L)}{\rho}}$，　$K_c=\dfrac{\partial Q_L}{\partial p_L}=\dfrac{C_d\omega x_v\sqrt{(p_s-p_L)/\rho}}{2(p_s-p_L)}$

在此基础上，构建阀控对称液压缸的控制框图，如图 6－24 所示。

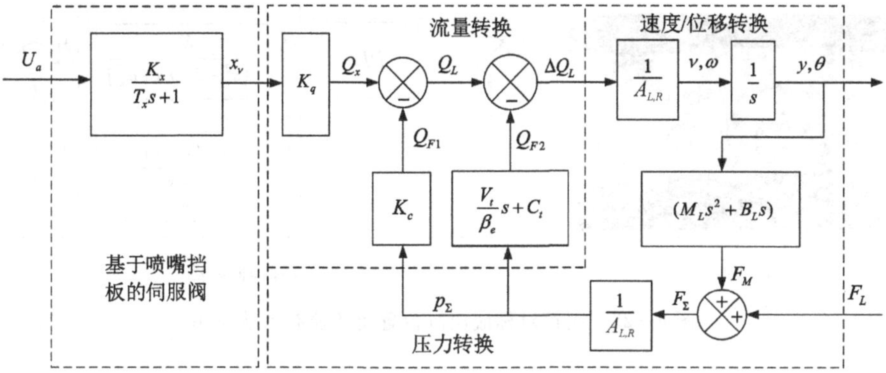

图 6－24　阀控非对称液压缸控制框图

图 6－24 中，第一，由于液压缸的非对称性，使得阀口流量方程、流量连续性方程和负载力平衡方程在液压缸的正反运动两个方向上不相同，为了提高系统响应能力，需要定制左右不同阀芯面积的电液伺服阀，使得阀芯左右位移相同，虽然阀开口不同，但是控制的左右运动速度相同，这样增加了阀的成本；相反，如果阀芯面积相同，就需要不同的左右运动数学模型，使得左右运动控制时需要不同的阀芯的左右位移和阀开口，达到左右运动速度相同的目的，但是损失了系统动态性能。第二，由控制电压 U_a 来控制伺服阀的阀芯的成比例的偏移量 x_v，使得阀的开口大小可以成比例地进行控制，有利于搭建不同控制目标的电液伺服控制系统。第三，液压伺服系统中油源压力尽可能高一些，一方面，可以进一步将液压油的压缩性忽略，另外一方面，可以进一步提高伺服控制的响应速度。在忽略液压缸的内部泄漏的基础上，通过控制框图，推导出其正反向运动的控制传递函数为：

$$y_{L,R}=\frac{K_xK_q/A_{L,R}}{s(K_xK_q/A_{L,R}^2(Ms+B)(V_{t,L,R}/\beta_e s+C_{t,L,R}+B_c)+(T_xs+1))}x_{v,L,R}-\frac{(V_{t,L,R}/\beta_e s+C_{t,L,R}+B_c)}{A_{L,R}^2 s}F_L$$

$$\nu_{L,R}=\frac{K_xK_q/A_{L,R}}{K_xK_q/A_{L,R}^2(Ms+B)(V_{t,L,R}/\beta_e s+C_{t,L,R}+B_c)+(T_xs+1)}x_{v,L,R}-\frac{(V_{t,L,R}/\beta_e s+C_{t,L,R}+B_c)}{A_{L,R}^2}F_L$$

式中，β_e 为液压油压缩系数；$V_{t,L,R}$ 为左右方向的等效油路体积；$C_{t,L,R}$ 为左右方向的内外泄系数。可见，实际应用的电液伺服系统需要考虑电液伺服系统功能、液体可压缩性和内外泄漏等问题。

6.6.3　阀控非对称液压缸控制应用分析

阀控非对称液压缸控制系统可以获得更高性价比的液压系统，例如重型载荷的多自由度运动模拟平台等。实际典型运动平台是模拟大型产品在运动过程中的体验和动态性能，对于向上顶升和下降运动要求的波形或性能可以不完全对称，但是更加注重平台加速度对产品性能的影响，从而适用于机械、机电部件汽车、机车等领域。实际典型运动平台的电液伺服系统应用要求系统固有频率较高，如图 6-25 所示。

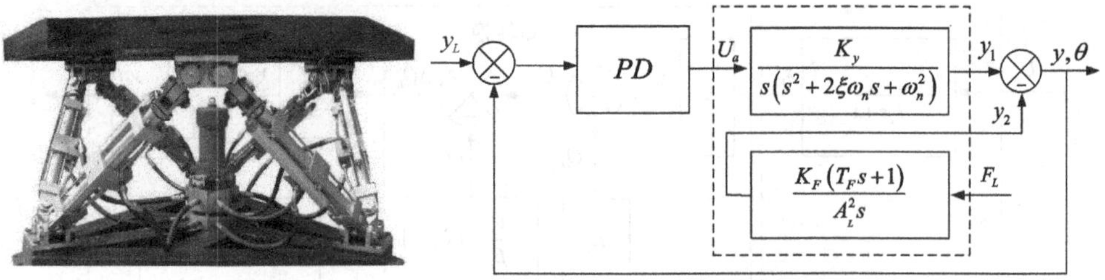

(a) 外形图　　　　(b) 控制框图

图 6-25　阀控对称液压缸位置闭环控制系统应用

图 6-25 中，阀控非对称液压缸位置闭环控制系统也是一个 I 型三阶系统，实际应用中校正与控制采用 PD 算法就可以获得较好的效果。为了进一步提高系统响应，运动平台设计时，采用和对称缸相同的结构和轻量化措施，进一步提高伺服控制的响应速度。按照这个控制框图，推导出其液压缸的控制传递函数为：

$$y=\frac{K_y}{s(s^2+2\xi\omega_n s+\omega_n^2)}U_a+\frac{K_F(T_F s+1)}{A_{L,R}^2 s}F_{L,R}$$

式中，$\omega_n=\sqrt{(K_{CB}B_L+K_xK_q)/(A_{L,R}^2M_{L,R}V_t/\beta_e)}$；$K_{CB}=(C_t+B_c)$；$T_F=V_t/\beta_eK_{CB}$；$K_y=K_{CB}^{-1}$。

可见，实际应用的电液伺服系统不仅需要考虑左右运动时的数学模型不一致问题，而且也需要考虑系统内泄漏问题。

6.7　阀控液压马达系统的建模分析

针对大功率和高精度的液压旋转应用系统，常常使用定量马达和变量马达来构建液压伺服控制的旋转运动应用系统，根据控制元件类型可分为阀控和泵控两种方法。阀控液压马达系统分为阀控定量马达和阀控变量马达两种液压传动系统，由于其结构和控制都较为简单，价格较低，功率范围可达几十至几百千瓦，适用于各种功率的液压伺服转速和转角控制，但是动态响应较慢，主要应用于转动平台、重型机床等的伺服控制系统场合；泵控液压马达系统结构和控制虽然较为简单，但是价格较高，适用于高精度和更高响应的液压旋转系统。

6.7.1 阀控定量马达系统简介

定量马达是一种高精度和高响应的液压旋转执行器件，通过阀控定量马达可以方便地组成不同的液压旋转系统。还可以通过手动结构方式来调整配油盘的角度来控制定量马达每转的排量，从而满足不同应用场合对转速的要求。阀控定量马达组成的液压系统具有良好的传动性能和控制方便等诸多优点，其外形和内部结构如图 6-26 所示。

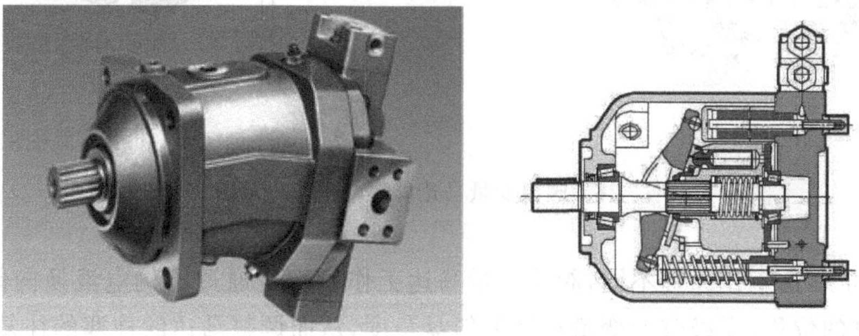

(a) 外形图　　(b) 内部结构图

图 6-26　定量马达外形与内部结构图

图 6-26 中，第一，针对定量马达部分，当液压油注入马达时，通过柱塞形成推力，在斜盘作用下形成转矩，实现转动。第二，定量马达的斜盘角度可以手动调节。第三，针对比例电液换向阀部分，通过比例电液换向阀的阀芯位移，改变伺服阀的开口大小，调整进入马达的流量，实现调节液压马达转速的控制。第四，这种液压系统特征曲线反映了阀控定量马达系统随着转速的提高，克服负载变化的能力急剧下降。阀控定量马达工作原理和特征曲线如图6-27所示。

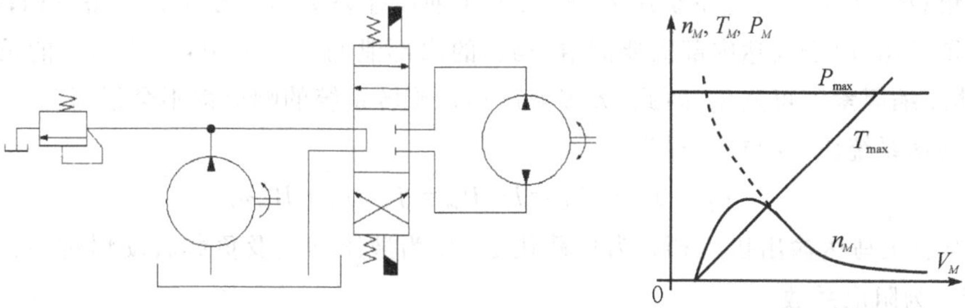

(a) 液压原理图　　(b) 特征曲线图

图 6-27　阀控定量马达工作原理和特征曲线图

6.7.2 阀控变量马达系统简介

阀控变量马达系统是基本液压传动系统，也是一种高精度和更高响应的液压执行器件，和定量马达系统相比，阀控变量马达的流量通过自动控制的方式调整配油盘的角度来控制马达输出的转速，其外形和内部结构如图 6-28 所示。

(a) 外形图

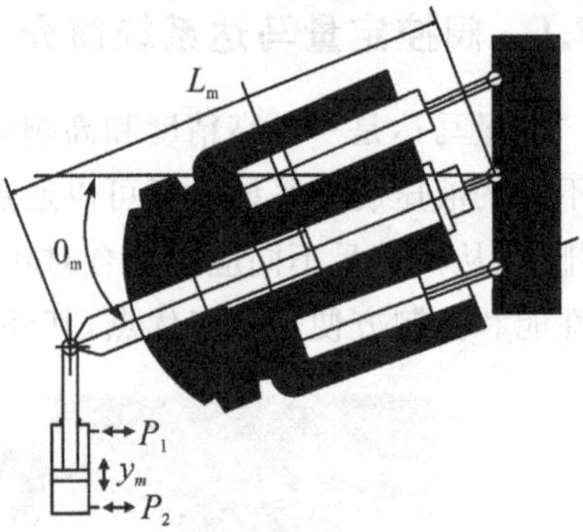

(b) 内部原理图

图 6-28　阀控变量马达外形与内部原理图

和阀控定量马达工作原理不同，阀控变量马达工作原理是通过比例电液换向阀的阀芯位移，控制液压缸的位移，无级改变变量马达的斜盘角度，从而调整马达的柱塞的往复行程，进而改变马达的每转排量，实现调节液压马达转速的目的。

6.7.3　变量马达建模

由于液压马达的目标是转速控制，通过自动改变斜盘的倾角来改变变量马达的排量，从而在其他条件不变的情况下改变马达转速，因此，其流量与转矩平衡方程如下。

液压马达流量连续性方程为：

$$Q_m = K_{xm} x_v = D_m s\theta_m + C_t P_m + \frac{V_t}{\beta_e} s P_m$$

式中，x_v 为伺服油缸操作位移；K_{xm} 为液压马达斜盘角度增益；D_m 为液压马达排量；θ_m 为液压马达转角；P_m 为液压马达系统压力；β_e 为液压油压缩系数；V_t 为等效油路体积；C_t 为内泄系数。值得指出，由于马达内部需要润滑，马达的内部泄漏不可避免，马达驱动的负载相对比较大，液体压缩因素不可避免，因此，大多液压马达旋转系统的响应都不会很高。

液压马达系统压力扭矩方程为：

$$T_\Sigma = T_m - T_L = D_m P_m = J_m s\omega_m + B_m \omega_m$$

式中，T_m 为液压马达输出扭矩；T_L 为负载扭矩；J_m 为液压马达及负载转动惯量；ω_m 为液压马达转速；B_m 为阻尼系数。

液压马达转速与斜盘位移传递函数为：

$$\frac{\omega_m}{x_v} = \frac{K_{xm} D_m}{V_t J_m s^2/\beta_e + (B_m V_t/\beta_e + J_m C_t)s + B_m C_t + D_m^2}$$

传递函数化简为：

$$\frac{\omega_m}{x_v} = \frac{K_{xm} D_m}{s^2 + 2\xi\omega_n s + \omega_n^2}$$

式中，$\omega_n = \sqrt{(B_m C_t + D_m^2)\beta_e / J_m V_t}$；$\xi = (B_m V_t/\beta_e + J_m C_t)/2\sqrt{(B_m C_t + D_m^2)\beta_e / J_m V_t}$；

在此基础上，构建液压马达的控制框图，如图 6-29 所示。

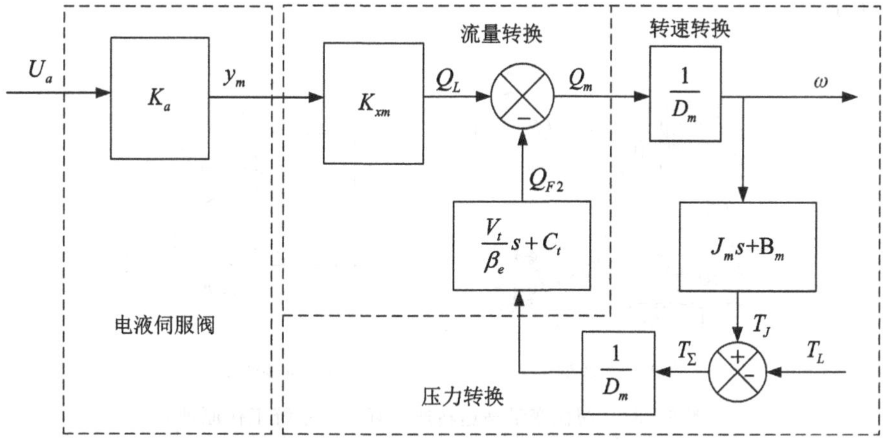

图 6-29　变量马达流量压力控制框图

图 6-29 中，第一，变量马达的压力取决于负载转矩，进一步还影响到马达的液体压缩、内部泄漏和排量大小。第二，由控制电压 U_a 来成比例地控制马达斜盘倾角，直接决定柱塞的行程大小和排量。第三，液压马达的转速受负载转矩的影响很大，可以通过前反馈加以校正。

6.7.4　阀控变量马达控制应用分析

阀控定量马达控制具有动态响应相对较快、控制精度相对较高、内部润滑充分与使用寿命长等优点，大量应用于重型载荷的旋转平台、冶金、化工、水泥、油田、电厂、汽车、起重机、工程挖掘搅拌输送装载车和矿山机械等工程机械领域。阀控变量马达的转速闭环控制系统的性能价格比非常高，其特点是注重速度的可控性和平稳性控制。阀控变量马达转速闭环控制系统控制框图如图 6-30 所示。

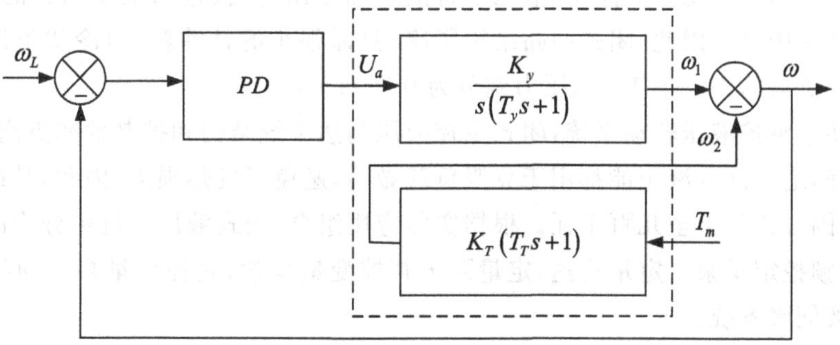

图 6-30　阀控变量马达转速闭环控制系统控制框图

图 6-30 中，阀控变量马达的转速闭环控制系统是一个非常典型的液压传动系统，它由双向伺服定量/变量、柱塞液压马达以及随动控制伺服阀等组成。第一，阀控变量马达的转速闭环控制系统是一个Ⅰ型二阶系统，实际应用中校正与控制采用 PD 算法就可以获得较好效果。第二，为了进一步提高系统响应，尽可能减小油管长度和直径，减小可压缩体积，液压伺服系统中油源压力尽可能高一些。第三，阀控变量马达的压力和排量取决于负载，其工作原理如

图 6－31 所示。

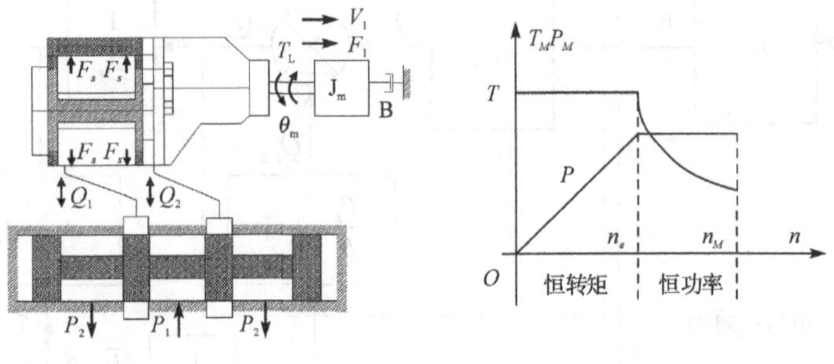

(a) 液压原理图　　(b) 特征曲线图

图 6－31　阀控变量马达转速闭环控制系统工作原理

图 6－31 中，第一，变量马达的压力取决于负载转矩。第二，由控制电压 U_a 来成比例的控制马达斜盘倾角，直接决定柱塞的行程大小和排量。第三，变量马达的转速受负载转矩的影响很大，可以通过前馈加以校正。第四，该液压系统的特征曲线反映了阀控变量马达系统在较高转速下，实现恒功率输出以克服负载。

6.8　泵控液压系统建模分析

本节重点讲解容积调速回路，其原理是通过改变回路中液压泵或液压马达的排量来实现调速。由于没有溢流损失和节流损失，所以效率高、油的温度低、功率损失小，适用于高速、大功率系统。按油路循环方式不同，容积调速回路有开式回路和闭式回路两种。开式回路中泵从油箱吸油，执行机构的回油直接回到油箱，油箱容积大，油液能得到较充分冷却，但空气和脏物容易进入液压回路。闭式回路中，液压泵将液压油输出，直接进入液压马达的进油腔，又从液压马达回到液压泵。因此，闭式回路结构紧凑，只需很小的补油箱，但冷却条件差。补油泵的流量为主泵流量的 10%～15%，压力调节为 0.3～1 MPa。

针对大功率泵控液压转动系统，闭式泵控液压马达系统结构和控制效率更高，传动性能和速度控制更好，绝大部分液压能都用于克服负载做功，避免了发热损失，因此，其最大效率可达 90%，功率范围可达几十至几百千瓦。根据实际应用组合，闭式液压系统可分为阀控变量泵＋定量马达，变频控定量泵＋定量马达，定量泵＋阀控变量马达，阀控变量泵＋阀控变量马达四大类调速电液伺服系统。

6.8.1　变频驱动定量泵＋定量马达调速电液伺服系统简介

这种系统的工作原理是通过变频器改变电机和泵的转速，直接改变了泵流量，从而达到调整马达转速的目的，其控制原理图如图 6－32 所示。变频电机驱动定量泵＋定量马达电液伺服系统设计简单，在一定范围内具有速度调节能力，在实际工程应用中得到了广泛应用。

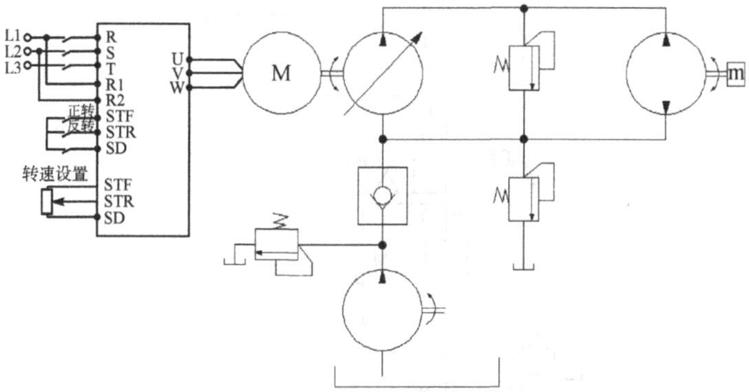

图 6－32　变频电机驱动定量泵＋定量马达电液伺服系统原理图

6.8.2　阀控变量泵＋阀控变量马达调速电液伺服系统简介

闭式泵控马达液压系统中，常常用到阀控变量泵＋阀控变量马达来实现速度控制，并提高运行效率。这样，这种阀控变量泵和变量马达的电液伺服系统实际应用最为广泛，其工作原理如图 6－33 所示。

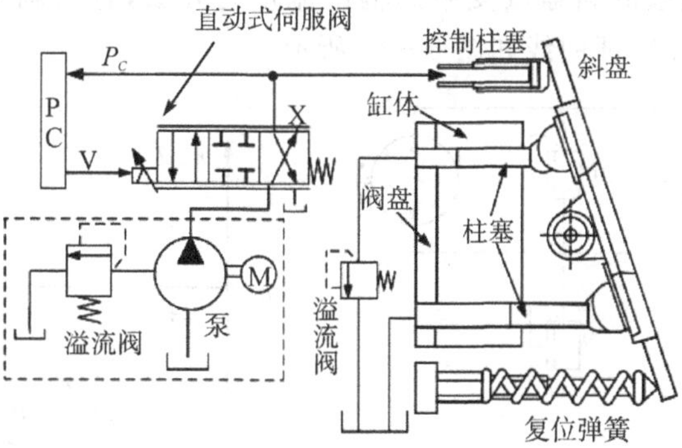

图 6－33　阀控变量泵＋变量马达的电液伺服工作原理图

图 6－33 中，可以根据工程应用中对流量的要求不同，通过比例电液换向阀的阀芯位移，控制液压缸位移，无级改变变量泵和变量马达的斜盘角度，来改变变量泵的输出流量或者变量马达的输出排量，直接调节缸的速度和马达的转速。

6.8.3　泵控液压缸调速电液伺服系统简介

泵控液压缸调速电液伺服系统原理如图 6－34 所示。由图可知，针对缸的速度控制来讲，这种调速回路可由变量泵与液压缸或变量泵与定量液压马达组成，变量泵与液压缸组成的开式容积调速回路，压力由溢流阀调定，所组成的容积调速回路为恒转矩输出，可正反向实现无级调速，调速范围较大。该系统适用于调速范围较大，要求恒扭矩输出的场合，如大型机床的主运动或进给系统中。

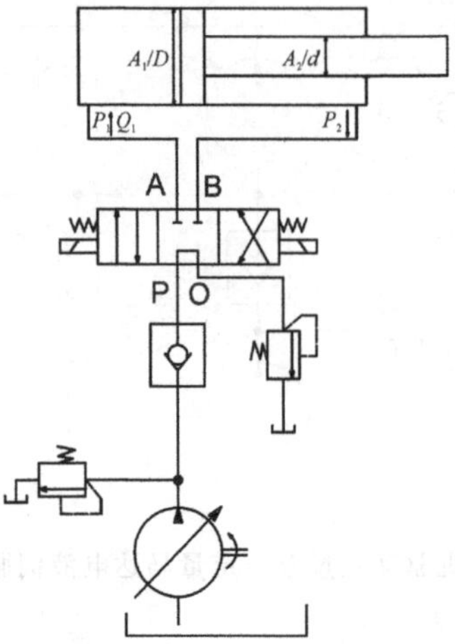

图 6-34　泵控液压缸调速电液伺服系统原理图

6.8.4　阀控变量泵+定量马达调速电液伺服系统简介

阀控变量泵+定量马达电液伺服系统实际应用最为广泛，可以根据工程应用中对流量的要求不同，通过阀控变量泵的斜盘改变泵的输出流量的方法，直接调节缸的速度和马达的转速。其控制原理图和调速特征曲线如图 6-35 所示。

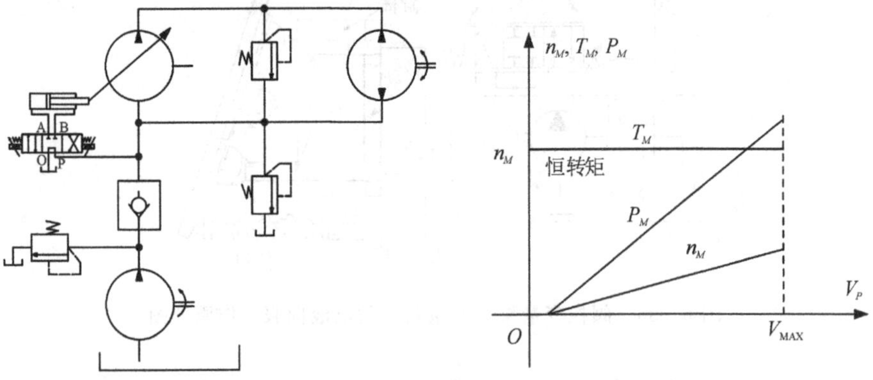

图 6-35　阀控变量泵+定量马达电液伺服系统原理图和调速特征曲线图

针对马达的转速控制，变量泵和定量马达组成闭式调速回路，变量泵输出的油液全部进入液压马达。压力由溢流阀调定，定量泵是给系统补油的，连接油箱的溢流阀起安全作用。转速随液压泵的排量增大而增大，由于液压马达的容积效率一般比液压缸小，故速度稳定性较泵缸系统差。该系统能够输出的最大扭矩是一常量，故称为恒扭矩调速，其能够输出的最大功率与泵的排量有关。

6.8.5　定量泵＋阀控变量马达电液伺服系统简介

定量泵＋阀控变量马达组成的电源伺服系统如图 6－36 所示，该回路相当于恒功率调速。工作时，液压马达输出的扭矩随排量的减小而减小。该回路有低速大扭矩、高速小扭矩、调速范围窄，不能实现平稳换向等特点，适用于车辆和起重运输机械等具有恒功率负载特性的液压传动装置。当液压力产生的扭矩小到不足以克服摩擦力时，液压马达的转速急骤下降，输出的扭矩也很快变为零。

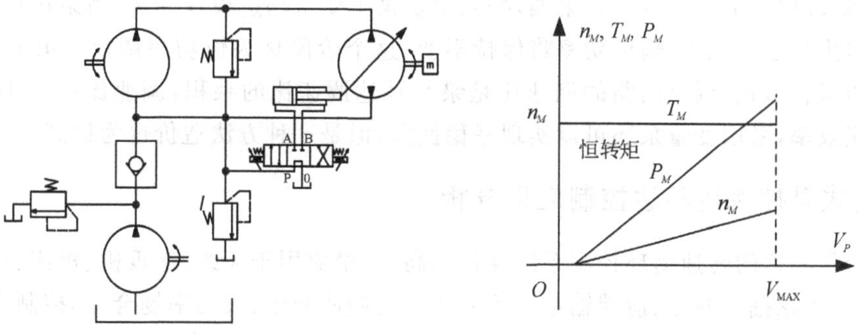

(a) 液压原理图　　(b) 特征曲线图

图 6－36　定量泵＋阀控变量马达电液伺服系统原理图

图 6－36 中，阀控变量马达工作原理分为两个部分：第一部分为马达部分，当液压油注入马达时，通过柱塞形成推力，在斜盘的作用下形成转矩，实现转动。第二部分为变量部分，通过伺服阀控制调整液压缸的位移，使得斜盘顺时针或者逆时针摆动，从而调整马达每转排量，实现调节液压马达转速的控制。

6.8.6　阀控变量泵＋阀控变量马达电液伺服系统简介

变量泵＋变量马达组成的闭式调速回路是一种容积调速回路，这种调速回路是上述两种调速回路的组合，其液压原理和调速特性也具有两者的特点，如 6－37 所示。

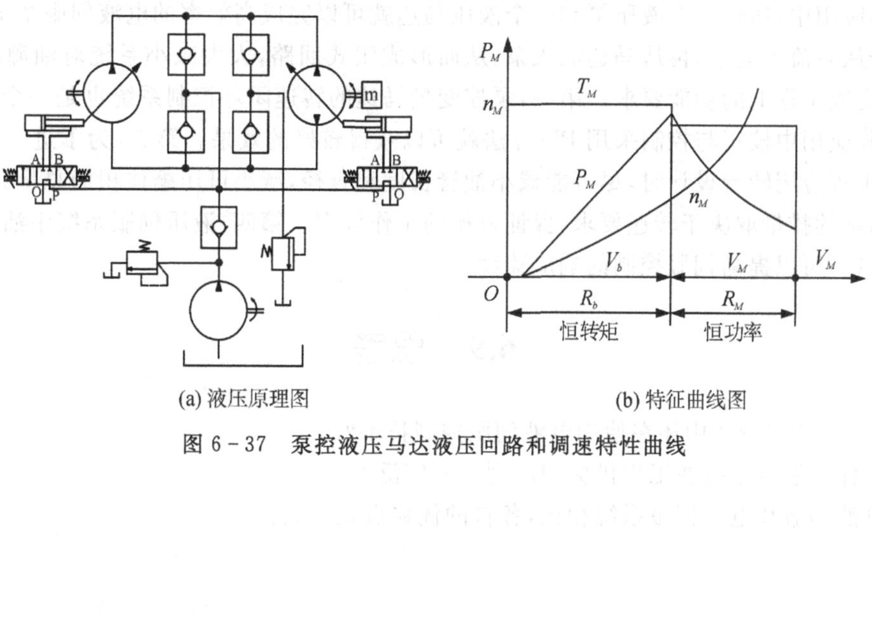

(a) 液压原理图　　(b) 特征曲线图

图 6－37　泵控液压马达液压回路和调速特性曲线

图 6－37 中，第一，针对低速到高速都对发热有严格要求的电液伺服应用场合，要求容积效率非常高和液压损失为最小，其工作原理为：由变量泵和变量马达等组成闭式容积调速回路，控制比例换向阀进行调节变量泵的排量或变量马达的排量，实现容积式无级调节马达的转速。第二，由于闭式液压系统的内部泄漏，补油泵向低压腔补油，其补油压力由溢流阀来调节。中间安全阀用以防止高压过载。第三，为合理利用变量泵和变量马达调速中各自的优点，在实际应用时，一般采用分段调速的方法。按照变量泵＋定量马达模式调速，当马达排量为最大时，随着液压泵的排量增大，马达的转速也相应增大，液压马达获得最大转矩时，输出的功率也最大，这个阶段称为恒转矩调速。第四，按照定量泵＋变量马达模式调速，当泵排量为最大时，调节马达的排量逐渐减小，输出功率将保持不变，这个阶段称为恒功率调速。第五，这是两种调速曲线的组合形式，调速回路的调速比是泵与马达调速比的乘积，调速比可达 100，其具有较高的调速效率，采用变量泵还可以实现平稳换向，但是这种方法造价也为最高。

6.8.7 闭式泵控液压马达控制应用分析

泵控变量马达的转速闭环控制系统性价比高，大量应用于天线、起重机、机床、行走机械和矿山机械、工程挖掘装载车、搅拌输送车等回转平台调速的中、大功率场合，其控制系统框图如图 6－38 所示。

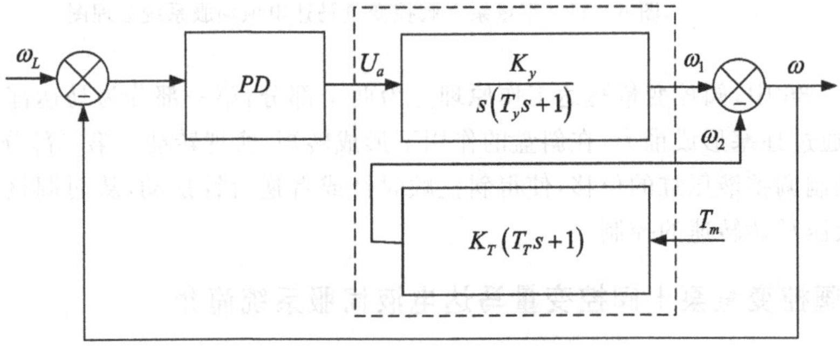

图 6－38 阀控变量马达转速闭环控制系统框图

实际应用中，通过一个液压泵和一个液压马达就可以完成高效率的电液伺服系统，液压油绝大部分从泵流入马达，再从马达流入泵，从而形成闭式回路，大大减小系统对油源的体积要求，从而完成工程上的功能要求。第一，泵控变量马达的转速闭环控制系统也是一个 I 型二阶系统，实际应用中校正与控制采用 PD 算法就可以获得较好的效果。第二，为了进一步提高系统响应，工程应用转台设计时，尽可能减小油管长度和直径，减小可压缩体积的总量。第三，泵控变量马达的排量取决于转速要求，保证机械的工作效率。第四，液压伺服系统中油源压力尽可能高一些，可以提高伺服控制的响应速度。

6.9 思考

1.为什么特殊行业中还在使用电液伺服控制技术？

2. 为什么液压系统在工程机械中应用比较广泛？

3. 电液伺服和电气伺服系统相比，各自的优缺点是什么？

4. 电液比例控制系统与电液伺服控制系统的差别在哪里？
5. 为什么电液伺服响应频率可以设计的比较高？
6. 阀控电液系统和泵控电液系统的区别是什么？各自有几种组合形式？
7. 水也是液体，为什么实际工程应用时不采用水作为液压传动的介质？
8. 气体也是流体，为什么实际工程应用时不采用气体作为液压传动的介质？
9. 电液伺服技术的发展方向是什么？电液伺服控制技术的几个研究领域是什么？

第2篇　系统设计篇

第7章　典型机电传动的控制回路设计

本章重点在于讲解电气传动装备的控制回路设计方法，详细介绍典型电气控制回路，以及典型电气控制回路设计的内容和流程，培养学生举一反三的综合设计能力。

7.1　机电传动的控制回路设计方法

机电液装备的控制系统设计既是一个理论问题，也是一个工程问题。本章重点就是针对特定的工艺过程要求，分析用户需求和技术需求，实施经用户确认形成设计指导性的文件。设计者根据这个文件，选择不同器件，采用不同回路，构成不同的机电液装备。

7.1.1　设计基本原则

机电液装备的控制系统设计目的就是最大限度地实现生产机械和工艺对控制线路的要求，力求使控制线路简单、经济，保证控制线路工作的可靠性和安全性，同时，操作和维修尽可能方便。因此，机电液装备的控制系统的设计原则上分为以下五个方面，如图7-1所示。

图7-1　机电液装备的控制系统设计原则

机电液装备的控制系统必须遵守最重要的安全可靠原则。第一，对操作人员安全，无论在什么情况下都不能发生触电等人身伤害。第二，对生产设备安全，无论在什么情况下都不能干涉设备的运动以及碰撞等损坏设备。第三，机电液装备的控制系统设计还应该考虑设备异常状态下的控制问题，例如过载保护控制、异常位置报警及复位控制、人为误操作的复位控制等。第四，该系统应具有设备操作维护方便、实时性强、通用性好和经济效益高等原则。

(1)安全原则：绝对保证机电液装备的控制系统的人员或设备安全。防止漏电、雷击、高压、欠压、过载、误操作等对人员或设备损伤。

(2)经济原则：在满足生产要求的前提下，力求使控制线路简单、经济。

(3)标准化原则:尽量选用标准的、常用的或者经过实际考验过的工艺环节和线路。

(4)弱电控制强电原则:小电流控制大电流,小功率控制大功率,低电压控制高电压。

(5)绿色节能原则:尽量减少电器不必要的通电时间。

(6)等效原则:在同样功能条件下,机械的电子化,硬件的软件化。也就是尽可能地提高控制系统的自动化水平,尽量减少电器元件的品种、规格和数量。

7.1.2　设计的六个过程

机电液装备的控制系统设计就是一个通过分析、综合、组合和重新创新设计来获得满足某些特定要求和功能的机电液装备过程。包括:机电传动选择、电气设计的原则、设计步骤、工程设计与实现、设计验证、设计举例和设计评审等内容。

(1)初期规划设计过程:项目可行性论证、市场调研和功能需求分析等。

(2)总体方案设计过程:项目功能设计论证、系统布局、网络结构、器件选型等。

(3)机械设计过程:机械的三维结构设计和二维图纸设计。

(4)电气设计过程:电气系统的硬件设计和软件设计。

(5)工艺设计过程:工艺安装和工艺施工设计等。

(6)生产安装调试改进过程:上电、调试、完善改进和验收等。

7.1.3　设计的四个阶段

机电液装备控制系统的工程项目设计分为四个阶段。

1.工程项目与控制任务的确定阶段

该阶段是任务从无到有的过程,是逐渐明确用户需求的过程,也是项目总体论证与确定的过程。具体包括:①甲方提供工艺文件;②甲方提出任务委托书;③双方对任务委托书进行修改;④乙方初步进行系统总体方案设计;⑤乙方进行方案可行性论证;⑥签订合同书。

2.工程项目与控制任务的详细设计阶段

该阶段是任务从总体到具体的过程,是任务分解的过程,也是项目设计阶段最关键的详细设计过程。具体包括:①组建项目研制小组(至少一个硬件和一个软件小组);②细化系统总体方案;③方案论证与送审;④硬件与软件的详细设计;⑤硬件和软件的分别测试。

3.离线仿真和调试阶段

在机电液装备的控制系统设计、组装、制作和测试过程中,工艺过程的自动化控制功能都在实验室而不是在工业现场进行离线仿真、验证、调试和考核性能运行,以便在连续不停机的运行中暴露问题和解决问题,最终完善机电液装备的控制系统设计。

4. 在线调试和运行阶段

将机电液装备的控制系统和生产过程联接在一起,进行现场调试和运行。系统正常运行后,可组织验收。总之,验收通过才是机电液装备的控制系统项目最终完成的标志。

7.1.4　设计的主要内容

1.设计的需求分析

(1)机电液装备控制系统设计的基本要求。

(2)机电液装备控制系统设计的工艺流程及设计步骤。

(3)机电液装备控制系统设计的技术条件。

(4)机电液装备控制系统的电源方案。

(5)机电液装备控制系统的控制方案。

(6)机电液装备控制系统的控制方式。

(7)机电液装备控制系统的器件选择。

(8)机电液装备控制系统的设计原则。

2.总体方案设计

(1)系统的主要功能、技术指标、原理图及文字说明。

(2)确定系统的结构、布局、配置和类型。

(3)机电液装备控制系统的设备选择和方案比较。

(4)机电液装备控制系统的控制策略和控制算法。

(5)保证性能指标要求的技术措施,抗干扰措施和可靠性设计。

(6)方案论证和评审。

(7)经费和进度计划的安排。

3.机电液装备的控制系统方框图设计

机电液装备的控制系统方框图是机电液装备的控制系统设计的最有效工具之一,借用控制理论的方框图描述机电液装备的控制系统组成、输入/输出的要求、数据采集与流向,确定相应的控制方法等,将复杂系统分解为简单的子系统。

4.机电液装备的控制系统硬件工程设计

(1)选择系统的总线和主机类型设计。

(2)选择输入/输出通道模板,包括数字开关量输入/输出模块和模拟量输入/输出模块。

(3)选择变送器和选择执行机构。

5.机电液装备的控制系统软件工程设计

(1)数据类型和数据结构设计规划。

(2)I/O 地址资源分配。

(3)实时控制软件设计,包括数据采集及数据处理程序、控制算法程序、控制量输出程序和实时时钟分配、中断处理程序、数据管理程序、数据通信程序等。

7.2 机电液装备的控制原理图设计

7.2.1 机电液装备控制原理图的正确表达

1.机电液器件的图形和文字符号的标示

如图 7-2 所示,机电液器件标示符号分为两大部分,第一部分,M0413 中 M 代表了电机大类;0413 代表了第 04 工位的第 13 号电机设备;第二部分,QM01 代表了第 01 号工艺装备、工段或者车间。简单起见,可以使用一个圆来代表一个设备,上半圆写设备类别 M,下半圆写

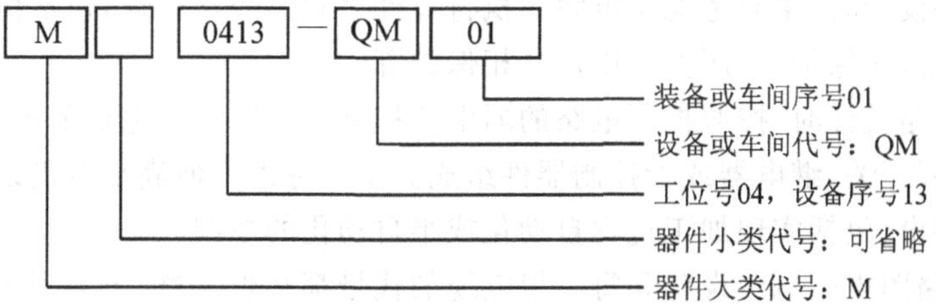

图 7-2　机电液器件标示图

设备代号 0413，这样，完整的 M0413 - QM01 符号代表了在 QM01 工艺装备中有一个电机 M0413。常用大类器件的电气图形、文字符号表见表 7-1。再举一个例子：KM0413 代表了用于控制电机 M0413 的接触器。

绘制电气原理图时，控制电器和电气原理图是实际控制电气工程技术的通用语言，各种器件的图形与文字符号必须符合国家标准 GB/T4728—2018，GB/T 6988—2008 和 GB7157—2019 中的文字符号制定通则。

表 7-1　常用电气器件符号与简图一览表

器件名称	器件代号	器件简图			器件名称	器件代号	器件简图		
按钮开关	SA			—	电源刀开关	Q/QS			
限位开关	SQ			—	断路器	QF		—	—
延时继电器线圈	KT		—	—	过流断路器	QF		—	—
延时继电器触点	KT			—	热断路器	FR		—	—
继电器线圈	KA		—	—	电机	M		—	—
继电器触点	KA			—	熔断器	FU		—	—
接触器线圈	KM		—	—	—	—	—	—	—
接触器触点	KM		KM	KM	—	—	—	—	—

2.机电液装备控制系统的电路图绘制方法

机电液装备控制系统的电路图绘制应该围绕关键设备展开，并遵循以下原则：

(1)控制原理图应根据工作原理绘制，电路图设计从系统总体到各个设备局部展开。具有结构简单、层次分明，便于维护查找故障和分析电路的工作原理等优点。

(2)针对复杂设备的控制电路图，分别绘制主电路图和控制电路图；针对简单设备的控制电路可以绘制在一张电路图中，其中，左边为主电路，右边为控制电路。

进行主电路设计时，主要考虑从电源到执行元件之间的线路设计，包括执行器件的安全保护、过电流保护、过压保护、欠压保护以及缺相保护等。

进行控制电路设计时，按照控制电路的弱电流控制主电路的大电流的理念进行设计实现，一般由按钮、行程开关、继电器或者控制器件组成。主要考虑如何满足电机设备的各种运动功能及生产工艺要求，包括实现加工过程自动化或半自动化的控制。

(3)每张电路图中的每台设备和每一根电缆的代号都必须完整，用类别＋唯一代号＋设备代号组成。所有电器元件的图形、文字符号必须采用国家统一标准。同一电器元件的各部分可以不画在一起，但需用唯一的文字符号和代号标出。所有按钮、触头均按没有外力作用和没有通电时的原始状态画出。

(4)针对距离远的重要应用和设备，必须设置独立电源，以提高控制系统的可维护性和可靠性。针对开关信号，尽可能采用中间隔离继电器进行隔离，防止设备之间相互干扰影响系统正常工作。控制信号属于弱信号，工作电压采用 24VDC 或者电流环闭环信号，在空间上，必须和强电流与高压信号分别走线隔离。

(5)最后完善整个控制电路设计的设备互锁、联动以及信号、照明等辅助电路设计。

(6)全面检查电路图设计，编写设计说明书。

(7)有条件时，可进行模拟试验，以进一步完善设计。

(8)合理选择各个控制器件。

3.机电液装备的控制系统电源选择

(1)机电液装备的控制系统的电源选择是一项非常重要的设计内容，涉及到人员安全和设备的可靠性。

(2)电源选择原则是低压控制高压，弱电控制强电，小电流控制大电流。

(3)主电路的电压和电流主要取决于负载，常用交流 380VAC/220VAC。

(4)控制电路的电压主要从安全角度考虑，绝大多数场合使用直流 24VDC 电源。

(5)控制电路的电压主要从可靠性角度考虑，模拟信号电源尽可能采用线性直流电源，传输电缆采用双绞电缆传输电流闭环信号。高频开关信号传输电缆也可能采用双绞电缆传输。

7.2.2 机电液装备的控制原理图详细设计文件

机电液装备的控制系统详细设计内容很多，包括电气设计的技术条件，选择电气传动形式与控制方案，确定电机的容量，设计控制原理图，选择控制器件，制订电机和控制器件明细表，画出电机、执行电磁铁、控制部件以及检测元件的总布置图，设计电气柜、操作台、电气安装板以及绘制装配图和接线图，编写设计计算说明书和使用说明书等。

1.机电液装备的控制系统设计工艺过程文件

针对不同机电液装备的控制系统设计工艺过程文件包括：电气设备的型号、规格及数量、电气设备的动作要求等。例如：工艺文件中描述的定位转向机构，必须清楚地描述每一个定位转向的位置和方向，以及每一个位置的工艺动作要求和动作顺序。

2.机电液装备的控制系统设备清单及控制 I/O 统计明细表

针对不同机电液装备的控制系统，采用成熟的控制电路，可以有效提高设计效率。例如：对于相似和规范的单一设备来讲，通过直接分配其控制 I/O 就可以完成设计工作。

3.机电液装备的控制系统布置图

设计机电液装备的控制系统布置图是一项与设计经验积累相关的工作，包括自动化控制电器柜正面及器件布置图、位置图、安装图和互连图。

4.机电液装备的控制系统接线图

设计机电液装备的控制系统接线图也是一项经验积累相关的工作。包括器件及其连线、接线图、标准、线号、电缆型号与规格和导线槽的位置等。

5.机电液装备的控制系统设计说明书

机电液装备的控制系统控制说明书包括目录、系统原理、操作流程、状态信息、网络拓扑图、硬件接口、编号规则、软件操作说明等。

7.3　典型机电传动及控制回路设计

7.3.1　电机启停控制电路

1.电机启停控制电路

电机的种类很多，但是控制电机运转的方法基本相同。例如，单相电机和三相交流电机控制时，都需要设计电机的主电路和控制电路两部分。在主电路设计中，使用断路器给电机提供三相或单相电源，再使用接触器的主触点连接电机，从这个角度来讲，其控制主电路完全相同，电机的具体控制仅仅在于控制电路不同，下面的典型电机控制设计就以三相电机控制为例。电机的启动或停止由控制电路进行控制，在控制电路设计中，按照需要的功能进行设计，其实际功能可以有很多种，如点动和连续运转等。

2.电机点动启停控制电路

所谓点动，即手动按下按钮时，电机运转工作；手动松开按钮时，电机停止工作。某些生产过程中的电动葫芦等电机就是要求此类实时点动控制，它能实现电机短时转动，整个运行过程完全由操作人员决定，如图 7－3 所示。

(1)主电路由断路器 QF、交流接触器 KM 的主触头和笼型电机 M 组成。控制电路由启

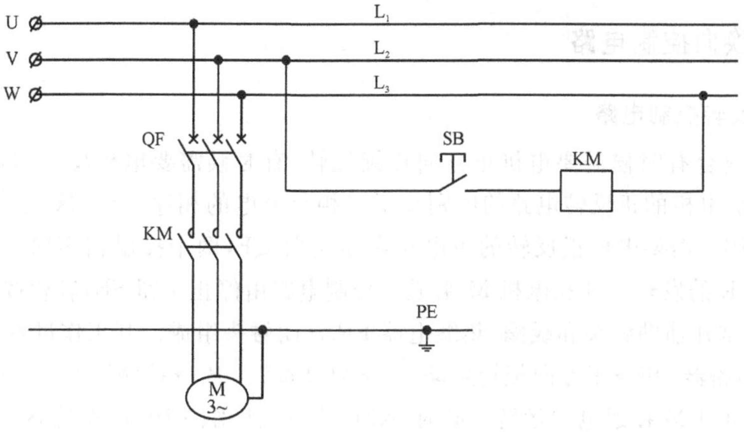

图 7－3　电机点动启停电路

动按钮 SB 和交流接触器线圈 KM 组成。

(2)线路的启动过程:先合上断路器 QF→按下启动按钮 SB→接触器 KM 线圈通电→KM 主触头闭合→电机 M 通电直接启动。

(3)停机过程:松开 SB→KM 线圈断电→KM 主触头断开→M 断电停转。

3.电机连续运转控制电路

电机连续运转控制电路如图 7-4 所示。

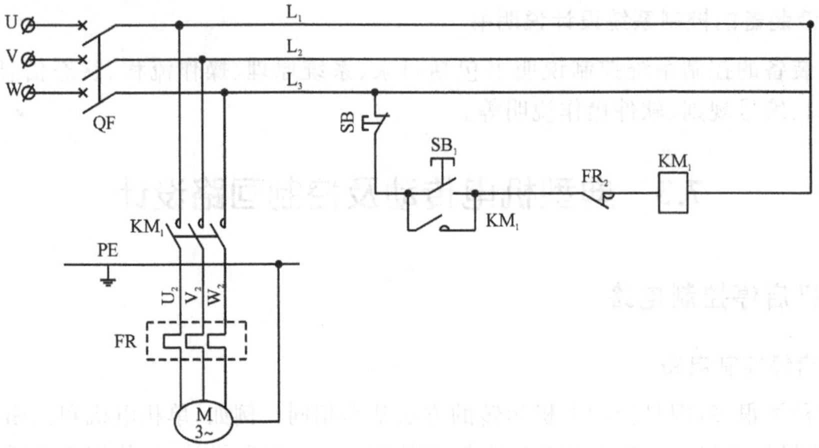

图 7-4 电机连续运转电路

主电路由断路器 QF、接触器 KM_1 的主触头、热继电器 FR 的发热元件和电机 M 组成;控制电路由停止按钮 SB、启动按钮 SB_1、接触器 KM_1 的常开辅助触头和线圈、热继电器 FR 常闭触头组成。其工作过程如下。

(1)启动:合上断路器 QF→按下启动按钮 SB1→接触器 KM_1 线圈通电→KM_1 主触头闭合→电机 M 接通电源运转。同时,KM_1 常开辅助触头闭合,保持 SB_1 两端电路始终闭合,即使松开 SB_1,电机仍然连续转动。

(2)停机:按下停止按钮 SB→KM_1 线圈断电→KM_1 主触头和辅助常开触头断开→电机 M 断电停转。

7.3.2 电机换向控制电路

1.电机正反转控制电路

有些应用场合有时候需要电机正方向连续旋转,有时候需要电机反方向连续旋转,如图 7-5所示。交流电机的正反转电路的区别在于三相交流电的相序不同,这也是交流电机换向控制简单的原因。需要电机正反转的主电路由断路器 QF,两个接触器 KM_1 和 KM_2 的主触头,热继电器 FR 的发热元件和电机 M 组成。控制电路由停止按钮 SB,启动按钮 SB_1 和 SB_2,接触器 KM 的常开辅助触头和线圈,热继电器 FR 常闭触头组成。其工作过程如下:

(1)合上断路器 QF→正方向旋转启动:按下启动按钮 SB_1→接触器 KM_1 线圈通电→KM_1 主触头闭合→电机 M 接通电源运转。同时,KM_1 常开辅助触头闭合,保持 SB_1 两端电路始终闭合,即使松开 SB_1,电机仍然连续转动;同时,KM_1 常闭辅助触头切断了 KM_2 线圈,防止正

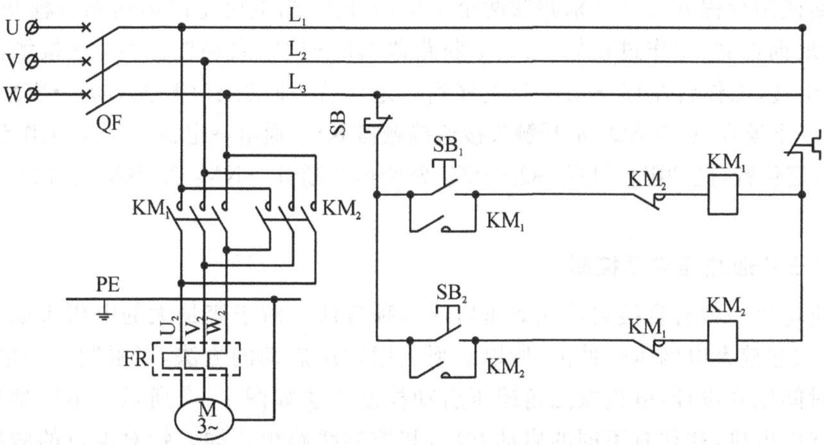

图 7-5　电机正反转控制电路

反向同时接通造成的短路事故。

(2)停机:按下停止按钮 SB→KM_1 线圈断电→KM_1 主触头和辅助常开触头断开→电机 M 断电停转。

(3)反方向旋转启动:按下启动按钮 SB_2→接触器 KM_2 线圈通电→KM_2 主触头闭合→电机 M 接通电源运转。同时,KM_2 常开辅助触头闭合,保持 SB_2 两端电路始终闭合,即使松开 SB_2,电机仍然连续转动;同时,KM_2 常闭辅助触头切断了 KM_1 线圈,防止正反向同时接通造成的短路事故。

(4)停机:按下停止按钮 SB→KM_2 线圈断电→KM_2 主触头和辅助常开触头断开→电机 M 断电停转。

(5)电机的正反向旋转控制通过 KM_1 主触头和 KM_2 主触头更改了电机三相电源的相序来实现。

2.自动循环控制电路

在某些电气设备中,有些是通过设备自动往复循环工作的,例如机床工作台的摆动就是通过电机的正反转实现自动往复循环的,如图 7-6 所示。

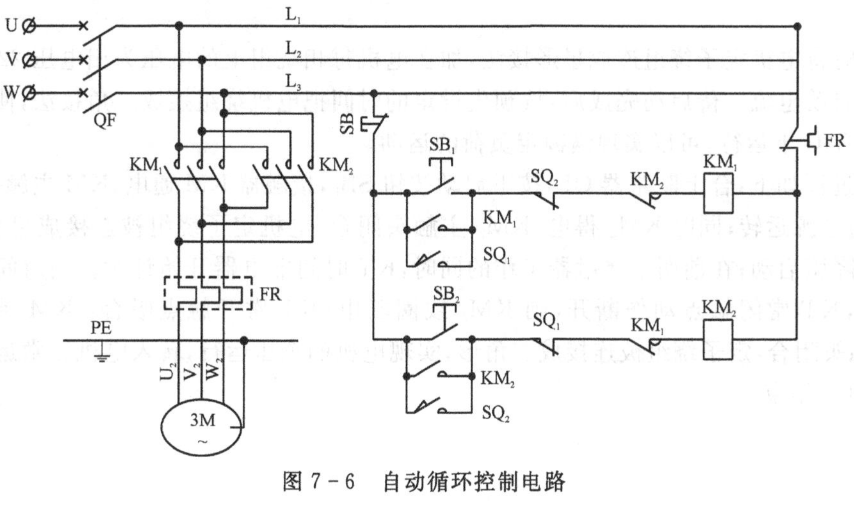

图 7-6　自动循环控制电路

控制线路使用行程开关来分别并联两个正反转开关，当电机正向运动到行程开关 SQ_1 的位置时，启动反向控制，工作过程如下：合上断路器 QF→按下启动按钮 SB_1→接触器 KM_1 通电→电机 M 正转，工作台左移→工作台左移到一定位置，撞动限位开关 SQ_2→SQ_2 常闭触头断开→KM_1 停止吸合，此时 SQ_2 常开触头接通接触器 KM_2 通电→电机 M 反转工作台右移→工作台右移到一定位置，撞动限位开关 SQ_1→SQ_1 常闭触头断开→KM_2 停，KM_1 再次得电，依次往复运行。

3.电机星三角形减压启动控制

三相交流电机一般有直接启动或减压启动两种方法。对于容量大的电机来说，由于启动电流很大，会引起较大电网压降冲击，所以必须采用减压启动的方法，以限制启动电流。具体做法是按照时间原则设计，电机星三角减压启动控制方法如图 7－7 所示。不同型号、不同功率和不同负载的电机，往往有不同的启动方法，其控制线路也不同。针对电机的减压启动，虽然可以减小启动电流，但也降低了转矩，因此适用于空载或轻载启动。三相笼型电机的减压启动方法有定子绕组串电阻或电抗器启动、自耦变压器减压启动、星三角形减压启动、延时三角启动等几种方法。

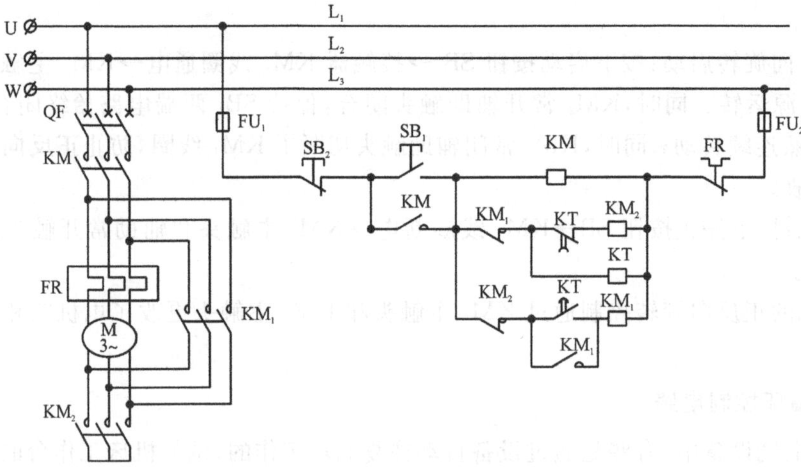

图 7－7　星三角形减压启动控制电路

启动时将电机定子绕组连成星形接法，加在电机每相绕组上的电压为相电压 220VAC，从而减小了启动电流。待启动完成后，按预先设定的时间把电机绕组换成三角接法，使电机在线电压 380VAC 下运行，可以实现满额定负荷的运动。

启动过程如下：合上断路器 QF，按下启动按钮 SB_1，接触器 KM 通电，KM 主触头闭合，电机 M 接通电源运转；同时 KM_2 得电，KM_2 主触头闭合，电机定子绕组被连接成星形接法，实现电机的降压启动；在前两个接触器工作的同时，KT 时间继电器开始计时。当时间继电器计时时间到，KT 常闭触点动作断开，则 KM_2 线圈断电；KT 常开触点吸合，KM_1 线圈得电，KM_1 主触头闭合，定子绕组被连接成三角形，实现电机的全压运行，转入电机正常运行工作状态，启动过程结束。

7.3.4　电机保护电路

电机运转的保护环节非常多，有过热过载保护、过流保护、欠电压保护和缺相保护等，电机保护的方法就是将这个保护器件串联在电路中。

1.电机过载保护电路

电机长期超载运行，其绕组快速温升将超过允许值而损坏，所以应设过载保护环节。过载保护一般采用热继电器 FR 作为保护元件。由于热惯性的原因，热继电器不会受短路电流的冲击而瞬时动作，当有 8～10 倍额定电流通过热继电器时，需经 1～3 s才能动作，这样，在热继电器动作前，热继电器的发热元件可能已烧坏。所以，在使用热继电器做过载保护时，还必须装有熔断器 FU 或过流继电器配合使用，如图 7－8 所示。

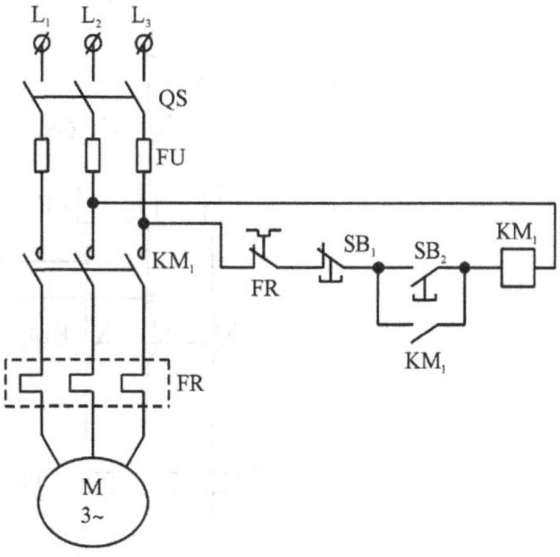

图 7－8　电机过载保护电路

2.电机过电流保护及欠压保护电路

不正确的启动和过大负载也常常引起电机产生过大的电流和过大的冲击负载，这个电流比过载电流大很多，电机流过过大的冲击电流会使机械的转动部件动力过载或过热受到损伤。在这样的应用场合，需要瞬时切断电源，这就需要用电机过电流保护及欠压保护电路，其原理如图 7－9 所示。

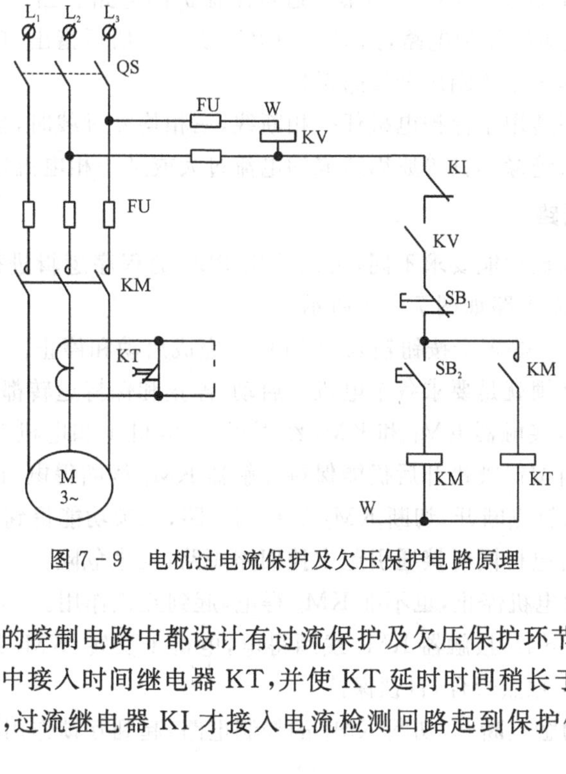

图 7－9　电机过电流保护及欠压保护电路原理

一方面，可靠成熟的控制电路中都设计有过流保护及欠压保护环节。为避免电机启动时过流保护误动作，线路中接入时间继电器 KT，并使 KT 延时时间稍长于电机 M 的启动时间。这样，电机启动结束后，过流继电器 KI 才接入电流检测回路起到保护作用。另一方面，当线路电压过低时，KV 失电，KV 常开触点断开主电机 M 的控制电路。

3.电机运转的短路保护电路

当电路发生短路时，短路电流会引起电机和电路中的各种电器设备产生机械性损坏，因此，当电路出现短路电流时，必须迅速断开电源，如图 7－10 所示。

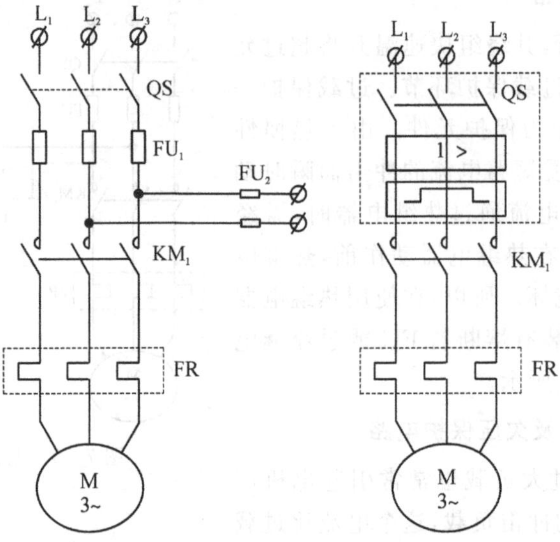

(a) 过热保护　　(b) 过载保护

图 7－10　电机的短路保护电路

图 7－10(a)为采用熔断器 FU 作为第一道短路保护的电路。当主电机容量较大，采用自动开关 QS 作为第二道短路保护电路，如图 7－10(b)所示。值得指出，自动开关既作为短路保护，又作为过载保护，其过流线圈用做短路保护。

自动开关的保护还适用于保护电机任一相断线，三相均衡过载时，当三相电源发生严重不平衡或电机内部短路与绝缘不良等原因造成的电流过大或某一相电流比其他两相高的情况。

4.多电机的控制电路

多电机控制电路根据功能要求不同，可以采用 PLC 的程序逻辑进行各种逻辑互锁，完成不同的运动要求，其控制电路如图 7－11 所示。

(1)利用 SB1 和 SB2 等多个按钮输入到 PLC 中完成启动和停止。

(2)联动、自锁和互锁就是要求各个电机的启动、停止和保持运转都由 PLC 程序控制。例如：当按钮 SB_1 按下后，接触器 KM_1 和 KM_3 线圈得电，电机 1 和电机 3 正向转动，同时 KM_1 常开辅助触点吸合。当按钮被松开后仍能保持接触器 KM_1 线圈得电，自锁功能得到实现。

(3)KM_1 常闭辅助触点断开，切断 KM_2 的控制电路，互锁功能得到实现，防止两个接触器主触点同时吸合和两台电机同时接通引起主控回路短路，发生危险。

(4)按下 SB_3，三台电机停止，也不准 KM_2 得电，起到互锁作用。

(5)当按钮 SB_2 按下后，接触器 KM_2 线圈得电，电机 1 反转，KM_3 线圈不得电，电机 3 不转，同时 KM_2 常开辅助触点吸合，自锁保持。

(6)KM_2 常闭辅助触点断开，切断 KM_1 的控制电路，起到互锁作用。

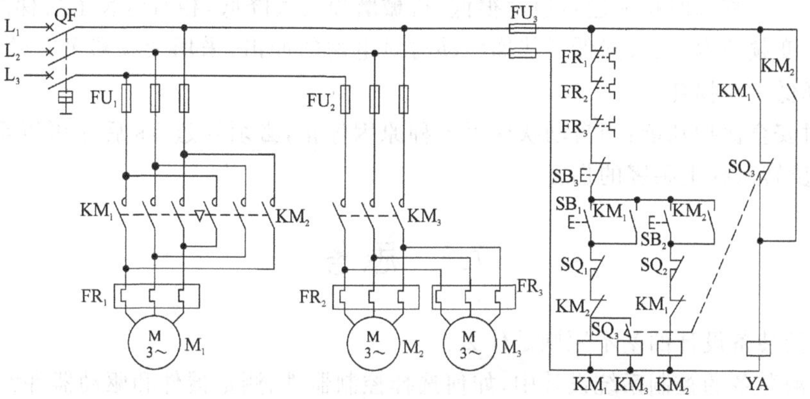

图 7－11　多电机的控制电路

(7)无论电机 1 正反转，电机 3 在运行的时候，当遇到行程开关 SQ_3 时，使得 KM_3 失电，电机 3 停转。

7.4　典型机电传动控制系统的实例分析

变频器自动扶梯变频速度控制中，电机的转速和转矩控制原理图如图 7－12 所示。

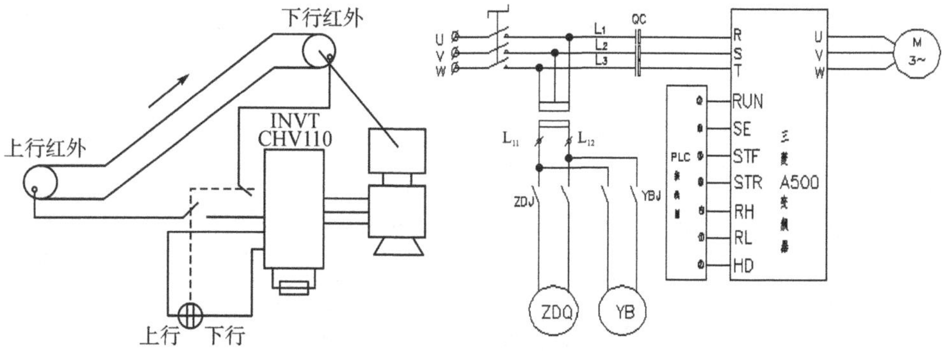

图 7－12　自动扶梯变频速度控制原理图

图 7－12 中，整套控制系统采用闭环控制方式，通过光电测量装置检测人流量信号，上、下基站感应器检测到没有人进入和走出自动扶梯范围时，自动扶梯正常运行 20s 后，自动转入低速状态，处于省电运行模式，电机输出功率降低，达到节约能源的目的；当有人进入扶梯范围时，自动扶梯马上加速转入高速运行状态。也就是说：当没有接收到的人流量信号的一定时间后，对拖动电机进行变频调速控制，实现自动扶梯在无人搭乘时转入低速运行，处于低能耗状态；当检测到有人进入自动扶梯范围时，自动扶梯立即加速转入高速运行状态。

(1)系统采用 PLC 可编程控制器实现变频器控制，具有功能强大与可靠等优点。

(2)无人乘梯时，保证扶梯自动平稳过渡到节能运行状态，以 1/5 额定速度运行。有人乘梯时，保证扶梯自动以节能速度平稳过渡到额定速度运行。扶梯空载时以节能速度模式运行，电流仅为空载时额定速度运行电流的 1/3。

(3)由于无人乘梯时扶梯运行速度很低,机械磨损大大降低,相对延长了扶梯的使用寿命。

(4)采用变频技术,大大降低了扶梯启动时对电网的冲击,采用变频器可有效改善电网的功率因数,降低无功损耗。

(5)延时安全保护功能:当自动扶梯因各种原因停止,必须经过5s后才可以重新起动,防止扶梯突然反转对梯上乘客的伤害。

7.5 思考

1. 机电液装备设计的基本原则是什么?
2. 机电液装备的控制系统设计中,如何选择控制器件、测量器件和驱动器件?
3. 机电液装备的控制系统设计中,常用设计文档有几种? 各自的途是什么?
4. 为什么说“地”和电源设计是机电液装备的控制系统设计的主要内容?
5. 为什么要采用成熟的电路进行机电液装备的控制系统设计?
6. 为什么说采用网络化技术代表了机电液装备的发展趋势?

第 8 章　典型电液传动的控制回路设计

本章重点讲解电液传动装备的控制回路设计方法，以及典型电液控制回路设计的内容和流程，培养学生举一反三地利用两类伺服阀完成工程应用的综合设计能力。

8.1　电液传动及控制回路设计方法

机电液装备的控制系统设计既是一个理论问题，也是一个工程问题，就是说针对特定的工艺过程要求，分析用户需求和技术需求，经用户确认形成设计指导性文件，再根据这个文件，选择不同器件，采用不同液压回路，构成不同的机电液装备。

8.1.1　基本原则

机电液装备的控制系统设计就是借鉴成熟的液压回路和控制设计经验，其设计原则为：

(1)安全原则：绝对保证机电液装备的控制系统的人员或设备安全。防止漏电、雷击、高压、欠压、误操作等对人员或设备的损伤。

(2)经济原则：在满足生产要求的前提下，力求使液压回路和控制线路简单、经济。

(3)标准化原则：尽量选用标准常用的液压回路，避免漏油，提高运维效率和水平。

(4)电控液原则：使用电信号控制液体的方法，提高系统便捷性和功率密度。

(5)小流量控制大流量原则：使用先导阀控制功率阀，确保控制精度和水平的先进性。

(6)等效原则：在获得同样功能的情况下，尽可能地采用阀组等先进组件技术。

(7)集中原则：尽可能地采用统一油源，减少系统占用面积。

(8)绿色原则：在系统常态和不工作条件下，尽可能地采用泄压或低压节能技术。

8.1.2　主要内容

机电液装备的控制系统设计包括：电液回路和器件选型、液压回路设计、设计评审与验证、调试运行和工程应用等的开发内容。

(1)需求分析：项目可行性论证、项目申请、网上发布、招标等。

(2)总体方案设计：项目功能分析、系统布局、网络结构、器件选型等。

(3)液压系统设计：液压回路设计和硬件选型。

(4)电气系统设计：电气回路设计和硬件选型。

(5)控制软件设计：软件设计。

(6)工程设计：工艺设计、工艺验证、工艺安装、工艺施工和安装调试运维方案等。

综上所述，机电液装备控制系统设计和电气装备控制系统设计内容基本相似，都是为了满足工程实际需要，设备和人员安全，以及在设计阶段具有可行性。

8.2　电液传动控制原理图设计

8.2.1　机电液装备的液压器件工作原理

1.液压换向阀的工作原理

液压换向阀是机械及液压传动设计中必备的自动化器件。常用液压换向阀种类繁多，由于液压器件的机械结构设计完成并制造出来后，具备丰富的特定功能，经过简单地组合就可以形成各种各样的电液装备，因此，在机电液传动中得到了广泛使用。液压换向阀的工作原理是利用阀芯相对阀体的移动使不同的油路接通、关断、关小或改变油液流动方向，实现液压执行器件及其驱动机构的启动、停止或变换运动方向和速度，从而克服负载做功，完成工艺要求。典型的三位四通电磁换向阀外形与内部结构如图 8-1 所示。

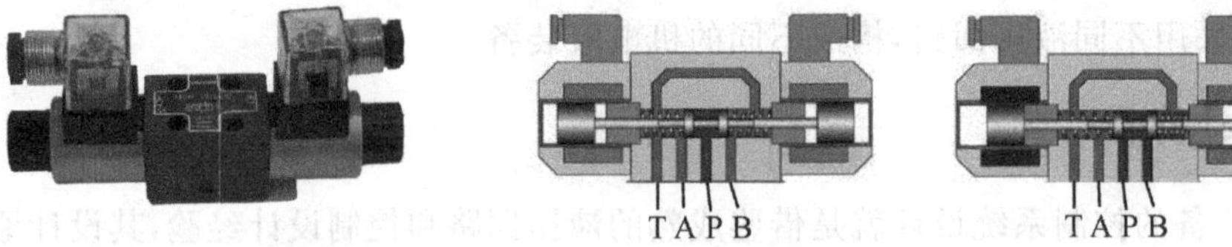

(a) 电磁换向阀外形图　(b) 换向前　(c) 换向后

图 8-1　电磁换向阀外形与内部结构

图 8-1(a)为三位四通电磁换向阀外形。图 8-1(b)中，三位四通电磁换向阀换向前，电磁换向阀两端的 2 个电磁铁均不通电，电磁阀阀芯在对中弹簧的作用下处于中位，此时来自阀 P 口(或外接压力油口)的控制压力油不能进入阀芯的左 A 或右 B 两端通道，此时阀的 P、A、B、T 油口可以相通或不通。当阀的左边电磁铁通电后，使阀芯向右移动，处于图 8-1(c)所示右端位置时，使阀的油口 P 与 A、B 与 T 的油路相通；反之，当阀的右边电磁铁通电时，可使油口 P 与 B、A 与 T 的油路相通。弹簧对中的三位四通换向阀符号图如图 8-2 所示。

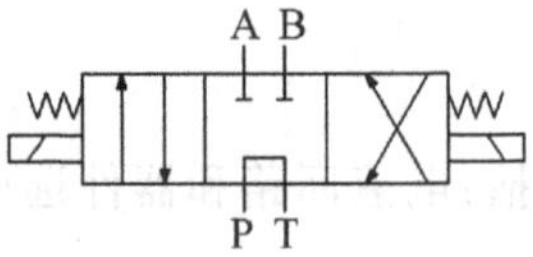

图 8-2　三位四通电磁换向阀符号

使用符号简图的表达方法简单有效便捷，可以规范地描述液压器件的功能，组合设计成为各种复杂功能的电液传动系统，提高设计效率。

具体液压器件的功能符号画法如下：

(1)一个实线方框表示一个阀芯的工作位置，有几个方框就表示阀芯的几个工作位置，如两位四通阀和三位四通阀等。

(2)将阀与系统压力供油路连通的油口用字母 P 表示，将阀与系统回油路连通的油口用字母 T 表示，将阀与执行器件连通的油口用字母 A 和 B 等表示。

(3)一个方框中的箭头↑↓↗↙或堵塞符号⊥和⊤与方框上边和下边的交点数为油口通路数，有几个交点表示几通。箭头表示两油口连通，但不表示流动方向，⊤表示该油口堵死。

(4)换向阀都有两个以上的工作位置，其中一个是初始状态的位置(即在不对换向阀施加外力的情况下阀芯所处的位置)，绘制液压系统图时，油路一般应该连接在这个位置上。

(5)其他液压器件的功能简图应符合相关国家标准。

2.液压换向阀的阀芯结构

常用液压换向阀的分类方法可以按照不同的位数、通道、运动方式、初始工作位置、流量大小、复位和操纵方式等组合而成，具体换向阀功能符号见表 8-1。

表 8-1　常用液压换向阀的阀芯符号与简图一览表

<table>
<tr><td colspan="4">换向阀阀芯位置</td></tr>
<tr><td>两位四通</td><td></td><td>三位四通</td><td>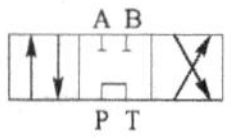</td></tr>
<tr><td colspan="5">换向阀阀芯通道</td></tr>
<tr><td>两位两通</td><td>两位三通</td><td>两位四通</td><td>三位四通</td><td>三位五通</td></tr>
<tr><td>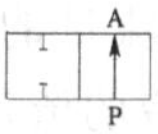</td><td>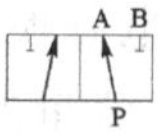</td><td></td><td>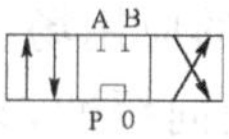</td><td>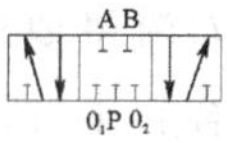</td></tr>
<tr><td colspan="3">换向阀阀芯复位</td></tr>
<tr><td>弹簧单向复位</td><td>弹簧双向复位</td><td>无复位</td></tr>
<tr><td>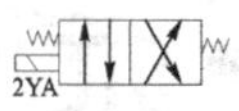</td><td>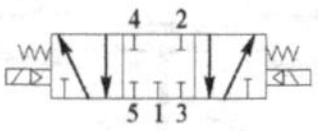</td><td>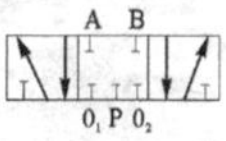</td></tr>
<tr><td colspan="4">换向阀阀芯结构</td></tr>
<tr><td>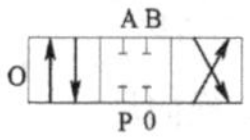</td><td>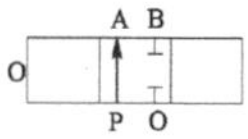</td><td>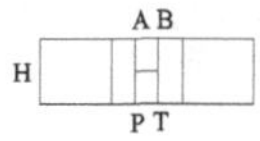</td><td>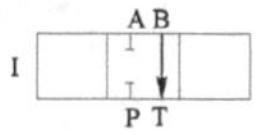</td></tr>
<tr><td>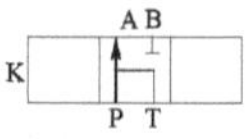</td><td>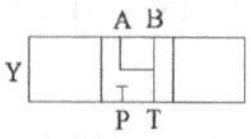</td><td>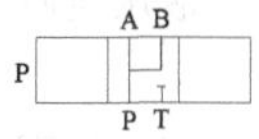</td><td>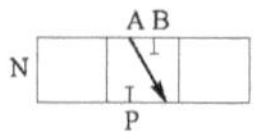</td></tr>
<tr><td>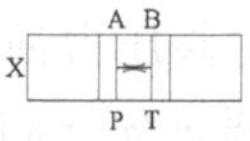</td><td>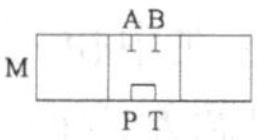</td><td>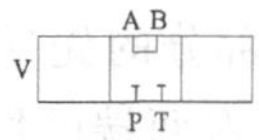</td><td></td></tr>
</table>

由此可见，液压换向阀可以根据具体应用场合，选择合适的阀芯结构，从而满足电液装备的功能要求。

3.常用液压换向阀的操作方式

对于实际工程应用来讲，为了改变阀芯位置，液压换向阀的操纵方式可分为手动、行程开关、电磁开关、液动开关和电液换向阀。液压换向阀的内部阀芯结构和简图如图 8－3 所示。图中，选择合适的操作方式，从而满足各种应用功能要求，仅仅使用简单的液压阀就可以实现各种各样的实际应用功能。

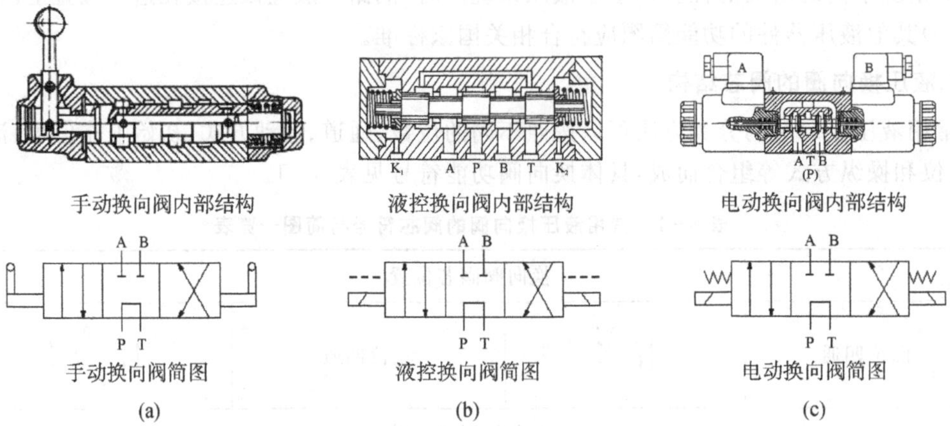

图 8－3　液压换向阀的操纵方式和内部阀芯结构

4.先导型电液换向阀的工作原理

针对流量要求比较大的应用场合，电液换向阀将小流量的电磁换向阀和大流量的液动换向阀组合起来，既能实现换向缓冲，又能用较小的电磁铁控制大流量的压力油液的流动，从而方便地实现自动控制，故在大流量液压系统中宜用先导型电液换向阀换向，其外形和内部结构原理如图 8－4 所示。

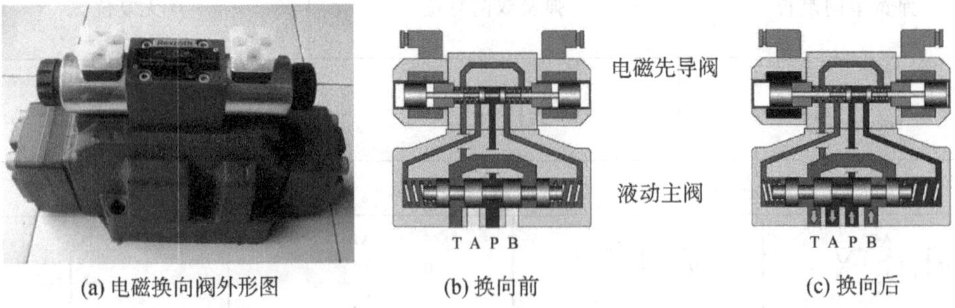

图 8－4　液压换向阀外形和内部结构工作原理

图 8－4 为先导电磁阀外形，分为上下两层，上层为先导控制阀，下层为液控主阀。图 8－4(b)为阀的 2 个电磁铁均不通电时，上部分的先导电磁阀阀芯在中位，此时来自主阀压力油 P 口的控制压力油不能进入主阀芯左或右两端的控制腔，主阀芯左右两腔的油液通过先导阀中间位置经先导阀的 T 口流回油箱；主阀芯准确地处在中间位置，此时主阀的 P、A、B、T 油口均不相通。图 8－4(c)为先导阀左边的电磁铁通电后，使其阀芯向右移动，来自下部分的主阀压力油 P 口的控制压力油经先导阀进入主阀右端的控制腔，推动主阀阀芯向左移动，这时主阀芯左端控制腔中的油液经先导阀流回油箱，使主阀的油口 P 与 A、B 与 T 的油路相通；反之，图 8－4(c)先导阀右边的电磁铁通电时，可使油口 P 与 B、A 与 T 的油路相通。

先导式电液换向阀的简化符号图如图 8 - 5 所示，通过该简化符号表达了电液换向阀可以实现的功能，如电液换向阀的油路通断、两边的弹簧将阀芯对中、主阀芯由内部压力控制、外部泄油。这样，既可实现电气控制液压回路，也可实现小流量控制大流量的等功能。

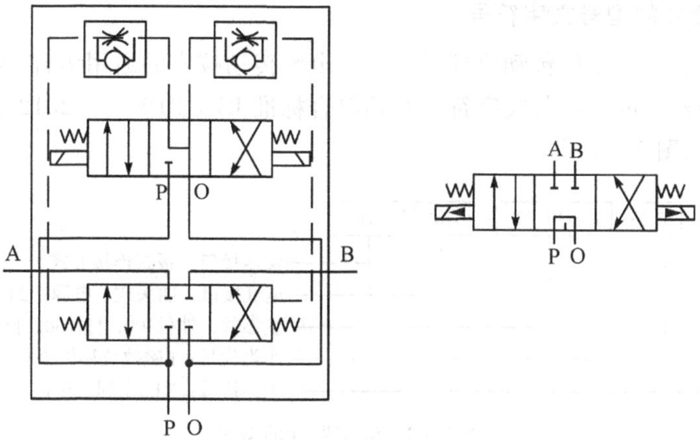

(a) 液压功能符号　　(b) 简化符号

图 8 - 5　电液换向阀功能符号图

5.常用液压器件换向阀分类与功能符号简图

机电液装备中，常用液压器件还有很多，见表 8 - 2。

表 8 - 2　常用液压器件符号与简图一览表

器件名称	器件代号	器件简图		器件名称	器件代号	器件简图	
泵	YB/ZB/JB			单向阀	A		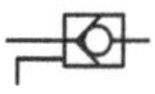
变量泵	BB			减压阀	JA		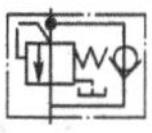
马达	YM/ZM/JM			溢流阀	Y	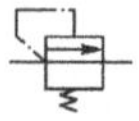	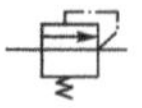
变量马达	BM			比例溢流阀	BY	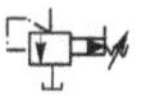	—
摆动马达	DM		—	节流阀	L		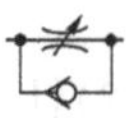
非对称缸	HG	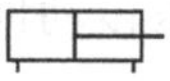	—	调速阀	QA		—
对称缸	2HG	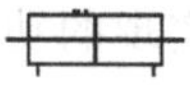	—	比例调速阀	BQ	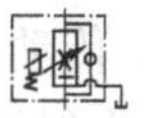	—
步进液压缸	BG	—	—	电液伺服阀	DC	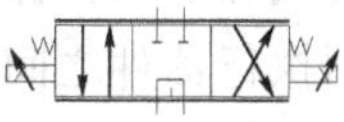	

由此可见，机电液传动与伺服控制系统设计时，可以根据具体应用场合的压力、流量、操作方式、阀芯初始状态的结构和控制精度以及价格等功能需求，选择合适的泵、缸、阀等液压器

件，构建不同功能要求的机电液装备。

8.2.2 机电液装备电液传动原理图的正确表达

1.电液传动器件的型号文字符号

为了便于规范交流，液压传动原理图是实际电液传动技术的通用语言，绘制液压传动与控制原理图时，各种器件的图形与文字符号必须符合标准 ISO1219 - 1—2012，液压器件的型号、文字符号的标示如图 8 - 6 所示。

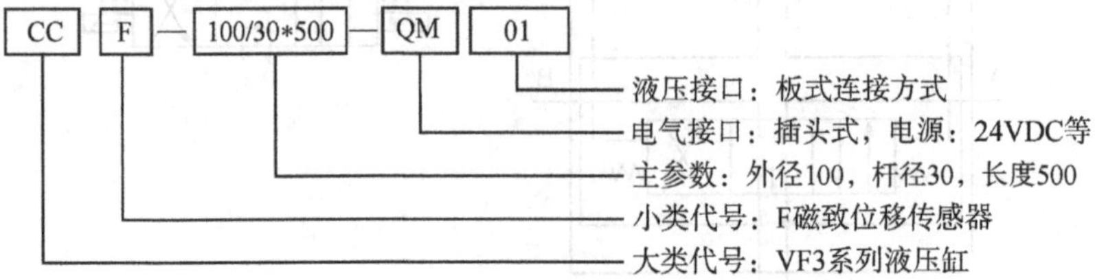

图 8 - 6　液压器件的型号

2.机电液装备控制系统的电路图绘制方法

机电液装备控制系统原理图绘制应该针对关键设备和工艺环节展开，并遵循以下原则：

(1)电液传动与控制原理图应根据工作原理绘制，具有结构简单、层次分明、便于维护、便于查找故障和分析电路的工作原理等优点，电路图设计从系统总体到各个设备局部展开。

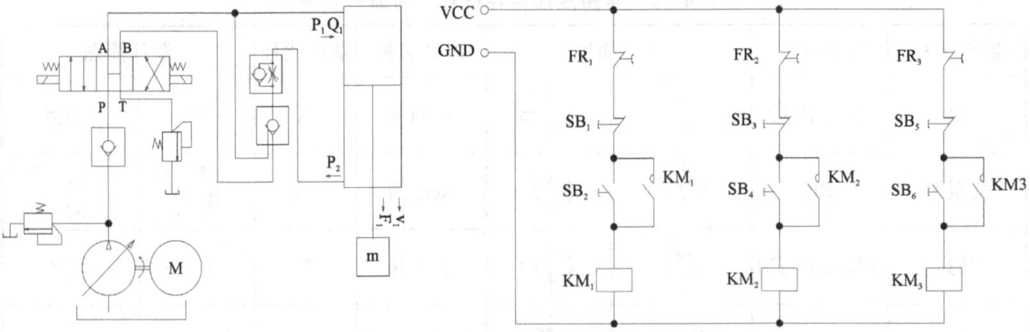

图 8 - 7　电液传动回路与控制原理图

(2)针对复杂设备的控制电路图，分别绘制液压传动回路图和电气控制电路图，如图 8 - 7 所示。左边为液压传动回路，右边为控制电路。可见，液压传动回路采用液压器件组成，控制电路采用电气器件来组成。

(3)进行液压传动回路设计时，先考虑液压系统需要实现的功能液压回路。再考虑液压系统的过载和误操作保护以及辅助液压冷却与过滤回路等。最后考虑从电气控制的角度，进行电源到执行器件之间的线路设计，包括执行器件的安全保护、过电流保护、过压保护、欠压保护以及缺相保护等。

进行控制电路设计时，按照电气控制液压器件的理念进行设计实现，一般由按钮、行程开关、继电器或者控制器件组成。主要考虑如何满足各种运动功能及生产工艺要求。

(4)每张液压回路和电路图中，每个液压回路、分支回路、器件、电缆的代号都必须完整，所有器件的图形、文字符号必须采用国家统一标准，所有阀芯位置、按钮、触头和回路均按没有外力作用和没有通电的原始状态画出。

(5)针对距离远的重要设备，必须设置独立油源和电源，以提高可维护性和可靠性。针对开关信号，尽可能采用中间继电器进行隔离，防止设备之间相互干扰，影响系统正常工作。

(6)最后完善整个液压回路和控制电路的互锁、联动以及照明辅助电路等设计。

(7)全面检查液压回路和电路图设计图纸，计算复核和编写设计说明书。

(8)有条件时，可进行模拟试验验证，进一步完善设计。

(9)合理选择各个控制器件。

3.机电液装备的控制原理图详细设计文件

机电液装备的控制系统详细设计内容很多，包括液压回路与电气控制电路设计的技术条件、选择液压传动形式与控制方案、确定泵缸阀的容量、控制方式、设计控制原理图、选择液压传动器件、制订明细表，画出总布置图、安装板以及装配原理图和接线图，编写设计计算、使用和维护说明书等。

8.3　典型电液传动及控制回路设计

8.3.1　液压压力控制回路

在各类机械设备的液压系统中，压力控制回路是电液系统的最基本回路，在此基础上，可以组合成不同的应用系统，以满足执行器件输出所需要的力或力矩的要求。压力控制回路包括调压回路、减压回路、保压回路、增压回路、平衡回路和卸荷回路等。

1. 一级调压回路

通过液压泵和溢流阀的并联连接，即可组成一级调压回路，如图 8－8 所示。图中，通过调节溢流阀压力，可以改变泵的输出压力。当溢流阀的调定压力确定后，液压泵就在溢流阀的调定压力下工作，液压泵的工作压力低于溢流阀的调定压力，这时溢流阀不工作。当系统泵正常工作时，液压泵的压力上升时，一旦压力达到溢流阀的调定压力，溢流阀将开启，使多余的液体通过溢流阀流回油箱，并将液压泵的工作压力限制在溢流阀的调定压力下，使液压系统不致因压力过载而受到破坏，从而实现了对液压系统的调压和稳压控制。

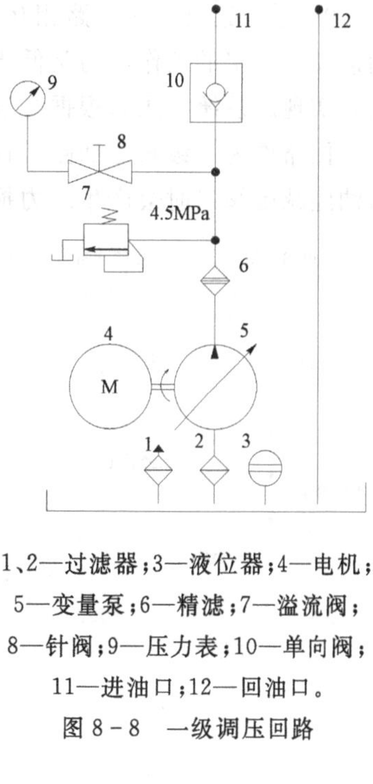

1、2—过滤器；3—液位器；4—电机；5—变量泵；6—精滤；7—溢流阀；8—针阀；9—压力表；10—单向阀；11—进油口；12—回油口。

图 8－8　一级调压回路

2. 多级调压回路

很多液压系统需要不同的压力，典型多级调压回路有很多方法，如图 8－9 所示。

图 8－9(a)中采用 3 个溢流阀并联的方法实现三种系统

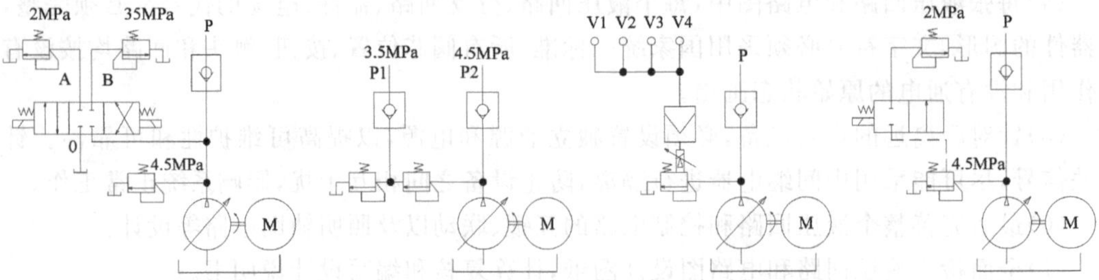

(a) 并联法　　(b) 串联法　　(c) 电液比例法　　(d) 远程控制法

图 8-9　多级调压回路

压力。多级调压回路由三个溢流阀和一个三位四通电磁阀组成。液压传动系统正常工作时，压力 4.5 MPa 由溢流阀 1 确定；当电磁阀左右通电时，液压系统的压力 3.5 MPa 和 2 MPa 由溢流阀 2 和 3 确定，从而实现多种不同的系统压力控制。图 8-9(b)中采用两个溢流阀串联方法实现两种系统压力。压力 3.5 MPa 由溢流阀 3 确定，压力 4.5 MPa 由溢流阀 2 和 3 共同确定。图 8-9(c)中采用电液比例溢流阀的多级调压回路。根据系统需要给定的五种压力，经过放大器控制电液比例溢流阀的输出压力，实现多级调压。图 8-9(d)中采用一个普通溢流阀和一个可远程液控溢流阀组成的多级调压回路，系统正常工作时，系统压力由溢流阀 2 确定；当需要调整压力时，两位两通电磁阀通电，系统压力经过溢流阀 3 远程控制溢流阀 2 确定。

3. 减压回路

针对不同液压缸控制系统中需要不同的工作压力，减压回路的功能就是在单液压泵供油的液压传动系统中，使某一部分油路获得比主油路工作压力还要低的不同稳定压力，如图 8-10所示。这种减压回路相互工作不受影响，且溢流损失最小，例如工件的定位、夹紧油路和辅助动作油路的工作压力常低于主油路工作压力。图 8-10(a)中，在主油路上并联一个减压阀来实现。系统主压力根据主油路的负载由溢流阀调定，减压回路的工作压力由减压阀调定，这种回路称为一级减压回路。这种减压回路虽然能方便地获得某支路稳定的较低压力，但压力油经减压阀口时会产生压力损失。回路中，单向阀防止油液倒流，起短时保压作用。

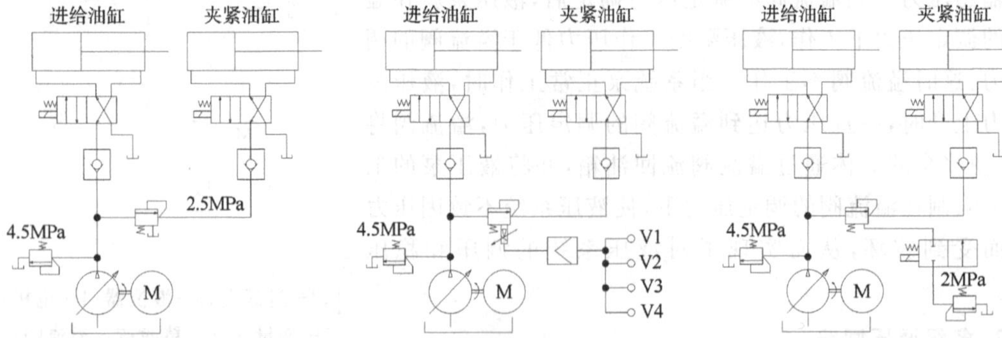

(a) 并联法　　(b) 电液比例法　　(c) 远程控制法

图 8-10　减压回路

图 8－10(b)中将主油路上并联安装一个电液比例减压阀来实现无级调压。减压回路的工作压力由电液比例减压阀调定，这种回路称为一级减压回路。图 8－10(c)为二级减压回路。减压阀 1 的外控口接一远程调压阀 2，使减压油路获得两种预定的减压压力。当两位两通阀处于关闭时，减压油路的压力由减压阀 1 调定；当两位两通阀导通后，减压油路的二次压力由远程调压阀 2 调定。必须指出，远程调压阀 2 的调整压力一定要低于减压阀 1 的调整压力。

4.卸荷回路

卸荷回路是指执行器件不工作时，或者不需要全部流量时，使全部或部分液压泵输出的油液在很低的压力下流回油箱，从而使液压泵处于空载运行的状态，使液压泵在功率损耗接近零的情况下运转，如图 8－11 所示。

卸荷回路既能减少功率损耗，防止系统发热和液压泵驱动电机不频繁启闭，又能延长泵的使用寿命。

图 8－11(a)中采用三位四通阀阀芯中位卸荷回路，系统正常工作时，三位四通换向阀控制液压缸左右移动，系统供油压力由溢流阀调定；系统卸荷时，芯中位的卸荷结构实现系统直接卸荷。图 8－11(b)中采用两位两通阀直接卸荷法，系统正常工作时，由两位四通阀直接控制液压缸正向或者反向运动。系统不工作需要卸荷时，两位四通阀不导通，两位两通阀直接导通，系统工作压力接近零。图 8－11(c)中采用两位两通阀实现卸荷，系统正常工作时，两位两通阀不导通，系统供油压力由溢流阀调定；需要卸荷时，两位两通阀导通，直接将液压油放回油箱。图 8－11(d)中采用变量泵或定量泵＋变频电机组合来实现系统卸荷，属于流量卸荷回路。系统工作时，系统压力由溢流阀确定，系统流量由液压缸的运动速度确定；系统需要卸荷时，液压缸处于夹紧位置，需要的流量等于零，这时变量泵改变流量或变频器改变定量泵的转速，使泵仅为补偿泄漏而以最小流量运转。

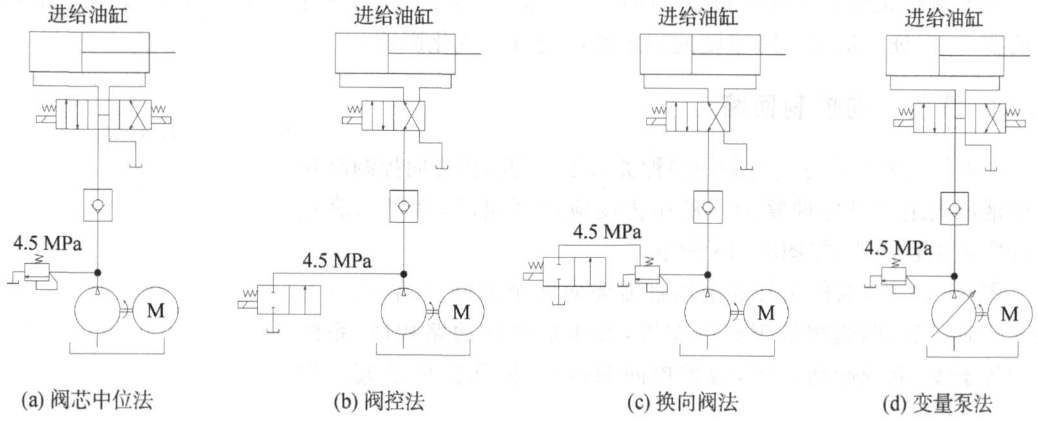

图 8－11　卸荷回路

5. 压力平衡回路

许多机床或执行机构是沿垂直方向运动的，这些设备的液压系统无论在工作或停止时，始终都会受到执行机构较大重力负载的作用，因此，压力平衡回路的作用在于使液压执行器件的回油路上保持一定的背压值，以平衡重力负载，使之不会因自重而自行下落。另外，平衡回路也起着限速作用，如图 8－12 所示。

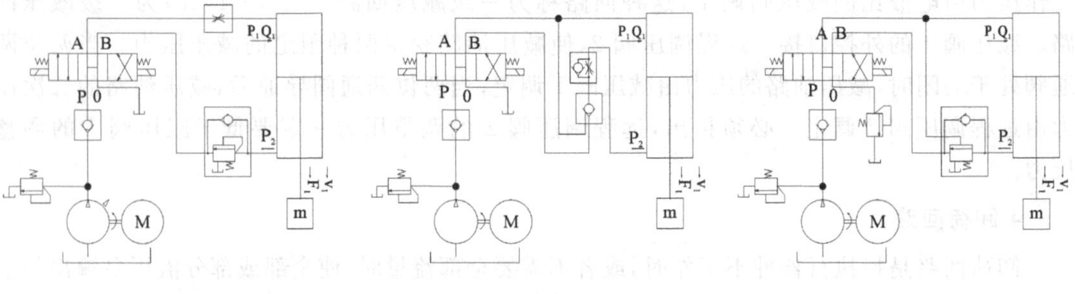

(a) 单向顺序阀法　　(b) 单向节流阀法　　(c) 远程控制顺序阀法

图 8－12　压力平衡回路

图 8－12(a)中采用单向顺序阀法组成压力平衡回路。液压缸向上运动时，流量经过单向阀，顺序阀不起作用，速度由节流阀确定；液压缸向下运动时，单向阀截止，流量经过顺序阀。回油路上存在一定背压来支承重力负载，只有在活塞的上部压力大于背压时活塞才会平稳下落，下降速度由节流阀确定，从而起到平衡重力的作用。图 8－12(b)中采用液控单向阀＋单向节流阀组成压力平衡回路。液压缸向下运动时，液控单向阀被进油路上的控制油打开，速度由单向节流阀确定。由于回油腔没有背压，运动部件由于自重而加速下降，下降速度由节流阀确定。如果下降速度太快的话，就会造成液压缸上腔供油不足而压力降低，使液控单向阀因控制油路降压而关闭，加速下降的活塞突然停止。液控单向阀关闭后控制油路又重新建立起压力，液控单向阀再次被打开，活塞再次加速下降。这样由于液控单向阀时开时闭，使活塞一路抖动向下运动，并产生强烈的噪声、振动和冲击。图 8－12(c)中采用远控平衡阀组成压力平衡回路。液压缸向下运动时，单向阀截止，远程口控制平衡阀工作，起到平衡重力的作用。这种远控平衡阀又称为远程控制顺序阀，平衡阀阀口的开口大小能自动适应不同载荷对背压压力的要求，保证了活塞下降速度的稳定性不受载荷变化影响。

8.3.2　液压方向控制回路

电液传动系统中方向控制回路种类繁多，因此，将方向控制阀和其他液压阀组合成各种复杂的液压传动应用回路时，就可以满足各种实际工程需要，如图8－13 所示。

图 8－13 中，双作用缸的液压缸需要向两个方向运动，系统开始工作时，三位四通阀位于阀中位置，液压缸两端油路相通，系统压力等于零，起到卸荷作用，液控单向阀截止，液压缸的活塞位置不变。

(1)当左侧电磁铁通电时，三位四通阀芯位于右端，即阀芯左位功能起作用，压力油进入液压缸左侧，同时打开右边的液控单向阀，推动活塞杆到最右位置。

(2)当右电磁铁通电时，三位四通阀芯位于左端，即阀芯右位功能起作用，压力油进入液压缸右侧，同时打开左边的液控单向阀，推动活塞杆到最左位置。

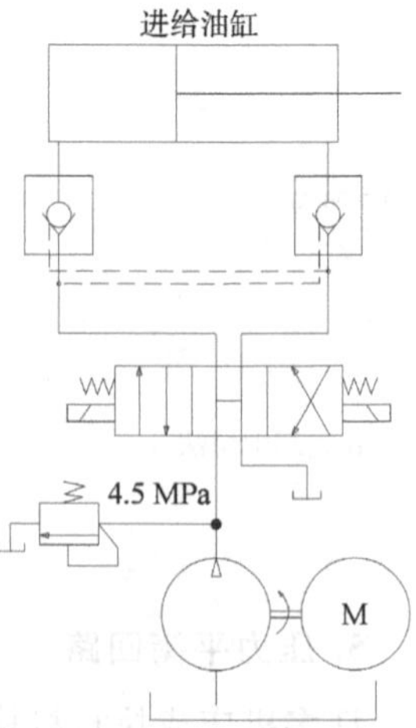

图 8－13　方向控制回路

(3)当两端的电磁铁都失电时，三位四通阀芯位于阀中位置，液压系统处于卸荷状态，液控单向阀关闭，液压缸两端油路不通，液压缸活塞处于自锁始终保持原地不动。

8.3.3 液压调速控制回路

液压调速控制回路分为节流型和调速型两种。

1.节流型调速回路

节流型调速控制回路的作用在于调节液压缸的运动速度，以克服负载运动，满足特定运动控制功能的需要。根据流量阀在回路中的位置不同，节流型调速回路分为进油口节流、出油口节流和旁路节流三种，如图 8-14 所示。

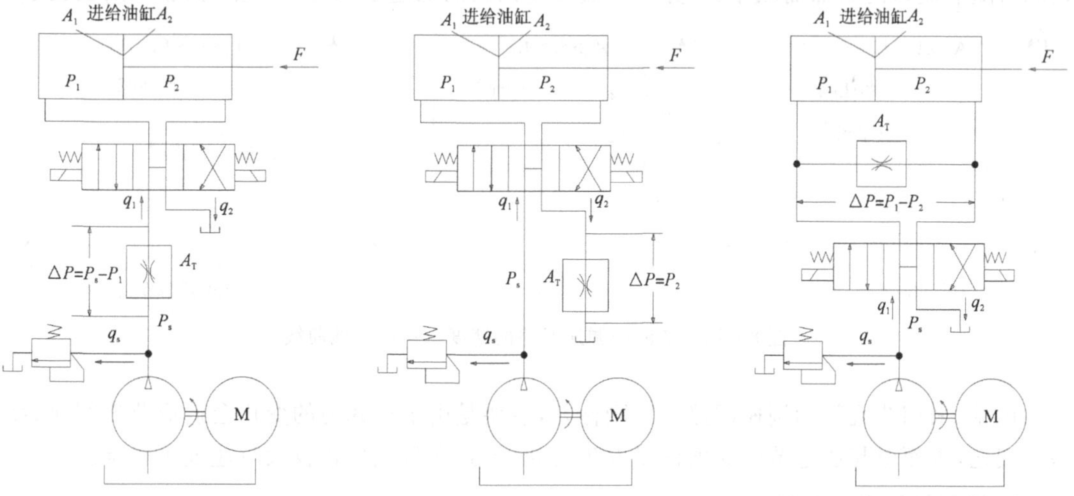

(a) 进油口节流　　(b) 出油口节流　　(c) 旁路节流

图 8-14　节流型调速回路

图 8-14(a)中，该回路中定量泵输出的油液，一部分经节流阀进入缸的左腔，泵多余的油液经溢流阀回油箱，系统压力仍由溢流阀确定。调节节流阀通流面积，即可改变通过节流阀的流量，从而调节缸的速度，其速度为：

$$v = q_1/A_1 = (p_s - F/A_1)^m \times KA_T/A_1$$

但是，由于负载变化的原因，液压缸左腔的压力取决于负载的变化，从而造成节流阀两端压力差和节流阀的流量是一个变量，导致液压缸运动速度不是一个恒定的速度。

图 8-14(b)中，定量泵输出的油液一部分直接进入缸的左腔，泵多余的油液经溢流阀流回油箱，系统压力仍由溢流阀确定。液压缸右腔的油液经节流阀流回油箱，调节节流阀通流面积，即可改变通过节流阀的流量，从而调节缸的速度，其速度为：

$$v = q_2/A_2 = (p_s A_1/A_2 - F/A_2)^m \times KA_T/A_2$$

同理，由于负载变化的原因，液压缸右腔的压力取决于负载的变化，造成节流阀两端压力差和节流阀的流量也是一个变量，导致液压缸运动速度不是一个恒定的速度。

图 8-14(c)中，该回路中采用节流阀和执行器件并联的旁油回路，系统压力由节流阀和溢流阀共同确定，定量泵输出的油液一部分直接进入缸的左腔，泵多余的油液经节流阀和溢流

阀回油箱。通过调节节流阀的通流面积来控制节流阀流回油箱的流量，即可实现间接调速，其速度为：

$$v=q_1/A_1=(q_s-K_1(F/A_1)p_s-KA_T(F/A_1)^m)\times/A_1$$

具体节流型的三种调速回路的速度-负载特性曲线的分析结果如图 8－15 所示。针对进油口节流调速来讲，随着负载增加，液压缸左腔压力波动显著，其运动速度按抛物线规律下降。可见，进油口调速对于轻载低速运行时，速度较为平稳，还不能承受反向负载。针对出油口节流调速来讲，其流量受回油腔的压力影响较大，因此出油口调速更适合于轻载高速运行时，正反向调速都较为平稳。针对旁路节流调速来讲，系统压力主要用于克服负载，当负载增加时，速度下降较前两种回路更严重，即特性曲线斜率更大，速度稳定性更差。旁路节流调速最大承载能力随节流口的增加而减小，即旁路节流调速回路的低速承载能力很差，调速范围也更小。

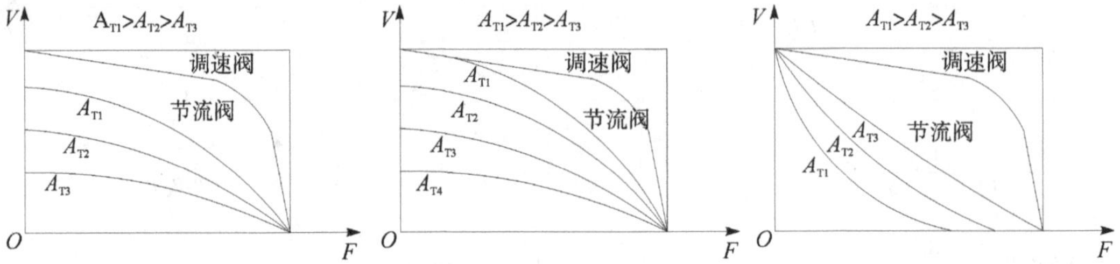

(a) 进油口节流　　(b) 出油口节流　　(c) 旁路节流

图 8－15　节流型调速回路的速度－负载特性曲线

可见，采用节流阀的调速回路速度刚性差，主要是由于负载力的变化会造成节流阀前后压差的变化，进而引起通过节流阀的流量发生变化，导致在负载变化较大时速度不稳定。

2. 调速阀型调速回路

调速阀型调速回路就是为了解决上述负载对节流阀两端压力的影响而设计的，如图8－16所示，该回路由调速阀完成调速功能，相比节流阀来讲，调速阀由定差减压阀和节流阀串联而成，在节流阀内部结构上增设了一套压力补偿装置，改善节流阀节流后压力损失大的现象，使节流后流体的压力差基本上稳定，同时减少流体的发热，可见，调速阀就是一种进行了压力补偿的节流阀。采用调速阀代替节流阀后，调速回路的速度-负载特性得到很大改善，从而具有更好的调速性能和精度。调速阀也分进口调速回路和出口调速回路，进口调速回路适应于轻载，出口调速适应于重载。

图 8－16 中，调速回路工作时，节流阀前后的压力 P_2 和 P_3 分别引到减压阀阀芯右左两端，当负载压力 P_3 增大时，作用在减压阀芯左端的压力增大、阀芯右移、减压口增大、压降减小，使 P_2 也增大，从而使节流阀的压差（P_2-P_3）基本保持不变，反之亦然。这样就使调速阀的流量不受负载影响，基本保持恒定不变。可见，采用调速阀的调速回路能在负载变化引起调速阀进出口压力差变化的情况下，保证调速阀中节流阀节流口两端的压差基本不变，负载的变化对通过调速阀的流量几乎没有影响，但是，调速阀仍为手动调节，不能实现自动调节流量大小，可以采用液控比例调速阀来实现自动调速控制。

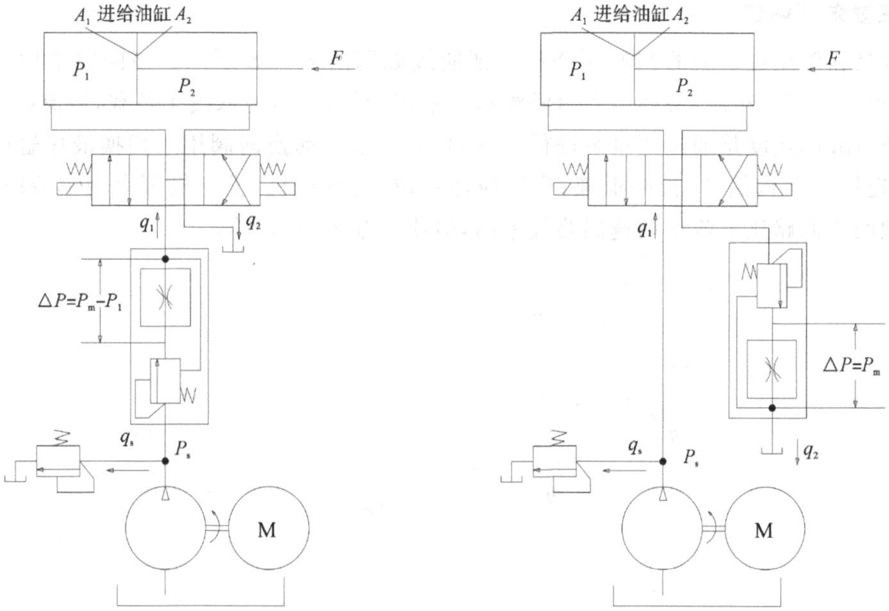

图 8 - 16　调速阀型调速回路

3. 电液比例流量阀型调速回路

在实际精度要求更高的液压传动回路中，采用电液比例流量阀进行调速，如图 8 - 17 所示。

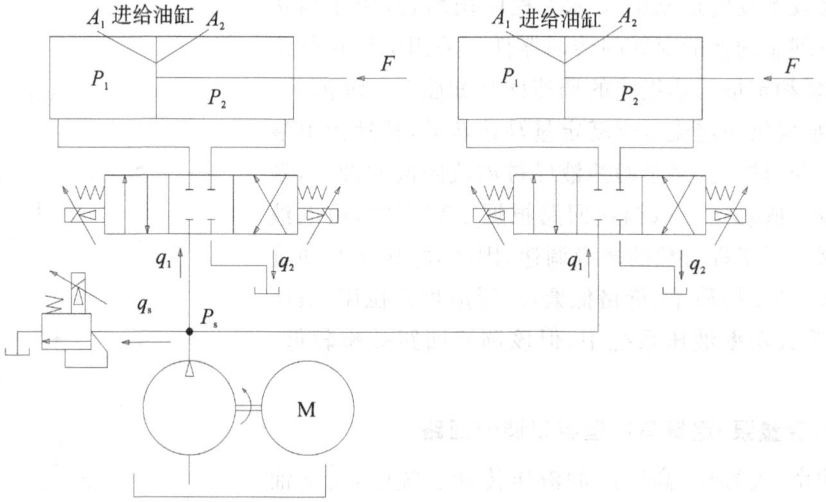

图 8 - 17　电液比例流量阀型调速回路

图 8 - 17 中，电液比例流量阀能够保证阀芯输出位移与输入电信号成正比，可以方便地根据输入电信号远程自动调节流量，使得液压回路速度控制的精度和稳定性更高，实现液压传动的多级调速，大大提高了抗负载干扰能力。该液压回路的特点是结构简单，但成本较高。

4. 变量泵型调速回路

变量泵和液压缸组成的调速回路和特征曲线如图所 8－18 所示。该回路采用变量泵供油，溢流阀 1 起安全作用，最高压力由溢流阀 1 限定，泵出口压力取决于负载，溢流阀 2 起背压作用。液压缸的速度是通过变量泵进行调速的，电动或手动换向阀用于切换液压缸的运动方向，该调速回路结构简单、价格低廉，广泛应用在拉床、液压机、推土机等大功率液压系统中。变量泵型调速回路比节流型调速回路效率高，但使用维护费用较高。

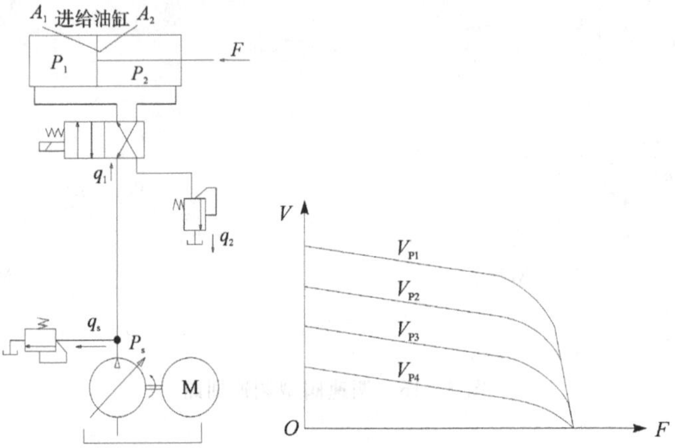

图 8－18　变量泵型调速回路

5. 电液比例流量阀型定量马达调速回路

针对高效率旋转运动的实际工程应用场合，液压马达是一个比较理想的性能很好的传动器件。采用电液比例流量阀、定量泵和定量马达组成的调速回路如图 8－19 所示。图中，定量泵提供一定流量驱动定量马达转动，转速由电液比例流量阀开口决定，多余的油液经过溢流阀流回油箱，系统压力由溢流阀确定。该调速回路根据工程需要，由电液比例流量阀实现工程对象的多级调速，因此，相比于其他旋转调速方法，其结构简单、价格低廉，广泛应用在拉床、液压机、推土机等大功率液压系统中，但该调速回路效率较低、溢流较多。

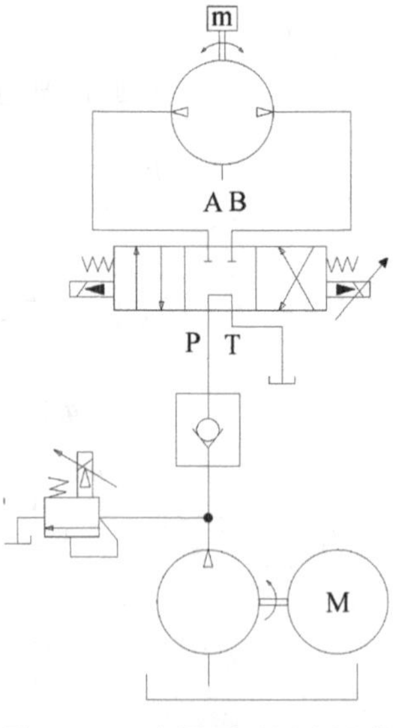

图 8－19　变量泵型调速回路

6. 阀控变量泵-定量马达型容积调速回路

在大功率、大行程、高速度的液压传动系统中，由于油箱容量的限制，普遍采用容积式调速回路，如图 8－20 所示。图中，采用阀控变量泵和定量马达组成闭式调速回路，变量泵输出的油液全部进入液压马达，其转速随液压泵的排量增大而增大，溢流阀 1 起到闭式回路的溢流稳定压力的作用，溢流阀 2 起到安全阀作用。这种液压回路的容积效率较低，但是溢流损失小，液压发热小。由于液压马达内部泄漏原因，需要辅助回路的定量泵给系统补油，补油压力由溢流阀 3 调定。

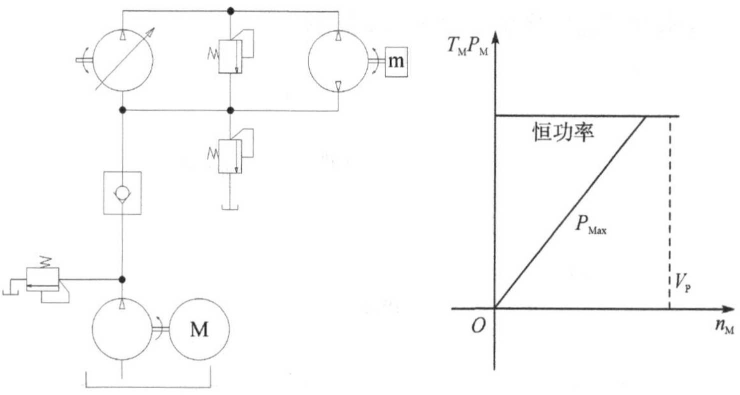

(a) 容积调速回路　　(b) 调速特性曲线

图 8-20　变量泵-定量马达型容积调速回路

该系统能够输出的最大扭矩是一常量，与马达输出的最大功率与泵的排量有关。

7. 定量泵-阀控变量马达型容积调速回路

采用定量泵和变量马达组成的闭式调速回路如图 8-21 所示。定量泵和变量马达组成的调速回路中，定量泵的排量是恒定的，变量马达的排量是可变的，其排量由液压阀控制配油盘的角度决定。液压马达输出的扭矩随排量的减小而减小。当液压力产生的扭矩小到不足以克服摩擦力时，液压马达的转速急骤下降，输出的扭矩也很快变为零。该回路有低速大扭矩、高速小扭矩、调速范围窄、不能实现平稳换向等特点，适用于车辆和起重运输机械等具有恒功率负载特性的单向转动的液压传动装置。

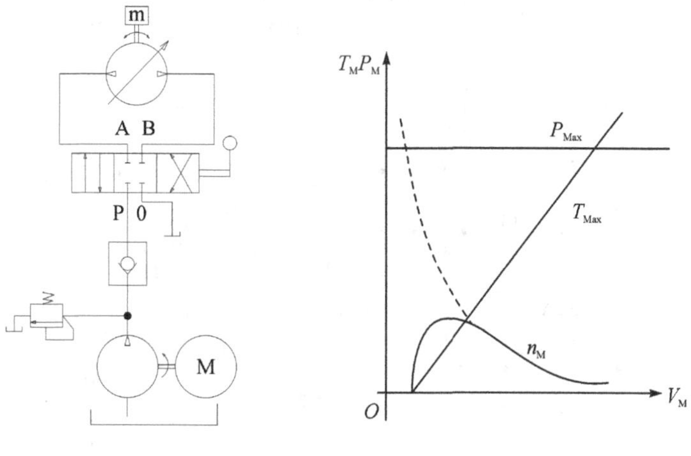

(a) 容积调速回路　　(b) 调速特性曲线

图 8-21　定量泵-变量马达型容积调速回路

8.4 电液传动控制系统的典型实例分析

本案例以典型动力滑台液压系统来讲解采用限压式变量泵和调速阀组成的容积节流调速

回路,其运动功能要求和工艺顺序图如图 8-22 所示。

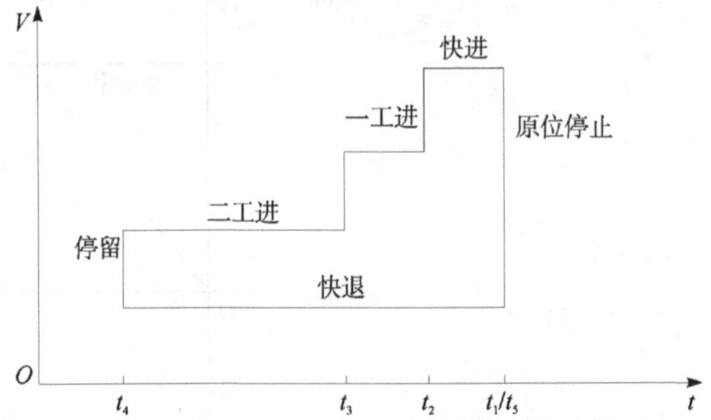

图 8-22 动力滑台液压系统的运动功能要求和工艺顺序图

图 8-22 中有四项运动功能要求:

(1)以电磁换向阀换向作为自动化控制器件。

(2)以电磁阀实现两种工进速度的切换。

(3)以行程阀实现快进和工进速度的切换。

(4)以调速阀使进给速度稳定。

动力滑台液压系统的电液力伺服的工作原理图如图 8-23 所示。

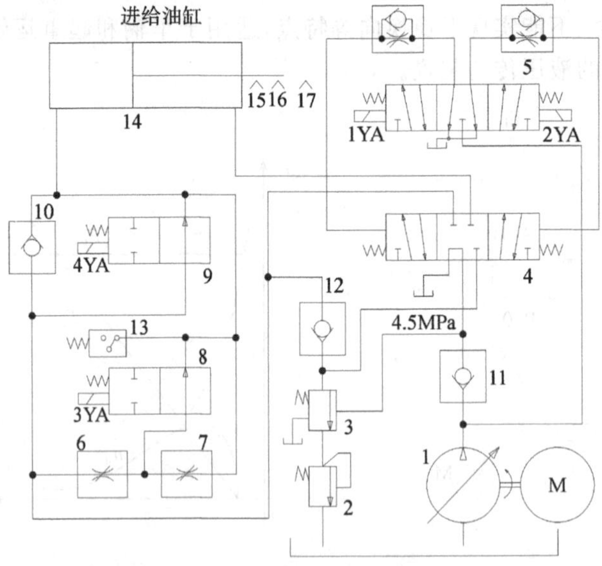

图 8-23 动力滑台液压系统的电液力伺服的工作原理图

该系统采用三位五通 M 型中位阀芯,提高了电液换向阀换向的平稳性,冲击小。该系统还采用变量泵和差动连接快速回路,可以容易地解决快慢速度相差悬殊的问题,使能量的利用比较经济、合理。

(1)快进分析:按下启动按钮,电动换向阀 5 的电磁铁 1YA 通电,左位接入工作,液动换向阀 5 在控制油液的作用下使得其左位接入系统工作。

①进油路线：变量泵单向阀 11→液控换向阀 5 左位→行程阀 9→液压缸左腔。

②回油路线：液压缸右腔→液控换向阀 5 左位→单向阀 12→行程阀 9→液压缸左腔。

(2)第一次工进分析：快进过程中压下相应电气行程开关 16，进入第一次工进，系统压力升高，将回油路液控顺序阀 3 打开并关闭行程阀 9，单向阀 12 切断差动连接。在工作快进到进给结束时，没有溢流功率损失，系统的效率较高。回油路上的背压阀使滑台能承够受负值负载。采用行程阀、液控顺序阀进行速度切换，在快进转工进时，速度切换平稳、动作可靠，位置准确。

①进油路线：变量泵→单向阀 11→液控换向阀 5 左位→节流阀 6→换向阀 8→液压缸左腔。

②回油路线：液压缸右腔→液控换向阀 5 左位→液控顺序阀 3→背压阀 2→油箱。

(3)第二次工进分析：一工进结束时，挡铁压下相应电气行程开关 17，发出信号，使电磁阀 8 的电磁铁 3YA 通电，压力油经节流阀 6 和 7 流入液压缸的左腔，这时节流阀 7 的开口一定要小于调速阀 6 的开口。采用调速阀串联的二次进给进油路节流调速方式，可使启动和进给速度转换时的前冲量较小，并便于利用压力继电器发出信号进行自动控制。

(4)停留分析：滑台第二个工进结束时碰上挡铁后，滑台停止前进。缸左腔油液压力进一步升高，使压力继电器 13 动作，发出信号给时间继电器，停留时间由时间继电器控制。

(5)快退分析：时间继电器发出信号使 2YA 通电，1YA 断电，电动换向阀 5 换右位。

①进油路线：变量泵→单向阀 11→液控换向阀 5 右位→液压缸右腔。

②回油路线：液压缸左腔→单向阀 10→液控换向阀 5 右位→油箱。

(6)原位停止分析：当滑台快速退回到原位时，挡块压下原位行程开关 15，发出信号，使电磁铁 2YA 断电，换向阀处于中位，液压缸两腔油路均被切断，滑台原位停止；同时，系统压力处于卸荷状态。采用行程开关挡铁作为原位停留的控制信号，工作台停留位置精度高。

从这个典型案例可以看出，电液伺服系统综合了电气和液压两方面的优点，具有控制简单、响应速度快、输出功率大等优点。

因此，该系统应用在负载质量大又要求响应速度快或者空间受到限制的场合中最为适合，比如机床工作台位置控制、板带轧机板厚控制、各种运动模拟台控制、材料试验机及其他实验机的压力控制等。

8.5 思考

1.电液装备控制系统的设计基本原则是什么？

2.电液装备控制系统的设计中，如何选择控制器件、测量器件和驱动器件？

3.电液装备控制系统的设计中，常用的设计文档有几种？各自的用途是什么？

4. 为什么说油源和保护回路设计是电液装备控制系统设计的主要内容？

5. 为什么要采用成熟的液压回路进行电液装备的控制系统设计？

6. 为什么在特定的应用场合，电液系统仍然是实现运动控制功能的工程技术？

7. 电气装备的控制系统和电液装备的控制系统设计内容有何异同？

8. 为什么行业中有人说电气技术将会取代电液技术？

第 9 章　机电液装备的电气驱动技术

本章重点讲解电气传动装备的驱动技术和典型应用，详细介绍典型电气驱动器的基本工作原理和应用，培养学生举一反三地利用典型电气驱动技术完成综合设计的能力。

9.1　普通电机的驱动技术

普通电机主要分为交流电机和直流电机两大类。交流电机是依靠单相或三相交流电源运行的电机，广泛应用于家用电器和工农业生产设备中；直流电机是依靠直流电源运行的电机，广泛应用于电动剃须刀、电吹风、电子表、玩具等。

9.1.1　普通直流电机的驱动技术

1.普通直流电机的基本结构

永磁式直流电机由定子磁极、励磁绕组、转子、铁心或电枢绕组、换向器、电刷、机壳和轴承等几大部分组成，直流电机的外形和内部结构如图 9－1 所示。

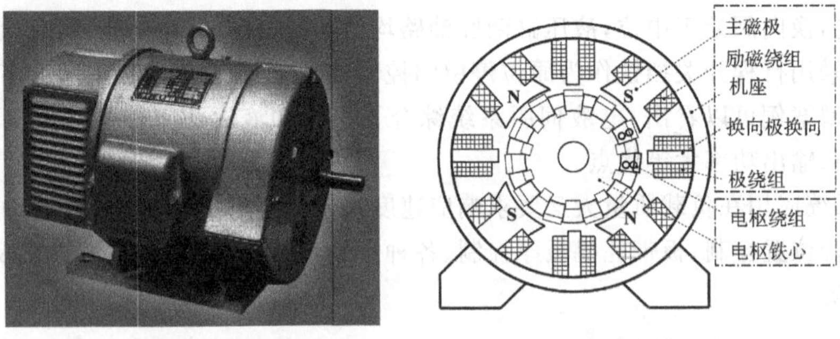

(a) 电机外形图　　　　(b) 内部结构图

图 9－1　直流电机的基本结构

可见，直流电机包括定子和转子两大部分。定子主要作用是产生磁场；转子主要作用是产生电磁转矩，克服负载进行转动。换向器的作用是给转子提供确定方向的励磁电流。

2.普通直流电机原理

直流电机的定子磁极又由铁心和励磁绕组构成，其等效原理如图 9－2 所示。

转子中导体受力方向用电磁定律的左手定则确定，这一对电磁力形成的转矩使转子驱动电机转动，转矩的方向就是电机的旋转方向。改变励磁电流方向，就改变了电机的旋转方向。①直流电机的主磁场一般由两种方法产生，一种是使用永磁材料建立起主磁场，另一种是采用励磁绕组通以直流励磁电流建立起主磁场。②当直流电机转子绕组通过电流，就会产生电磁

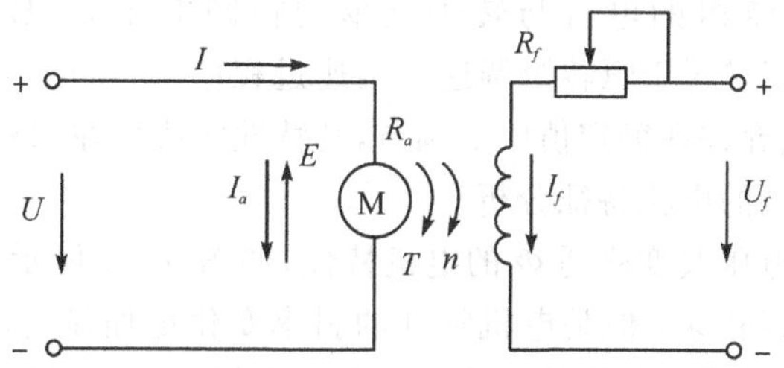

图 9-2　直流电机等效模型

力和转矩，推动电机转动；相反，电机停止转动。

直流电机的电磁方程和力学方程组如下：

1)感应电动势 E

根据电磁学原理，两电刷间的感应电动势为：

$$E=K_e\Phi n$$

式中，E 为感应电动势，V；Φ 为磁极的磁通，Wb；n 为电枢转速，r/min；K_e 为与电机结构有关的常数。可以看出，直流电机中，电动势的方向总是与电流的方向相反，被称为感应反电动势。

2)电磁转矩 T

电枢绕组中的电流和磁通相互作用，产生电磁力和电磁转矩，其大小可用如下公式表示：

$$T=K_t\Phi I_a$$

式中，T 为电磁转矩，N·m；I_a 为电枢电流，A；K_t 为与电机结构有关的常数，$K_t=9.55K_e$。直流电机的机械特性是转速与电磁转矩之间的关系。在调速系统中应用较广泛的他励直流电机的机械特性如图 9-3 所示。另外，不同励磁方式的直流电机的运行特性相似但不相同。

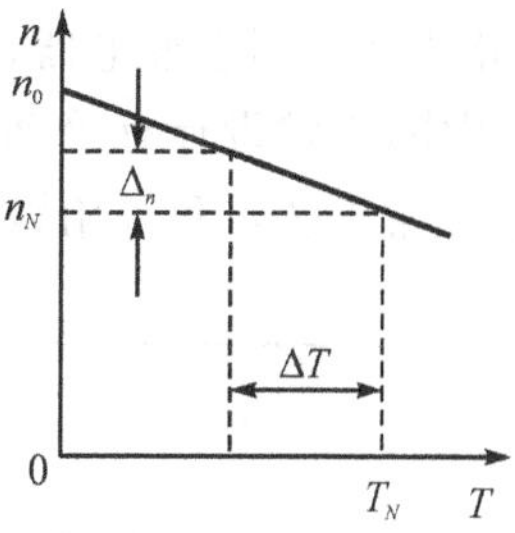

图 9-3　电机的基本特性

3)直流电机特性

由方程 $E=K_e\Phi n$，$T=K_t\Phi I_a$，$U=K_e\Phi n+I_aR_a$ 可以得到转速特性：

$$n=\frac{U}{K_e\Phi}-\frac{R_a}{K_e\Phi}I_a$$

同理，机械特性为：

$$T=UK_t\Phi/R_a-nK_eK_t\Phi^2/R_a$$

可见，他励直流电机特性中励磁电流与磁通 Φ 相关，其大小只取决于定子绕组的 R_f、U_f 的大小；转子电枢电流 I_a 的大小和负载转矩相关。

4)直流电机调速特性分析

改变电枢电压 U 时电机特性，空载速度随着 U 的减小而减小，电机的转速-转矩曲线的水平特征不变，转速下降的落差也不变；在一定负载转矩 T 下，电枢外加不同电压可以得到不同转速，也就是说通过改变电枢电压可以达到调速的目的。

(1)当控制电压连续变化时，电机转速可以平滑无级调节。

(2)调速特性与固有特性互相平行，如图 9-4 所示，机械特性硬度不变，调速范围较大。

(3)调速时,因定子绕组的电流与转子电枢的控制电压 U 无关,Φ 等于常数且转矩 $T=K_t\Phi NI_a$ 不变,这种模式属于恒转矩调速。调速过程中,由于电机定子和转子的绕组绝缘耐压强度的限制,电压只允许在额定值以下调节,其特性曲线均在固有特性曲线之下。

4)调节定子绕组电压的电机特征分析

通过调节定子绕组电压改变磁通 Φ 的电机特性,如图 9-5 所示。虽然改变磁通 Φ 同样可以控制电机的理想空载转速,但是电机特性的斜率变化更加显著,电机转速随着负载的增大下降更快。因此,负载转矩过大将使电机电流大大增加,从而出现严重过载现象。

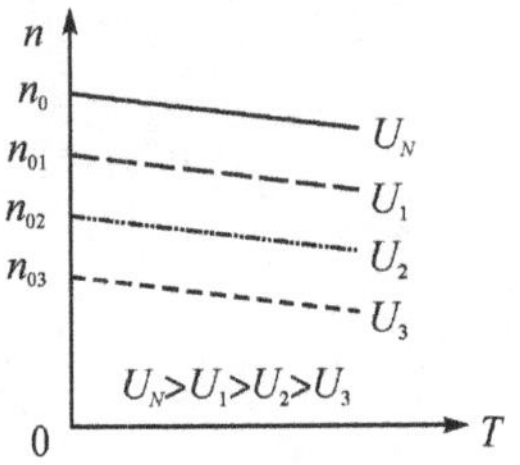

图 9-4　改变电压的特性

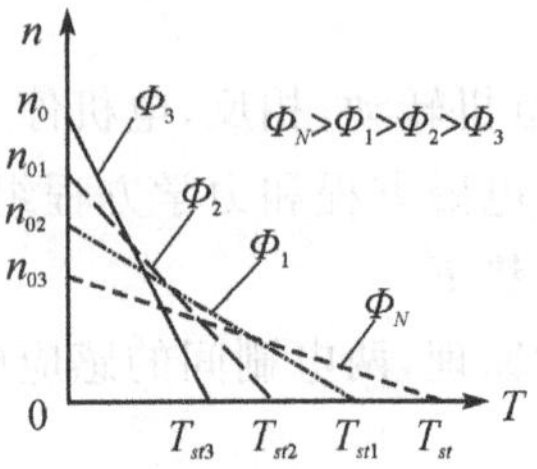

图 9-5　改变磁通的电机特性

3.直流电机的典型驱动电路

直流电机主电路如图 9-6(a)所示。图中,小型直流电机的控制原理就是给转子线圈通入正向直流电流,电机正转;若通入反向直流电流,电机反转;通入不同电压的直流电流,就可以直接控制电机的速度。其控制电路如图 9-6(b)所示。为了达到直流电机的控制,在控制电路中通过固态继电器,增加 PWM 占空比调速电路,从而改变输入电机的电压有效值。工程应用中,常常设计有手动和自动可以切换的控制电路,手动模式进行控制直流电机的正反转调试,正常工艺过程采用自动化控制模式。

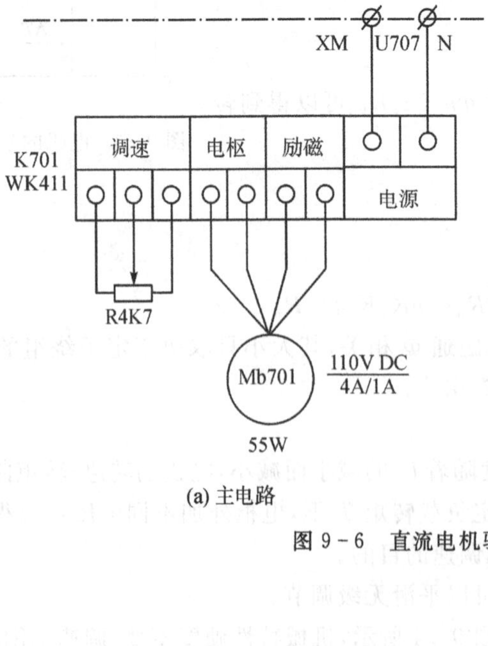

(a) 主电路

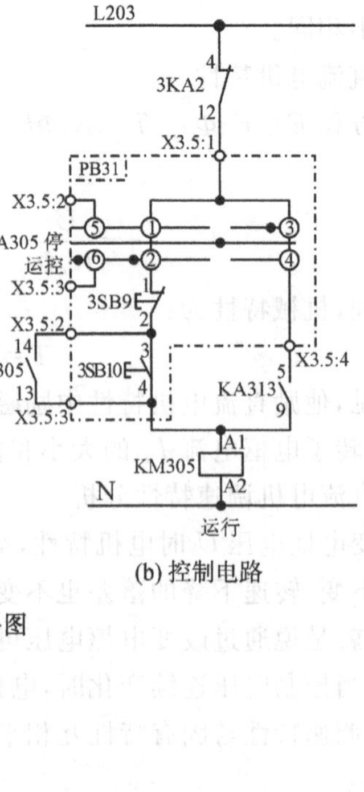

(b) 控制电路

图 9-6　直流电机驱动电路图

9.1.2　普通交流单相电机的驱动技术

1.普通交流单相电机的基本结构

普通交流单相电机也称单相异步电机，其外形和等效模型如图 9－7 所示。

(a) 外形

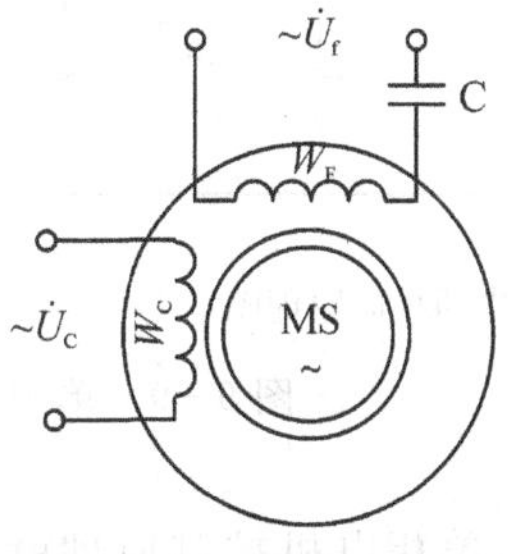

(b) 等效模型

图 9－7　单相异步电机的外形与等效模型

图 9－7 中，单相异步电机由定子两相绕组、转子、启动电容、轴承、机壳、端盖等构成。单相异步电机在定子上有两相绕组，由于启动电容是启动绕组的超前作用，使得两相交流电流存在 90°的相位差，从而两相绕组形成旋转磁场；转子是普通鼠笼型，在旋转磁场的作用下，转矩驱动转子和负载转动。

单相电机使用单相交流电源（AC220V）供电，功率一般均不会大于 2 kW，由于价格低廉，电源使用方便等特点，在居民家庭和工业中得到了广泛应用。

2.单相电机工作原理

单相电机工作原理如图 9－8 所示。通常在单相电机定子的两个绕组中的启动绕组要串接一个大小合适的电容，这样，图 9－8(a)中单相电机定子中的启动绕组与主绕组将两个在时间上相差 90°的电流通入在空间上相差 90°的两个绕组，在旋转空间上超前 90°相位，从而产生旋转磁场。电容分相的电机旋转磁场向量图如图 9－8(b)所示，在这个旋转磁场作用下，转子就能自动启动。要改变这种电机的转向，只要把辅助绕组的接线端头调换一下即可。

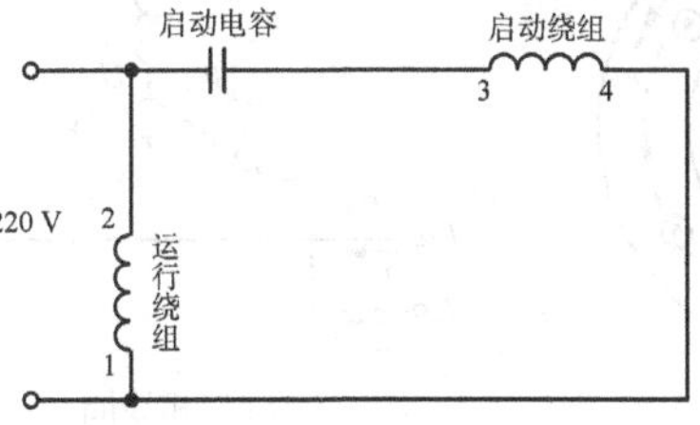

(a) 线圈接线原理

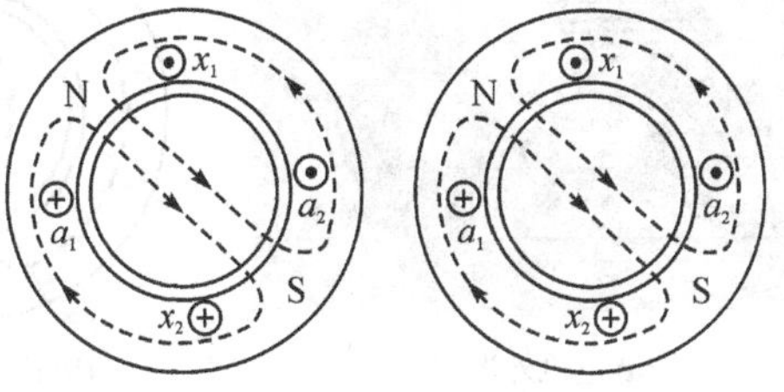

(b) 线圈电流感应向量图

图 9－8　单相电机工作原理

3.单相电机典型驱动电路

对于单相电机的运行，根据单相异步电机的启动方式和结构不同，常常用电容使辅助绕组与主绕组的超前 90°相位差启动单相电机的正反转控制电路,如图 9-9 所示。

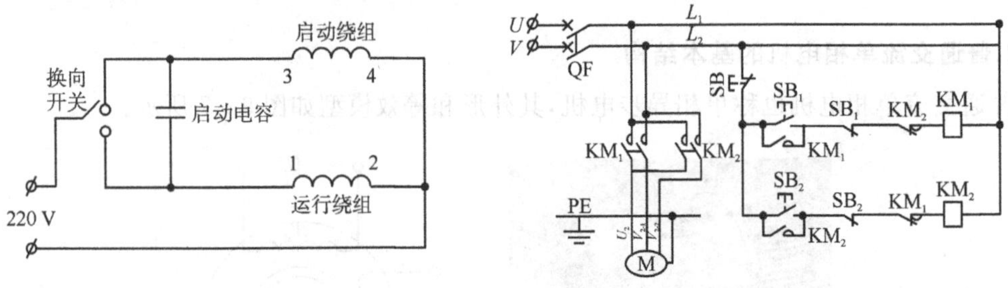

(a) 单相电机换向原理图　　(b) 单相电机主电路

图 9-9　单相电机正反转控制原理图

图 9-9 中,第一,单相电机控制原理就是使正向继电器导通,实现旋转磁场的正向旋转和电机正转;当单相电机需要反向转动时,反向继电器导通,进而实现旋转磁场的反向旋转和电机反转。第二,在控制电路中,常常设计手动和自动两种控制电路。因此,在工程应用中,单相电机广泛应用于小型鼓风机、空气压缩机、切割机、木工机床、风扇、电冰箱、洗衣机、空调、电吹风、吸尘器、油烟机、洗碗机、电动缝纫机、食品加工机等家用电器及各种电动工具和小型机电设备中。

9.1.3　普通三相交流异步电机的驱动技术

1.三相交流异步电机的基本结构

三相交流异步电机由定子三相绕组、转子(电枢)、机壳和轴承等组成。当三相绕组线圈中的三相交流电流流过三相空间相差 120°的绕组时,就可以形成旋转磁场,并在转子中感应出电流形成负载转矩,驱动转子和负载实现转动。由于其定子旋转磁场的旋转速度和转子绕组感应的电流存在滞后,所以称为异步电机。三相交流异步电机外形与等效模型如图 9-10 所示。

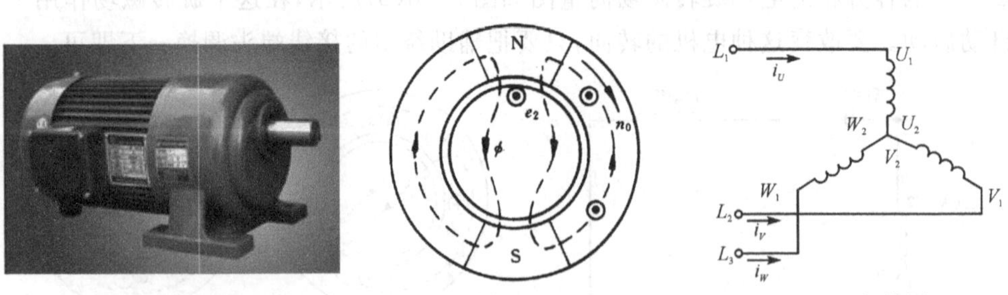

(a) 电机外形图　　(b) 内部原理图　　(c) 三相线圈

图 9-10　三相交流异步电机的外形与等效模型

三相交流异步电机在实际生产中应用极其普遍,在庞大的电机家族中有着重要地位,是电机应用最广泛、需要数量最多的一种。其优点是结构简单、坚固耐用、运行可靠、效率较高、维护方便、价格低廉,约 90%的机械是用鼠笼式三相异步交流电机拖动的,其功率范围从几千瓦到上万千瓦,例如机床、中小型轧钢设备、风机、水泵、轻工机械、冶金和矿山机械等;其缺点是功率因数较低、调速性能较差。

2.三相交流异步电机工作原理

1)三相交流异步电机的工作原理

当三相交流异步电机接入三相交流电源时,三相定子绕组流过三相对称电流产生了三相磁动势和旋转磁场,如图 9-11 所示。该旋转磁场与转子导体有相对切割运动,根据电磁感应原理,转子导体产生感应电动势并产生感应电流。当改变交流三相电源的相序时,形成的旋转磁场方向相反,电机反向转动;当切断三相电流时,不能形成旋转磁场,电机停止转动。

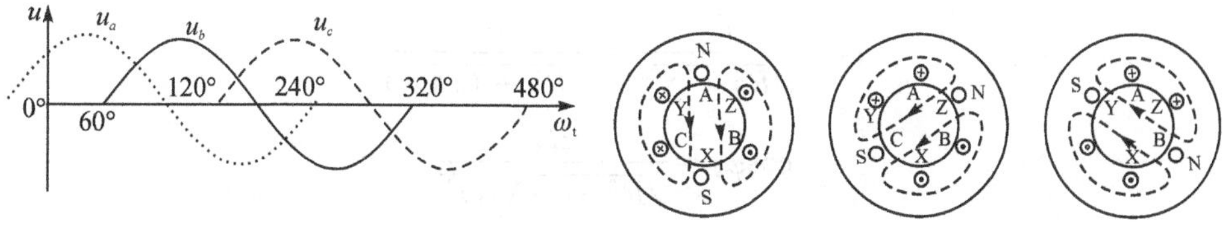

(a) 三相线圈电流　　(b) 旋转磁场感应原理图

图 9-11　三相交流异步电机旋转原理图

2)三相交流异步电机的转速

根据电磁力学定律,由于异步电机的转子绕组电流是感应产生的,进而转子的电流导体在磁场中切割磁力线而产生电磁作用力,从而形成电磁转矩驱动转子旋转。因此,导致异步电机转动的条件是必须存在转速差,也就是电机的转子转速小于旋转磁场的转速。

$$n=n_0(1-s)=\frac{60f}{p}(1-s)$$

式中,n_0为磁场转速,f 为磁场旋转频率,n 为转子实际转速,P 为磁对极数;$s=(n_0-n)/n_0$。s 为转差率,同步交流电机为 0。

3)三相交流异步电机的转矩特征

三相交流异步电机的负载转速与所接电网的频率之比不是恒定关系,还随着负载的大小发生变化。负载转矩越大,转子的转速越低,其转矩特征如图 9-12 所示。

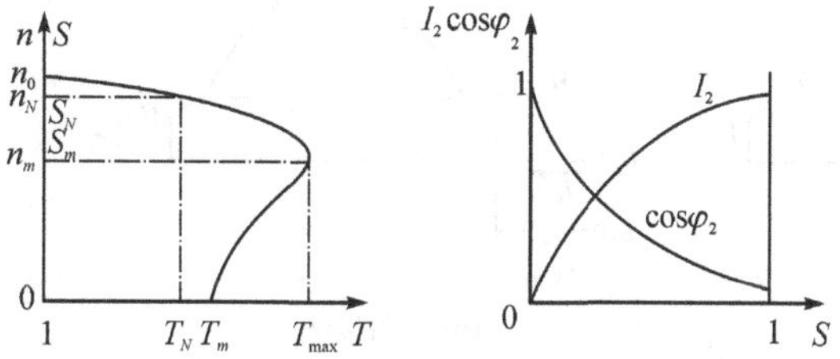

图 9-12　三相交流异步电机负载特性

图 9-12 中,由于负载转速与所接电网的频率之比不是恒定关系,在电机转动过程中,三相绕组受到电磁饱和的约束,电机的最大额定电磁转矩被限制在额定转矩范围内;负载转矩越大,转速越低,转差率越接近 1,从而造成电网的功率因数比较低,因此,选择异步电机时,必须预留充足的异步电机功率余量。

三相交流异步电机的机械特性额定转矩为:

$$T_N = 9550 \frac{P_N}{n_N}$$

旋转磁场在转子每相绕组中感应出的电动势为：

$$e_2 = -N_2 \frac{d\varphi}{dt}$$

有效值为：

$$E_2 = 4.44 f_2 N_2 \varphi$$

转子工作电流、功率系数和转矩为：

$$I_2 = \frac{E_2}{\sqrt{R_2^2 + X_2^2}} = \frac{sE_{20}}{\sqrt{R_2^2 + (sX_{20})^2}}$$

$$\cos\varphi_2 = \frac{R_2}{\sqrt{R_2^2 + (sX_{20})^2}}$$

$$T = K \frac{SR_2U^2}{R_2^2 + (SX_{20})^2}$$

可见，机械转矩特性与电压平方成正比。

3.三相交流异步电机的典型应用电路

三相交流异步电机的典型应用电路是Y-△降压启动控制电路，其接线原理如图9-13所示。由于容量大的异步电机在启动过程中启动电流较大，如果直接启动时，启动电流以6～7倍计算，会形成对电网的冲击，因此，异步电机必须采取一定方式启动。对于鼠笼式异步电机来说，采用星三角启动方式时，如果在启动时将定子绕组接成星形（线圈电压AC220V），待启动完毕后再接成三角形（线圈电压AC380V），就可以降低启动电流，也就是说，Y-△降压启动是指电机启动时，采用星三角启动时，启动电流只是原来按三角形接法直接启动时的1/3，启动电流为2～3倍，从而大大减少对电网的冲击，使其全压运行。

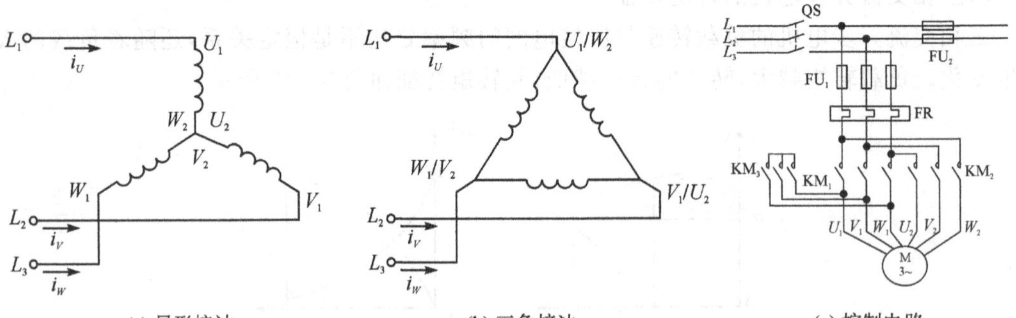

(a) 星形接法 (b) 三角接法 (c) 控制电路

图9-13 三相交流异步电机的启动电路接线原理图

9.1.4 普通三相交流同步电机的驱动技术

1.三相交流同步电机的基本结构

三相交流同步电机也属于交流电机，和异步电机相同，也有定子和转子。当三相绕组线圈中流入三相交流电流时，形成了旋转磁场和负载转矩，进而驱动转子中的NS磁极和负载实现转动。由于其旋转速度与定子绕组所产生的旋转磁场的速度一致，转子转动时没有滞后，所以称为同步电机。三相同步电机的外形与等效模型如图 9－14 所示。

图 9－14 中，三相交流同步电机也有发电机、电机和补偿电机三种运行方式。值得指出，三相交流同步电机可以通过调节转子的电流向电网发出所需的感性或容性无功功率，以达到改善和补偿电网功率因数的目的。

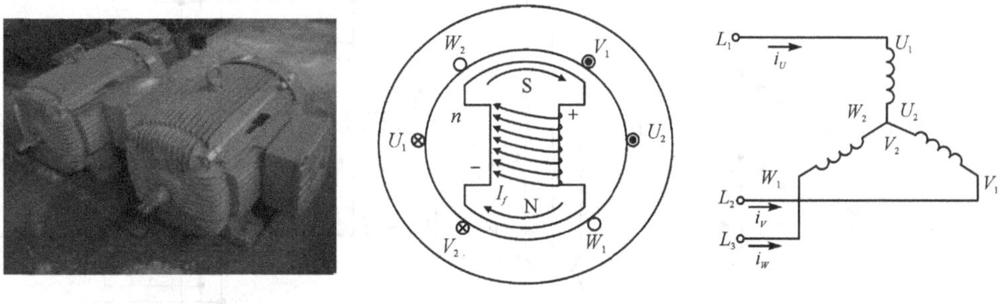

(a) 电机外形图　　(b) 内部原理图　　(c) 三相线圈

图 9－14　三相同步电机的外形与等效模型

2.三相交流同步电机工作原理

1)三相交流同步电机工作原理

三相交流同步电机工作原理如图 9－15 所示，接入三相交流电源时，三相定子绕组流过三相对称电流产生三相磁动势并产生旋转磁场。该旋转磁场与转子导体有相对切割运动，根据电磁感应原理，转子导体产生感应电动势和感应电流。当改变交流三相电源相序时，形成的旋转磁场方向相反，电机反向转动；当切断三相电流时，不能形成旋转磁场，电机停转。

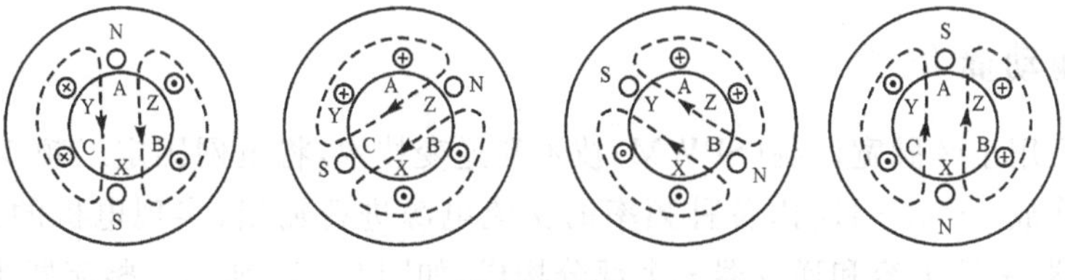

图 9－15　三相交流同步电机工作原理图

2)同步电机的转速

根据电磁力定律，由于转子绕组电流是感应产生的，载流的转子导体在磁场中受到电磁力作用形成电磁转矩，向外输出机械能，驱动转子旋转，直到电机的转速和旋转磁场的转速相同，其计算公式如下：

$$n = 60f/p$$

式中，f 为电源频率，50 Hz；p 为电机的磁极对数，电机的磁极对数为 1 时，同步转速为 3000 r/min；电机的磁极对数为 2 时，同步转速为 1500 r/min。

3.三相交流同步电机的典型应用电路

实际工程应用中，大多数场合都是多个电机的组合，多电机控制电路根据功能要求不同，可以采用 PLC 的程序逻辑进行各种逻辑互锁，完成不同的运动要求，如图 9－16 所示。同步电机主要用途在于煤炭、冶金、电力等行业中需要启动力矩较大的场合，以及对其调速范围要求较广的交通运输机械、轧机、大型机床、中小型轧钢设备、风机、水泵、轻工机械、冶金和矿山机械、印染及造纸机械等行业，其功率范围从几千瓦到上万千瓦。

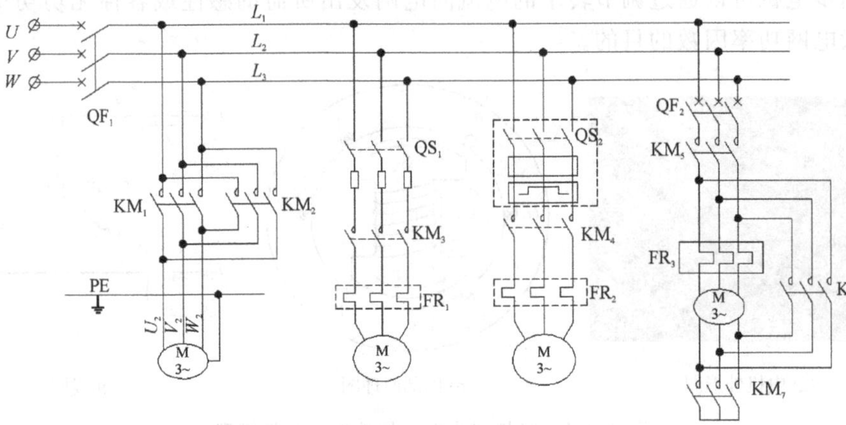

图 9－16　多电机启停控制主电路

图 9－16 中，同步电机和异步电机的控制原理相同，控制电路根据功能要求不同可以进行各种逻辑互锁，完成不同运动要求。随着运动控制的复杂性增大，使用 PLC 软件可编程逻辑方法，将具有更大的灵活性和更便捷的维护性能。

9.2　交流电机的变频驱动技术

9.2.1　变频驱动简介

变频器是应用正弦脉宽调制（SPWM）技术和逆变技术，将电网固定工频 50 Hz/60 Hz 三相交流电源变换成 0～400 Hz 内各种频率的交流电源进行输出，实现电机的无级变速运行。变频器由整流器、平波电容和逆变器三个部分构成，如图 9－17 所示。整流器主要将工频电源变换为直流；平波电容主要是吸收在变流器和逆变器中产生的电压脉动的“平波回路”；逆变器将直流变换为所需要频率的交流电源。

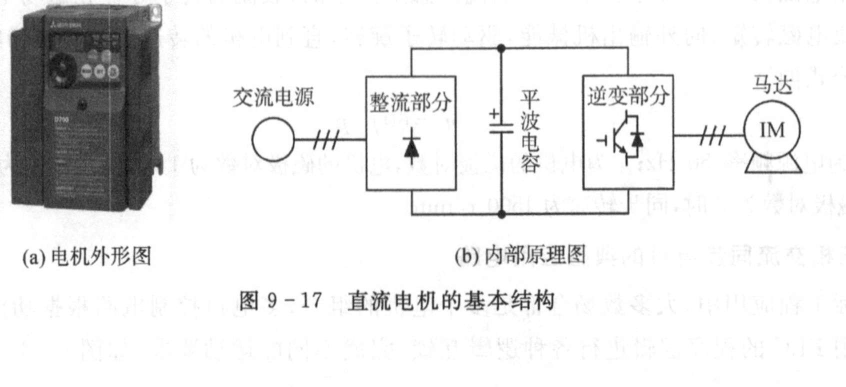

(a) 电机外形图　　　　(b) 内部原理图

图 9－17　直流电机的基本结构

9.2.2　变频驱动的工作原理

1.变频驱动器件的基本原理

变频器的驱动对象是三相交流同步或异步电机。

(1)当三相异步电机接入变频器时，三相定子绕组流过三相对称电流，产生三相磁动势(定子旋转磁动势)并产生旋转磁场，其旋转磁场的同步转速根据电机的极数和电源频率来决定。变频器驱动的三相交流电机旋转原理图如图 9－18 所示。

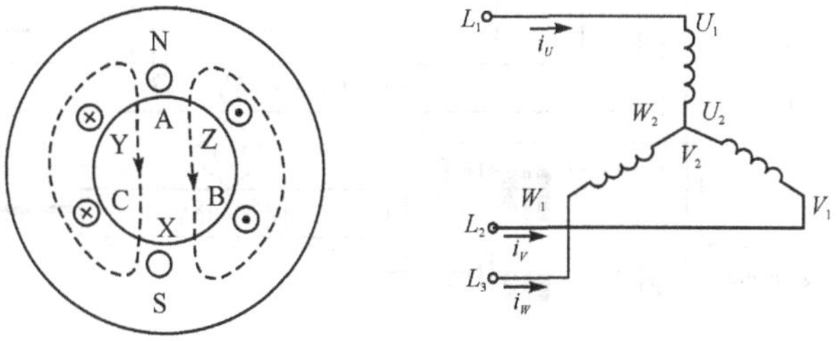

(a) 电机旋转磁场原理图　　(b) 三相线圈及电流图

图 9－18　变频器驱动的三相交流电机旋转原理图

(2)由于交流同步电机的理想转速总是和旋转磁场的转速一致，因此，变频器只需要改变旋转磁场的旋转频率就可以改变电机的实际转速。因此，变频器的输入是电网固定工频三相交流电源(50/60 Hz)，工频波形和变频波形对比如图 9－19 所示。输出的是变换成各种频率 0～400 Hz 的交流电源进行输出，供给电机运行的变频后的某种频率的三相电流，实现电机的无级变速运行。

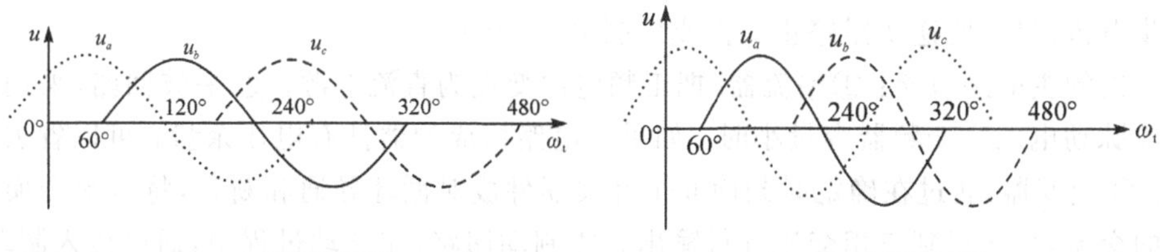

(a) 变频前波形　　(b) 变频后波形

图 9－19　交流电源三相电流波形和变频波形对比图

2.变频器基本构成

变频器主要由整流、滤波、逆变、制动单元、驱动单元、检测单元和微处理单元等组成。根据交流电机的实际需要提供所需要的频率和幅值电压，达到节能调速目的。变频器还有很多的保护功能电路，如过流、过压、过载保护电路等。变频器驱动原理如图 9－20 所示。

图 9－20 中，变频器控制电路是给变频器主电路提供控制信号的回路，对于矢量控制变频器，有时还需要一个进行转矩计算的控制回路以及一些相应的电流检测保护电路和操作面板等。它由频率、电压的运算电路，主电路的电压、电流检测电路，电机的速度检测电路，将运算电路的控制信号进行放大的驱动电路，以及逆变器和电机的保护电路组成。

(1)运算电路：将外部的速度、转矩等指令同检测电路的电流、电压信号进行比较运算，决

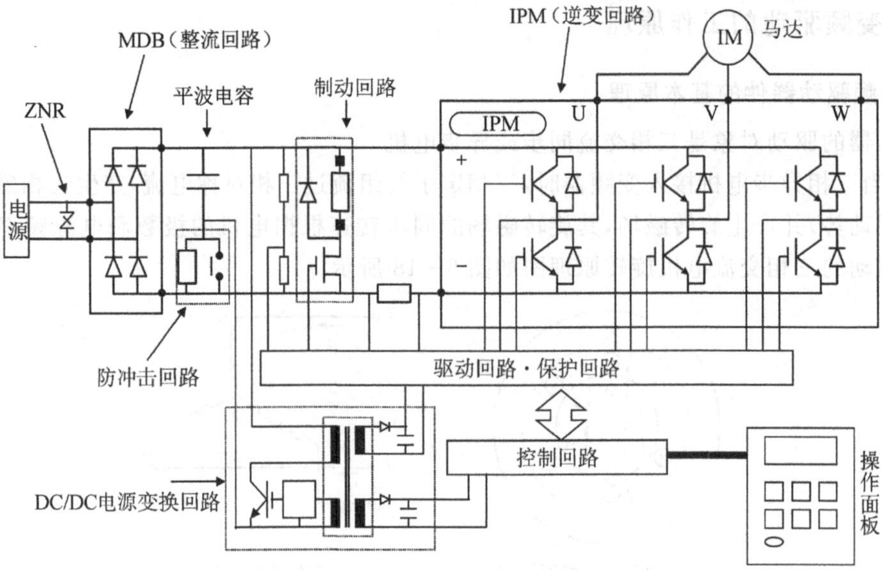

图 9－20　变频驱动原理图

定逆变器的输出电压、频率。

(2)电压、电流检测电路：它与主回路电位隔离后，完成主电路的电压、电流检测等。

(3)驱动电路：驱动主电路器件电路。它与控制电路隔离使主电路器件导通、断开。

(4)速度检测电路：以装在异步电机轴机上的速度检测器的信号为速度信号，送入运算回路，根据指令和运算结果可使电机按指令速度运转。

(5)保护电路：检测主电路的电压、电流等，当发生过载或过电压等异常时，为了防止逆变器和异步电机损坏，使逆变器停止工作或抑制电压、电流。

变频器的主电路包含：①整流器，把工频电源变换为直流电源。②平波回路，采用电感和电容吸收脉动电压。变频器容量小时，如果主电路构成的器件有电压余量，可以省去电感平波回路。③逆变器，通过在确定时刻使 6 个开关器件成对循环导通和断开，将直流变换为所要求频率的交流，从而得到三相交流进行输出。④制动回路，在制动过程中，通过接入制动电阻，消耗由于负载惯性引起的再生电流，从而维持直流电压不变。

可见，变频器是利用三相交流同步电机的转速与频率成正比的特点，将交流电源通过整流回路变换成直流，再将变换后的直流经过逆变回路变换成电压、频率可调节的三相交流，达到改变电机定子绕组中旋转磁场频率和转速的目的。

3.变频器的三相正弦脉宽调制(SPWM)原理

变频器采用正弦 PWM 波形的发生等效面积法，可以精确产生正弦波形，等效面积损失最小，其原理如图 9－21 所示。

图 9－21 中，根据面积等效原理，采用三角波对正弦波进行采样，有自然采样法和规则采样法两种。应用较多的是规则采样法，得到 SPWM 等效正弦波，其规则采样法正弦波发生原理如图 9－22 所示。

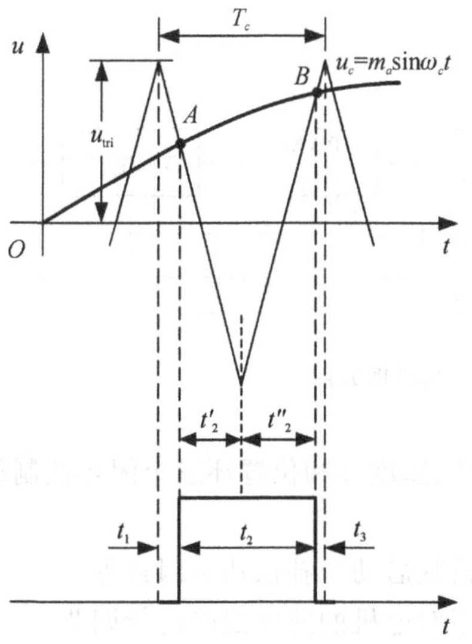

图 9-21　SPWM 正弦波发生等效面积法原理图

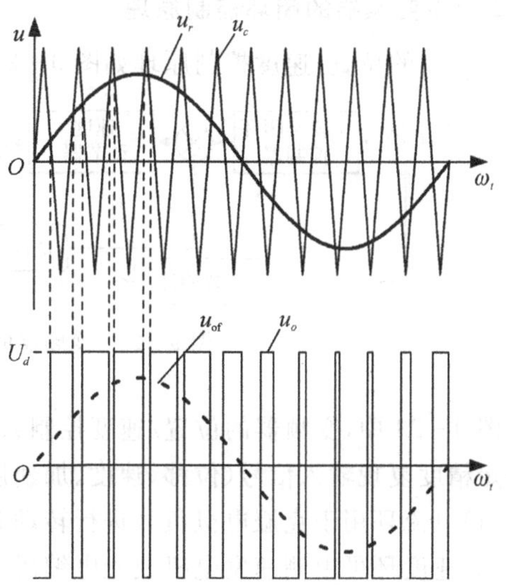

图 9-22　SPWM 正弦波发生原理图

图 9-22 中，利用以上方法生成三相对称的参考正弦波形，然后，按照开关信号进行输出。三相对称的参考正弦电压调制信号由正弦波发生器产生，其频率和幅值都是可调的。三角载波信号由三角波发生器提供，分别与每相调制信号通过比较器进行比较，输出 SPWM 脉冲序列波作为逆变器开关器件的驱动信号。

9.2.3　变频驱动的典型应用

1.变频器分类及选型

变频器控制异步电机是目前各行业中应用最广泛的电机控制方式，如应用在机床、中小型轧钢设备、风机、水泵、轻工机械、冶金和矿山机械中等。变频器的应用领域和特点见表 9-1，可以看出，不同电机和负载对象的启动过程和运行不一样，需要不同种类的变频器来控制。

表 9-1　变频驱动应用领域

通用变频器的行业和设备	矢量变频器的行业和设备	通用变频器的行业和设备	矢量变频器的行业和设备
纺织业绝大多数设备	纺织有张力控制设备	市政锅炉、污水处理设备	—
冶金辅助风机水泵、辊道、高炉卷扬设备	冶金各种主轧线、飞剪设备	油田用风机、水泵、抽油机、空压机	—
低速造纸及配套风机水泵、制浆机	高速造纸、切纸机、复卷机	水泥、陶瓷、玻璃生产线全线	—
电梯门机、起重行走和供水设备	电梯、起重提升设备	传送带矿山风机泵	矿山提升设备
部分拉丝机牵引设备、电厂风机水泵、传送带	拉丝机的收放卷、凹版印刷设备	卷烟制丝设备、石化用风机、泵、空压机	卷烟成型包装设备

2.通用变频器的闭环控制原理

变频器的位置/速度控制原理如图 9－23 所示。

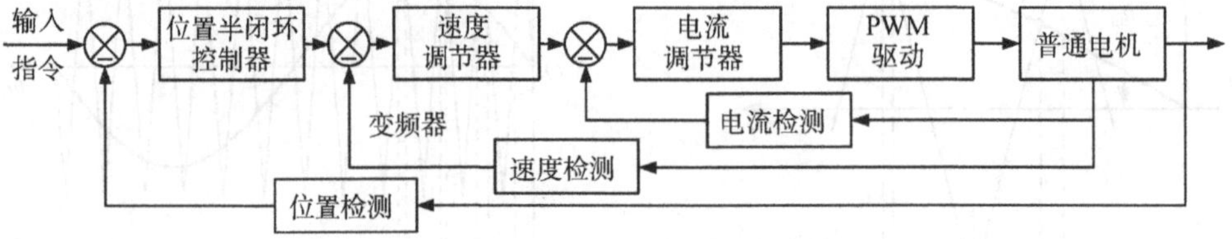

图 9－23　变频器的位置/速度控制原理如图

图 9－23 中，变频器的位置/速度控制系统由电流环、速度环和位置环三个闭环控制组成，以一定精度复现输入信号（位移、速度、加速度或力）。

（1）电流环用于克服电机负载进行转动时，实现电机软启动与补偿功率因素等。

（2）速度环可由测速发电机或光电编码器获得，用于对电机的速度误差进行调节。

（3）位置环可采用外部光电编码器对转角或直线位移进行测量。将实际位置与指令信号比较，产生偏差控制信号，控制电机向消除误差的方向旋转，直到达到一定的位置精度。

3.通用变频器的典型应用

自动扶梯变频速度控制是通用变频器的典型应用，其整套控制系统采用闭环控制方式，通过光电测量装置检测人流量信号，自动扶梯正常运行 20 秒，上（或下）基站感应器检测到没有人进入自动扶梯范围时，自动扶梯自动转入低速状态，处于省电运行模式，电机输出功率降低，起到节约能源的目的；当有人进入扶梯范围时，扶梯马上加速，转入高速运行状态，如图 9－24 所示。

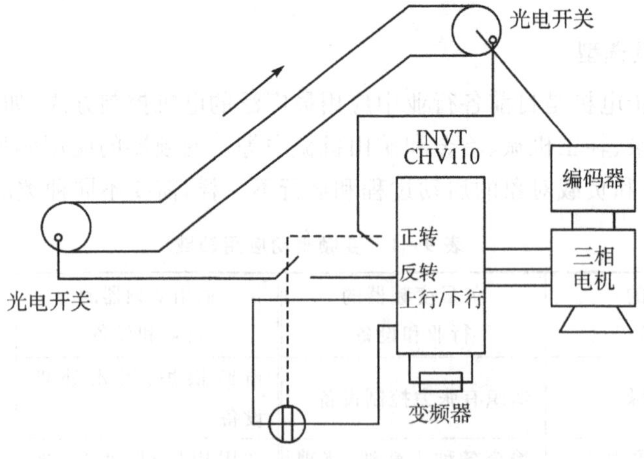

图 9－24　自动扶梯变频速度控制原理图

图 9－24 中，根据接收到的人流量信号对拖动电机进行变频调速控制，实现自动扶梯在无人搭乘时转入低速运行，处于低能耗状态，当检测到有人进入自动扶梯范围时，自动扶梯立即加速转入高速运行状态。其特点如下：

（1）自动扶梯系统采用 PLC 可编程序控制器实现变频控制，具有功能强大、可靠性高等优点。

(2)自动扶梯空载时以节能速度模式运行,电流仅为空载时额定速度运行电流的 1/3。无人乘梯时,保证扶梯自动平稳过渡到节能运行状态,以 1/5 额定速度运行。有人乘梯时,保证扶梯自动以节能速度平稳过渡到额定速度运行。

(3)由于无人乘梯时扶梯运行速度很低,机械磨损大大降低,相对延长了扶梯的使用寿命。

(4)采用变频技术,大大降低了扶梯启动时对电网的冲击,可有效改善电网的功率因数。

9.3 直流伺服电机的驱动技术

9.3.1 直流伺服电机驱动简介

直流伺服电机种类很多,其内部构成和普通直流电机基本相同,例如永磁式直流伺服电机由机壳、定子绕组、磁轭、电刷、转子等组成。值得指出,在直流伺服电机的尾部安装有位置传感器,常用光电式编码器作为直流伺服电机角位移的检测传感器。直流伺服电机的基本结构如图 9-25 所示。

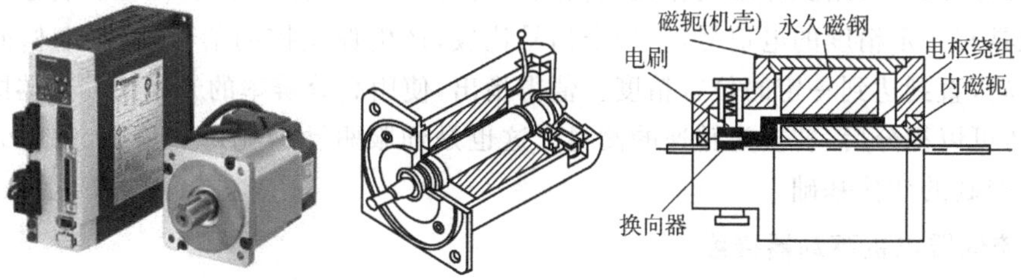

(a) 外形图　　(b)内部结构图

图 9-25　直流伺服电机的基本结构图

在恶劣的环境下,可采用电感式旋转变压器作为位置传感器。直流伺服电机转子转速受输入电压信号控制,在自动控制系统中,可把所收到的电信号转换成电机轴上的角位移或角速度输出。直流伺服驱动技术是通过改变电机工作励磁电压的方式来控制工业自动化系统的位置、转矩和速度等的综合定位闭环控制技术。也就是说,伺服电机接收到 1 个脉冲,就会旋转 1 个脉冲对应的角度,从而实现很精确地控制电机的转动,定位精度可达 0.001 mm。伺服驱动技术的应用非常广泛,只要是需要有电源的,而且对精度有要求的一般都可能涉及伺服电机。

永磁直流伺服电机具有惯量低、灵敏度高、损耗小、效率高、矩波动小、低速运转平稳、噪音小、换向性能好、寿命长等优点,广泛应用于机床、印刷设备、包装设备、纺织设备、激光加工设备、自动化生产线、发电设备制造、石油化工、汽车工业等对运动精度、加工效率和工作可靠性等要求相对较高的场合。

9.3.2 直流伺服电机驱动的工作原理

1.直流伺服电机驱动原理

采用直流伺服电机组成的电气伺服系统根据输入信号变化规律,实现输出信号(位移、速度、加速度或力)的闭环控制,包括电流环、速度环和位置环三个闭环控制环组成,如图9-26所示。

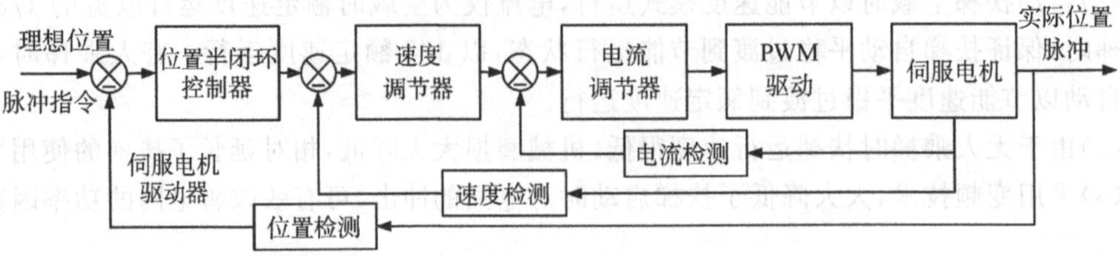

图 9-26　伺服电机的位置/速度控制原理如图

(1)电流环:电流值由电流传感器取自伺服电机的转子电枢回路,主要用于在电机负载突变时,起到精准控制和过载保护的作用。采用电流环后,对电枢回路的滞后还进行了补偿,使电机的动态电流按负载的变化要求而变化。

(2)速度环:伺服电机的转速可由测速发电机或光电编码器获得。速度反馈用于对电机的速度误差进行调节,以实现要求的动态特性。同时,速度环的引入还会增加系统的动态阻尼比,减小系统的超调,使电机运行更加平稳。

(3)位置环:可采用脉冲编码器或光栅尺等对转角或直线位移进行测量。将系统的实际位置转换成具有一定精度的电信号,与指令信号比较,产生偏差控制信号,控制电机向消除误差的方向旋转,直到达到一定的位置精度。值得指出,使用高分辨率的光脉冲编码器既可以测量角位移,还可以积分后,转换为转速的测量。这也是伺服驱动器在每一角度,完成矢量控制与波形发生控制的计算基础。

2.直流伺服电机驱动器接线

直流伺服电机驱动自动化系统的接线原理如图 9-27 所示。直流伺服电机驱动器是一个功能最齐全的混合控制系统,单单利用直流伺服电机驱动器就可以组成一个精度较好的位置、转矩或转速的闭环应用系统,从伺服电机的控制理论来讲,转矩环最快,速度环次之,位置环是最外边的控制环,也是最慢的控制环。

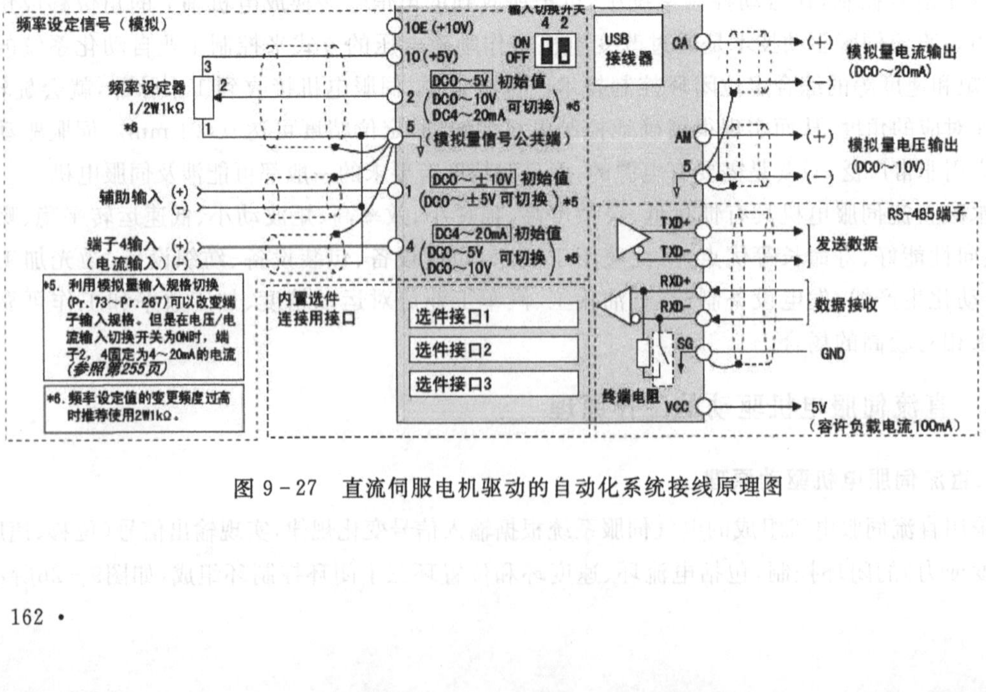

图 9-27　直流伺服电机驱动的自动化系统接线原理图

3.直流伺服电机驱动的电气可靠性技术

1)模拟量输入/输出的电流接口

在直流伺服电机驱动的工业现场中存在大量电磁干扰，严重影响到机电液设备中直流伺服电机的运动准确性，尤其是电压型的控制信号影响更加严重，因此常常采用 4～20 mA 两线制的电流环路接线方式来抑制电磁干扰。伺服驱动器的模拟量输入接口原理如图 9-28 所示。实际应用中，连接电流环的控制器和驱动器由于闭环电流环路中电流值相等，克服电磁干扰对连接电缆的影响，因此，在电气接口设置有电阻和滤波电路后，将电流信号转换为没有干扰的电压信号，完成数据传递和采集。然后采用具有屏蔽层的信号电缆，进一步屏蔽外部电磁和电场对电流信号的影响。

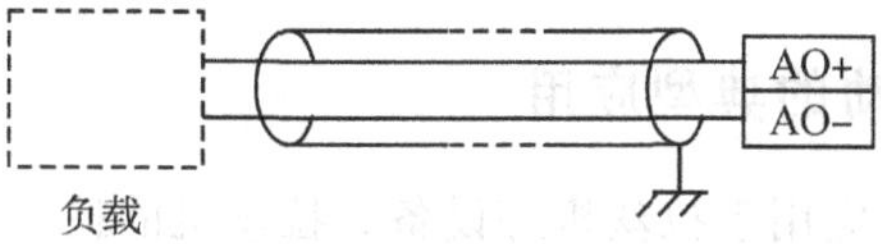

图 9-28 伺服驱动器模拟量输入/输出接口原理图

2)数字量信号的光电隔离接口

为了避免直流伺服电机的工业现场中高频对模拟量的干扰，常常采用光电隔离的数字信号电路来克服这类干扰，如图 9-29 所示。

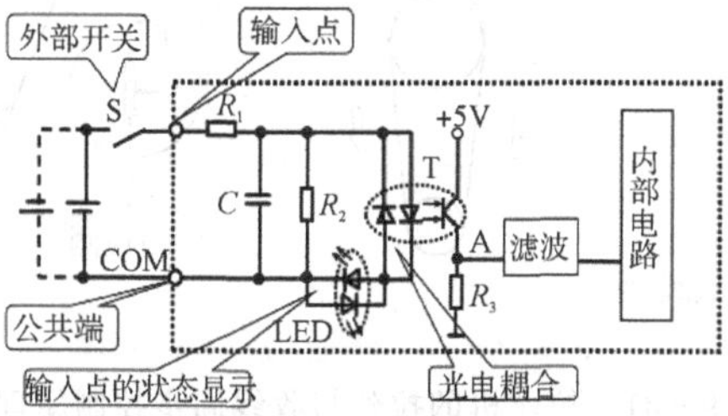

图 9-29 光电耦合输入接口原理图

(1)驱动器与 PLC 连接的数字量输入光电隔离接口。由驱动器与 PLC 连接的外部开关信号输入电路来看，采用光电耦合器可以有效隔离和抑制外部干扰，提高驱动器与 PLC 连接的可靠性和安全性。其中，外部开关信号变化时，LED 实现输入点的状态显示；电阻 R_1 起到限流作用，防止光电耦合器过流损坏；电阻 R_2 和电容 C 形成低通滤波，减少外界干扰；外部信号正反都有效。

(2)由驱动器与 PLC 连接的光电隔离 TTL 和继电器输出的开关信号来看，可以有效隔离外部干扰对内部电路的干扰，提高驱动器与 PLC 连接的可靠性和安全性，如图 9-30 所示。

图 9-30 中，需要开关信号输出时，内部电路输出 LED 导通电流，显示输出点的状态，同时通过光电耦合器实现 TTL 的电平输出或者继电器的触点输出；电阻 R_1 和 R 起到限流作用，防止光电耦合器过流损坏；电阻 R_2 和电阻 R_3 决定 TTL 三极管工作点；FU 防止 TTL 三极管过流损坏，二极管是保护性二极管，防止感性负载感应电压对三极管造成损坏。

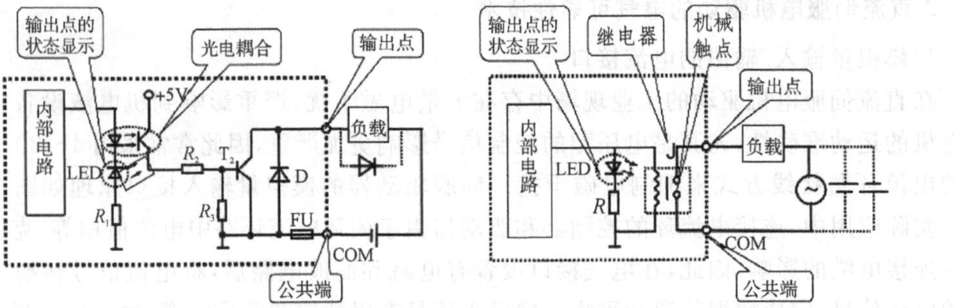

图 9-30　TTL 输出和继电器输出接口原理图

9.3.3　直流伺服电机驱动的典型应用

直流伺服电机驱动广泛应用于拉丝机等设备。拉丝机的拉丝与收线的同步控制原理如图 9-31 所示。

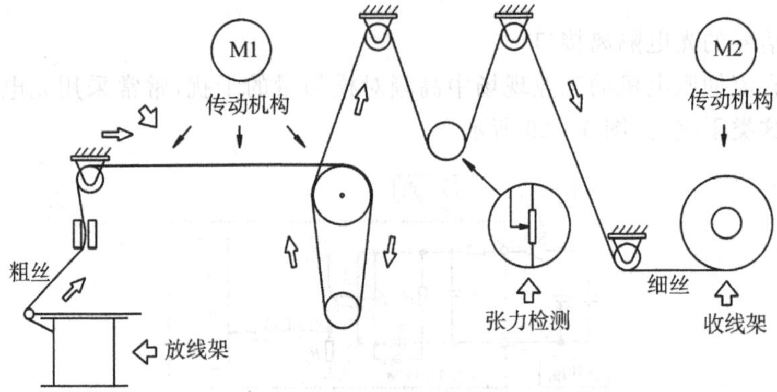

图 9-31　拉丝机的拉丝与收线同步控制原理图

图 9-31 中，要求拉丝机工艺的张力稳定，启动和停机不断线，拉丝与收线同步，实现自动识别收线盘卷径、自动识别机械传动比、自动识别线缆的线径、自动调整 PID 参数、自动跟踪主机速度。拉丝机采用直流伺服电机控制的转矩控制模式，其控制原理如图 9-32 所示。

拉丝机的控制系统有以下特点：

(1)低速穿模、高速拉丝相互独立。

(2)拉丝过程节能、高效；无转速死区，低速 1 Hz 额定转矩平稳输出。

(3)根据拉丝线材负载变化自动调节，直流伺服电机输出功率保持恒定，启动平稳不过载。

(4)自动跟踪拉丝线速度，最大线速为 2500 m/min。

(5)张力平衡杆基本维持在平衡杆中点位置。无论空盘、半盘、满盘；无论粗线、细线；无论低速、中速、高速，张力始终恒定。

(6)延时安全保护功能：因各种原因停车，必须经过 5 秒后才可以重新启动。

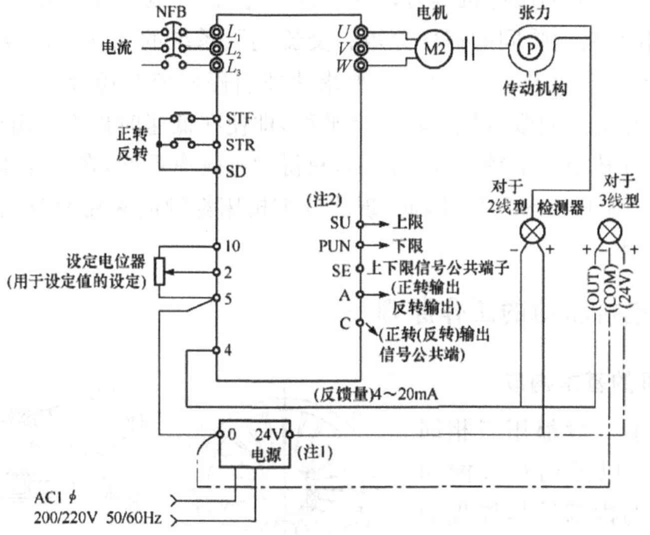

图 9-32　拉丝机设备的转矩控制模式控制原理图

9.4　交流伺服电机的驱动技术

9.4.1　交流伺服电机驱动简介

高性能的电气伺服系统大多采用永磁同步型交流伺服电机，交流伺服电机内部的转子是永磁铁，驱动器控制的 $U/V/W$ 三相电形成旋转磁场，转子在此磁场作用下转动，同时电机自带编码器反馈给驱动器，驱动器根据反馈值与目标值进行比较，调整转子转动的角度。其外形和内部结构如图 9-33 所示。

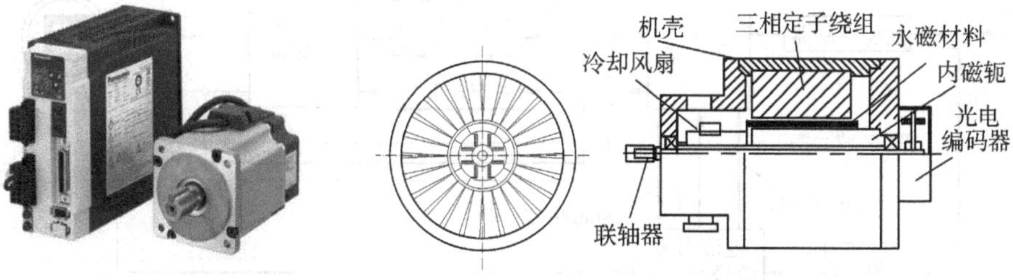

(a) 电机外形图　　(b) 内部结构图

图 9-33　永磁同步型交流伺服电机的外形和内部结构图

伺服电机的精度取决于电机轴后端的旋转编码器的精度(线数)。对于带标准 2000 线编码器的电机，由于驱动器内部采用了四倍频技术，其脉冲当量为 360°/8000＝0.045°。对于带 17 位编码器的电机，驱动器每接收 131072 个脉冲电机转一圈，即其脉冲当量为 360°/131072＝0.0027466°。交流伺服电机有恒转矩和恒功率两种运行模式，恒转矩输出时，在额定转速 2000 r/min 或3000 r/min 以内输出恒转矩，在额定转速以上时输出恒功率。

图 9-33 中，由于交流伺服电机具有较强的过载能力，其最大转矩为额定转矩的 2～3 倍，可用于克服惯性负载在启动瞬间的惯性力矩。交流伺服系统的加速性能较好，从静止加速到其额定转速 3000 r/min 仅需几毫秒，可用于要求快速启停的控制场合。由于交流伺服系统具有共振抑制功能，因此交流伺服电机运转非常平稳，即使在低速时也不会出现振动现象。交流伺服电机结构简单，且转子惯量较直流电机小，使得动态响应更好，在同样体积下，交流电机输出功率可比直流电机高 10%～70%，因此，现代数控机床都倾向采用交流伺服驱动，且已有取代直流伺服驱动的趋势。

9.4.2 交流伺服电机驱动的工作原理

1.交流伺服电机的基本构成

目前运动控制中一般都用三相同步交流伺服电机，可以做到很大的功率。交流伺服电机的内部结构原理如图9-34所示，伺服电机由激磁绕组 1、控制绕组 2、内定子 3、外定子 4 和转子 5 组成。

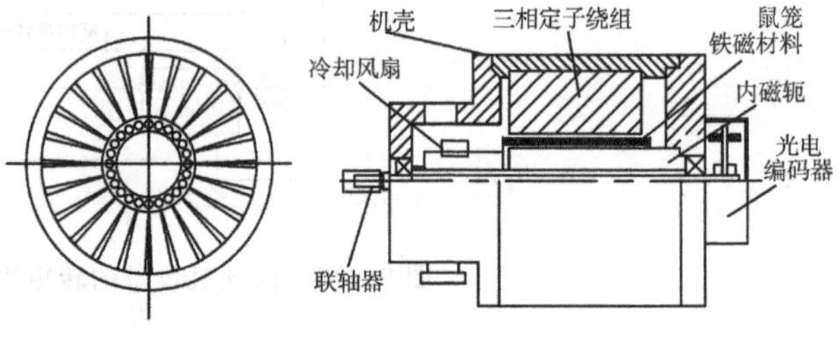

(a) 横剖面　　(b) 内部结构图

图 9-34　交流伺服电机内部结构原理

可以看出，如果交流伺服电机的绕组数量和通电方式不同，其控制方法也会不同，伺服电机的控制精度和电机特性也就不同。交流伺服电机在没有控制电压时，定子内只有励磁绕组产生的脉动磁场，转子静止不动。当有控制电压时，定子内便产生一个旋转磁场，转子沿旋转磁场的方向旋转，在负载恒定的情况下，电机的转速随控制电压的大小而变化。当控制电压的相位相反时，伺服电机将反转。交流伺服电机控制原理如图 9-35 所示。

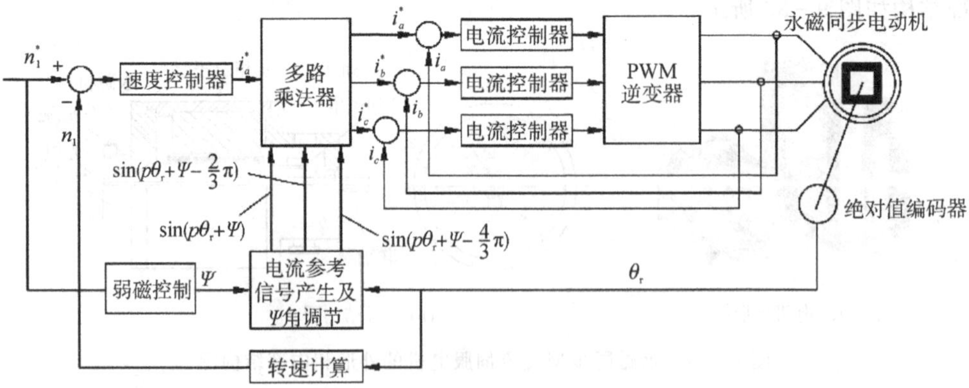

图 9-35　交流伺服电机控制原理图

2.交流伺服电机的控制方法

永磁交流伺服驱动技术采用全数字控制方法进行正弦波电机伺服驱动和幅值控制，其交流伺服电机原理模型及特性曲线如图 9-36 所示。

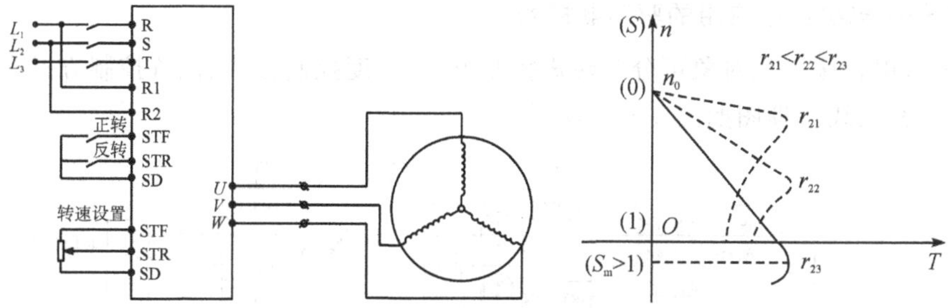

图 9-36　交流伺服电机原理模型及特性曲线

图 9-36 中，永磁交流伺服电机的基本原理和直流伺服电机的基本原理虽然是一样的，伺服系统都是根据一定精度输入信号的变化规律，实现输出信号（位移、速度、加速度或力）的闭环控制。交流伺服电机内部的转子是永磁铁，驱动器控制的 $U/V/W$ 三相电形成旋转磁场，转子在此磁场的作用下转动，其励磁绕组控制电压 U_c 越高，电机转速越高。同时电机自带的编码器反馈信号给驱动器，驱动器根据反馈值与目标值进行比较，调整转子转动的角度和此角度对应的电流输出值，因此，伺服电机的转动精度和控制精度取决于编码器的精度。

交流伺服电机和直流伺服电机在功能上的区别：由于交流伺服电机采用正弦波控制，转矩脉动小，因此交流伺服电机平稳性要比直流伺服电机好一些。直流伺服是脉冲梯形波，平顺性较低，但直流伺服的低速转矩更大，控制比较简单，价格低廉。

9.4.3　交流伺服电机典型应用

1.交流伺服电机典型应用的控制原理

交流伺服电机在双目视觉检测伺服平台的应用如图 9-37 所示。

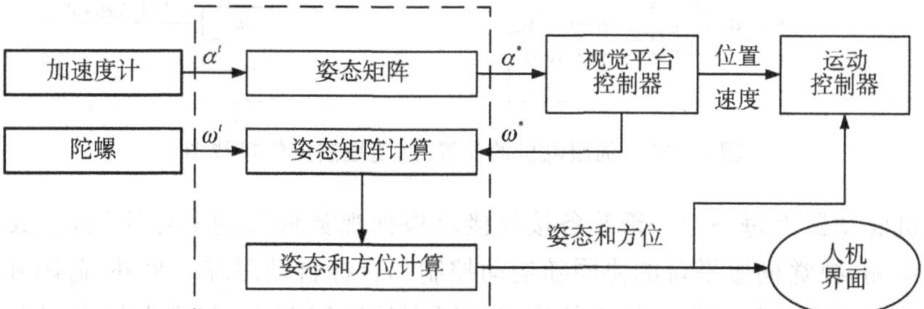

图 9-37　双目视觉检测伺服平台的伺服控制原理图

图 9-37 中，双目视觉检测伺服平台的伺服控制系统工艺要求为：通过双目视觉检测伺服平台的加速度和陀螺传感器进行双目视觉检测、数据采集和特征识别，计算出姿态转移矩阵，并使用视觉平台控制器计算伺服平台的导航位置、速度、姿态和方位，实现目标的自主跟踪和轨迹的自校正运动控制。可以保证在大尺寸焊接、打磨、喷漆、装配、测量和加工等实际应用环境下都能够正常工作，从而使得双目视觉检测伺服平台的整机性能有较大提高。在目标位置和姿态出现偏差时，伺服平台自校正运动控制后，在新的位置和姿态下，完成上述工艺要求；根据实际环境和负载的变化，完成不同姿态下的双目视觉的目标特征识别、姿态转移矩阵和运动伺服控制。

2.交流伺服电机典型应用的驱动器接线

交流伺服电机按被控对象可分为转矩控制方式、速度控制方式、位置控制方式和全闭环混合控制方式,其接线原理图如图 9-38 所示。

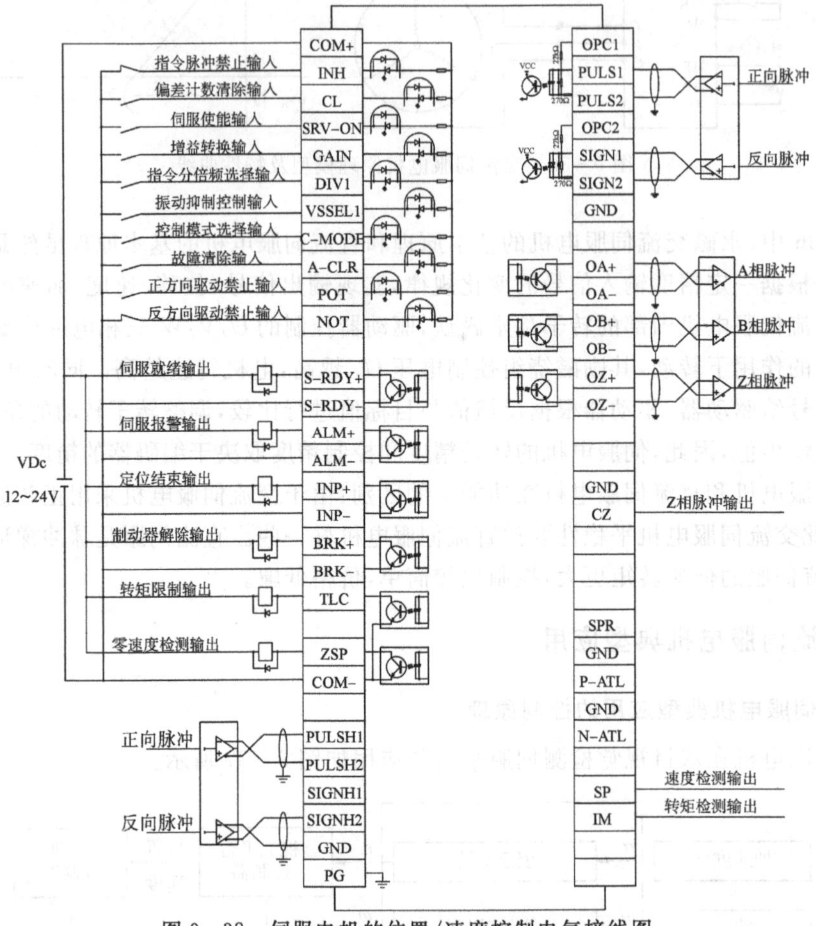

图 9-38　伺服电机的位置/速度控制电气接线图

伺服电机驱动器上每一个外部装备接线接口根据视觉伺服的实际应用,完成颠簸起伏的姿态自矫正检测,视觉伺服平台的协同随运动控制和目标自动跟踪。另外,避障和防撞等报警接口在伺服驱动器中必须以常闭触点的形式串联到控制回路中,起到保护伺服电机和驱动器安全的作用。

9.5　步进电机的驱动技术

9.5.1　步进电机驱动简介

1.步进电机的基本结构

步进电机是一种将数字化电脉冲信号转换成机械角位移的执行机构。其机械位移与输入的脉冲数量成比例，即一个脉冲可使步进电机前进一步，因此被称作步进电机或者脉冲电机。当步进驱动器接收到一个脉冲信号，它就驱动步进电机按设定的方向转动一个固定的步进角度，同时可以通过控制脉冲频率来控制电机转动的速度和加速度，从而达到调速的目的。步进电机由定子磁极线圈、永磁材料或软磁材料的转子、机壳和轴承等组成，具有结构简单、位置控制简单、成本低廉等优点，广泛用于位置精度要求不高的运动控制系统中，其外形和内部结构如图 9－39 所示。

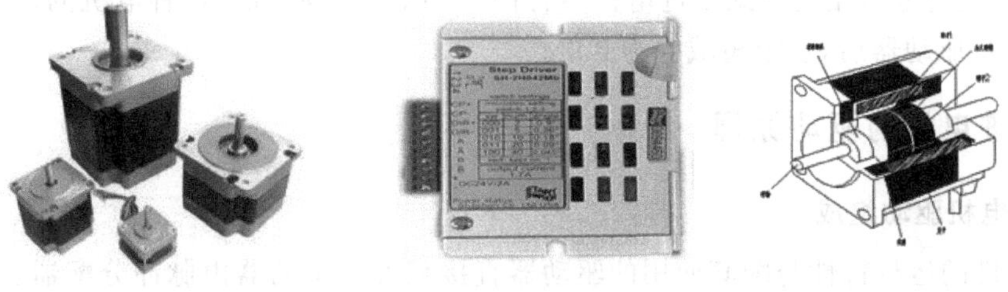

(a) 外形图　(b) 驱动器图　(c) 内部结构图

图 9－39　步进电机和驱动器外形和内部结构图

2.步进电机工作原理

步进电机定子中的磁极由若干个对称的电磁铁线圈组成，转子由永磁材料或者软磁材料形成，其工作原理如图 9－40 所示。

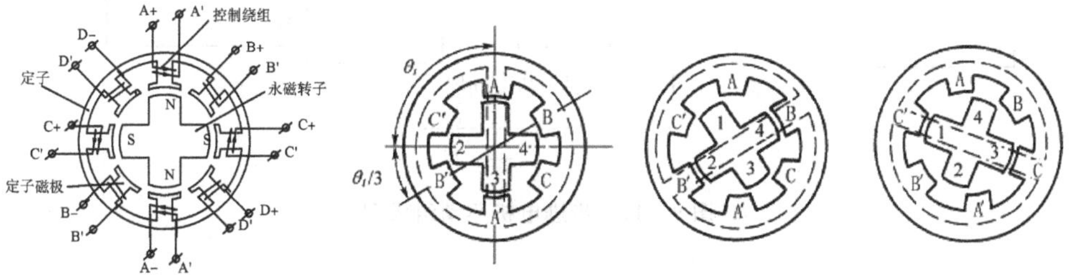

(a) 内部结构　(b) 节拍1转子位置　(c) 节拍2转子位置　(d) 节拍3转子位置

图 9－40　步进电机工作原理

图 9－40 中，定子中的若干个电磁铁分成 ABC 对称绕组，当定子中某组线圈通电后就会产生南北极电磁铁，吸引转子上的 NS 磁极向异性磁极转动。当定子中通电顺序为：A 绕组通电，A－B 绕组通电，B 绕组通电，B－C 绕组通电，C 绕组通电，C－A 绕组通电。在空间中依次形成 NS 极 S－N－S－N－S 随时间变化的一直旋转的磁场，吸引转子上 NS 极向异性磁极转动，从而实现步进电机旋转。

3.步进电机分类

步进电机的种类很多，从励磁相数来分有三相、四相、五相、六相等步进电机。常用步进电机按照转子结构来分，有反应式步进电机、永磁式步进电机和永磁感应式步进电机（也称混合式步进电机）三种。

(1)反应式步进电机的定子上有绕组，转子由软磁材料组成。其结构简单、成本低、步距角小,可达 1.2°,但动态性能差、效率低、发热大,可靠性难保证。

(2)永磁式步进电机的转子用永磁材料制成,转子的极数与定子的极数相同。其特点是动态性能好、输出力矩大,但这种电机精度差,步矩角大(一般为 9.5°)。

(3)混合式步进电机综合了反应式电机和永磁式电机的优点,其定子上有多相绕组,转子由采用永磁材料组成,转子和定子上均有多个小齿以提高步距精度。其特点是输出力距大、动态性能好、步距角小,但结构复杂、成本相对较高。由于性价比高,配上细分驱动器后效果更好,应用最广泛的是两相混合式步进电机,约占 97%以上市场份额,该种电机的基本步距角为 1.8°,配上半步驱动器后,步距角减少为 0.9°。

9.5.2 步进电机的驱动原理

1.步进电机驱动组成

步进电机的运行特性与配套使用的驱动器直接相关。驱动器由脉冲分配器、功率放大器等组成,步进电机驱动组成如图 9-41 所示。

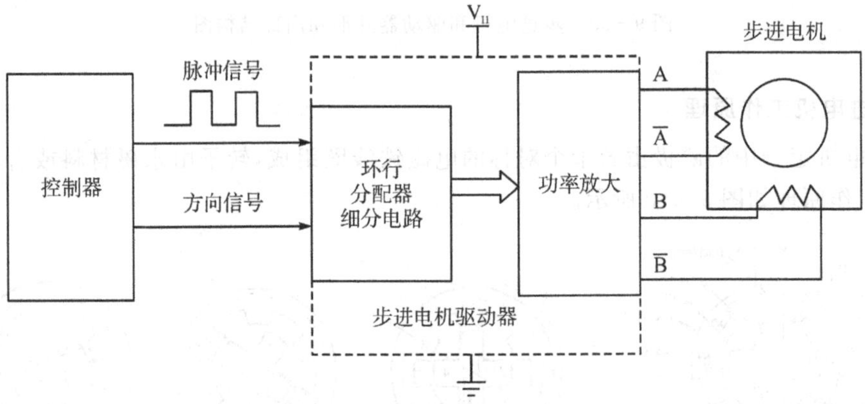

图 9-41 步进电机驱动组成图

图 9-41 中,步进电机驱动器是将脉冲信号源输入的脉冲信号及方向信号按要求的配电方式自动地循环供给各相绕组,以驱动电机转子正反向旋转。脉冲信号器是可提供从几赫兹到几万赫兹的频率信号连续可调的脉冲信号发生器。因此,只要控制输入电脉冲的数量及频率就可精确控制步进电机的转角及转速。

2.步进电机的驱动原理

常用步进电机绕组的驱动原理如图 9-42 所示。

图 9-42(a)中,单极性驱动是指采用单向电源驱动步进电机转动,换向时,切换步进电机的半个线圈进行工作。图 9-42(b)中,双极性驱动是指采用正负电源驱动步进电机转动,换向时,切换步进电机的线圈的电流流向就可以达到换向的目的,因此,这种步进电机的输出转矩较大,但是,对于驱动器的要求就比较高。步进电机驱动必须满足工业现场的各种要求:

(1)通过光电耦合器进行隔离,以抑制工业现场的各种电磁干扰。

(2)针对不同的控制器,其接法分为共阳极接法、共阴极接法和差分方式接法,各种方法起到电气隔离和抗干扰能力作用,并接入限流电阻,防止过流损坏光电耦合器。

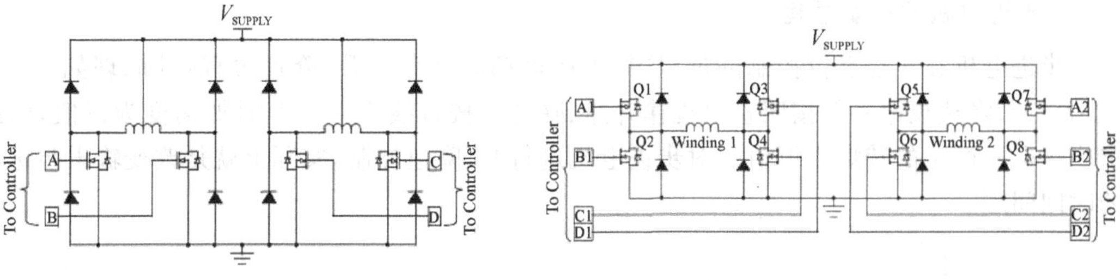

(a) 单极性驱动　　(b) 双极性驱动

图 9－42　步进电机绕组的驱动原理

(3)步进电机的驱动器对应光敏负极信号共同接入到电源负极称为共阴极接法，是指控制器的输出端采用 PNP 发射极输出方式。

(4)步进电机的驱动器对应光敏正极信号共同接入到电源正极称为共阳极接法，是指控制器的输出端采用 NPN 集电极输出方式。

(5)差分方式接法是指控制器的输出端采用 PNP 发射极输出方式，步进电机的驱动器对应光敏负极信号共同接入到电源地，因此这种方法能够传输的距离较远。

3.步进电机驱动细分原理

步进驱动器是一种能使步进电机运转的功率放大器，能把控制器发来的脉冲信号转化为步进电机的角位移，电机的转速与脉冲频率成正比，所以控制脉冲频率可以精确调速，控制脉冲数也可以精确定位，如图 9－43 所示。

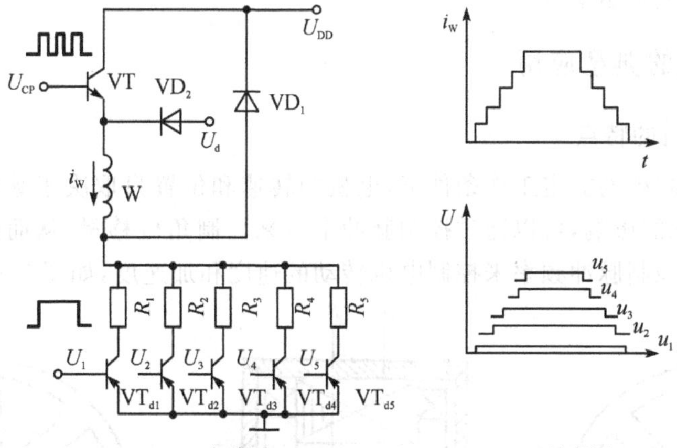

(a) 电路图　　(b) 波形图

图 9－43　步进电机驱动细分原理

图 9－43 中，如果要求步进电机有更小的步距角，可以在每次输入脉冲切换时，不将绕组电流全部通入或切除，而是只改变相应绕组中额定电流的一部分，则电机转过的每步运动也只有步距角的一部分。这里绕组电流不是一个方波，而是阶梯波，额定电流是台阶式的，则转子就以同样的个数转过一个步距角，这样将一个步距角细分成若干步的驱动方法被称为细分驱动。在相同电机结构参数的情况下，细分驱动能使步距角减小。

4.步进电机的运动过程

步进电机在实现点位控制的过程中，每次运动时都存在升、降速过程，其原理如图 9-44 所示。升、降速规律一般按照直线规律升速、降速。按直线规律升速时加速度为恒值，因此要求步进电机产生的转矩为恒值。对步进电机进行升、降速控制，实际上就是改变输出步进脉冲的时间间隔。

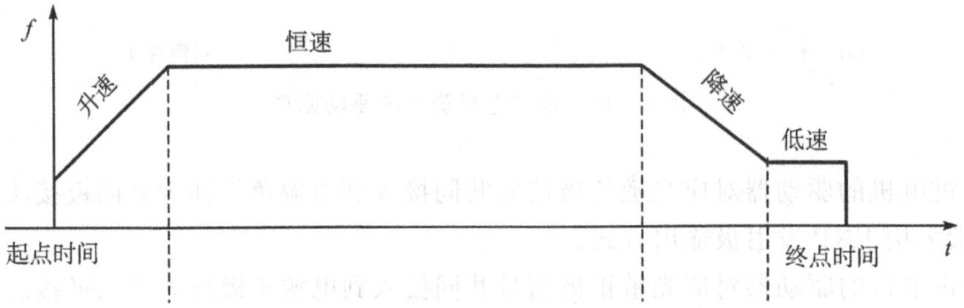

图 9-44 步进电机驱动加减速原理图

5.步进电机的电流控制原理

步进电机驱动器除了位置控制之外，根据步进电机驱动的负载不同，驱动器需要不同的驱动电流进行转矩输出，与负载转矩相平衡，否则，电机就会很快地发热。通过控制主电路中 MOSFET 开关管的导通时间，即调节 MOSFET 开关管触发信号的脉冲宽度，来达到控制输出驱动电压进而控制电机绕组电流的目的。因此，步进电机驱动器的侧面都有一个波段开关，就是用于设定步进电机驱动电流。

9.5.3 步进电机的典型应用

1.典型步进电机的特点

步进电机在非超载的额定工作条件下，电机的转速和位置只取决于脉冲信号的频率和脉冲数，不受负载变化的影响，可以通过控制脉冲个数来控制角位移量，从而达到准确定位的目的。同时可以通过控制脉冲频率来控制电机转动的速度和加速度，如图 9-45 所示。

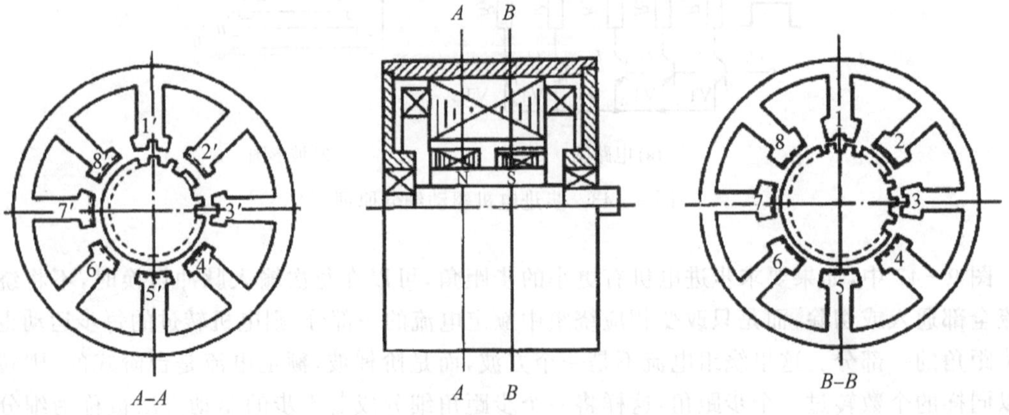

图 9-45 永磁式步进电机旋转磁场原理图

(1)步进电机是一种开环的位置控制电机，启动频率过高或负载过大易出现丢步或堵转现象，停止时转速过高易出现过冲的现象。为保证其控制精度，应采用梯形速度曲线来处理好升速、降速问题。

(2)步进电机在低速时易出现低频振动现象。当步进电机工作在低速时，一般应采用阻尼技术来克服低频振动现象，比如在电机上加阻尼器，或驱动器上采用细分技术等。

(3)步进电机的输出力矩随转速升高而下降，其矩频特性适应于低速运行，且在较高转速时会急剧下降，所以其最高工作转速一般在 300～600 r/min。

(4)步进电机一般不具有过载能力。步进电机实际应用中，混合型 HB 与永磁型 PM 步进电机应用更广泛，其定子绕组大多数为四相，而且每极同时绕两相绕组，按正、反脉冲供电。

2.步进电机的控制接线

步进电机绕组接线原理如图 9-46 所示。不同的接法反映了步进电机的驱动电流不同，输出的转矩也不同。

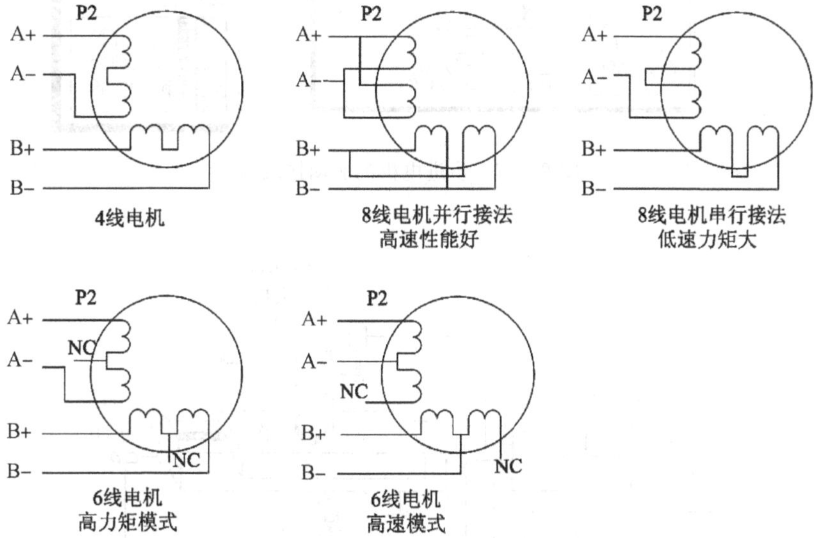

图 9-46　步进电机绕组接线原理图

(1)四线电机和六线电机高速度模式：输出电流应设成略小于电机额定电流值。

(2)六线电机高力矩模式：输出电流应设成电机额定电流的 0.7 倍。

(3)八线电机并联接法：输出电流应设成电机单极性接法电流的 1.4 倍。

(4)八线电机串联接法：输出电流应设成电机单极性接法电流的 0.7 倍。

典型步进电机接线如图 9-47 所示。

3.步进电机的典型应用

步进电机在线切割机床中的位置控制如图 9-48 所示。图中，线切割机床是用钼丝作为电极产生电火花烧蚀和切割金属，加工完成一定形状要求的零件。由于线切割机床主要用于金属切割，其运动精度要求不高，完全可以由步进电机完成，因此，线切割机床中钼丝反复高速运动完成切割，由步进电机驱动 *XY* 运动工作台产生进给运动。

线切割时，线切割机床的控制器采用嵌入式控制器，通过网络或读取 U 盘的代码程序，然

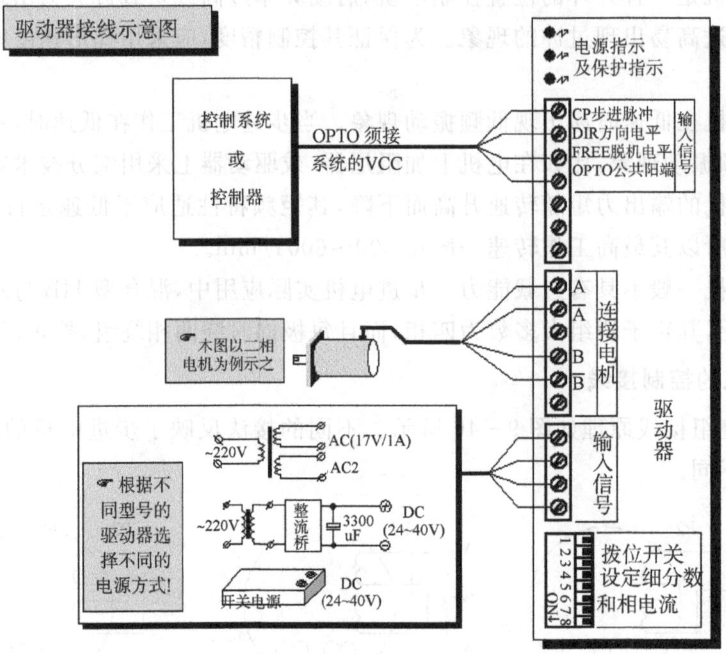

图 9-47　步进电机的驱动接线图

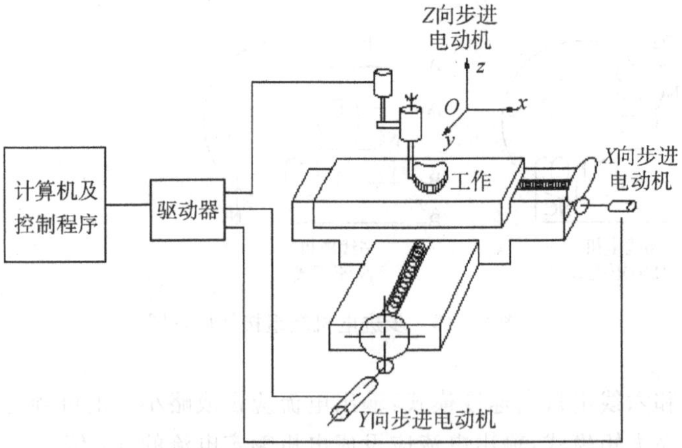

图 9-48　步进电机线切割机床应用

后通过嵌入式控制器内部的G代码数控模块转化为数控代码，按照设置的线切割工艺参数，执行平面二维运动指令，完成线切割。

9.6 思考

1. 自动化系统伺服驱动技术的目标是什么？
2. 典型变频驱动技术、伺服驱动技术和步进驱动技术的特点是什么？其应用场合是什么？

3. 自动化系统的三类典型驱动器件的基本组成是什么？
4. 自动化系统的三类典型驱动器件选用原则是什么？
5. 为什么说电气伺服驱动是机电液装备功能实现的基础？
6. 为什么说驱动技术和控制技术都是自动化技术发展的核心技术？

第 10 章　机电液装备的电液驱动技术

本章重点讲解电液传动装备的驱动技术和典型应用，详细介绍典型电液驱动器的基本工作原理和应用，培养学生举一反三地利用典型电液驱动技术完成综合设计的能力。

10.1　普通液压传动器件驱动技术

普通液压电磁换向阀类和液压泵类是液压传动回路中应用最多的器件。

10.1.1　电磁换向阀驱动技术

1.电磁换向阀的基本结构

电磁换向阀类器件主要分为两位电磁阀和三位电磁阀两大类，其基本外形和内部结构如图 10－1 所示。

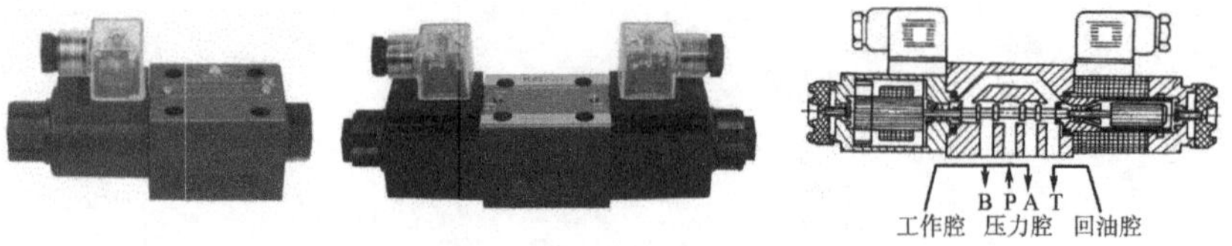

(a) 电磁换向阀外形图　　(b) 内部结构图

图 10－1　基本外形和内部结构图

图 10－1 中，电磁换向阀工作时，使用开关式电磁铁驱动阀芯运动到指定位置，完成两位或三位换向阀的换向或断电复位功能。两位换向阀与复位弹簧组合形成一个复位和一个不复位工作模式；三位换向阀与复位弹簧组合形成两个复位和一个不复位的中间位置工作模式。

2.两位电磁换向阀控制原理

两位电磁换向阀按工作原理分类，可分为两位三通、两位四通和两位五通三大类，每一类又分为有复位弹簧和无复位弹簧两种形式，形成了很多种类的电磁铁，但都是由电磁铁来直接驱动通断，其控制原理如图 10－2 所示。

图 10－2 中，两位电磁阀的驱动电路分为弱电 24VDC 的控制电路和强电 220VAC/380VAC的主电路两大部分。自动控制电路根据液压系统功能需求，按照操作方法有手动和自动两种控制方法。在手动控制方法中，手动按下启动按钮，继电器线圈得电；自动控制逻辑由 PLC 来控制继电器线圈得电。这样，继电器触点接通主电路，进而两位电磁换向阀的电磁铁得电，推动阀芯动作，接通相应的油路。当按下启动按钮时，继电器的辅助触点与启动按钮并联，继电器线圈电路自保持，即使启动按钮松开，也能保持继电器线圈一直得电。

当按下停止按钮时，切断继电器线圈的电路，继电器触点断开，进而切断电磁阀电磁铁主

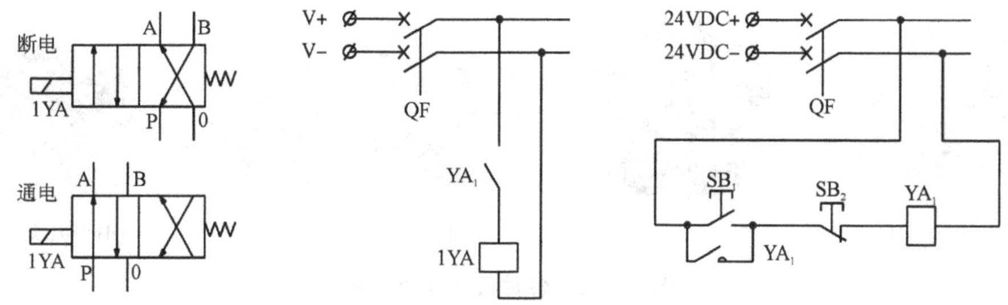

(a) 断电与通电状态　　(b) 主电路　　(c) 控制电路

图 10－2　两位电磁阀换向控制原理图

电路，电磁换向阀在复位弹簧作用下实现复位阀芯的液压功能。在无复位弹簧时，电磁换向阀断电的位置由断电之前的工作状态决定。

3.三位电磁换向阀控制原理

三位电磁换向阀按工作原理可分为三位四通和三位五通两大类，每一类也分为有复位弹簧和无复位弹簧两种形式，其控制原理如图 10－3 所示。

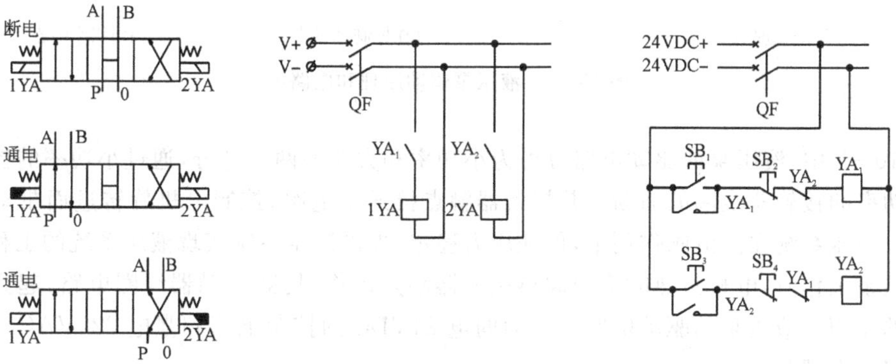

(a) 断电与通电状态　　(b) 主电路　　(c) 控制电路

图 10－3　三位电磁阀换向原理图

图 10－3 中，三位电磁阀的驱动电路和两位电磁阀的驱动电路原理相同。值得指出的是，根据液压系统的自动控制逻辑，控制实现三位电磁换向阀的阀芯左位置或阀芯左位置的液压功能，三位电磁换向阀断电后在复位弹簧作用下实现中位阀芯的液压功能。

10.1.2　液压泵类驱动技术

1.液压泵类的基本结构

液压泵广泛用于定量液压系统和变量液压系统中，按工作原理可分为齿轮泵、径向柱塞泵、轴向柱塞泵和叶片泵四大类。每一类又可以分为定量泵和变量泵两种形式，其中，变量泵又分为斜盘式液控变量泵和变频电机驱动型变量泵等，其外形如图 10－4 所示。

2.液压泵的启停驱动原理

尽管液压泵的种类很多，但都是由电机直接驱动，因此，液压泵类的控制原理实际上就是

(a) 齿轮泵　(b) 径向柱塞泵　(c) 轴向柱塞泵　(d) 叶片泵

图 10－4　各种液压泵外形图

电机的控制原理。液压泵驱动原理和电路如图 10－5 所示。

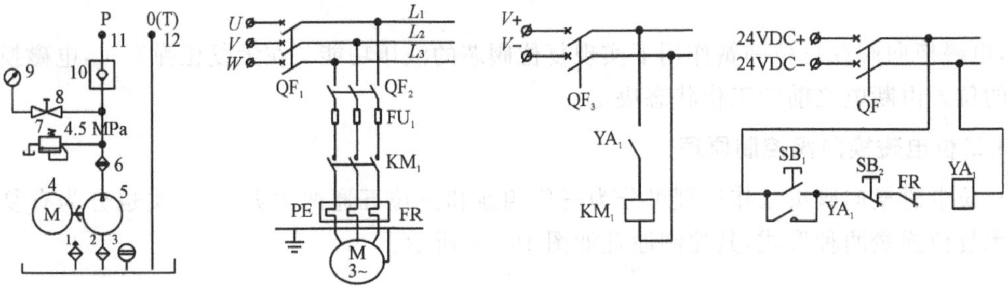

(a) 液压泵驱动原理　(b) 主电路　(c) 控制辅助电路　(d) 控制电路

图 10－5　液压泵驱动原理和电路图

图 10－5 中，液压泵的驱动电路分可为小功率和大功率两大部分，通过小功率的控制电路控制大功率的接触器线圈的通断。其接触器触点接通主电路，控制电机旋转进而带动泵输出液压油。液压系统在溢流阀作用下，保证压力稳定，提供液压系统实现液压系统的工程要求动作。液压泵工作时，电机过热时会引起热接触器触点动作，切断接触器线圈电路，起到保护液压系统的作用。液压泵的驱动电路也分为弱电 24VDC 的控制电路和强电 220VAC/380VAC 的主电路两大部分。

3.定量泵的变频驱动原理

根据液压系统工程要求的不同，需要不同的流量，因此，最简单的方法由 PLC 控制器来编程实现控制变频器改变泵的转速，从而直接获得不同的输出流量，其原理图如图 10－6 所示。

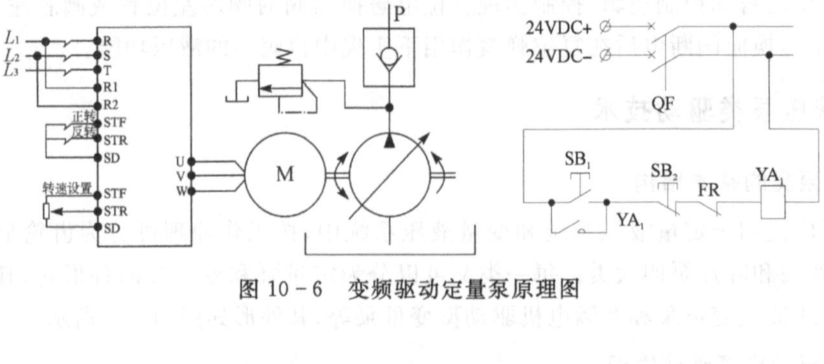

图 10－6　变频驱动定量泵原理图

10.2　比例电磁铁电液伺服阀驱动技术

电液比例伺服阀按功能可分为比例压力阀、比例流量阀和比例方向控制阀三大类，也分为直接控制和先导控制两种形式。直接控制的电液比例伺服阀用于小流量小功率系统中，先导控制的电液比例伺服阀用于大流量的大功率系统中。

10.2.1　比例电磁铁驱动基本结构

比例电磁铁是电-机转换的关键元件，其作用是把输入的电流信号成比例地转换成机械位移或力矩。比例电磁铁由推杆、极靴、骨架、线圈、隔磁片、隔磁环、衔铁、外壳和导套等组成，其内部结构和特征曲线如图 10－7 所示。

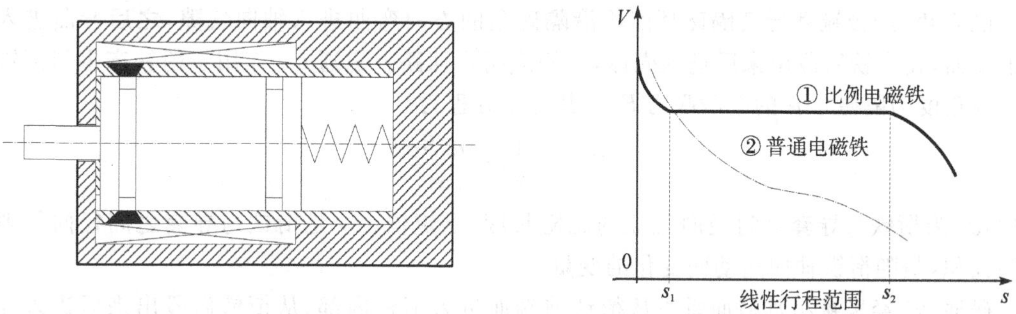

(a) 内部结构　　(b) 理想性能对比曲线

图 10－7　比例电磁铁结构和特征曲线

图中，比例电磁铁工作过程为：根据电磁原理，其产生的力、力矩或位移与输入电流信号的大小成比例。在电液比例阀内的比例电磁铁根据输入的电信号产生相应的输出力或位移，使与之配合的液压阀芯产生相应的力或位移，阀口开启后压力或开度大小随之发生改变，从而实现与输入电流成比例的压力或流量控制。比例电磁铁结构简单、工作可靠，对油液清洁度要求不高，维护方便、成本低廉，因此得到了广泛应用。

10.2.2　电液伺服阀的比例电磁铁建模

1.电液伺服阀比例电磁铁工作原理

电液伺服阀比例电磁铁的磁力线磁路如图 10－8 所示。

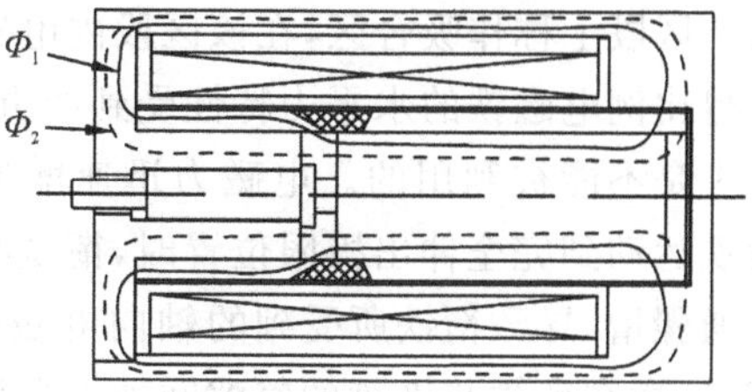

图 10－8　电液伺服阀比例电磁铁磁路

图中，电液伺服阀中比例电磁铁的磁路总是沿着磁阻最小的路径闭合。为了达到比例电磁铁的理想线性性能，导套前后两段由两种不同的导磁材料组成，中间导磁材料（电磁纯铁中间开孔）用一段非导磁材料的隔磁环制造。由导套前段和极靴组合形成带锥形端部的盆形极靴，导套和外筒间配置同心螺线管式控制线圈，外壳采用导磁材料以形成磁回路。

因为比例电磁铁中的导套中隔磁环特殊设计，在一定位移范围内，衔铁的输出力才有了线性特性。为了衔铁可以左右运动，在左端挡板加入隔磁材料，并在右端装有弹簧组成的调零机构。

2.比例电磁铁力学分析建模

比例电磁铁的特性包括稳态特性和动态特性。前者包括比例电磁铁的行程-力特性和电流-力特性分析，后者包括比例电磁铁的控制过渡过程。比例电磁铁的线圈通电后衔铁产生的推力由螺管力和端面吸力两部分迭加而成，推力比单一螺管力大。在有效的工作行程内，其输出的力大小只与线圈的电流成正比而不受衔铁位置的影响。当给比例电磁铁励磁线圈加以恒定励磁电流信号时，由于比例电磁铁的导套结构中含有隔磁环，使得比例电磁铁内部闭合磁通的分布发生了变化，将在励磁线圈所产生的磁动势 Ψ 作用下形成两路磁通 Φ_1 和 Φ_2。

磁通 Φ_1 经极靴和导套隔磁环前段沿隔磁角的方向弯曲进入轴向气隙，之后弯曲进入衔铁前端面，在衔铁后段出来后进入壳体，后构成闭合回路。磁通 Φ_1 作用于衔铁产生与衔铁轴线所成角度为隔磁角 α 的电磁吸力 F_{m1}，其力学方程为：

$$F_{m1}=\frac{1}{2}\Phi^2\frac{\mu_0 S_1}{\delta_1}$$

式中，δ_1 为衔铁与导套之间径向气隙的磁阻长度，是定值；S_1 是衔铁与导套之间径向气隙的磁阻面积，是随衔铁轴向运动而变化的变量。

磁通 Φ_2 经极靴小轴截面垂直从衔铁前端面进入衔铁内部，从衔铁后段出来后进入壳体形成闭合回路，磁通 Φ_2 作用于衔铁，产生与衔铁轴线平行的电磁吸力 F_{m2}，其方程为：

$$F_{m2}=\frac{1}{2}\Phi^2\frac{\mu_0 S_2}{\delta_2}$$

式中，δ_2 为衔铁与极靴之间轴向气隙的磁阻长度，是随衔铁轴向运动而变化的变量；S_2 是衔铁与极靴小轴的截面积，即轴向气隙的磁阻面积，是定值。

电磁吸力 F_{m1} 和 F_{m2} 均随衔铁在轴向移动而变化，两者在轴向上的合力构成比例电磁铁输出力 F_m，且具有与行程无关的水平力特性，其合力方程为：

$$F_m=F_{m1}+F_{m2}$$

这样，F_{m1} 和 F_{m2} 和合力 F_m 随衔铁位移变化的比例电磁铁吸力曲线如图 10－9 所示。

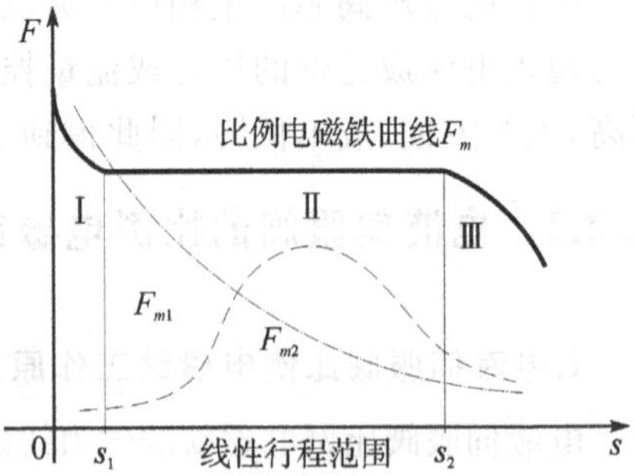

图 10－9　比例电磁铁吸力曲线

图中，比例电磁铁全行程-力特性曲线共分三个区段。区段Ⅰ称作吸合区，在该区段内电磁力迅速增加，使得比例电磁铁的水平力特性受到严重影响，可见，区段Ⅰ是不能被利用的。电磁力迅速增加的原因是，当衔铁运动到完全伸出极限位置时，衔铁与极靴吸合，轴向气隙形成的磁阻骤减，整个磁路中的磁通骤增，导致衔铁所受到的轴向电磁吸力急剧增加，因而区段Ⅰ的输出力会比区段Ⅱ大很多，这样在衔铁与极靴的气隙间加上采用磁导率很低的材料做成的隔磁环，以防止衔铁与极靴吸合在一起。区段Ⅱ称作线性工作区，也是比例电磁铁与普通电磁铁在行程-力特性上的主要区别。区段Ⅱ的宽度是比例电磁铁特性的主要参数之一，也是在比例电磁铁设计或选型的参数之一。区段Ⅲ称作空行程区，在电磁力 $F-S$ 曲线不再水平，而是随行程的增大有所减小。此区域的形成是由于衔铁远离了极靴，它们之间的气隙过大造成的。

3.比例电磁铁方程组

由于比例电磁铁通常采用永磁式结构，所以比例电磁铁的定子线圈磁场中的磁通始终保持常量，从而使推力与电流之间为线性关系。根据电磁学原理，对直流线圈的各个方程进行拉普拉斯变换，得到如下方程组：

$$\begin{cases}\text{电压平衡方程}:U_a(s)=E_a(s)+R_aI_a(s)+L_asI_a(s)\\ \text{感应电动势}:E_a(s)=K_e\Phi(s)\times\nu(s)=K_e\Phi(s)\times sx_v(s)\\ \text{电磁推力}:F(s)=K_t\Phi I_a(s)\\ \text{推力平衡方程}:F(s)=(ms^2+bs+ks)x_v(s)\end{cases}$$

式中，m、b、k 分别为等效到电磁铁阀芯的质量和阻尼系数与弹簧系数；K_t 为电磁力系数，消除中间变量后，可以得到以电枢电压为输入变量。

1）比例电磁铁的等效方块组

根据上述直流伺服电机方程组，绘制直流伺服电机等效方框图，如图 10－10 所示。

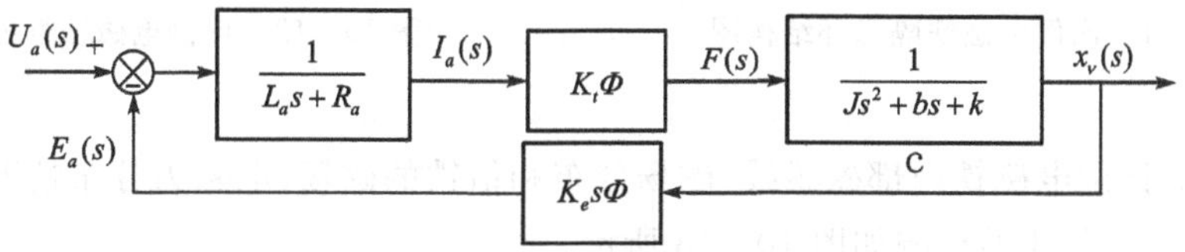

图 10－10　比例电磁铁控制系统方框图

2）比例电磁铁的传递函数

由比例电路铁控制系统方框图可以得到：

$$\frac{x_v(s)}{U_a(s)}=\frac{K_t\Phi}{(L_as+R_a)(Js^2+bs+k)+K_eK_t\Phi^2s}$$

由于电磁铁电气时间常数要比阀芯的滑动时间常数小很多，另外，比例阀的阀芯注重轻量化设计，因此，J 和 L_a 这两个参数可以忽略，即 $T_a=L_a/R_a\approx0$。

比例电磁铁在设计时，主要目的就是要求有较高的频率响应。在机械结构方面，阀芯质量设计应尽可能轻，可以忽略同芯质量 J 对系统的影响，同时，弹性系数设计尽可能大，阻尼比在原有的基础上增加了电气阻尼系数。在电气结构方面，电气线圈的 $L_as\ll R_a$，这样电磁时间常数 $L_a/R_a\approx0$，极小，说明电磁线圈的电磁转折频率远远高于可动的机械部件频率，可以忽略线圈电感 L_a，从而可将比例电磁铁抽象成阻尼加弹簧组成的一阶系统。在被控对象方面，由前几章的数学建模可知，比例电磁铁传递函数与液压回路本身无关。基于比例电磁铁的液压控制系统中，整个传递函数可以按照串联系统来设计分析，因此在实际的电液伺服控制中获得了广泛应用。

3）电磁铁的传递函数简化

$$\frac{x_v(s)}{U_a(s)}=\frac{K_t\Phi}{R_a(bs+k)+K_eK_t\Phi^2s}=\frac{K_p}{T_ms+1}$$

式中，$T_m=(bR_a+K_eK_t\Phi^2)/kR_a$；$K_p=K_t\Phi/bR_a$。

由上式可见，比例电磁铁降阶为一个零型一阶系统。比例电磁铁间隙可以填充磁流体材料以增加导磁率，调整两侧的弹簧刚度可以改变比例电磁铁的阻尼系数，从而避免衔铁振动。

4.比例电磁铁性能分析

根据电磁铁工作原理，衔铁运动过程中的磁阻越来越小，衔铁受力越来越大。因此，为了使电磁铁能在一定位移内输出恒定力，比例电磁铁采用特殊隔磁环结构以保证衔铁输出力恒定，如图 10－11 所示。这样将直接可以得到比例电磁铁性能曲线，如图 10－12 所示。

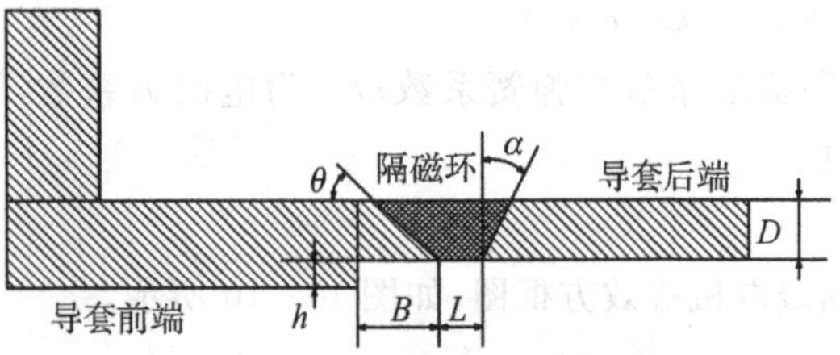

图 10－11　比例电磁铁隔磁环结构图

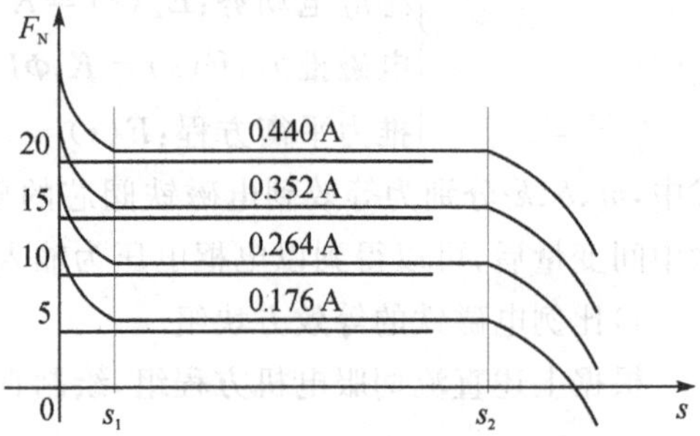

图 10－12　比例电磁铁性能曲线图

这样，针对比例电磁铁内部磁感线、磁场分布和衔铁的磁场、电磁力分布情况，比例电磁铁结构参数对 $F-S$ 曲线的影响如图 10－13 所示。

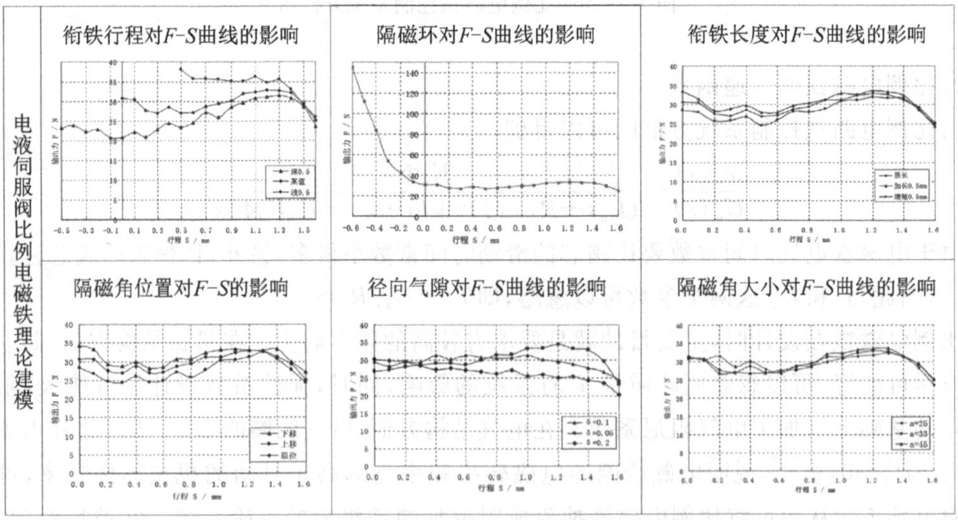

图 10－13　比例电磁铁结构参数对 $F-S$ 曲线的影响

图 10－13 中，影响比例电磁铁隔磁环的结构参数有很多，包括径向气隙、隔磁角大小、隔磁角位置、隔磁环、衔铁行程和衔铁长度。

(1)针对比例电磁铁性能曲线中的稳态电流-力特性，当比例电磁铁顶杆的位置处于行程内某一位置时，顶杆的输出力与比例电磁铁的输入电流呈比例关系，即顶杆出力随电流的增加而增大，且在一个往复行程范围内具有较小的滞环和死区。该特性对液压比例阀的控制精度起着决定性的作用，也影响液压比例阀的线性范围。小流量的比例流量阀和先导式比例溢流阀利用的就是比例电磁铁的稳态电流-力特性。

(2)根据比例电磁铁结构参数对 $F-S$ 曲线的影响来看，当给比例电磁铁施加恒定的电流信号时，比例电磁铁顶杆的输出力在其有效行程范围内基本保持恒定，表现为比例电磁铁衔铁的输出力在有效行程内只取决于线圈所加电流，也就是成比例关系。

10.2.3　比例电磁铁驱动技术

电液比例阀用的比例电磁铁分为位移型比例电磁铁和力型比例电磁铁两大类。

1.比例电磁铁等效模型

比例电磁铁等效模型如图 10－14 所示。

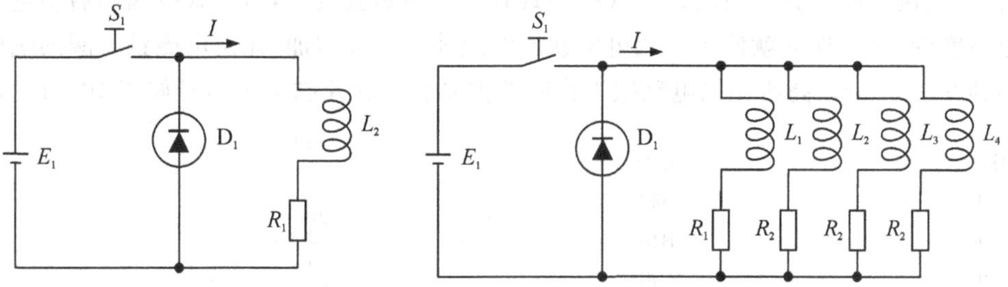

(a) 普通比例电磁铁等效模型　　(b) 高速节能比例电磁铁等效模型

图 10－14　比例电磁铁等效模型

图 10－14(a)中，等效模型实质上就是一个单线圈式电磁线圈，通电时产生电磁力工作，断电时释放电磁力，同时增加一个续流二极管释放因电磁线圈断电电压突变产生的感应电动势。当电磁铁稳态正常工作时，注入电磁铁线圈的电流采用脉宽调制 PWM 脉冲来实现，驱动电路简单，但长期工作时电磁铁功耗较大、发热，不符合节能环保的发展方向。

但这种单线圈式电磁线圈响应速度较慢，因此，采用多线圈式电磁线圈，如图 10－14(b)所示。图中，高速比例电磁铁的基本原理是将原线圈平均分为多段，将其并联使用，形成多个结构和参数相同的多线圈式电磁线圈，在原有输入功率不变的情况下，使电磁铁响应速度和输出力都有显著增加。

高速比例电磁铁工作时，比例电磁铁的输出力主要受线圈电流、线圈匝数、磁感应强度影响。假设将 1 个 10 Ω、1200 匝的电磁铁线圈平均分为 2 个线圈，将得到 2 个阻抗为 5 Ω、600 匝的线圈。再将这 2 个线圈并联使用，这与阻抗 2.5 Ω、600 匝的线圈等效。因此，为了使合成的线圈与原线圈具有相同的输出力，即电流与匝数乘积相同时，则要求电流是原来电流的 4 倍。同理，将这个线圈平均分为 4 个线圈，得到 4 个阻抗为 2.5 Ω、300 匝的线圈。再将这 4 个线圈并联使用，这与阻抗 0.625 Ω、300 匝的线圈等效。因此，为了使合成的线圈与原线圈具有相同的输出力，即电流与匝数乘积相同时，则要求电流是原来电流的 16 倍，其电流与时间的变化曲线如图 10－15 所示。

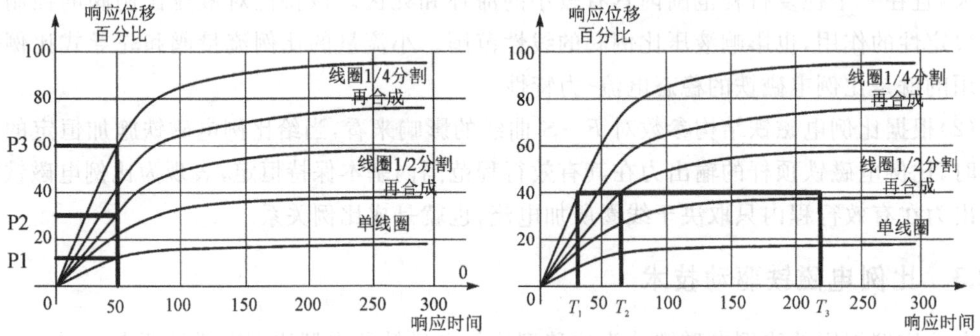

(a) 驱动电流对比图　(b) 响应时间对比图

图 10－15　单线圈与多线圈的电流与响应时间曲线

可见，比例电磁铁分割后的组合式线圈具有更高的响应速度，组合式线圈的启动电流是单线圈电磁铁的 4 倍，这样就使组合式电磁铁的响应速度大大增加，比例电磁铁线圈的响应速度可提高到 8～10 ms。高速比例电磁铁工作时的控制波形和控制电压信号如图 10－16 所示。

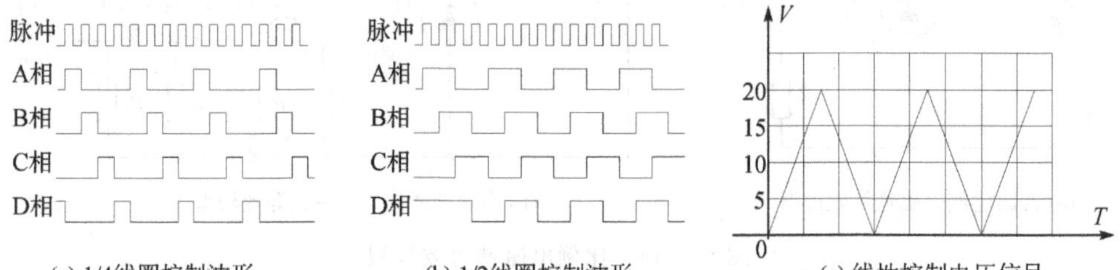

(a) 1/4线圈控制波形　(b) 1/2线圈控制波形　(c) 线性控制电压信号

图 10－16　高速比例电磁铁控制波形和控制电压信号

图 10－16 中，高速比例电磁铁稳态工作时，所需的电磁力较小，仅由四个子线圈各自循环单独工作即可满足，不同时工作，从而解决了比例电磁铁的发热问题。当电磁铁瞬态响应时，为了提高响应速度，此时各子线圈两两组合循环工作，通过较大的驱动电流获得较快的响应速度，以产生较大的瞬时电磁力，从而解决了比例电磁铁的高响应问题。正常输出电磁力时，根据电磁力的大小，可以调整线圈的控制波形占空比来达到控制的目的，可使组合子线圈循环工作，又可组合重叠工作，以满足稳态和瞬态对电磁力的要求，从而使线圈的工作时间和响应速度增加。因此，在控制回路中，线圈电流大小的调节采用脉宽调制方式进行控制，即通过控制输出信号的占空比来达到控制电流大小的目的。工作电源电压范围为 0～40 V，比例输入信号为 0～10 V 的模拟信号，控制输出信号为相应占空比的 1～6 kHz PWM 信号，位移型比例电磁铁的输出位移为±1 mm，被测比例电磁铁的行程为 2.5 mm，输出力为 0～75 N，电磁铁的输入电流为0～580 mA。

2.电液伺服阀比例电磁铁驱动电路

电液伺服阀比例电磁铁驱动控制框图如图 10－17 所示。

图中，电液伺服阀比例电磁铁的比例控制器是一个能够对控制信号进行整形、运算和功率放大的电子控制装置，包括积分电路、PWM 波形发生器、推挽放大电路、防颤振电流电路、电

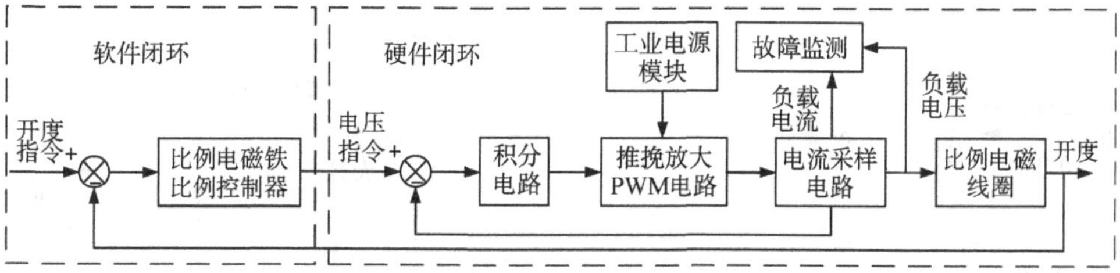

图 10－17　电液伺服阀比例电磁铁驱动控制框图

流采样电路、故障检测电路等。通过比例放大器的正确有效的控制信号，可以克服死区和滞环影响，电液伺服阀驱动控制电路中高速比例电磁铁的控制电路如图 10－18 所示。

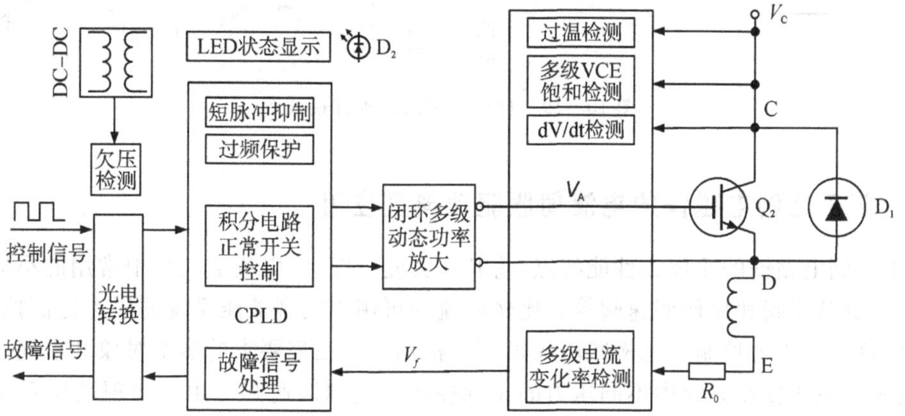

图 10－18　高速比例电磁铁的控制电路图

图 10－18 中，在高速比例电磁铁的控制电路中，积分电路正向输入端通过匹配电阻与地相连，负向输入端通过电阻分别与电流采样电路输出的反馈电压 V_f 和控制电压 V_C 相连，推挽放大电路 Q_2 实现对积分电路输出积分电压 V_A 的跟踪，并提供驱动功率，推挽放大电路输出端经过采样电阻 R_0 与负载相连，故障检测电路负载电压检测端与负载相连，故障检测电路中负载电流检测端与电流采样电路输出端相连。比例电磁铁的控制电路中设计有过温、电源饱和、控制过频、欠压和二极管 D_1 感应电动势泄流等保护电路，还有隔离电源电路和运行状态指示灯 D_2。比例电磁铁的控制电路中采用光电隔离电路，实现占空比的 PWM 驱动控制信号的光电转换，实现比例电磁铁的位移控制。比例电磁铁还要求零点的漂移要小，采用小电感、大电流的深度电流反馈电路和恒流驱动电路构成闭环控制来提高比例电磁铁的静动态性能，其外部电气接线如图 10－19 所示。

在比例电磁阀的外部接线图中，基于比例电磁铁的比例电磁阀外部接口接线有 7 根线，其功能分别为：A 和 B 为电源 24VDC＋和 24VDC－，C 和 F 为测试接口，D 和 E 为输入控制指令，可为电压或电流模拟量控制指令，也可为频率或远程串行总线控制指令，常用 485、Mod-Bus 或 Profi-Bus 现场总线，G 为保护性接地。可见，基于比例电磁铁的控制器接收阀芯的位移反馈信号和先导阀压力、流量或者压力差信号进行反馈，经过放大和死区校正补偿电路后，将电压转换为电流通入比例电磁铁，实现阀芯位移的精准控制。

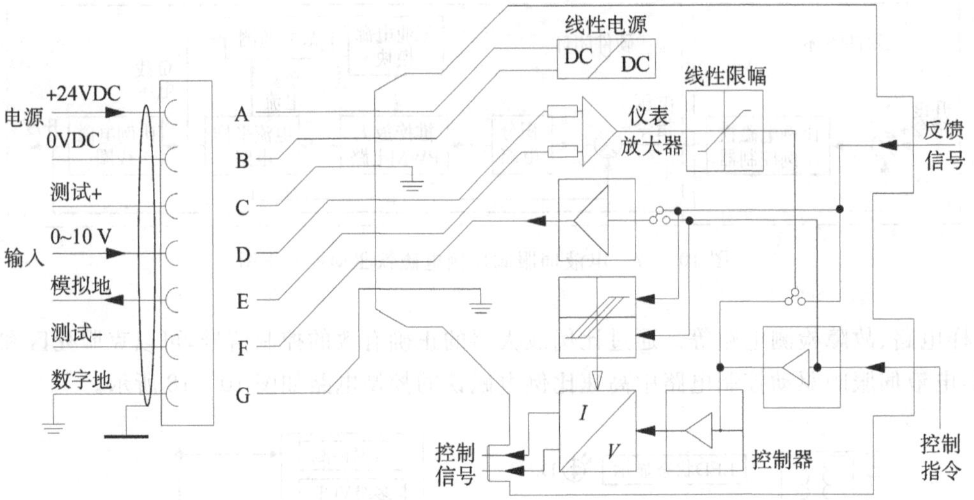

图 10-19　比例电磁阀的外部接线图

10.2.4　基于比例电磁铁的电液伺服驱动典型应用

基于比例电磁铁的原理和性能特点，将其作为先导阀，可以构成工程中常用的小流量比例溢流阀、比例减压阀和比例调速阀等。比例溢流阀可用于实现液压系统的压力比例控制，方便直接完成负载的压力控制。比例减压阀可用于根据不同工程要求的多个对象共享同一个液压站，直接实现液压传动系统中不同压力的比例控制。比例调速阀可用于实现液压系统的流量比例控制，可直接完成液压传动系统的速度和转速控制。

1.比例溢流阀的驱动应用

1）比例溢流阀的基本结构

比例溢流阀是一个压力控制阀，作为最典型阀控的电液伺服驱动技术在实际工程中得到了广泛应用，它由比例电磁铁先导阀、主阀芯、阀座、远程液控接口、安装底座和补偿模块等组成。其外形和内部结构如图 10-20 所示。

(a) 外形图

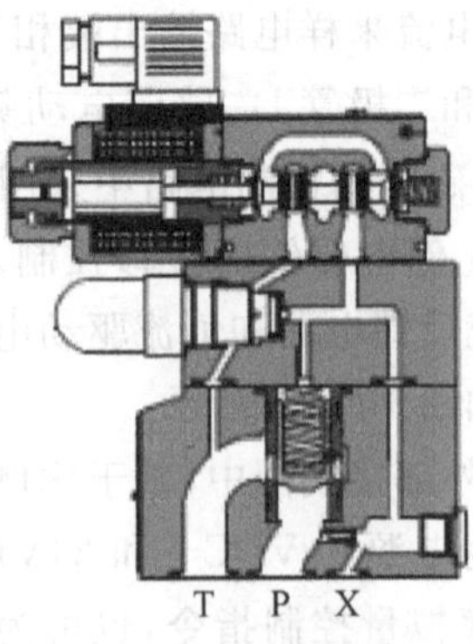

(b) 内部结构图

图 10-20　比例溢流阀的外形与内部结构

2)比例溢流阀典型驱动原理

比例溢流阀的压力、推力或扭矩控制框图如图 10－21 所示。

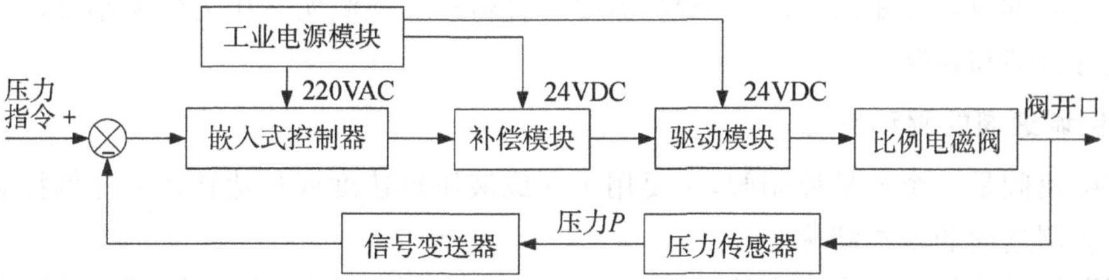

图 10－21　比例溢流阀的压力、推力或扭矩控制原理

图中,由嵌入式控制器根据工程需要的压力指令,形成 PID 闭环自动控制,驱动比例电磁铁的阀芯位移,控制阀开口大小和溢流多少,输出稳定的液压系统压力。由于阀芯零开口附近存在非线性和死区现象,以及工作温度的影响,需要嵌入式控制器在补偿模块中进行线性补偿。实际工程环境中,常见的有电磁干扰抑制和通信协议的要求,因此,需要专用的工业电源来抑制这些干扰,同时还需要信号变送器和协议变送器将阀开口大小转换为标准信号,以便于链接嵌入式控制器进行反馈和控制。

2.先导式比例减压阀的驱动应用

1)先导式比例减压阀的基本结构

先导式比例减压阀是一个压力控制阀,由比例电磁铁先导阀、主阀芯、阀座、远程液控接口、安装底座和补偿模块等组成,其外形和内部结构如图 10－22 所示。

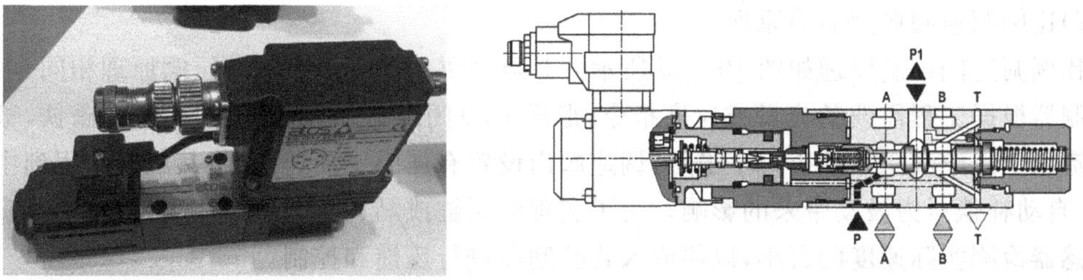

(a) 外形图　　(b) 内部原理图

图 10－22　先导式比例减压阀的外形与内部结构

2)比例减压阀典型驱动原理

比例减压阀的压差控制框图如图 10－23 所示,其典型驱动原理和比例溢流阀原理相同。由嵌入式控制器根据工程需要的速度指令,形成 PID 闭环自动控制,驱动比例电磁铁,输出稳

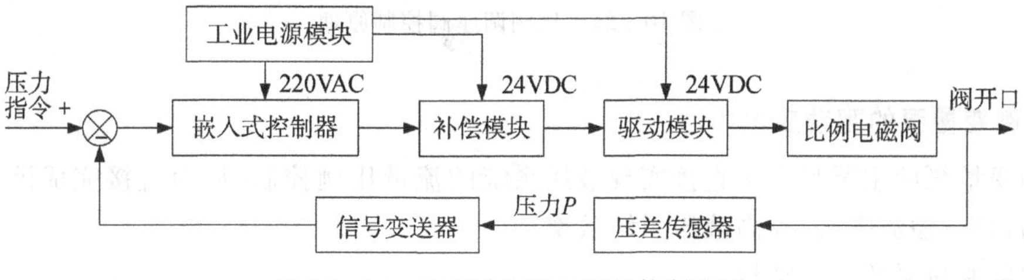

图 10－23　比例减压阀的压差控制原理

定的压力。由于液压系统压力不稳定,作用在阀芯上的作用力也不相同,因此,需要减压阀内设置有压力反馈通道,将压力作用到中间阀芯上,自动补偿压力波动带来的影响。为了实现液压缸或马达的推力或转矩的全闭环控制,需要设置传感器检测实际压力的大小,以便于嵌入式控制器进行反馈和控制。

3.比例调速阀的驱动应用

比例调速阀是一个流量控制阀,主要用于完成液压缸速度或马达转速的比例控制。

1)比例调速阀的基本结构

比例溢流调速阀的外形和内部结构如图 10-24 所示。比例调速阀由先导阀、主阀芯、阀座、远程液控接口、安装底座和补偿单元等组成。

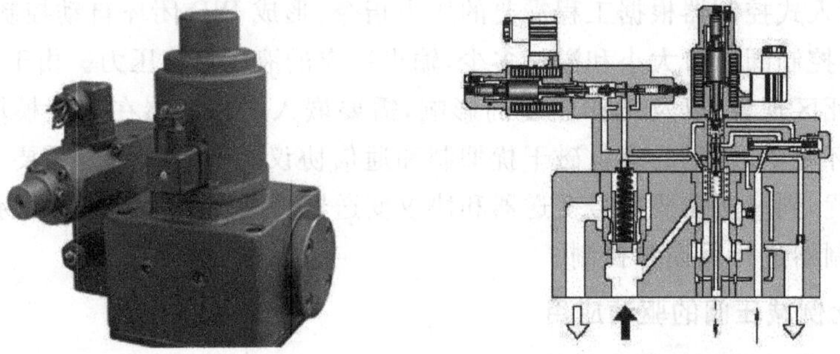

(a) 外形图　　(b) 内部原理图

图 10-24　比例溢流调速阀的外形与内部结构

2)比例调速阀典型驱动原理

比例调速阀控制原理如图 10-25 所示。其典型驱动原理和比例减压阀原理相同,由嵌入式控制器根据工程需要的流量或速度指令,形成 PID 闭环自动控制,驱动比例电磁铁,输出稳定的流量。由于液压系统压力不稳定,调速阀内设置有压力反馈通道,将其压力作用到中间阀芯上,自动补偿压力波动带来的影响。为了实现液压缸或马达的速度全闭环控制,需要设置速度传感器检测实际速度的大小,以便嵌入式控制器进行反馈和控制。

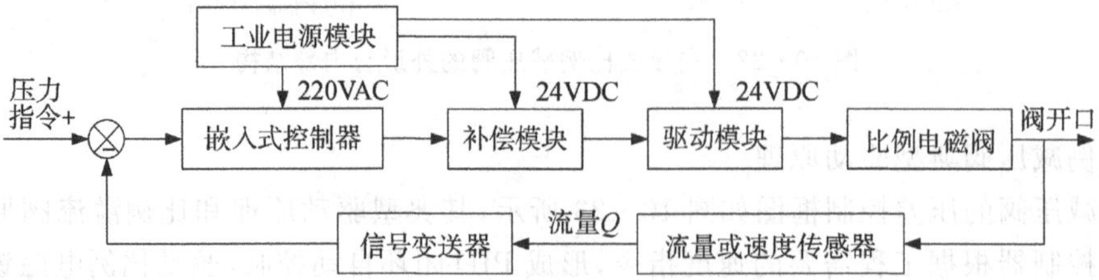

图 10-25　比例调速阀控制原理

4.比例变量泵的驱动应用

比例变量泵的主要目的是直接实现液压系统的流量比例控制,从而直接完成液压系统的流量控制,减少溢流损失,提高液压系统效率。

1)比例变量泵的基本结构

比例变量泵主要由柱塞、配油盘斜盘、斜盘拨杆、调节器壳体、变量活塞、先导压力控制伺服阀、调压弹簧、反馈弹簧、调压导杆、比例伺服阀组件和单向阀等组成，其外形和内部结构如图 10－26 所示。

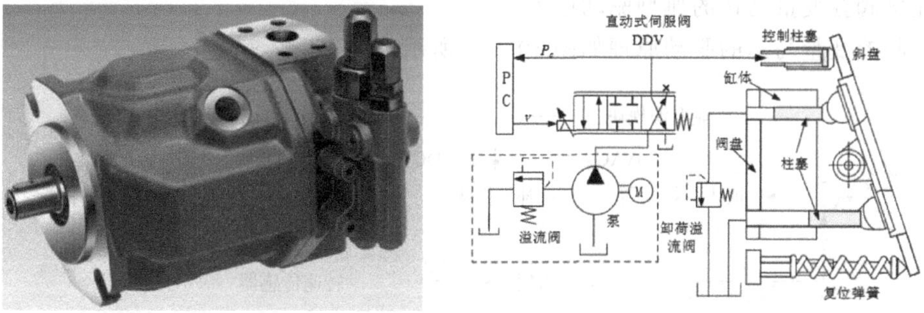

(a) 外形图　　(b) 内部结构图

图 10－26　比例变量泵外形与结构图

2)比例变量泵典型驱动原理

比例变量泵控制原理如图 10－27 所示。其典型驱动原理利用了比例换向阀，由嵌入式控制器根据工程需要的速度指令，形成 PID 闭环自动控制，通过驱动比例电磁铁来控制变量泵的斜盘偏转到一定角度，改变每转排量和稳定的流量，从而获得稳定的系统流量。

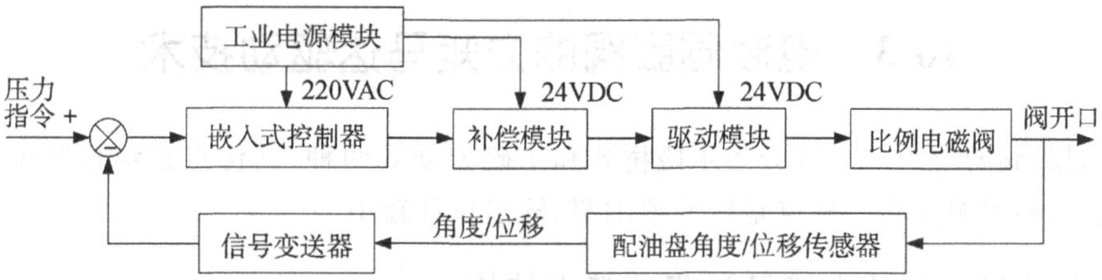

图 10－27　比例变量泵的流量控制原理

5.比例变量马达的驱动应用

比例变量马达的主要目的是实现液压系统的转速比例控制，提高容积调速效率，其外形和内部结构如图 10－28 所示。

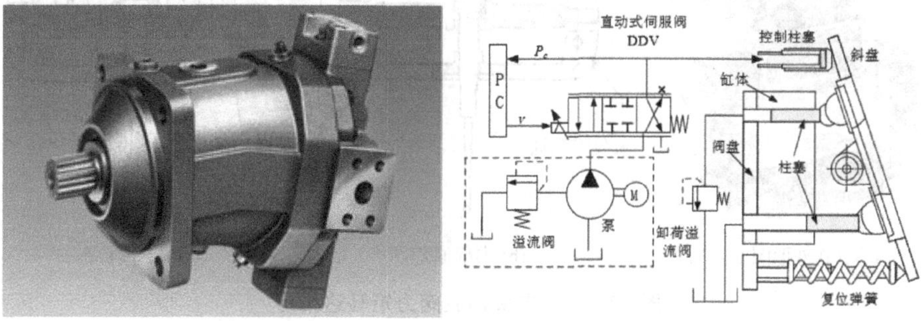

(a) 外形图　　(b) 内部结构图

图 10－28　比例变量马达外形与结构图

1)比例变量马达的基本结构

变量液压马达的结构由马达柱塞、配油盘斜盘、斜盘拨杆、调节器壳体、变量活塞、先导压力控制伺服阀、调压弹簧、反馈弹簧、调压导杆、比例伺服阀组件和单向阀等组成。

2)比例阀控变量马达的典型驱动原理

比例阀控变量马达的驱动原理如图 10－29 所示。

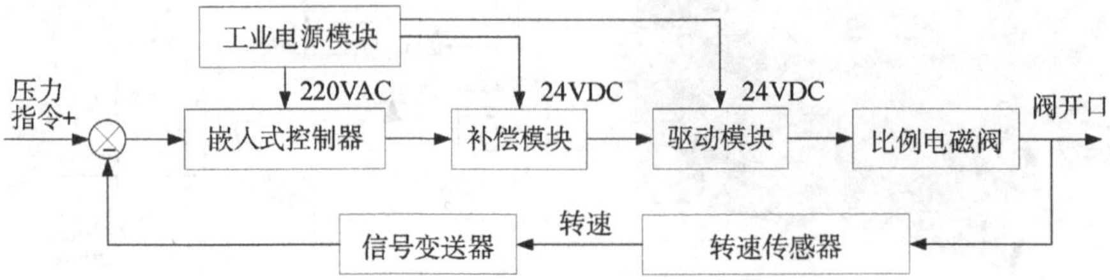

图 10－29　比例阀控变量马达驱动原理

比例阀控变量马达由嵌入式控制器根据工程控制指令，形成 PID 闭环自动控制，通过驱动比例电磁铁来控制变量马达的斜盘偏转到一定角度，改变每转排量，从而输出稳定的转速。由于液压系统的压力取决于负载。为了控制系统自动补偿负载不稳定带来的压力波动对马达转速稳定的影响，通过反馈将该压力作用到中间阀芯上，以便嵌入式控制器进行反馈和控制，实现变量马达的速度全闭环控制。

10.3　电液伺服阀的力矩马达驱动技术

电液伺服阀的力矩马达可分为永磁桥式和永磁差动式两种，其优点是结构紧凑、体积小，输出力矩大、频率响应高。缺点是线性范围窄、输出位移较小。

10.3.1　电液伺服阀的力矩马达驱动基本结构

电液伺服阀的力矩马达通常由铁心、衔铁、线圈、永久磁铁及支撑衔铁的弹簧管组成。其基本结构如图 10－30 所示。

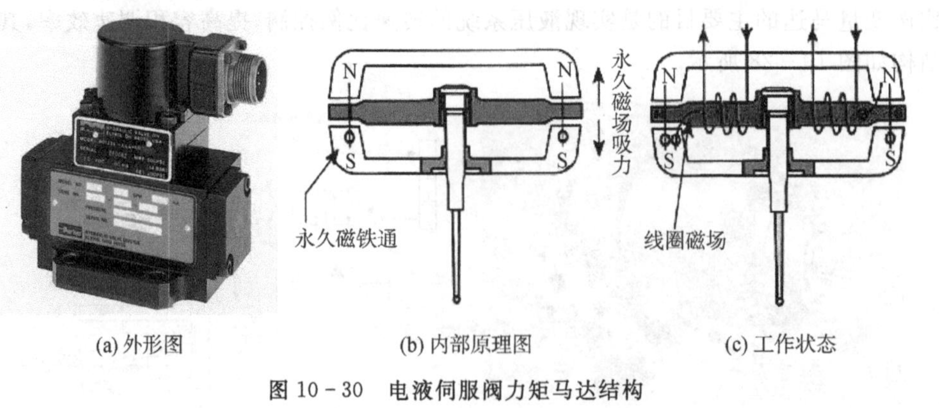

图 10－30　电液伺服阀力矩马达结构

图 10－30 中，电液伺服阀的力矩马达工作原理是：上、下铁心与衔铁之间形成工作间隙，

磁流体可添加于该工作间隙中。当力矩马达线圈不通电时,衔铁在两个永久磁铁产生的磁场作用下处于上、下铁心的中间位置,此时,磁流体在永久磁铁产生的磁场作用下被吸附于工作间隙中,并产生较强的饱和磁化强度。无论力矩马达线圈通电还是断电,力矩马达工作间隙中始终存在磁场,磁流体始终保持在力矩马达工作间隙中,将产生较强的饱和磁化强度,从而使得磁流体将对力矩马达衔铁产生一定的作用力,可以增加力矩马达的阻尼,提高力矩马达的稳定性和抗干扰能力。当力矩马达线圈通电时,力矩马达在电磁力和永久磁铁磁场相互作用下产生输出力矩,使衔铁发生偏转,产生某一转角。当力矩马达空载运行时,力矩马达衔铁转动,直到力矩马达输出力矩与弹簧管产生的弹性力矩相平衡为止。

10.3.2　电液伺服阀的力矩马达建模

1.电液伺服阀力矩马达工作原理

电液伺服阀力矩马达工作原理如图 10－31 所示。

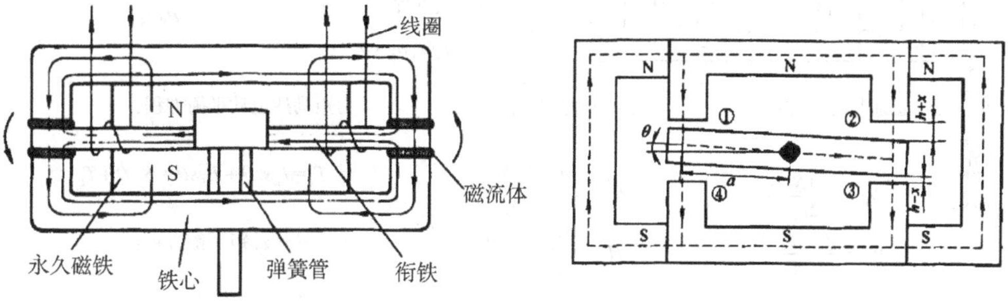

图 10－31　电液伺服阀力矩马达工作原理

将力矩马达的永久磁铁置于铁心和衔铁同一平面内,由于力矩马达是平面对称结构,当力矩马达不通电时,四个工作气隙中的磁力线分布相同;当力矩马达通电时,由于力矩马达衔铁产生某一转角 θ,因而气隙①和③中的磁力线分布相同,气隙②和气隙④中的磁力线分布相同。外加磁场作用下,磁流体对力矩马达衔铁产生的作用力可分为弹性力和黏性阻尼力。力矩马达的等效磁回路如图 10－32 所示。

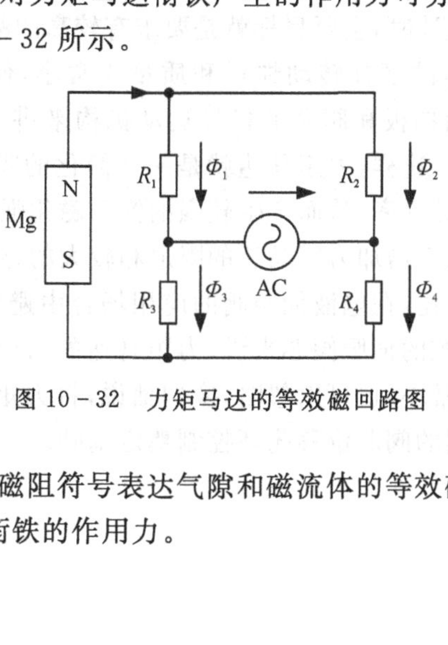

图 10－32　力矩马达的等效磁回路图

为分析和计算方便,使用磁阻符号表达气隙和磁流体的等效磁回路,可以更加方便地按照电路的方法计算力矩马达对衔铁的作用力。

2.电液伺服阀力矩马达建模

当力矩马达衔铁转角增大时，对角气隙①和③中的磁阻减小，磁通Φ_1和磁场强度H_1都将相应增加，由磁场强度方程得，磁流体产生的弹性阻力H_2增强；相反，当力矩马达衔铁转角减小时，气隙②与④中的磁阻增加，磁通Φ_2和磁场强度H_2都将相应减小，磁流体产生的弹性阻力H_1减小。可见，针对力矩马达衔铁和铁心之间的磁流体，由于饱和磁化强度而产生了对衔铁的作用相当于机械弹簧，其作用力随着工作间隙高度变化而变化，即随着衔铁转角的变化而变化，同时也随着线圈输入电流的变化而变化，因而该作用力称为弹性阻力。电液伺服阀力矩马达建模如图10－33所示。

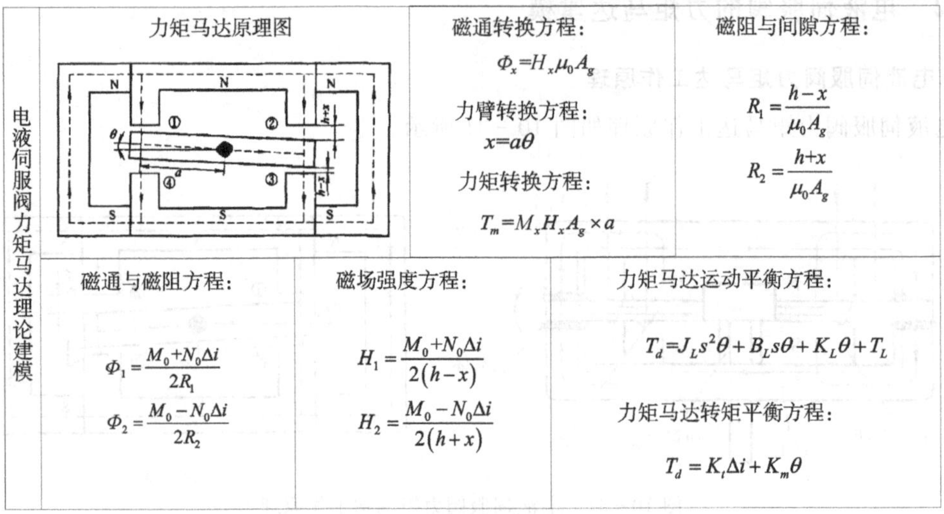

图10－33　电液伺服阀力矩马达建模

其中，力矩马达的力矩为常数。整理后得到力矩马达的传递函数为：

$$\frac{\theta}{\Delta i} = \frac{K_t}{J_L s^2 + (B_L + B_m)s + K_L} \approx \frac{K_t / K_L}{T_m s + 1}$$

可以看出，力矩马达在设计时，主要目标就是要求有较高的频率响应。力矩马达是一个零型的二阶系统，由于力矩马达的摆杆转动惯量和质量非常小，使得固有频率较高，可以达到400 Hz，相对于伺服阀的喷嘴挡板和阀芯的机械运动机构来讲，其电磁转折频率远远高于可动的机械部件频率，可以忽略，这样，力矩马达就是一个简化的零型一阶系统。力矩马达间隙可以填充磁流体材料以增加导磁率，从而产生较强的饱和磁化强度，因而磁流体将对力矩马达衔铁产生一定的作用力，可用于增加力矩马达的阻尼和较大的黏度，调整摆杆在间隙中的阻尼力，进而调整力矩马达的阻尼比，在电液伺服阀的应用场合中避免摆杆振荡，提高力矩马达的稳定性和抗干扰能力。对被控的伺服阀芯来讲，力矩马达的目的是提供一个准确的稳定摆动角度。由于阻尼可以做得非常小，也可以忽略，换句话说，将力矩马达进一步简化为一个比例环节，从而为高响应的伺服阀的阀芯位移闭环控制奠定基础。

10.3.3　电液伺服阀力矩马达驱动技术

1.电液伺服阀力矩马达等效模型

电液伺服阀力矩马达等效模型实质上就是一个直流电机模型。通电时产生电磁力工作，断电时释放电磁力。当力矩马达稳态正常工作时，注入力矩马达的电流采用脉宽调制 PWM 脉冲来实现，原理简单可靠。力矩马达等效模型如图 10－34 所示。

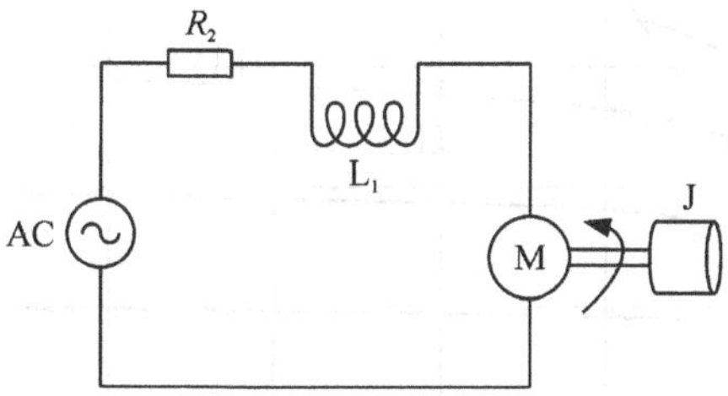

图 10－34　力矩马达线圈的双极性驱动原理

图 10－34 中，通过力矩马达来驱动喷嘴挡板，根据输入的电压信号产生相应动作，使挡板产生位移，驱动对称挡板位移改变喷嘴与挡板的间隙，完成与输入电压成比例的压力差的控制，其可以作为先导级和放大级共同构成压力和流量的比例电液伺服阀。

2.电液伺服阀力矩马达驱动电路

电液伺服阀力矩马达线圈的双极性驱动原理如图 10－35 所示。

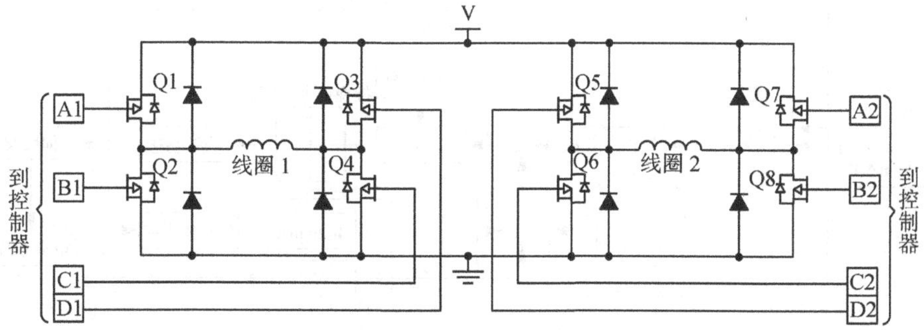

图 10－35　力矩马达时间特性曲线

图 10－35 中，双极性驱动是指采用正负电源驱动力矩马达偏转。换向时，切换力矩马达的线圈中电流流向就可以达到换向的目的，因此，这种力矩马达驱动的输出转矩较大，但对于驱动器的要求比较高。通过光电耦合器进行隔离，以抑制工业现场的各种电磁干扰。针对不同的控制器，其接法分为共阳极接法、共阴极接法和差分方式接法，各种方法都起到的电气隔离和抗干扰能力作用。共阳极接法是指控制器的输出端采用 PNP 发射极输出方式，力矩马达的驱动器对应光敏负极信号共同接入到电源地。驱动力矩马达驱动控制电路中包括积分电路、推挽放大电路、电流采样电路以及故障检测电路。其积分电路正向输入端通过匹配电阻与地相连，负向输入端通过电阻分别与电流采样电路输出的反馈电压 V_f 和控制电压 V_c 相连；推挽放大电路实现对积分电路输出积分电压 V_A 的跟踪，并提供驱动功率。推挽放大电路输出

端由采样电阻 R_0 与负载相连，故障检测电路负载电压检测与负载相连，这样，就可以实现对力矩马达的偏转角位移的闭环控制。力矩马达时间特性曲线如图 10－36 所示。

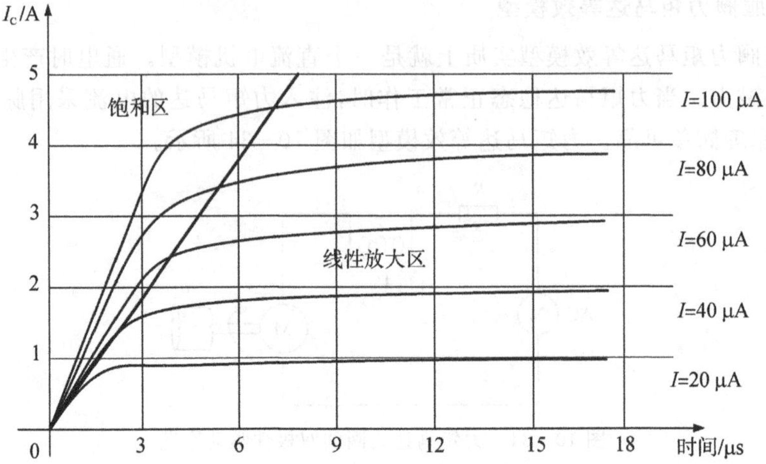

图 10－36　比例电磁铁控制框图

图 10－36 中，力矩马达在控制电流指令的作用下，推挽放大电路完成小电流到大电流的转换。从时间响应来看，力矩马达线圈的驱动电流有一个阶跃响应特点。在线性放大区域，力矩马达线圈的电流可以成比例地控制，同时建立成比例的磁通。电液伺服阀驱动调节控制框图如图 10－37 所示。

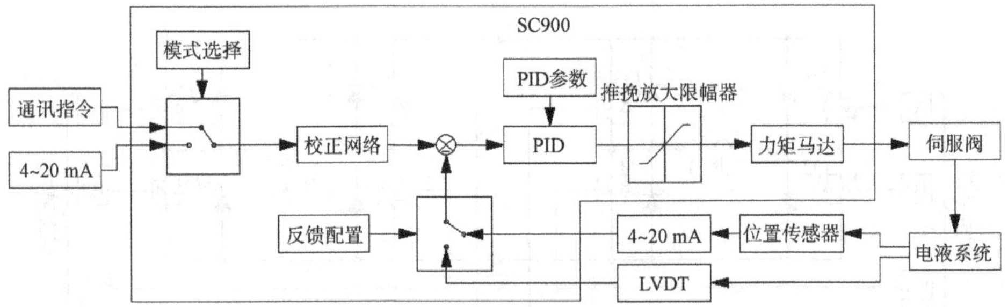

图 10－37　电液伺服阀驱动调节控制框图

图 10－37 中，电液伺服阀力矩马达驱动控制器接收来自上位机的给定信号，常用 4～20 mA，通过超前滞后校正调节后，与差动式位移传感器的反馈信号进行 PID 运算，然后对 PID 的控制信号进行推挽放大限幅处理后，驱动力矩马达进行偏转，直到指令信号和反馈信号相等，控制循环结束。

3.电液伺服阀力矩马达控制器电气接线

典型 SC900 型液压伺服阀中力矩马达控制器外部电气接线如图 10－38 所示。

SC900 型液压伺服控制器可以用于各种电液伺服系统的位置控制，该控制器电源为宽电压 18～32VDC 输入，采用 DC-DC 隔离转换器，确保工作电源和供电电源的充分隔离。电气接口有防干扰和防接错设计，具有丰富的输入/输出电气接口，包括 2 路 4～20 mA 模拟量输

图 10 - 38　SC900 型液压伺服控制器外部电气接线图

入接口，2 路模拟量 4～20 mA 输出接口，2 路差分信号 LVDT 输入接口，8 路数字量输出/输入接口和可选配通信接口，因此适用于轴流压缩机叶片角度电液伺服控制、发电系统启动阀控制、汽轮机调节门控制和燃气轮机燃料控制阀控制。

10.3.4　电液伺服阀力矩马达驱动典型应用

电液伺服阀在运动模拟器上的应用如图 10 - 39 所示。运动模拟训练人员利用方向舵进行方向操纵，当运动模拟训练人员右航时，方向舵向右倾斜，控制运动模拟平台产生一个向左的侧力和偏转力矩，从而使机头右偏，左航时同理。因此，在运动模拟器的有限狭窄空间里，只有电液伺服传动结构和伺服驱动技术才能胜任。

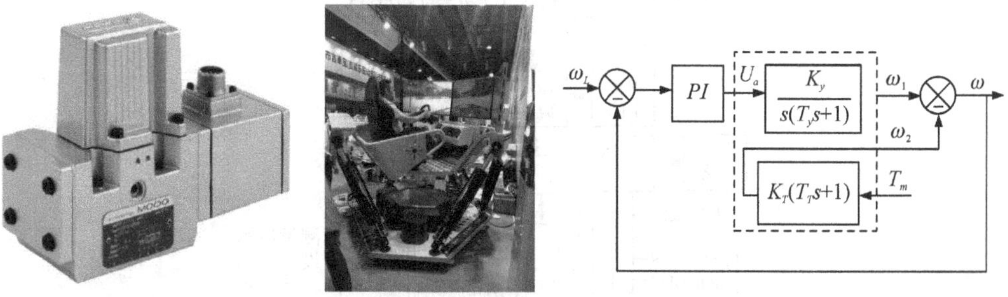

(a) 电机外形图　(b) 模拟平台外形图　(c) 控制框图

图 10 - 39　电液伺服阀在运动模拟平台上的应用

10.4　专用电液伺服驱动技术

10.4.1　专用电液伺服控制的信号变送技术

1.信号变送器简介

国际电工委员会将 4～20 mA 直流电流信号、1～5 V、0～5 V、0～10 V、±5 V 和±10 V 直流电压信号确定为过程控制系统电模拟信号的统一标准，所以变送器通常就是指将非电量转换为 4～20 mA 电流等直流信号的器件或装置，其应用系统原理如图 10－40 所示。

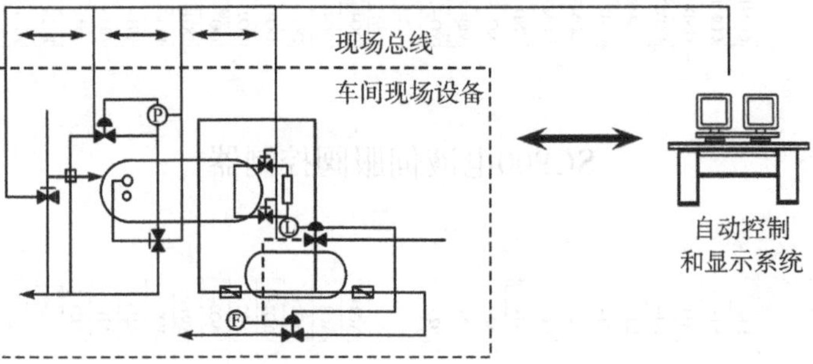

图 10－40　智能变送器工业现场测控系统原理图

图 10－40 中，专用电液伺服控制器针对一般非标准信号的传感器，需把传感器的输出信号通过变送器变换成标准信号，该输出信号具有统一的信号形式和数值范围，便于和其他仪表、PLC 或计算机控制器连接，实现更加智能化和规范化的功能要求。

2.信号变送器基本原理

智能变送器充分利用了嵌入式控制器的运算存储能力，可对传感器的数据进行处理。其功能越来越专业和丰富，包括对测量信号的调理（如滤波、放大、A/D 转换等）、数据显示（如人机界面的曲线显示和仪表盘等）、死区与非线性自动校正和温度漂移自动补偿等。微处理器是智能式变送器的核心，一体化信号变送器的输出为统一的 4～20 mA 信号，智能变送器组成如图 10－41 所示。

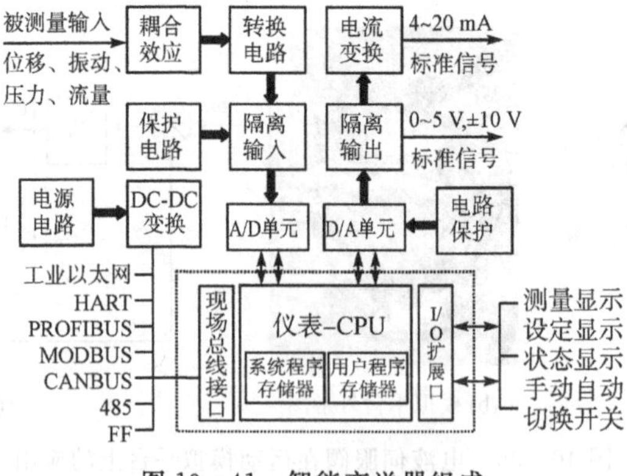

图 10－41　智能变送器组成

图 10－41 中，变送器将传感器的模拟电压信号转换成内部数字信号，用光电耦合器件进行模拟量与数字量的隔离，可用数字信号和外部进行通信，也可以将内部数字量转换为模拟量进行输出。常用信号变送器同时使用两组独立电源，分别用于模拟信号处理电路与数字信号处理电路，可提高系统工作的安全性。

新型智能变送器是嵌入式微电子技术发展的产物，可实现远程组态，远程参数设定和整定，或远程修改变送器的配置和数据组态，并且具有通信与自我诊断能力，一体化信号变送器具有结构简单、输出信号大、抗干扰能力强、线性好、固体模块抗震防潮、有反接保护和限流保护和工作可靠等优点。因此，智能变送器正在向着网络化、智能化和标准化方向发展，其特点如下：

(1)具有自动补偿能力，可通过软件对传感器的非线性、温漂、时漂等进行自动补偿。

(2)通电后可对传感器进行自诊断和自动统计功能。

(3)具有双向通信功能，配置现场总线 HART、FF 或 PROFIBUS 通信协议。

(4)可现场监视、调整和组态，可以通过改变组态来匹配不同类型的传感器。

(5)电气连接和传感器接线简单。

(6)输入过载、电源过压、输出过流保护和浪涌电流 TVS 抑制保护。

(7)工作电源与输入/输出反接保护。

(8)温度等级高。工业级别工作温度范围是－25～＋70℃，满足工业现场要求。

3.信号变送器的基本应用

温度、流量和压力是过程变量变送器中很重要的工艺参数，在工艺流程及重要设备的关键部位必须设置这些工艺参数的变送器，其现场照片如图 10－42 所示。

图 10－42　智能变送器工业现场测控系统图

现场传感器电气连接和传感器接线非常简单，很方便地组成 FCS 系统，从而大大提高自动化测量控制系统的测量精确度。又因其安全性好、防风雨、可靠性和重复性高，因此，广泛用于冶金、石油化工、纺织、造纸等行业的测温控制系统中。

10.4.2　专用电液伺服控制的网络化通信技术

1.网络化通信技术简介

在当今万物互联时代，专用伺服控制器必须具备网络接口，以便于机电液传动与伺服控制系统在实际工程中应用，如图 10－43 所示。

在自动化系统中现场总线技术可将所有现场设备(传感器、变送器、执行器和数据采集模板等)与控制器用一根电缆(光缆或无线)连接在一起，形成设备及车间级的数字化通信网络。网络化通信技术是实现现场状态监测、控制、远程参数化等自动化集成控制的最重要技术之一，也是自动化技术的未来发展趋势。

现场总线(Fieldbus)是一种数字化的串行双向通信系统。全数字化意味着取消模拟信号

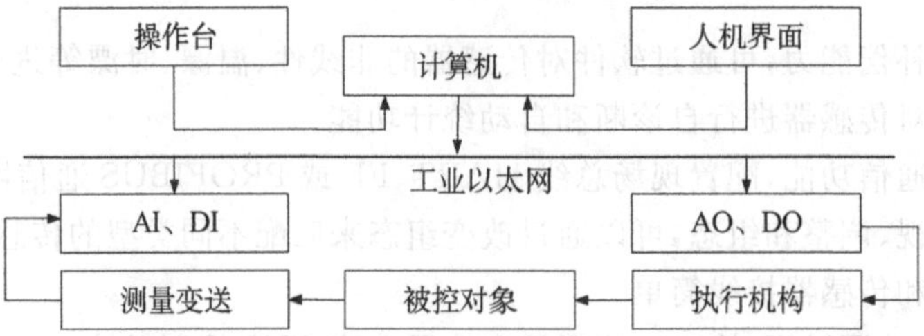

图 10-43　基于智能变送器的数字化通信网络

的传送方式,要求每一个现场设备都具有智能及数字通信能力,使得操作人员或设备(传感器、执行器等)向现场发送指令(如设定值、量程、报警值等),同时也能实时得到现场设备各方面的状态(如测量值、环境参数、设备运行情况及设备校准、自诊断情况、报警信息、故障数据等)。此外,原来由主控制器完成的控制运算也分散到了各个现场设备上,大大提高了系统可靠性和灵活性。

2.现代网络化通信技术的基本原理

目前有影响的现场总线技术有:基金会现场总线 FF、LonWorks、PROFIBUS、CAN、DeviceNet、MODBUS、HART 等,除 HART 外,均为全数字化现场总线双向通信协议。

现代网络化通信技术按照网络化控制系统(NCS),控制网络可分为分布式控制系统或称集散控制系统(DCS)和现场总线系统(FCS)。

1)DCS 现场总线控制系统原理

(1)采用分布数字型数据采集与控制系统,也就是集散控制系统 DCS,如图 10-44 所示。

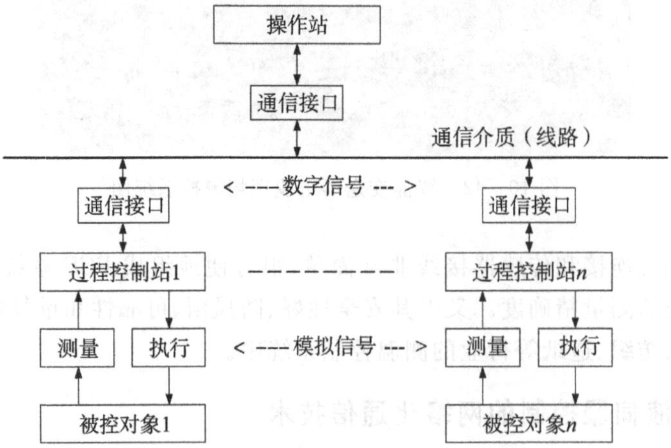

图 10-44　DCS 数据采集与控制系统构成

现场总线技术的关键之处在于系统的开放性,强调标准通信协议,体现了自动化控制系统正向着集成化、高性能、系统化、高速度、大容量、网络化、信息化、模块化、智能化、软件化的方向发展,通过网关或者通信协议与其他系统实现数据共享。

这种控制系统包括过程控制站、操作站(人机界面)和通信系统,可实现集中操作、分散控制等集散控制系统功能。

(2)这种控制模式的控制功能分散到多个子系统(单元、控制站),可以直接实现多个回路的独立或联动控制。控制功能越来越强，算法越来越先进，软件升级和增加功能非常便捷，可以实现远程下载和升级维护等。

(3)这种控制模式既可以利用计算机控制系统强大的运算和分析功能，也可以降低集中式计算机控制的风险。万一某台计算机出现故障，不至于影响到整个生产线。

3.FCS 现场总线控制系统原理

现场总线控制系统 FCS 是新一代分布式控制系统。该系统改进了 DCS 系统成本高，各厂商的产品通信标准不统一而造成不能互联的弱点，如图 10－45 所示。

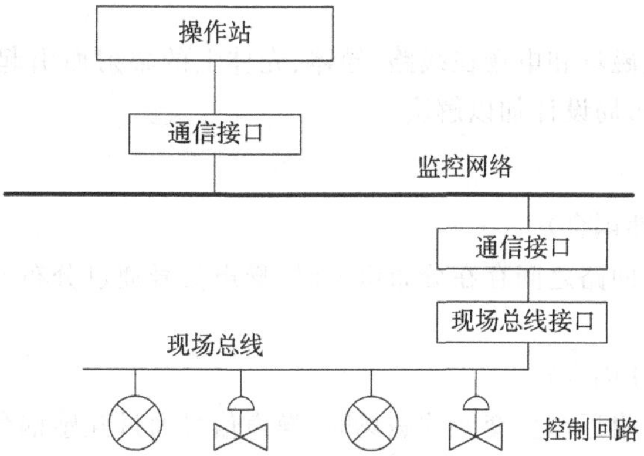

图 10－45　FCS 数据采集与控制系统

现场总线技术自推广以来，已经在世界范围内应用于工业控制的各个行业，如冶金、汽车制造、环境保护、石油化工、电力能源等行业。近几年国内汽车生产线和一些旧生产线的改造，大部分都采用了现场总线的控制技术。国外设计的现场总线控制系统应用也很广泛，从单机设备到整个生产线的输送系统，全部采用现场总线 FCS 的控制方法。

4.网络化通信技术的基本应用

ST3000 智能差压变送器是由美国霍尼韦尔公司开发的，其外形如图 10－46 所示。其原理是利用单片机与微位移式差压敏感元件相结合，实现了多功能的检测和非电量到电量的变换。该设备具有优良的性能和出色的稳定性，能够测量气体、液体和蒸汽的流量、压力和液位等参数。对于被测量的参数输出 4～20 mA 模拟量信号和数字量信号。ST3000 智能差压变送器通过 DE 协议实现 SFC(智能现场通信器)与霍尼韦尔公司 DCS 系统双向通信，从而方便控制和自动调零。

图 10－46　ST3000 智能差压变送器

10.4.3　专用电液伺服控制的抗干扰技术

在工业自动化控制系统调试及运行过程中经常遇到干扰问题，为此，在自动化系统中，采用各种抑制干扰传播的隔离、屏蔽、接地、搭接、合理布线等方法。机电液装备分布在生产现场的各个角落，也就是说处于干扰频繁的恶劣环境中，这些干扰会影响机电液装备的测控精度，降低系统的可靠性，甚至导致系统的运行混乱，造成生产事故。

1.干扰的来源及解决途径

1)过程通道干扰

过程通道干扰是从过程通道引入的干扰,可采用光电耦合隔离、隔离变压器、双绞线传输、同轴电缆传输、阻抗匹配及屏蔽等方法解决。

2)供电系统干扰

供电系统干扰就是通过电源和地线窜入系统的干扰。自动化系统中最重要、危害最严重的干扰都来自供电系统干扰,如工频干扰可以通过稳压、隔离、滤波等措施加以解决。

3)空间干扰

空间干扰主要指电磁场和电场在线路、导体、壳体上的辐射而引起的噪声吸收与调制,可用屏蔽、正确的接地和布局设计加以解决。

2.干扰的耦合原理

1)静电耦合(电容性耦合)

当工作回路与噪声回路之间存在分布电容时,噪声信号通过分布电容耦合到工作回路,可通过屏蔽方法解决。

2)磁场耦合(电感性耦合)

当噪声在工作回路附近产生交变的磁场时,噪声信号通过互感耦合到工作回路,可通过良好接地和屏蔽体的良好导电连续性(壳体的孔尽可能少)解决。

3)公共阻抗耦合(电阻性耦合)

由于接地导线存在一定的阻抗,当有工作电流流过接地阻抗时,各部件的接地电位将不为零,且接地电位随着接地导线上的电流变化而发生变化,可用可靠的单点接地方法来解决。

4)漏电流耦合(接地耦合)

由于导线之间或者导线对地存在一定的阻抗,当有工作电流流过接地阻抗或者流向其他导电体时,各部件的基准电位将会不同,可采用绝缘电阻来衡量导电体电位的方法加以解决。

5)传导耦合(通道耦合)

干扰通过导线进入自动化系统称为传导耦合。电源线、输入/输出线等都有可能将干扰引入自动化系统,可用隔离变压器或者光电隔离方法来解决。

3.信号的共模干扰抑制技术

信号的共模干扰通过电场或者磁场对信号传输线回路都产生干扰,表现为成对出现的特征,共模干扰示意图如图 10-47 所示。可以看出,共模干扰抑制时,常采用双绞线做信号引线、屏蔽线或者滤波器等以抑制电场产生的共模干扰。

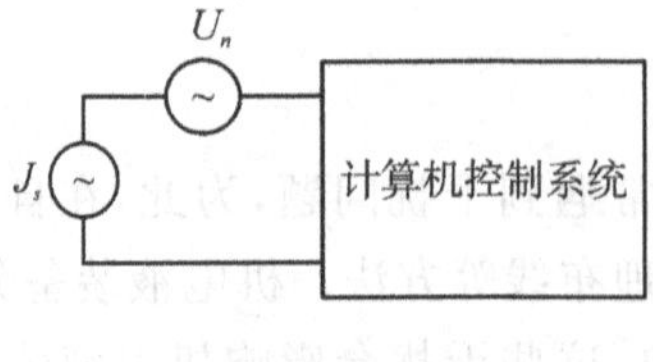

(a) 表现形式

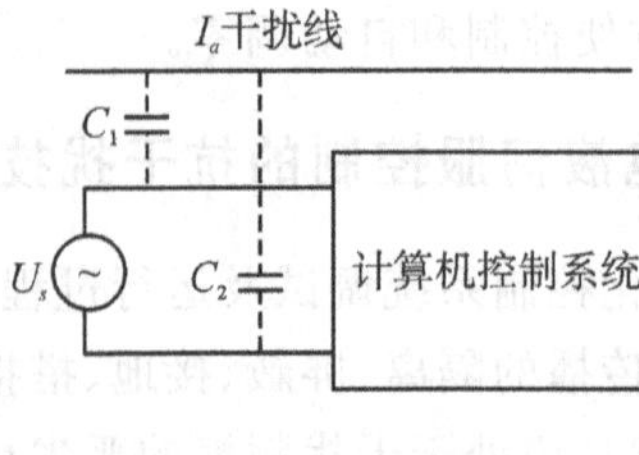

(b) 产生原因

图 10-47　共模干扰示意图

1)双绞线做信号引线

双绞线对磁场耦合有着明显的抑制作用,但对电场的耦合干扰不起抑制作用。双绞线抑制技术如图 10－48 所示。

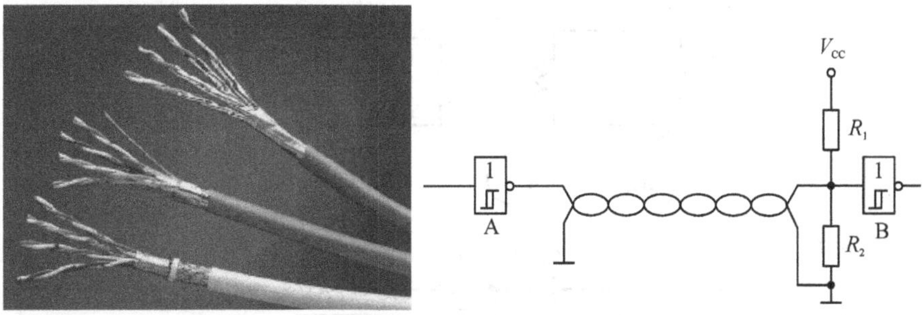

图 10－48　双绞线抑制技术

在自动化系统的长线传输中,双绞线是较常用的一种传输线,与同轴电缆相比,虽然频带较差,但波阻抗高,抗共模噪声能力强。双绞线抗干扰就是外界电磁场会在双绞线相邻的小环路上形成大小相等相反方向的感应电势,从而互相抵消减弱,起到抗干扰的作用。双绞线可用来传输模拟信号和数字信号,用于点对点连接和多点连接应用场合,传输距离可以达到几千米,数据传输速率可达 2 Mbps。因此,在自动化系统的工业现场中,以太传输网线和模拟传感器的连接线大多都采用双绞线或双绞屏蔽线。

2)滤波电路

针对高频干扰,采用滤波电路非常有效。滤波电路种类非常多,部分滤波电路如图10－49 所示。

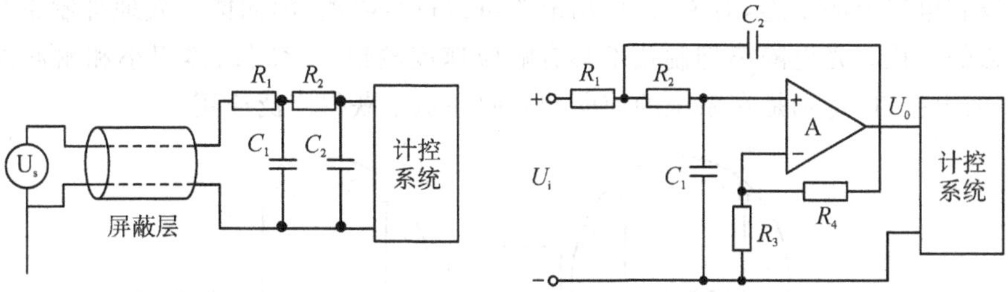

(a) 无源阻容滤波电路　　(b) 有源滤波电路

图 10－49　部分滤波电路

硬件滤波器分为低通、高通、带通等滤波器。①低通滤波器适用干扰频率比被测信号频率高。②高通滤波器干扰频率比被测信号频率低。③带通滤波器干扰频率落在被测信号频率的两侧。因此,其实现电路采用电阻、电容等构成滤波器。

4.信号的串模干扰抑制技术

信号串模干扰是通过电场或磁场对信号传输线回路产生的干扰，因此,采用变压器隔离抑制技术抑制电场产生的串模干扰,采用屏蔽线或者滤波器等以抑制磁场产生的串模干扰。

1)变压器隔离抑制技术

隔离变压器的主要作用是使一次侧与二次侧的电气完全绝缘,也使两个回路隔离开来,如图 10-50 所示。另外,利用其铁心的高频损耗大的特点,从而抑制高频杂波传入控制回路。

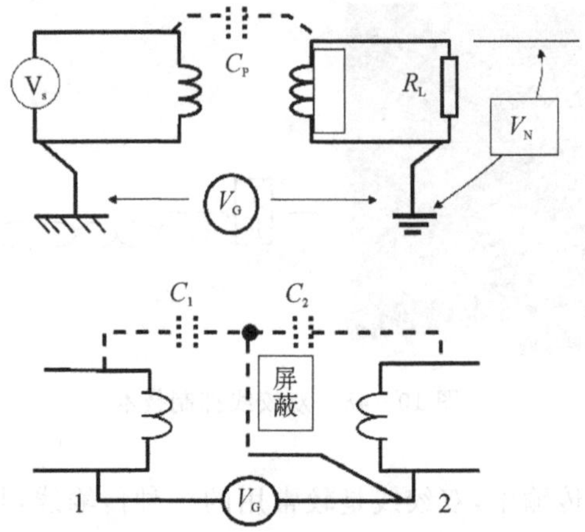

图 10-50　变压器隔离抑制技术

用隔离变压器使二次对地悬浮,只能用在供电范围较小、线路较短的场合。这样,隔离变压器还能起到隔离危险电压的作用,系统的对地电容电流小得不足以对人身造成伤害,从而起到保护人身安全的作用。

2)光电隔离抑制技术

光电隔离是干扰抑制技术中最重要、最快速、最便捷的方法之一,如图 10-51 所示。光电隔离电路的作用是在电隔离的情况下,以光为媒介,使用光电耦合器来传递信号。被隔离的前后级电路没有电气上的牵连,对输入/输出电路可以进行隔离,因而能有效地抑制系统噪声,消除接地回路的干扰。光电隔离抑制技术具有响应速度较快、寿命长、体积小和耐冲击等优点,使其在强-弱电接口,特别是在系统的前向和后向通道中获得广泛应用。

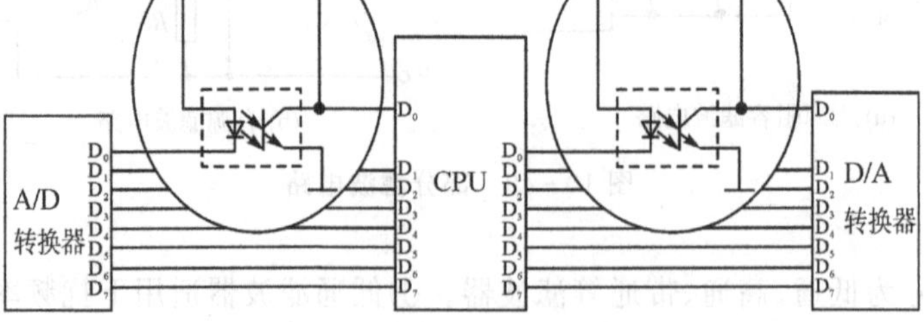

图 10-51　光电隔离抑制技术原理图

5.接地系统分类

接地技术是自动化系统中最有效、最直接的抗干扰技术。

"接地"有几方面的含义:①为使整个自动化系统有一个公共的零电位基准面,并给高频干扰电压提供低阻抗通路,达到自动化系统稳定工作的目的。②为使自动化系统的屏蔽接地,取得良好的电磁屏蔽效果，达到抑制电磁干扰的目的。③为了防止雷击危及自动化系统和人体，防止电荷累积引起的火花放电，防止高电压与外壳相接引起的危险。

1)安全接地

安全接地是指涉及自动化系统和人体的地，具体有自动化系统安全接地、接零保护接地和防雷接地。安全接地线在国家标准和国际标准中都有明确规定，该电缆颜色为黄绿色。对于机电液装备的接地电缆直径和接地电阻也有明确规定，尽量加粗，尽可能减小接地线阻抗，从而减小因公共阻抗耦合而产生的干扰。

2)标准数字信号接地

标准数字信号接地是指涉及“1”或“0”开关电平信号的地。常用直流数字信号包括 1.27 V、2.8 V、3.3 V、5 V、10 V、24 V 等使用的参考点或参考地。一般将数字地做成闭合的网格，可以明显提高抗干扰能力。

3)标准模拟信号接地

标准模拟信号接地是指涉及机电液装备中的模拟信号 4～20 mA，1～5 V，0～10 V，±5 V，±10 V 等使用的参考点或参考地。一般，数字信号地与模拟信号地必须分开连接，最终单点相连，消除“地”电路经过公共阻抗而产生的干扰。

4)交流地

交流地是指交流电源 36VAC、110VAC、220VAC 和 380VAC 对应的零线，是机电液装备的电源进线的 0 V 线或 N 线。

6.软件抗干扰技术

采用软件滤波是当前干扰抑制技术中一种新的技术发展趋势。

1)指令冗余技术

在控制系统输入/输出通道中，解决程序跑飞的最有效方法是采用指令冗余技术解决方法和程序运行监视系统(看门狗电路)芯片，这两种方法是目前最流行、最可靠的干扰抑制技术，强制程序回到正常流程。

2)软件滤波抗干扰技术

软件滤波是当前解决干扰侵入电子系统前向通道时的数据采集干扰的有效方法。

10.5　思考

1. 机电液传动与伺服控制系统中比例电磁铁驱动的优缺点是什么？
2. 机电液传动与伺服控制系统中喷嘴挡板驱动的优缺点是什么？
3. 机电液传动与伺服控制系统中信号变送器的工作原理是什么？
4. 机电液传动与伺服控制系统中常用抗干扰方法是什么？
5. 机电液传动与伺服控制系统的网络化技术优点是什么？
6. 为什么说屏蔽技术和滤波技术是自动化系统中抗干扰技术的两个关键技术？
7. 为什么说“地”和电源对自动化系统的抗干扰技术至关重要？
8. 机电液装备的运行可靠都包含哪些技术？

第 11 章　电气伺服控制的典型案例

本章重点在于利用运动学和动力学理论方法，构建基于六自由度并联运动平台的位置、速度、加速度和运动模拟等典型机电液装备运动伺服控制系统，围绕运动模拟平台的轨迹规划和位姿跟踪控制问题，培养学生举一反三地完成典型运动伺服控制系统的综合设计能力。

11.1　六自由度并联运动平台的伺服控制系统设计

11.1.1　六自由度并联运动平台的伺服控制系统功能分析

六自由度并联运动平台也称 6-DOF 并联运动平台，可以实现对空间运动部件或车辆装配过程中所需求的各个自由度方向的位置和姿态跟踪控制，完成对接、固定等一系列动作，以及模拟空间运动部件或车辆在实际中的运动状态，对于不同的位姿控制应用场合具有重要的实用价值。六自由度并联运动平台已成为现代飞行器、船舶以及车辆等行业发展不可或缺的仿真试验设备，从而实现运动可靠性分析和虚拟仿真模拟。如图 11－1 所示的平台应用于飞行员、驾驶员的模拟驾驶训练，不仅提高了相关从业人员的安全性，也有效降低了训练成本，提高了训练效率。

(a) 封闭式

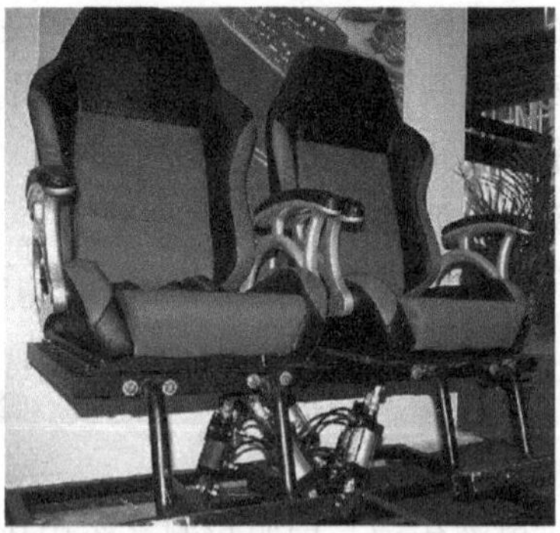

(b) 开放式

图 11－1　典型六自由度并联运动平台应用

动感影院是六自由度并联运动平台的典型应用，其主要由六自由度并联运动平台、仿真座舱、实时仿真软件和外部环境模拟四部分组成。假设六个电动缸是独立、无耦合的关系，在给出了平台的位姿信息之后，通过并联平台的运动学逆解方程得到六个关节支路的期望位移，对系统进行解耦合控制，从而使并联运动平台系统的控制转化为单个支路的位置系统控制。然后利用各个支路的高精度位移传感器实时反馈伺服关节的位移值，实现每个支路位置伺服系统的位移闭环控制，从而完成六自由度并联运动平台系统的位姿跟踪控制。

在此基础上，通过建立基于工作空间的控制策略和并联运动平台动力学模型，可以实现整个平台真实的动态控制效果。与串联运动平台相比，虽然该平台工作空间小，动平台的运动也不如串联平台灵活，但并联运动平台具有很多串联平台不具备的优良特性：更强的承载能力、刚度更大和结构更稳定。另外，六自由度并联运动平台的关节之间的误差不会积累和放大、误差更小、精度更高、执行器件置于机座上，运动负荷减小和运动惯性变小等，还有基于铰接空间的控制策略方法简单、实用性强，因此，六自由度并联运动平台在实际工程实践中得到了广泛应用。

11.1.2　六自由度并联运动平台的工作原理

典型六自由度并联运动平台的基本结构由上平台作为驾驶舱的承载平台；六个伸缩电动缸或液压缸主要控制上平台的六个方向运动；下平台作为平台的固定基座；电动缸和上、下平台之间的连接装置可以由两个自由度的虎克铰或三个自由度的球形铰组成，其外形与原理图如图 11－2 所示。动平台通过六个虎克铰与六个电动缸连接，电动缸底座也通过虎克铰与静平台连接，并联运动平台上、下两个平台的质心在系统初始时刻，在垂直方向上是一致的。

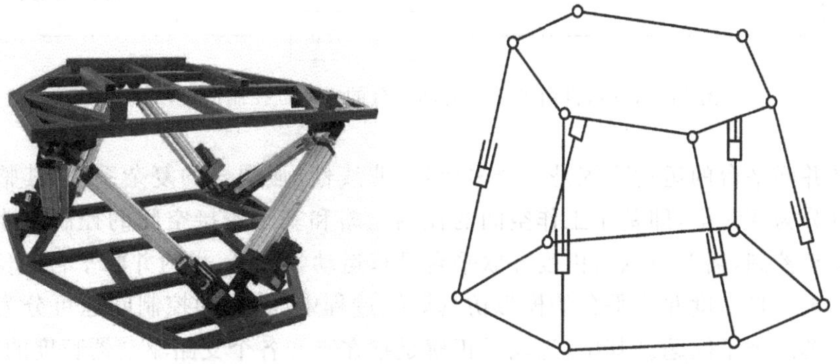

(a) 外形图　　　　(b) 原理图

图 11－2　典型六自由度并联运动平台外形与原理图

图 11－2 中，在六自由度并联运动平台工作时，它通过六个电动缸运动、改变各个杆件的长度，使上平台得到不同的空间姿态，实现各个方向的运动。基于工作空间的六自由度并联运动平台伺服控制原理如图 11－3 所示。

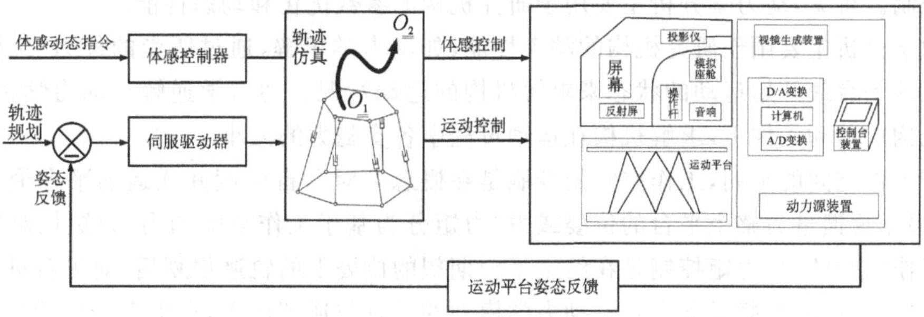

图 11－3　基于工作空间的六自由度并联运动平台伺服控制原理图

图 11－3 中，六自由度并联运动平台可以实现纵向、升降、横向、俯仰、横滚和偏转运动，还可以通过组合三个坐标的平移和旋转实现其他方位的复杂运动。

11.1.3 六自由度并联运动平台的伺服控制总体方案

六自由度并联运动平台的电动缸控制原理如图 11－4 所示。分别由计算机、数学模型、数据、软件和物理效应设备等构建的一种空中飞行或道路驾驶等的虚拟环境，使驾驶员在这种虚拟环境中感受到与真实环境中一样驾驶体验。该平台主要用于对操作者进行飞行模拟器的起飞、汽车加速、爬升、刹车、转弯等运动模拟训练。

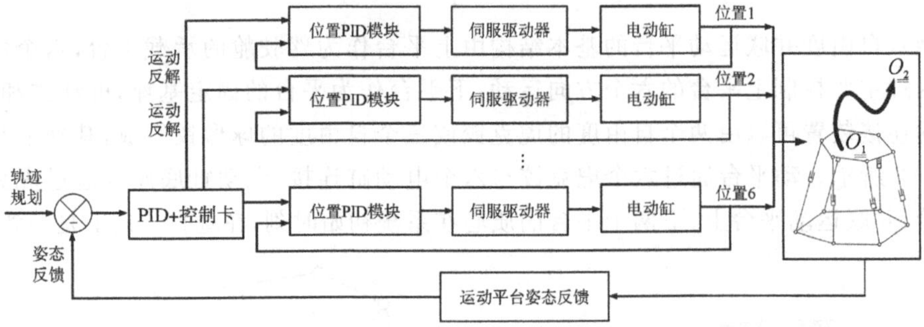

图 11－4　六自由度并联运动平台的电动缸控制原理图

六自由度并联平台的运动系统是一个多变量、非线性、强耦合的复杂系统，其整体的控制策略一般可以分为两大类，即基于工作空间的控制策略和基于铰接空间的控制策略。为了实现对平台的运动控制，需要对六自由度并联平台进行运动学分析，也为并联平台的位姿跟踪控制奠定基础。在六自由度并联平台的模拟仿真训练过程中，其运动控制问题可分为运动学正解和运动学逆解两个子问题。其中，运动学正解是指在已知各个支路驱动器长度的情况下，求解六自由度并联平台的位置和姿态。相反，运动学逆解是指在已知六自由度并联平台的运动系统位置和方位角的情况下，求解运动系统各个关节支路驱动器的长度。运动学分析主要用于研究并联运动平台的运动性能，如工作空间、灵活性等。

基于工作空间的控制策略需要对并联平台进行动力学分析，通过在六自由度并联平台动平台之上附加位姿传感器，如陀螺仪、摄像机等，来实现对运动平台实际位姿的直接测量，并返回控制器与给定的平台位姿进行比较，得出在运动过程中关节所需的力或力矩，实现各个支路的闭环控制。可见，动力学分析主要用于研究机构的参数优化和动态性能。

动力学分析主要用于研究机构的动态性能，如动力学正解，通过所受的外力、位姿变化以及并联运动平台最开始运动的状态来求解机构的运动情况。动力学逆解与动力学正解相反，在已知机构的运动条件下，求解机构在运动过程中各支腿力的大小。

由于工作空间的限制，工作空间的控制是在概念上对六自由度并联运动平台最直接的闭环控制，根据反馈量为整个平台的位姿或力/力矩分为基于工作空间的力/力矩控制以及位置控制。工作空间的力/力矩控制是在给定平台期望的位姿下的轨迹规划后，对平台进行动力学分析，通过六自由度并联运动平台的动力学模型的正解与逆解运算，求出六个电动缸支腿运动所需的力或力矩，然后通过控制驱动器的开度输出所求出的力或力矩，从而实现平台的控制。因此，对并联运动平台的设计和结构参数优化来说，必须对其进行运动学分析和动力学分析。

11.2　六自由度并联运动平台的运动学建模

六自由度并联运动平台的运动学分析包括位姿描述、复合运动变换、正解和逆解等。

11.2.1　六自由度并联运动平台的坐标系

根据六自由度并联运动平台的结构特点，建立动、静两个坐标系，定义基本运动，分析六自由度并联运动平台的位置逆解和正解，从而建立六自由度并联运动模型。

1.六自由度并联运动平台的坐标系定义

六自由度并联运动平台主要由上平台、基座下平台以及六个电动缸支腿组成。分别在上平台中心 O_d 与基座中心 O_s 建立动坐标系 $\{B\}=O_d-X_dY_dZ_d$、静坐标系 $\{A\}=O_s-X_sY_sZ_s$，如图 11-5 所示。

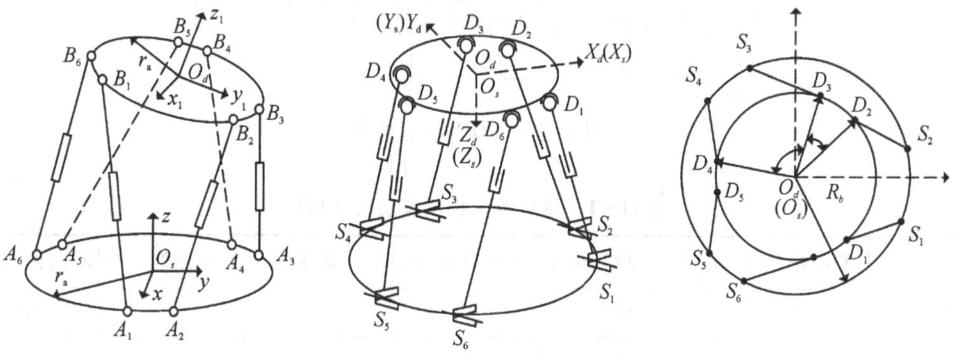

图 11-5　坐标系定义图

图 11-5 中，当平台处于中位时，动静坐标系的三轴指向重合，下平台基座和上平台通过胡克铰链与电动缸支腿连接，上平台设有六个铰链中心为 $\{B_X\}=\{B_1,B_2,B_3,B_4,B_5,B_6\}$；下平台设有六个铰链中心为 $\{A_X\}=\{A_1,A_2,A_3,A_4,A_5,A_6\}$。

2.六自由度并联运动平台的运动定义

六自由度并联运动平台有六个自由度的运动，如图 11-6 所示。

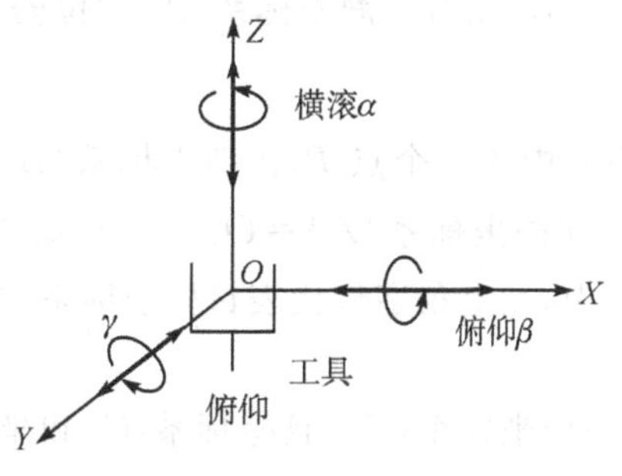

图 11-6　六自由度并联运动平台的运动定义图

图中，分别为沿 X 轴的横摇运动、沿 Y 轴的纵摇运动、沿着 Z 轴的升沉运动，分别用位移

x,y,z 表示。绕 X 轴的俯仰运动、绕 Y 轴的横滚运动、绕 Z 轴的偏转运动，分别用欧拉角 α，β，γ 表示。

3.六自由度并联运动平台参数定义

用六维向量 $L_X=[L_1,L_2,L_3,L_4,L_5,L_6]^T$ 表示运动平台中六个电动缸伸缩杆的实时长度，如图 11-7 所示，L_i 为第 i 个电动缸伸缩杆长度，每一个自由度的运动技术指标见表 11-1。

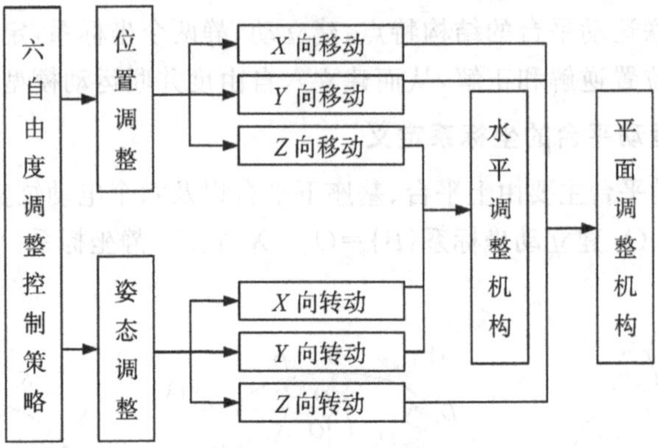

图 11-7　RPY 组合变换

表 11-1　平台各自由度运动技术指标

	X 向横摇/mm	Y 向纵摇/mm	Z 向升降/m	X 向横滚/(°)	Y 向俯仰/(°)	Z 向偏转/(°)
最大值	800	800	800	45	45	60
最小值	−800	−800	−800	−45	−45	−60
精度要求	0.1	0.1	0.1	0.1	0.1	0.1

11.2.2　六自由度并联运动平台的位姿描述

六自由度并联运动平台的位姿描述属于平台在空间的位姿描述，就是动平台中心 O_d 相对于静坐标系 $\{A\}=O_s-X_sY_sZ_s$ 的位置 $p=[x,y,z]^T$ 与姿态 $\theta=[\alpha,\beta,\gamma]^T$，用符号 $q=[x,y,z,\alpha,\beta,\gamma]^T$ 描述动坐标系 $\{B\}$ 相对于静坐标系 $\{A\}$ 的位姿。

1.空间平移与旋转变换

六自由度并联运动平台空间中的一个点 P 在动坐标系 $\{B\}=O_d-X_dY_dZ_d$ 上的位置向量表示为 ${}^BP=[P_u,P_v,P_w]^T$；在静坐标系 $\{A\}=O_s-X_sY_sZ_s$ 的位置向量表示为 ${}^AP=[P_x,P_y,P_z]^T$，如图 11-8 所示，其中，左上角字母代表目标坐标系，左下角字母代表变换的原始坐标系。

图 11-8 中，如果还存在一个坐标系 $\{C\}$，且坐标系 $\{C\}$ 和坐标系 $\{B\}$ 原点重合，而方位与坐标系 $\{A\}$ 的一致，这样，坐标系 $\{C\}$ 和坐标系 $\{A\}$ 的点变换可以通过一次平移就可以完成，表达式为：

$$^AP={}^CP+{}^AP_{C0}$$

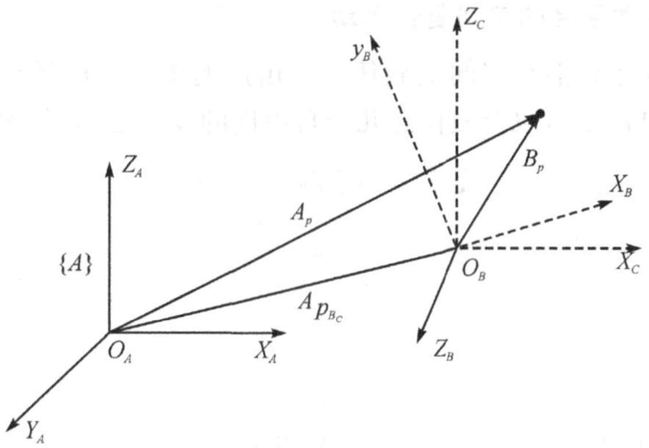

图 11－8　不同坐标系的复合变换图

式中，$^{A}P_{C0}$为坐标系$\{C\}$的原点在坐标系$\{A\}$的表示。坐标系$\{C\}$和坐标系$\{B\}$的点变换可以通过三次旋转就可以完成，表达式为：

$$^{C}P={}^{C}_{B}R\,{}^{B}P={}^{A}_{B}R\,{}^{B}P$$

通常针对运动平台位姿使用$^{A}_{B}P$ 代表动坐标系$\{B\}$与静坐标系$\{A\}$原点不重合，方位也不一致时，则$\{B\}$上的一点 P 通过坐标系的空间平移和空间旋转实现从$\{B\}$到$\{A\}$坐标系的变换，有如下关系：

$$^{A}P={}^{C}P+{}^{A}P_{C0}={}^{A}_{B}R\,{}^{B}P+{}^{A}P_{B0}$$

式中，$^{A}P_{B0}$描述坐标系$\{B\}$的原点在坐标系$\{A\}$的表示；右下角字母代表变换的点。因此，同一点 P 从$\{B\}$到$\{A\}$坐标系的坐标变换就是按照一次平移变换P_u和三次旋转变换$^{A}_{B}R$ 得到，如图 11－9 所示。其中，一次平移变换$P_u={}^{A}P+u$；三次旋转变换$^{A}_{B}R=R_X,R_Y,R_Z,,R_{Z,\gamma}$ 对应于绕 Z 轴旋转 γ 角，$R_{Y,\beta}$ 对应于绕 Y 轴旋转 β 角，$R_{X,\alpha}$ 对应于绕 X 轴旋转 α 角。

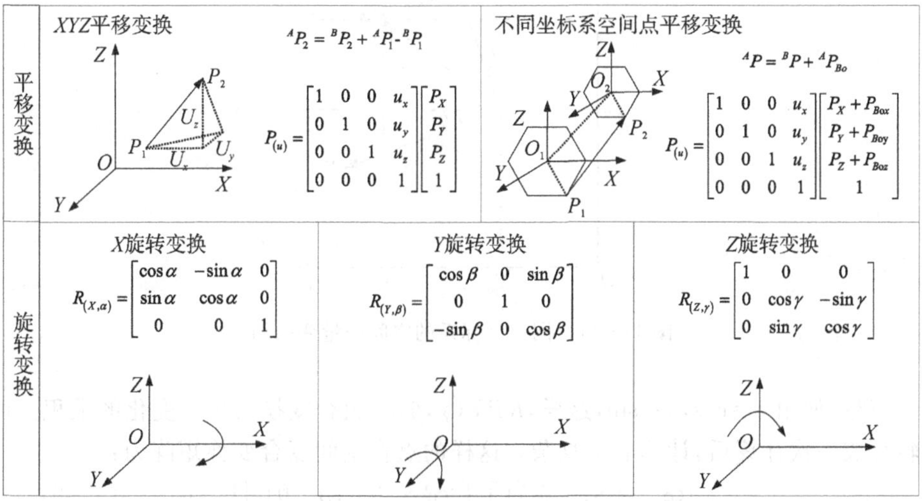

图 11－9　平台空间坐标变换图

这样，针对下平台的铰链中心有$^{A}P_{Ax}$；针对上平台的铰链中心有$^{A}P_{Bx}={}^{A}_{B}R\,{}^{B}P_{Bx}+{}^{A}P_{B0}$。

2.六自由度并联运动平台的空间复合运动

六自由度并联运动平台能在空间上做任一自由度的单自由度运动(即纵向、升降、横向、俯仰、横滚、偏转六个自由度),也能做任意几个自由度的复合运动,如图 11-10 所示。

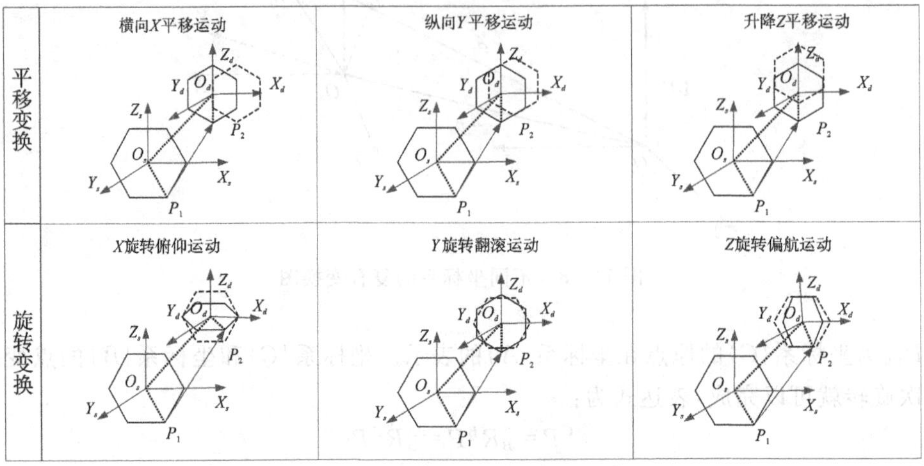

图 11-10 动平台坐标系下的单自由度运动图

由此可见,针对动平台的运动控制而言,动平台的单自由度平动需要加法运算,旋转运动需要三角函数的运算,两种运动都会影响到平台上每一个铰链点的位姿。

3.空间复合变换

在不同坐标系{A}和{B}空间,运动平台位姿平移和旋转的复合变换如图 11-11 所示。

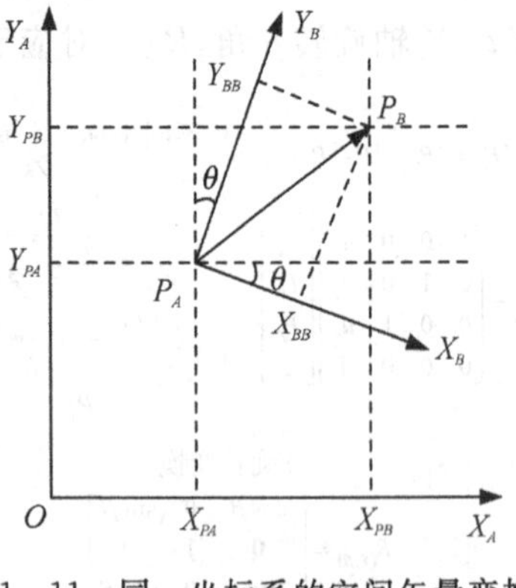

图 11-11 同一坐标系的空间矢量变换图

为了简写,使用 c=cos,s=sin,这样,$RPY(\gamma,\beta,\alpha)$组合变换为单一变化的乘积。可见,把三次旋转写成一次计算后,计算非常复杂。这样的点在空间复合变换矩阵为:

$$RPY(\gamma,\beta,\alpha)=\begin{bmatrix} c\alpha & -s\alpha & 0 & 0 \\ s\alpha & c\alpha & 0 & 0 \\ 0 & 0 & 1 & 0 \\ 0 & 0 & 0 & 1 \end{bmatrix}\begin{bmatrix} c\beta & 0 & s\beta & 0 \\ 0 & 1 & 0 & 0 \\ -s\beta & 0 & c\beta & 0 \\ 0 & 0 & 0 & 1 \end{bmatrix}\begin{bmatrix} 1 & 0 & 0 & 0 \\ 0 & c\gamma & -s\gamma & 0 \\ 0 & s\gamma & c\gamma & 0 \\ 0 & 0 & 0 & 1 \end{bmatrix}$$

$$
=\begin{bmatrix} c\alpha c\beta & c\alpha s\beta s\gamma - s\alpha c\gamma & c\alpha s\beta c\gamma + s\alpha s\gamma & 0 \\ s\alpha c\beta & s\alpha s\beta s\gamma + c\alpha c\gamma & s\alpha s\beta c\gamma - c\alpha s\gamma & 0 \\ -s\beta & c\beta s\gamma & c\beta c\gamma & 0 \\ 0 & 0 & 0 & 1 \end{bmatrix}
$$

4.六自由度并联运动平台的空间复杂动作

六自由度并联运动平台实际应用中，控制的要求就是能在空间上做任意几个自由度的复合运动(包括加速、爬升、着陆/刹车、转弯等)，如图 11－12 所示。

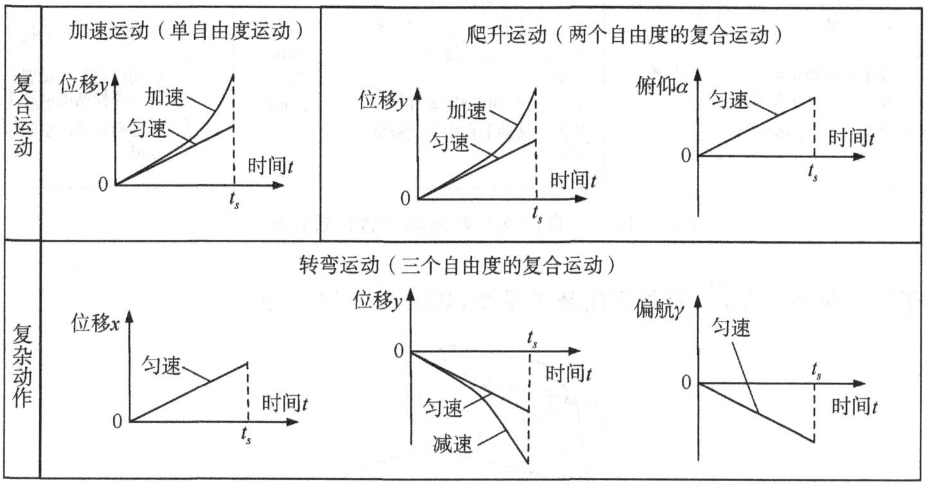

图 11－12　平台的多自由度平台复合运动图

图 11－12 中，动平台坐标系下的单自由度运动如下：

(1)单自由度加速运动横向 X 平移：${}^{A}P(t)={}^{B}P_{x0}+v_x\times t+{}^{A}P_{B0}$；

(2)单自由度加速运动纵向 Y 平移：${}^{A}P(t)={}^{B}P_{y0}+v_y\times t+{}^{A}P_{B0}$；

(3)单自由度加速运动升降 Z 运动：${}^{A}P(t)={}^{B}P_{z0}+v_z\times t+{}^{A}P_{B0}$；

(4)双自由度 XY 平面运动：${}^{A}P(t)={}^{B}P_{0}+(v_x+v_y)\times t+{}^{A}P_{B0}$；

(5)双自由度 XZ 平面运动：${}^{A}P(t)={}^{B}P_{0}+(v_x+v_z)\times t+{}^{A}P_{B0}$；

(6)双自由度 ZY 平面运动：${}^{A}P(t)={}^{B}P_{0}+(v_z+v_y)\times t+{}^{A}P_{B0}$；

(7)双自由度 $X+\alpha$ 俯仰运动：${}^{A}P(t)={}^{A}_{B}R_{(x,\alpha+\omega\alpha\times t)}({}^{B}P_{x0}+v_x\times t)+{}^{A}P_{B0}$；

(8)双自由度 $X+\beta$ 俯仰运动：${}^{A}P(t)={}^{A}_{B}R_{(x,\alpha+\omega\beta\times t)}({}^{B}P_{x0}+v_x\times t)+{}^{A}P_{B0}$；

(9)双自由度 $X+\gamma$ 俯仰运动：${}^{A}P(t)={}^{A}_{B}R_{(x,\gamma+\omega\gamma\times t)}({}^{B}P_{x0}+v_x\times t)+{}^{A}P_{B0}$；

(10)三自由度 $X+Y+\gamma$ 偏转运动：${}^{A}P(t)={}^{A}_{B}R_{(x,\gamma+\omega\gamma\times t)}({}^{B}P_{xy0}+(v_x+v_y)\times t)+{}^{A}P_{B0}$。

由此可见，动平台实际运动是一个复杂的数学运算，每一时刻都需要通过运动学的正解和逆解来确定动平台连接铰链的坐标，然后，计算驱动杆的长度，实现驱动杆的控制。

11.2.3　六自由度并联运动平台的运动学分析

六自由度并联运动平台的运动学分析是求解平台位置和速度之间的关系。已知动平台的位置和方位角变化的角度，求解驱动杆的长度变化，被称为运动学的逆解；已知机构驱动杆的输入运动参数，求动平台相对于静平台的位姿，被称为运动学的正解。

1.六自由度并联运动平台位置逆解

六自由度并联运动平台属于并联运动平台，运动平台通过六个驱动杆来实现给定的轨迹。当确定了六自由度并联运动平台结构参数、各铰点位置和运动平台位姿参数，就可以计算出各驱动杆的伸长量，这就是伸缩杆运动学的位置逆解，其求解流程如图 11－13 所示。

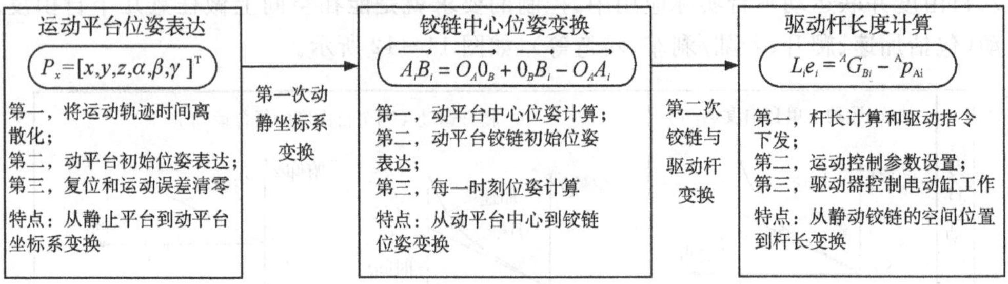

图 11－13　六自由度并联运动平台位置逆解流程

对于任一驱动杆$\overrightarrow{A_iB_i}$，有如下闭环矢量图，如图 11－14 所示。

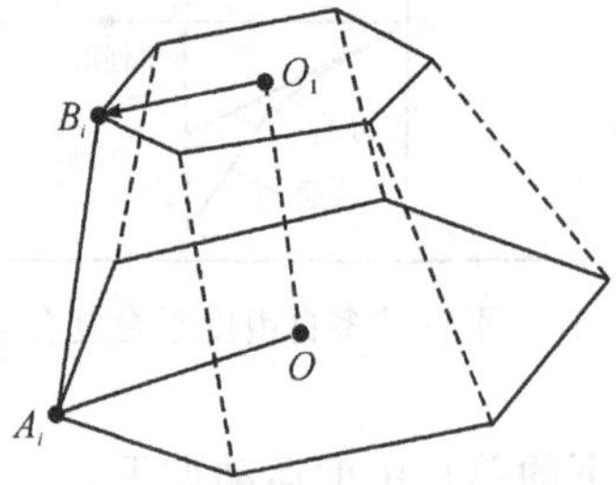

图 11－14　单电动缸支腿闭环矢量图

则驱动杆的矢量表达式为：

$$\overrightarrow{O_AA_i}+\overrightarrow{A_iB_i}=\overrightarrow{O_AO_B}+\overrightarrow{O_BB_i},\{i=[1,6]\}$$

或：

$$\overrightarrow{A_iB_i}=\overrightarrow{O_AO_B}+\overrightarrow{O_BB_i}-\overrightarrow{O_AA_i},\{i=[1,6]\}$$

$${}^AP_{AiBi}={}^AP_{B0}+{}^A_BR\,{}^BP_{Bi}-{}^AP_{Ai},\{i=[1,6]\}$$

第 i 个伸缩杆的长度就是：

$$L_ie_i={}^AP_{AiBi}={}^AP_{B0}+{}^A_BR\,{}^BP_{Bi}-{}^AP_{Ai}={}^AG_{Bi}-{}^AP_{Ai},\{i=[1,6]\}$$

上式可以写成：

$$L_i=\sqrt{({}^AG_{Bi}-{}^AP_{Ai})^T({}^AG_{Bi}-{}^AP_{Ai})},\{i=[1,6]\}$$

驱动杆长度变化量可表示为：

$$\Delta L_i=L_i-L_{i0},i=[1,6]$$

以上式子中，L_i和 L_0是第 i 个伸缩杆的实际长度和初始长度，${}^A_BR$ 是上平台中心的旋转变换矩阵，e_i是伸缩杆由静平台指向动平台的单位矢量。

可见，六自由度并联运动平台的运动学逆解相对容易，其求解流程分为三步，通过上平台的位姿计算上平台的铰链中心位姿，再通过上述公式计算得到驱动杆长度变化量。

2.六自由度并联运动平台位置正解

并联运动平台的运动学正解问题就是已知各驱动杆的初始长度和变化量，求解末端执行器动平台的位姿。由于运动学正解存在多解，只能迭代求解，因此，并联运动平台的运动学正解问题没有解析方法，计算量大且方程组有高度非线性，其求解流程如图 11-15 所示。

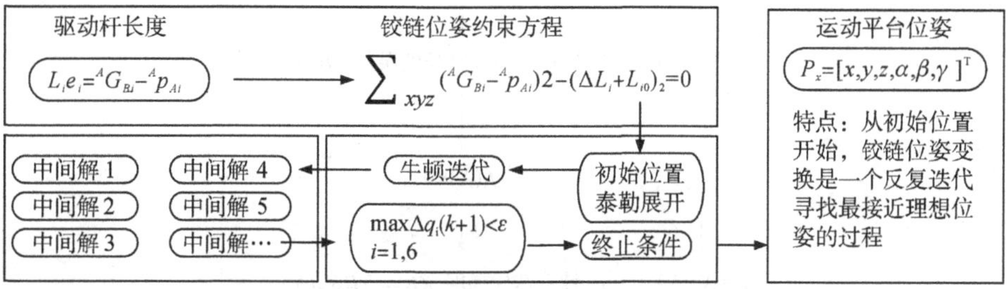

图 11-15　并联运动平台的运动学正解流程

六自由度并联运动平台的位置姿态正解是在已知六个电动缸长度的情况下，求解运动平台的位置与姿态。这样，其运动学正解方程在任一电动缸位置条件下，可归纳为六个六元二次且含有三角未知数的非线性方程组，如下式所示，可见，其求解算法复杂，难度很大。

$$L_i = \left|{}^AG_{Bi} - {}^AP_{Ai}\right| = \Delta L_i + L_{i0}$$

$$L_i = \sqrt{({}^AG_{Bix} - {}^AP_{Aix})^2 + ({}^AG_{Biy} - {}^AP_{Aiy})^2 + ({}^AG_{Biz} - {}^AP_{Aiz})^2} = \Delta L_i + L_{i0}$$

可见，上式解析的解无法得到，需要借助计算迭代算法。为了编程计算方便，定义描述动平台在空间中的位置和姿态的广义向量坐标为：

$$q = [q_1, q_2, q_3, q_4, q_5, q_6]^T = [x, y, z, \alpha, \beta, \gamma]^T$$

由六自由度并联平台的运动学正解需要求解的非线性方程为六元二次非线性方程组：

$$f_i(q_1, q_2, q_3, q_4, q_5, q_6) = \sum_{xyz} ({}^AG_{Bi} - {}^AP_{Ai})^2 - (\Delta L_i + L_{i0})^2 = 0$$

利用计算机迭代法解此非线性方程组，可以求出位置姿态正解算法的各个解，即可求出上平台位姿 $q_i(i=1,2,\cdots,6)$。将上述方程组在初值$Q_0 = (q_{10}, q_{20}, q_{30}, q_{40}, q_{50}, q_{60})$附近进行二元泰勒展开，并忽略二次以上高阶项，有以下方程：

$$f_j(Q_0) + \sum_{i=1}^{6} (q_i - q_{i0}) \frac{\partial f_j(Q_0)}{\partial q_i} = 0, \{j = [1,6]\}$$

定义$\Delta q_i(k) = q_i(k) - q_{i0}(k-1)$和$Q_0(k) = (q_{i0}(k) + \Delta q_i(k), \{i = [1,6]\})$，则上述方程组转换为迭代形式方程：

$$\sum_{i=1}^{6} \Delta q_i(k+1) \frac{\partial f_j(Q_0(k))}{\partial q_i} = -f_j(Q_0(k)), \ \{j = [1,6]\}$$

针对$\Delta q_i(k+1), \{j = [1,6]\}$为未知量的方程组，利用牛顿迭代法进行求解。如果不符合就继续迭代，满足条件当$\max\limits_{i=1,6} \Delta q_i(k+1) < \varepsilon$ 时，迭代为止，直到得到六自由度并联平台位姿变量的运动学正解，k 为迭代循环次数。运动平台位姿正解流程图如图 11-16 所示。

通过以上运动学分析可知，运动平台有并联运动平台和串联机构两种，由于两者结构的不同，运动学的正逆解的求解难易程度也不一样。并联运动平台容易得出运动学逆解，串联机构却不易得到逆解；串联机构容易求出运动学正解，并联运动平台正解的求解却十分困难。可

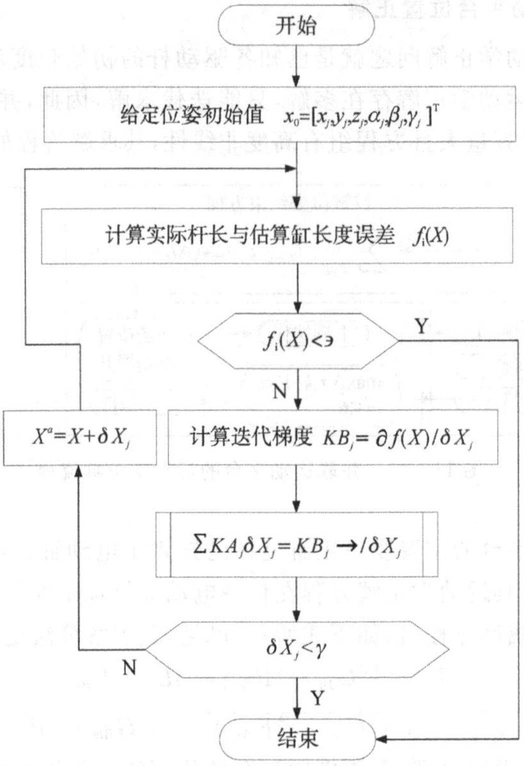

图 11－16　运动平台位姿正解流程图

见，运动学分析是机构设计与结构参数优化的基础。在结构优化设计研究中，运动学正解有助于分析机构的运动误差、部件的受力情况和工作空间的变化。运动学逆解有助于求出机构驱动杆的移动速度和加速度及动平台铰点速度和加速度，是动力学分析的基础。六自由度并联运动平台的运动学逆解常常用于精确定位和切削加工，但随着对加工精度和定位精度要求的不断提高，并联运动平台运动学正解的求解变得越来越迫切。

11.3　六自由度并联运动平台的运动空间分析

并联运动平台的工作空间是指动平台的工作区域，其工作空间的大小是评价并联机器人运动性能的重要参考依据。由于同等条件下，并联机器人的工作空间要小于串联机器人，因此，对并联运动平台的工作空间分析就显得尤为重要。对并联运动平台的实际工作空间的分析，对机构的实时控制、轨迹规划和实际应用都是不可缺少的内容。工作空间的约束条件主要包括球铰和虎克铰转角的限制、驱动杆运动范围的限制和驱动杆之间的干涉等。并联机器人的工作空间求解是一个比较棘手的问题。

11.3.1　六自由度并联运动平台的运动空间定义

并联运动平台的工作空间是指动平台上能到达的所有点的集合，共同构成了动平台的运动范围，可视化处理后得到了并联运动平台的工作空间如图 11－17 所示。

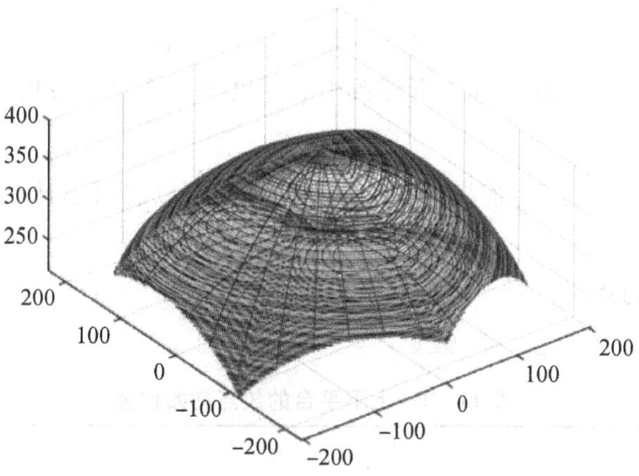

图 11－17　并联运动平台的工作空间

图 11－7 中，六自由度并联运动平台由于支撑腿的结构限制，不可能实现围着某点做 360°的旋转，因此其工作空间只能通过动平台的运动学正解来迭代计算某一参考点可以到达的位置集合，如图 11－18 所示。当机构工作空间的维度不大于 3 时，我们可以选用笛卡尔坐标描述工作空间；当维数大于 3 时，可将动平台的位姿固定，减少它的维数，方便描述。

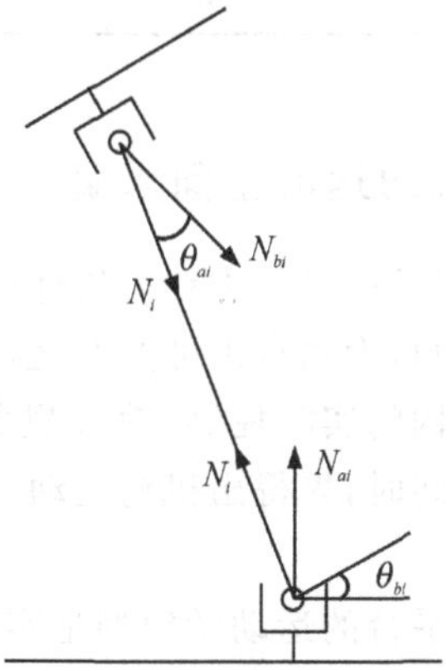

图 11－18　并联运动平台工作空间的约束

1.杆长约束

杆长约束是最基本几何约束条件，通过改变杆长的几何尺度可以直接实现对并联运动平台位姿的控制，其数学表达形式为：

$$l_{min} \leqslant l_i \leqslant l_{max}$$

当负载平台、连接平台、基底平台三者的质心在垂直方向上的投影为同一点时，定义此时并联运动平台的位姿为初始位姿，且对应的关节变量为其变化范围的中值。例如初始长度 $l_{min}=355$ mm 和 $l_{max}=475$ mm。

2.转角约束

并联运动平台的连杆与平台之间的连接均为球铰，一般情况下其转角约束为：

$$\begin{cases}\theta_{ai} \leqslant \theta_{a\max} = 60^\circ, \ \{i = [1,6]\} \\ \theta_{bi} \leqslant \theta_{b\max} = 60^\circ, \ \{i = [1,6]\}\end{cases}$$

θ_{ai}和θ_{bi}表示第i个连杆轴线和上下球铰中心速度矢量之间的转角。

3.干涉约束

在球铰的转角限制条件下，连杆与平台之间的干涉可以忽略不计，只需考虑杆与杆之间的相互干涉问题。

4.铰点初始位姿约束

铰点初始位姿见表11-2。

表11-2　上下平台的铰点初始位姿

第i个铰点	x_{ai}	y_{ai}	x_{bi}	y_{bi}	$l_{i\min}$	$l_{i\max}$
1	193.22	−51.76	110.0	−45.92	150.0	250.0
2	193.22	51.76	110.0	45.92	150.0	250.0
3	−51.76	193.22	−15.66	118.97	150.0	250.0
4	−141.42	141.42	−95.21	73.05	150.0	250.0
5	−141.42	−141.42	−95.21	−73.05	150.0	250.0
6	−51.76	−193.22	−15.66	−118.9	150.0	250.0

11.3.2　六自由度并联运动平台的运动空间求解

对并联运动平台而言，按照约束条件，用Matlab软件搜索对应给定姿态的边界，进而求解出机构能够达到的运动范围工作空间，为六自由度并联运动平台的结构参数优化提供了理论依据。实际上工作空间的分析对机构的实时控制、轨迹规划和实际应用都是不可缺少的。采用解析法求解并联运动平台工作空间时，先得出机构运动学正解方程，然后确定末端执行器的运动位姿。

准确地建立六自由度并联运动平台的运动学模型是实现精确控制、机构学分析、动力学分析的基础，分析运动的各自由度与电动缸伸缩杆的伸缩量之间关系，再求出上平台的位置姿态，生成平台控制过程中各支路驱动信号，就可以进行平台运动控制。

11.4　六自由度并联运动平台的动力学分析

对并联运动平台的结构设计和参数优化来说，必须对其进行动力学分析。常用的方法包括牛顿-欧拉法、凯恩方程、拉格朗日法和虚功原理等。牛顿-欧拉法在建立动力学方程时，是根据牛顿方程和用于转动情况的欧拉方程，描述一个系统的中负载力、驱动力、惯量和加速度之间的关系。

11.4.1　六自由度并联运动平台动力学方程

动力学分析方法可以实现对并联运动平台的结构优化，提高并联运动平台的动力性能、控制精度以及改善本身机构运动特性。

为了方便对并联运动平台进行动力学分析，假定六自由度并联运动平台的实际动平台和负载质量很大时，六个伸缩杆的质量可以忽略，这时，可将六自由度并联运动平台看作单刚体系统，运用牛顿第二定律，并联运动平台的动平台在竖直方向的力平衡方程可表示为：

$$L_x f + mg = m\ddot{c}$$

式中，L_x 是六个伸缩杆上单位方向矢量组成的矢量阵，f 是驱动器对动平台的驱动力矢量，m 是动平台及负载的总质量，g 是重力加速度，$g=[0,0,-g]^{\mathrm{T}}$，$\ddot{c}$为上平台动坐标和相对于下平台的加速度。

动平台在旋转方向的运动方程可表示为：

$$[RB \times L_x] f = I\dot{\omega} + \omega \times I\omega$$

式中，$I = R\,I_p R^{\mathrm{T}}$，$I_p$ 为动平台上的动坐标系$\{B\}$的转动惯量矩阵。

把上面两个公式合并可得：

$$\begin{bmatrix} L_x \\ RB \times L_x \end{bmatrix} f = \begin{bmatrix} mE & 0 \\ 0 & I \end{bmatrix} \begin{bmatrix} \ddot{c} \\ \dot{\omega} \end{bmatrix} + \begin{bmatrix} 0 & 0 \\ 0 & \omega I \end{bmatrix} \begin{bmatrix} \dot{c} \\ \omega \end{bmatrix} - \begin{bmatrix} mg \\ 0 \end{bmatrix}$$

式中，E 为 3×3 的单位矩阵。

这里，先定义并联运动平台动平台的广义速度和加速度，可表示为：

$$\dot{q} = \begin{bmatrix} \dot{c} \\ \omega \end{bmatrix}, \ddot{q} = \begin{bmatrix} \ddot{c} \\ \dot{\omega} \end{bmatrix}$$

式中，c 为上平台动坐标系相对于下平台的静坐标系的位置矢量；$\dot{c}$ 和$\ddot{c}$为上平台动坐标系相对于下平台的速度和加速度；角速度 ω 为上平台动坐标系相对于下平台的静坐标系的旋转角速度，其角速度 ω 和各坐标轴的旋转速度都相关，其表达式为：

$$\omega = \begin{bmatrix} 1 & 0 & -\sin\theta \\ 0 & \cos\phi & \cos\theta\sin\phi \\ 0 & -\sin\phi & \cos\theta\cos\phi \end{bmatrix} \begin{bmatrix} \dot{\phi} \\ \dot{\theta} \\ \dot{\psi} \end{bmatrix}$$

$\dot{\omega}$为上平台动坐标系相对于下平台静坐标系的旋转角加速度，以上式子可写为：

$$J^{\mathrm{T}}(q) f = M(q)\ddot{q} + C(q,\dot{q})\dot{q} + G(q)$$

式中，$M(q)$为广义惯性矩阵；$G(g)$为广义重力矩阵；$C(q,\dot{q})$为广义离心力和科氏力系数矩阵；J 为速度雅克比矩阵；f 为伺服驱动力。

11.4.2　六自由度并联运动平台的速度分析

并联运动上平台的铰链中心速度矢量与平台速度矢量及旋转关系如图 11-19 所示。

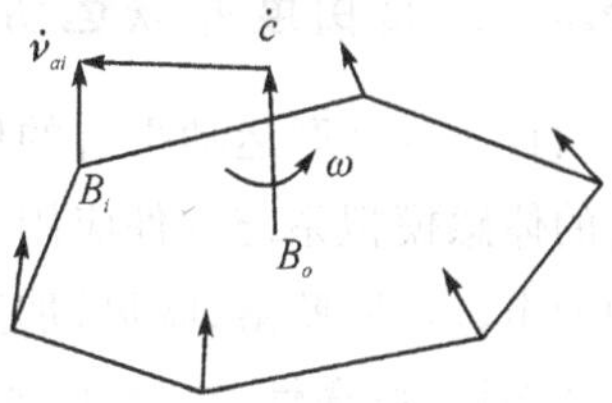

图 11-19　速度矢量与平台速度矢量关系图

图中铰链中心速度矢量与平台速度矢量关系为：

$$\dot{\nu}_{ai} = \dot{c} + \omega \times RB_i$$

对于任一驱动杆$\overrightarrow{A_iB_i}$有如下闭环矢量图。

$$\dot{L}_i = e_i \dot{\nu}_{ai} = e_i \dot{c} + e_i \omega \times RB_i$$

式中，e_i为速度矢量。驱动杆的矢量表达式为：

$$\dot{L}_i = J_{i,x}\dot{x}_{ai}$$

式中，$J_{i,x}$ 为平台动作速度到各个电动缸伸缩速度的雅可比矩阵，是描述整个六自由度平台的速度与各个电动缸伸缩速度之间的映射关系；转置矩阵 $J_{i,x}^{T}$ 为 6×6 阶方阵。

11.5 六自由度并联运动平台的体感模拟分析

11.5.1 六自由度并联运动平台的体感模拟系统功能分析

六自由度并联运动平台的体感模拟系统在实际应用中，以 4D 影院应用最多。其采用动感控制技术，使用电动缸六自由度动感平台，真正做到与影片内容紧密结合，可以完成俯冲、爬升、倾斜、拐弯、旋转、下坠、颠簸等高难度动作，从动感、驾驶操控、影音、仿真方面给予超真实的体验，其系统组成如图 11-20 所示。

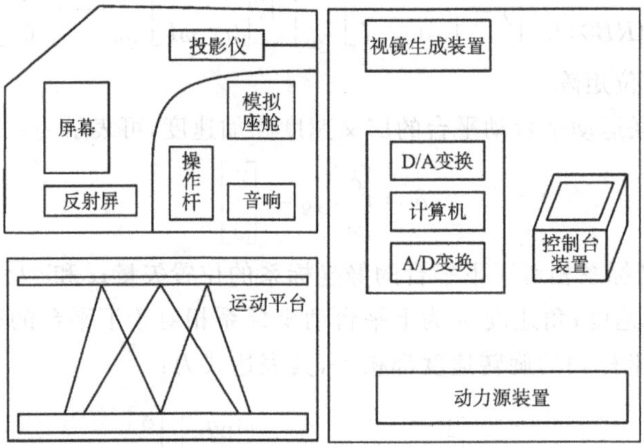

图 11-20 六自由度并联运动平台组成

图 11-20 中，六自由度并联运动平台的体感模拟系统由体感模拟仓、运动平台、视景生成装置、动力装置、计算机控制装置和指挥控制台组成。系统工作时，指挥控制台发出模拟场景、动感级别和难度级别给计算机控制系统，接下来控制运动平台实现运动模拟，同时，由视景生成装置配合体感运动模拟，在模拟仓空间内，呈现动态视觉体验，并将位置与姿态信息反馈到计算机中进行反馈控制，修正运动中的误差。

11.5.2 六自由度并联运动平台的体感模拟系统软件界面

六自由度并联运动平台的体感模拟系统软件如图 11-21 所示。图中，六自由度并联运动平台的体感模拟系统软件应用于船舶、电子、石油、交通等行业。通过软件系统设置，它能还原车辆撞击、震动、坠落、吹风、加速及路面起伏感，从动感、驾驶操控、影音等方面模拟真实效果，具有新颖性、刺激性、震撼性、娱乐性和科普性。

图 11-21 六自由度并联运动平台的体感模拟系统软件

11.5.3 六自由度并联运动平台控制软件功能

六自由度并联运动平台的控制软件功能树如图 11-22 所示。

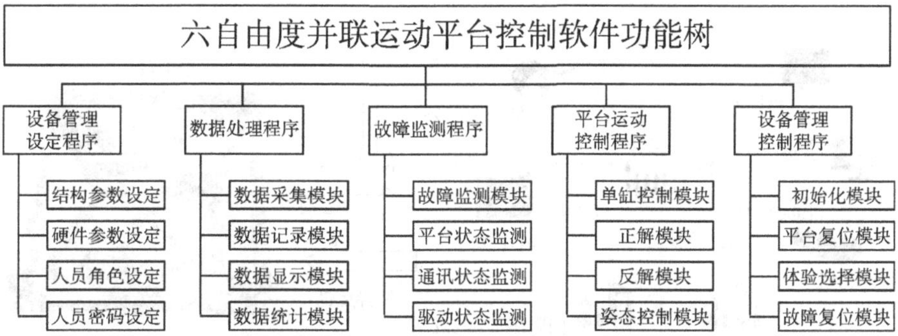

图 11-22 六自由度并联运动平台的控制软件功能树图

图 11-22 中，在实际平台运动控制过程中，主控单元频繁地执行正逆解、轨迹规划求解等计算任务时，需要具备以下功能：

(1)位置控制。在系统限定范围内进行伸缩运动的位置控制过程中，平台的六个电动缸能够按照系统发出的指令，使运动平台实现空间中六个自由度的目标运动。

(2)限位系统。当六自由度运动平台的某个电动缸超过其运动范围时，必须有限位系统检测到，即刻将限位信号反馈至上位控制系统，系统发出警报，并执行相应保护措施。

(3)伺服警报。当六自由度运动平台出现超载警报、电池警报、编码器通信警报、振动检测警报、散热系统过热警报等问题，系统会立即发出伺服警报，通过关闭伺服或指令脉冲禁止输入等动作，将伺服电机关闭，及时保护运动平台。

(4)人机界面。控制系统需提供一个用户使用的界面，操作简明、方便控制。该界面应包含控制方案选择、参数初始化、基本指令输入输出，平台的位置姿态和电动缸伸缩量、速度等反馈参量及其运动曲线的同步显示，伺服控制系统当前运行状态等。

(5)急停装置。当系统发出严重故障问题警报时，若不能利用控制按键及时停止平台的运动，可以通过急停装置直接切断整个系统电源，令平台立即停止运动，避免运动平台受到碰撞损坏等。

(6)复位与定位。在人机界面需要有控制按键，可以令平台自动回归到零点位置，或定位到空间限定范围内的任一位置。

(7)自动检测：系统通电之后，即刻开始检测伺服控制系统各个构成模块是否正常运行，并将检测结果及时向上位机反馈报告。

11.5.4 六自由度并联运动平台控制系统组成

常用的六自由度并联运动平台控制系统有两种组成方案，一种是工控机 IPC＋多轴运动控制卡，另一种是工控机 IPC＋嵌入式运动控制器 GUS。前者是一种总线板卡形式，价格相对较低，具有良好的开放性、可靠性和抗干扰性。后者是一种工控机 IPC 或人机界面 HMI＋运动控制器 GUS 形式。GUS 控制器是一种具有模块化的高度集成化的专用运动控制设备。

六自由度运动平台的控制采用计算机集中控制方式，由一台固高 IPC 完成运动轨迹规划和视频体感指令发布。整个运动控制系统由上位机、GUS 控制器、伺服驱动器、电动缸、机械机构、传感器等组成，如图 11-23 所示。

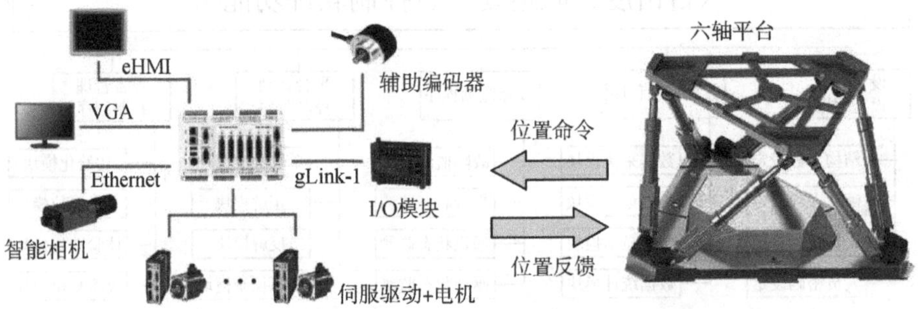

图 11-23　六自由度并联运动平台的体感模拟系统组成

图 11-23 中，该系统采用“GUS＋工业以太网”技术，其特点为稳定可靠、通信速率高、受干扰率低、网络速度快。上位机软件负责按要求对机构的运动进行轨迹规划，并将各种控制命令通过以太网通信接口下发给 GUS 控制器。GUS 运动控制器对收到的控制命令进行命令解析、状态获取、运动学求解及控制。GUS 运动控制器经过逆解求解，将上位机发来的位姿信息转换成每个电动缸的位置信息。再根据控制器获取的电机绝对编码器值，以及伸缩位移传感器测得的电动缸伸缩量等信息，得到具体的控制量，通过工业以太网总线发送运动控制命令，实现并联运动平台的精确运动。同时，GUS 运动控制器可以通过工业以太网获取到各个驱动器的当前状态、运动信息及相关数据，通过正解算法得到机构的实时姿态，其电气连接如图 11-24所示。

在软件方面，GUS 控制器采用嵌入式实时多任务操作系统，任务循环周期最快可达到微秒级别，将一些通用的运动控制指令功能固化其中，用户可以随时调用这些功能块或指令进行组态，这样降低了编程的难度，提高了控制性能。与多轴运动控制卡相比，GUS 控制器根据上位计算机发送控制信号来执行命令，实现高精度的实时控制和运动规划。

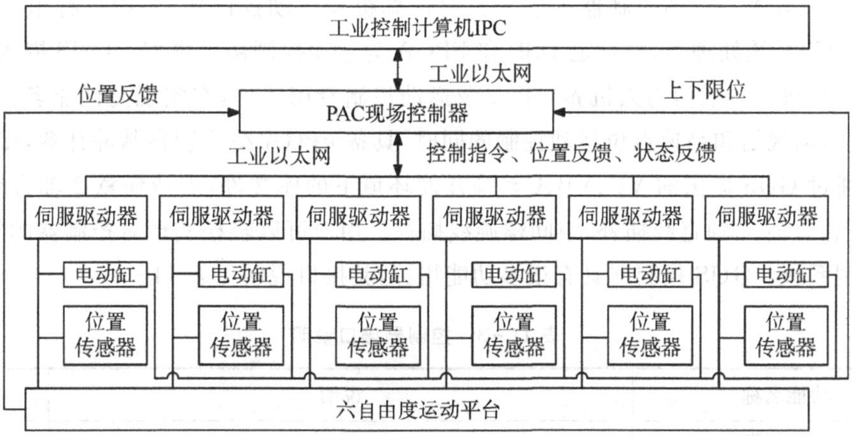

图 11-24 六自由度并联运动平台的体感模拟系统电气连接图

硬件方面，GUS 控制器电气接口如图 11-25 所示。

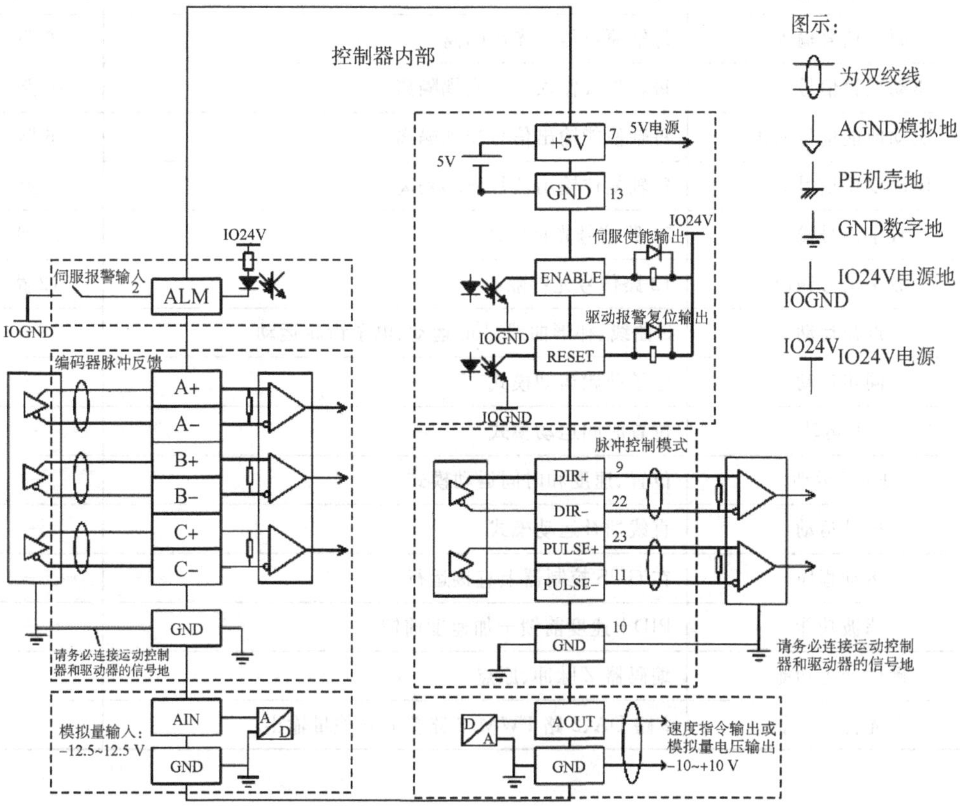

图 11-25 GUS 控制器电气接口

图中，GUS 控制器具有六轴左右限位与原点信号输入、光栅位置输入、报警信号、六轴方向、位置脉冲、使能、报警复位输出信号、通信信号、模拟量输入/输出信号等。

GUS 嵌入式多轴运动控制器集成了工业计算机和运动控制器，采用英特尔 x86 架构的 CPU 芯片组为系统处理器，高性能 DSP 和 FPGA 为运动控制协处理器。GUS 嵌入式运动控制器提供计算机常见通信与人机界面接口及运动控制专用接口，在实现高性能多轴协调运动控制、高速运动规划和高速点位运动控制的同时，具备 FPGA 精确锁存脉冲计数，多轴同步控制功能。通过 GUS 提供的 VC、VB、C# 等开发环境下的库文件，支持任意 2 轴直线、圆弧插补，支持任意 3 轴、4 轴直线插补，空间螺旋线插补。用户可以轻松实现对控制器的编程，构建自动化控制系统。GUS 控制器具有很多功能指标，其接口说明见表 11－3。

表 11－3　控制器接口说明

功能名称	说明	数量
控制周期	250 μs	—
脉冲量输出	—	6 轴
编码器输入	增量式编码器输入 最高频 8 MHz	6 路
限位信号输入	每轴限位正负信号光耦隔离	12 路
原点信号输入	每轴原点信号光耦隔离	6 路
驱动报警信号输入	每轴报警输入信号光耦隔离	6 路
驱动使能信号输出	每轴使能输出信号光耦隔离	6 路
驱动复位信号输出	每轴复位输出信号光耦隔离	6 路
数字信号输入	24 路信号光耦隔离	24 路
数字信号输出	12 路信号光耦隔离	12 路
点位运动	S 曲线、梯形曲线、Jog 运动、电子齿轮运动	—
同步运动	电子凸轮运动模式	—
PT 运动	位置时间运动模式	—
PVT 运动	位置、速度和时间运动模式	—
插补运动	直线插补运动模式	—
运动程序	在 GUS 控制器上直接运行	—
滤波功能	PID＋速度前馈＋加速度前馈	—
硬件捕捉功能	编码器 Z 脉冲、原点	—
激光控制功能	2 路 DA、2 路 PWM、2 路差分开关量输出	—

11.5.5　六自由度并联运动平台控制电气接口

(1)GUS 控制器硬件具有丰富的电气接口，如图 11－26 所示。图中，GUS 控制器硬件电气接口分为网络类、功能输入/输出类、轴信号类、人机交互类和电源类五类接口，见表 11－4。

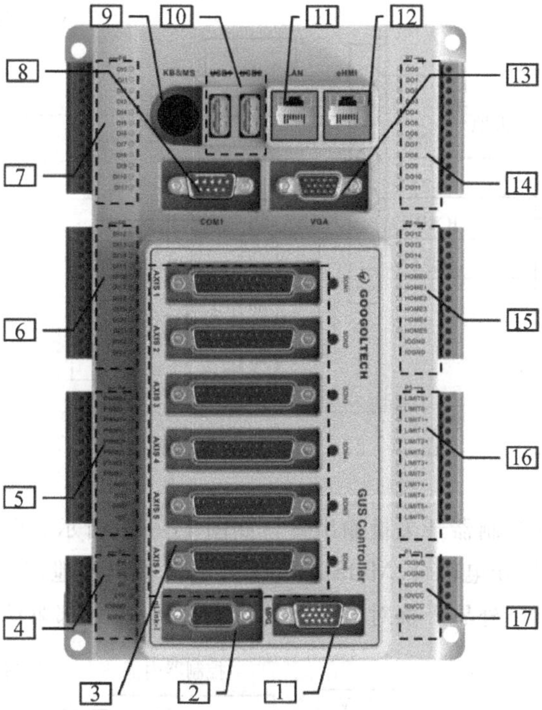

图 11-26　GUS 运动控制器电源连接图

表 11-4　控制器接口说明

标号	接口标识	说明	标号	接口标识	说明
1	MEG	手轮输入接口	10	USB1,2	USB1,2
2	gLink-1	通信接口	11	LAN	以太网
3	AXIS1-6	轴信号接口	12	eHMI	千兆 HMI
4	P2	电源接口	13	VGA	VGA
5	P4	激光与模拟量接口	14	P7	12 路输出接口
6	P6	D12-23 通用输入接口	15	P5	原点信号输入接口
7	P8	D0-11 通用输入接口	16	P3	限位信号输入接口
8	COM1	模拟输出	17	P1	模式输入选择接口
9	KB&MS	键盘与鼠标接口	—	—	—

(2)嵌入式多轴运动控制器电源接口如图 11-27 所示。GUS 控制器正常工作时需要两个 24 V 电源，一个为内部电源，给控制器供电，接“+24 V”和“0 V”；另一个为数字开关量 I/O 的外部电源，接“IOGND”和“IO24 V”。在电源接口上提供了一个与运动控制器外壳连通的“PE”保护性接地。

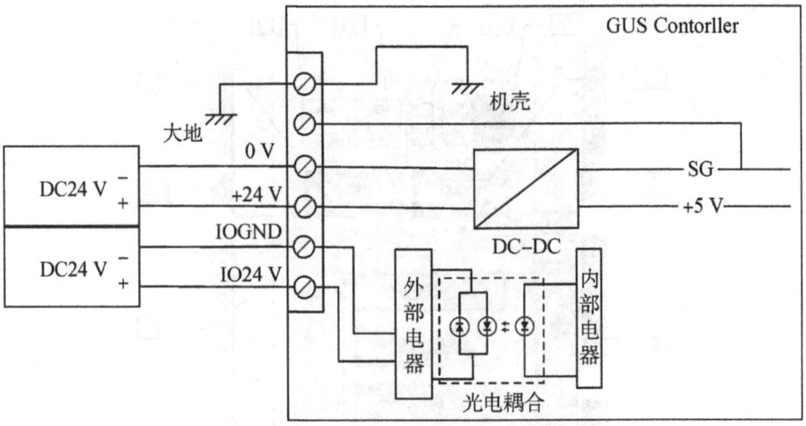

图 11-27　GUS 控制器电源接口

(3)嵌入式多轴运动控制器开关量输出接口如图 11-28 所示。图中，GUS 运动控制器提供的数字量输入接口采用光电耦合、MOS 三极管集电极输出和泄流二极管电路，实现了外部和内部电路的隔离，抑制了外界干扰对控制器的影响，增大了外部驱动能力。

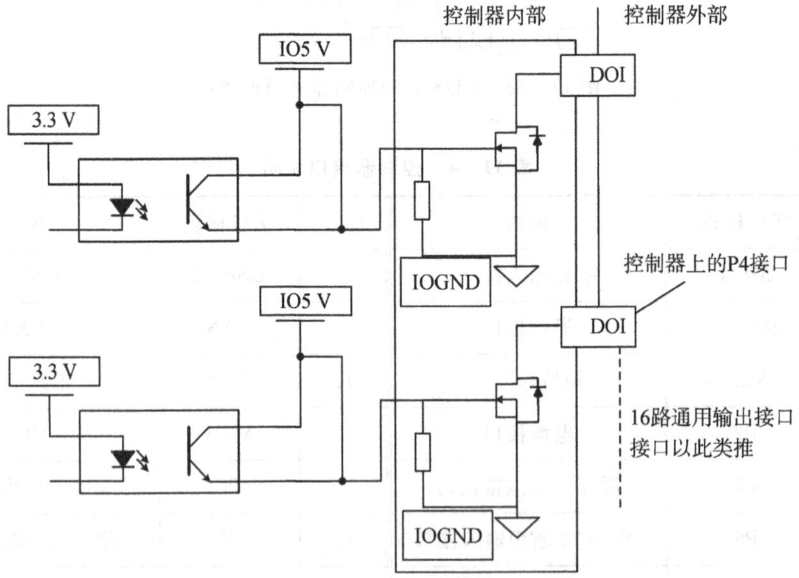

图 11-28　GUS 控制器开关量输出接口

(4)嵌入式六轴运动控制器开关量输入接口如图 11-29 所示。图中，GUS 运动控制器可以提供三类输入接口，第一类为 24 路数字量通用输入接口；第二类为 6 组限位信号输入和 6 路原点信号输入接口；第三类为高低电平模式选择输入接口。

图中，GUS 运动控制器提供的数字量输入接口，首先采用光电耦合原理，实现了外部和内部电路的隔离，抑制了外界干扰对控制器的影响；其次采用可编程配置的电压或电流模式，高电平或低电平有效输入的方法，提高了电路的适用性。

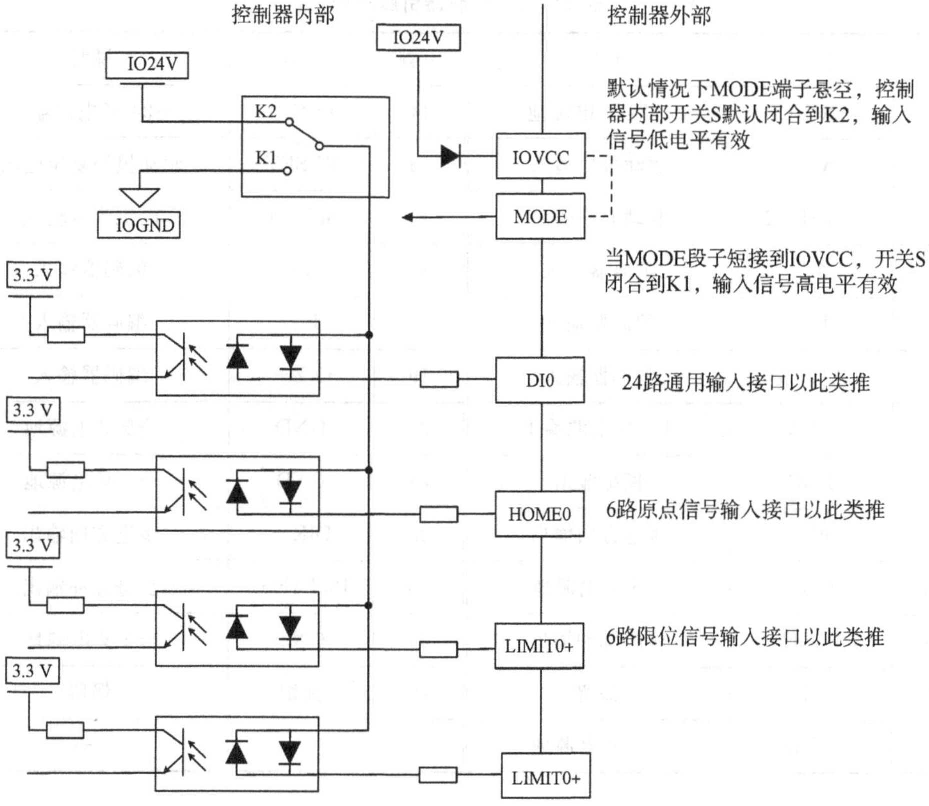

图 11-29　GUS 控制器开关量输入接口

(5)嵌入式多轴运动控制器轴信号电气接口如图 11-30 所示。图中，六自由度并联运动平台控制系统需要 GUS 控制器的六轴 AXIS1～AXIS6 驱动接口。控制器引脚定义说明见表 11-5。

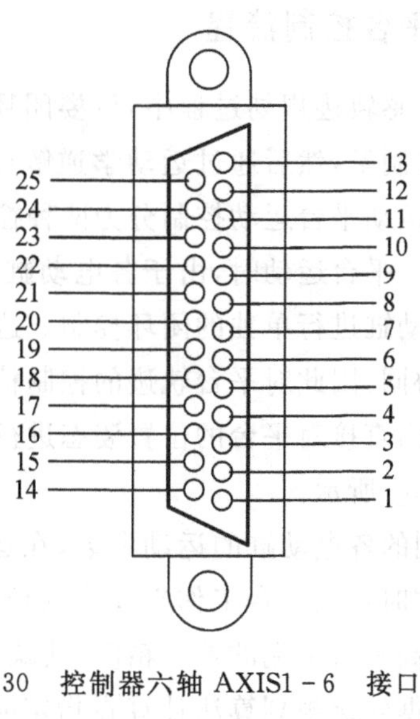

图 11-30　控制器六轴 AXIS1-6　接口引脚图

表 11-5 控制器引脚说明

引脚	信号	说明	引脚	信号	说明
1	OGND	+24 V 电源地	14	OVCC	+24 V 电源输出
2	ALM	驱动报警输入	15	RESET	驱动报警复位输出
3	ENABLE	驱动允许输出	16	SERDY	电机到位输入
4	A−	编码器输入	17	A+	编码器输入
5	B−	编码器输入	18	B+	编码器输入
6	C/Z−	编码器输入	19	C/Z+	编码器输入
7	+5 V	+5 V 电源输出	20	GND	+5 V 电源地
8	DAC	模拟输出	21	GND	+5 V 电源地
9	DIR+	步进方向输出	22	DIR−	步进方向输出
10	GND	+5 V 电源地	23	PULSE+	步进脉冲输出
11	PULSE−	步进脉冲输出	24	GND	+5 V 电源地
12	保留	保留	25	保留	保留
13	GND	+5 V 电源地	—	—	—

由表 11-5 可见，第一，GUS 控制器通过定义六组标准的信号接口，可以方便应用于六轴运动平台等场合；第二，很多信号是成对定义的，说明控制器采用了电流环防干扰电路，需要外部材料双绞线加屏蔽电缆，可以在实际工程应用中，增强抗干扰能力；第三，轴信号定义是一个比较全的接口，可以根据实际情况进行连接。

11.5.6 六自由度并联运动平台控制流程

六自由度并联运动平台的体感轨迹规划过程中，位姿闭环控制器根据输入的目标位姿与当前平台的实际位姿计算位姿控制量，然后通过运动学逆解计算得到各个电动缸对应的控制长度，完成闭环控制。六自由度运动平台运动控制分为两种控制策略：

(1)运动空间内的闭环控制。平台运动时，由于各电动缸伸缩长度、伸缩速度、输出力矩、所受负载等不相同，因此对各电动缸进行单独的闭环控制。这种控制策略为准闭环控制，在使用时难以实现各电动缸的精确协同，因此对平台轨迹的控制精度有一定影响。

(2)在工作空间与运动空间内直接对平台的位置姿态进行闭环控制，整体控制框架为双闭环结构运动控制流程，如图 11-31 所示。

图 11-31 中，根据计算得到的各电动缸的运动参数，在运动空间内针对各电动缸再进行闭环控制。这种控制策略能够实时检测平台工作空间内的位置姿态值，进行两次闭环计算及运动学逆解计算，从而进一步提高平台末端的控制精度，其缺点在于计算量比较大。

如果满足位姿极限要求，根据轨迹规划算法计算在指定时间内到达目标位姿所需要的步

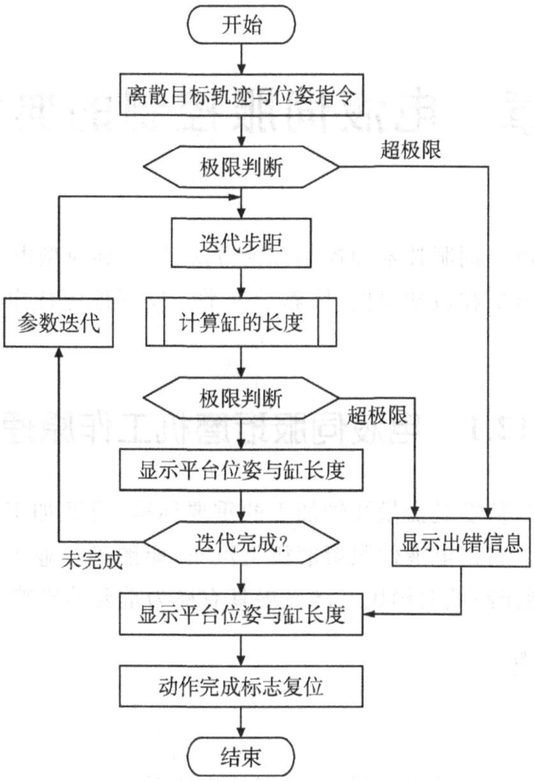

图 11－31　双闭环平台运动控制流程

距和步数，根据计算出来的步距，调用平台逆解模块计算该步各缸位置变化量。接着判断该步走完后平台的位姿是否仍满足位姿极限要求，若不满足则结束线程并使平台归零复位，若满足要求则输出各缸的长度。接着判断步数 N 是否走完，若没有，则步数加一并继续计算下一步各缸位置变化量；若走完，则向显示模块传递平台位姿信息和各缸长度信息，并结束线程，整个静态运动过程循环结束。当不满足位姿极限要求时，则显示出错信息，并关闭静态运动线程。

11.6　思考

1.模拟体验式六自由度并联运动平台为什么采用电气伺服控制系统？

2.如何提高六自由度并联运动平台的模拟体验效果？

3.六自由度并联运动平台控制过程中为什么要进行运动学和动力学求解？

4.六自由度并联运动平台空间约束是针对什么参数进行了限制？

5.六自由度并联运动平台的速度与加速度和模拟体验的内容有什么相关性？

第 12 章　电液伺服控制的典型案例

本章重点在于利用电液伺服技术和控制理论方法，应用到典型电液伺服珩磨机中，进行电液伺服珩磨机工作原理分析和数学建模，培养学生举一反三地完成电液伺服控制系统的综合设计能力。

12.1　电液伺服珩磨机工作原理

机械零件的几何形状精度是衡量孔轴加工的重要标准，珩磨加工质量是直接影响运动副零部件使用寿命的关键。高档电液伺服珩磨机是汽车、船舶等行业中关键零部件精密加工不可缺少的加工装备，其性能高低对国民经济发展具有极为重要的影响。

12.1.1　珩磨加工原理

1.珩磨加工原理

珩磨加工是一种特殊的超精密磨削方法，它是主轴直线往复运动、主轴旋转运动和油石进给运动的复合作用结果。珩磨加工通过油石与工件加工面之间产生一定压力，互相磨削修正达到工件尺寸精度、形位精度和表面质量的要求，其通常作为工件加工工艺的最终定型加工工序，决定着工件的成型质量。珩磨加工广泛应用于发动机缸套、轴承内外环的圆滚道、箱体孔、汽车制动泵、油泵、阀体和油缸等孔轴类零件，以获得高的成形表面质量。被加工零件经过珩磨后，能得到带有网纹的内孔表面和相应的内孔几何形状精度。

在需要珩磨工艺的摩擦副中，珩磨加工方法可分为内圆珩磨、外圆珩磨、平面珩磨、锥面珩磨等。珩磨油石加工轨迹及展开原理如图 12－1 所示。

图 12－1 中，带有网纹的孔加工表面是珩磨加工独特的性质，这种性质有利于润滑油的存

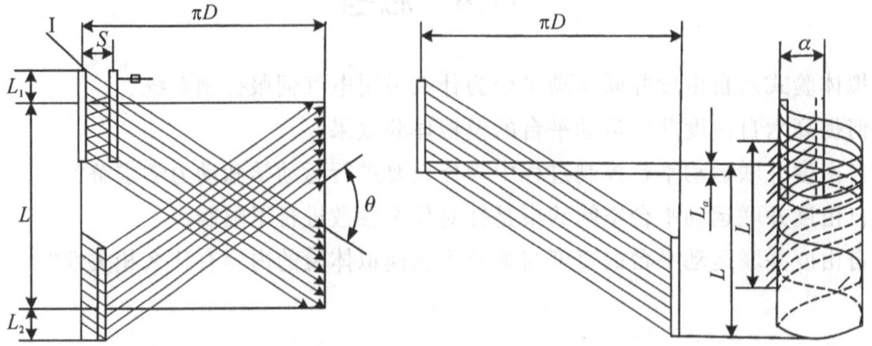

(a) 珩磨油石加工轨迹　　(b) 珩磨油石加工轨迹展开原理

图 12－1　珩磨油石加工轨迹图

储及油膜的保持，并有较高的表面支承率，从而能承受较大的载荷、耐磨损，可以大大延长工件的使用寿命。如何使机械零件得到良好的网纹质量和高质量的几何形状精度是珩磨加工的关键。

珩磨加工时，由于轨迹相互多次重叠与交错，油石表面各部分与加工出的表面相互干涉，使工件表面与油石表面得到很好地修正，从而制造出精度更高的加工表面。珩磨工艺的油石长度和数量，珩磨油石上的磨粒以及旋转运动关系，都是提高珩磨质量和有效修正工件表面的形状误差的关键，从而实现往复运动的珩磨加工油石网络轨迹分布均匀细致与一致性。

2.珩磨加工网纹特征分析

从珩磨油石加工轨迹可以看出，根据珩磨工作原理，一方面，珩磨油石加工在珩磨上、下换向点时，珩磨的轨迹将会换向，油石轨迹会发生变化，从而不可避免地产生一段过渡的曲线轨迹。另一方面，由于主轴具有较大重量和惯性，主轴的正、反向往复运动必然是减速、到零、再反向加速的反复变化过程。在这个过程中，珩磨网纹角也会随之发生变化，将极大影响端部珩磨网纹的质量，造成端部珩磨网纹混杂紊乱的现象，这是珩磨工艺需要解决的关键问题。改善珩磨端部网纹质量的最佳途径，是在端部珩磨轨迹换向时，要求珩磨的两个主运动的速度(往复运动 V_a 和旋转运动 V_t)按比例地变化。这样不仅对控制系统提出了很高的要求，也对机床本身的多个运行机构都提出了很高的要求。

珩磨主要的控制参数有：磨粒在加工表面上切削出交叉网纹形成的网纹角 θ、珩磨上越程量 L_1、珩磨下越程量 L_2、工件孔长 L、工件孔截面直径 D。Ⅰ-Ⅱ为从上止点到下止点珩磨过程，Ⅱ-Ⅲ为从下止点到上止点的珩磨过程，S 为珩磨加工一个往复行程时在圆周位置的一个偏移量。

珩磨加工旋转一周后，在珩磨主轴方向上要有一定的重叠的搭接长度 L_a，在珩磨头完成一个往复行程后，油石应沿圆周方向错开一个相位 α。前者需要选择合理的油石长度和加工行程，后者可通过适当地选择旋转速度和往复速度的比值来实现。值得指出，正确选择运动条件，珩磨速度由圆周速度 V_t 和往复速度 V_a 合成；尽量避免 πD 与 α 为整倍数的关系。

在珩磨加工中，油石的磨损因素很复杂，不同磨料和不同黏接强度的油石，磨耗量差异很大。同一油石对不同零件材料、相同的零件材料在不同珩磨速度状态下和在不同进给压力下珩磨加工，磨耗量也各不一样。对一个工件来说，如果加工余量越小，油石越耐磨，则孔的精度越取决于油石型面的精度。

3.珩磨加工几何形状精度分析

在数控珩磨机自动控制系统中，影响珩磨加工几何形状精度的因素有很多，比如：珩磨油石的种类和质量、主轴的往复位置和珩磨油石的进给方式等。因此，珩磨的几何形状精度主要与主轴的往复位置的控制精度有关，直接表现为越程量的长短影响孔的圆柱度。若两端的越程量过长，圆孔两端会出现多珩的现象，则容易形成喇叭孔；越程量过短则油石在中部的珩磨重叠部分过多、时间过长，容易出现鼓形。若两端越程量不等，则容易产生锥度形状。珩磨零件的几何形状误差示意图如图 12-2 所示。

图 12-2 中，在保证机床使用寿命的前提下，在珩磨轨迹换向过程中，对珩磨加工过程参数(主轴往复速度、旋转速度和网纹角等)进行伺服控制，以最大加速度启动和运行，同时能够准确在上、下换向点进行平稳换向，即保证珩磨端部网纹的一致性，又提高珩磨几何形状质量。

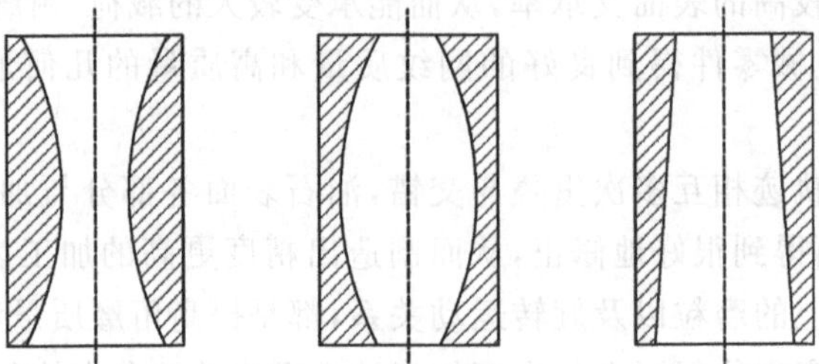

图 12-2 珩磨零件的几何形状误差示意图

12.1.2 珩磨主轴往复匀速运动控制原理

电液伺服珩磨机采用立式龙门结构布局，主要由以下几个部分组成：珩磨头往复驱动系统、主轴变速箱、往复在线测量系统、液压系统、液压珩磨头进给伺服系统、连杆、工作台、底座、床身、液压供油系统、冷却系统、珩磨自动测量系统、润滑系统、电气控制系统、珩磨头、连接头等。电液伺服珩磨机总体结构如图 12-3 所示。

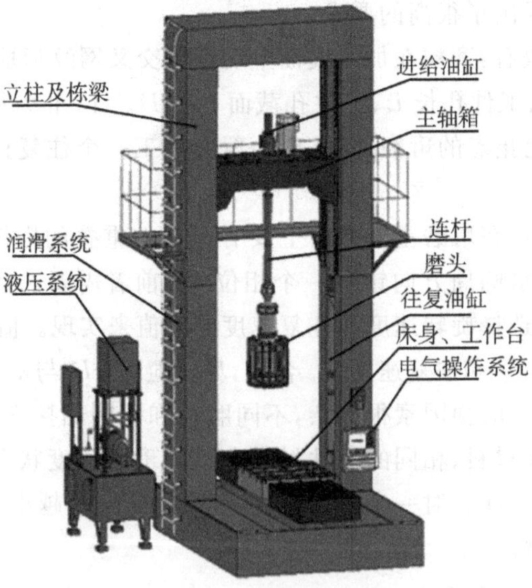

图 12-3 电液伺服珩磨机总体结构图

图 12-3 中，电液伺服珩磨机的核心运动主要有主轴往复运动及珩磨头进给运动。电液伺服珩磨机由三个伺服运动轴组成：控制珩磨头上下运动的珩磨主轴，控制珩磨头旋转的 C 轴和控制工作台移动的 X 轴。其中，控制往复与旋转运动的两个伺服轴为联动轴，工作台运动为非联动伺服轴。珩磨主轴往复根据液压往复控制原理，采用比例伺服阀结构实现。珩磨头旋转的 C 轴采用伺服电机与齿轮减速结构进行驱动，伺服电机实现主轴转速的设定与显示，具备正反转控制功能，并实现与往复运动的速度成比例，完成联动控制，因此，珩磨对机床机械结构的精度要求相对比较低，但是对电液伺服性能要求比较高。

根据以上分析，珩磨主轴往复匀速运动控制是一个与旋转运动严格成比例的上下往复运动的位置闭环控制，珩磨主轴往复运动位置伺服控制框图如图 12-4 所示。在换向两端，以一定的 S 形速度曲线加速或减速进行换向，尽可能缩短换向距离；在珩磨区域，以给定的成比例匀速运动，保证零件表面珩磨质量。

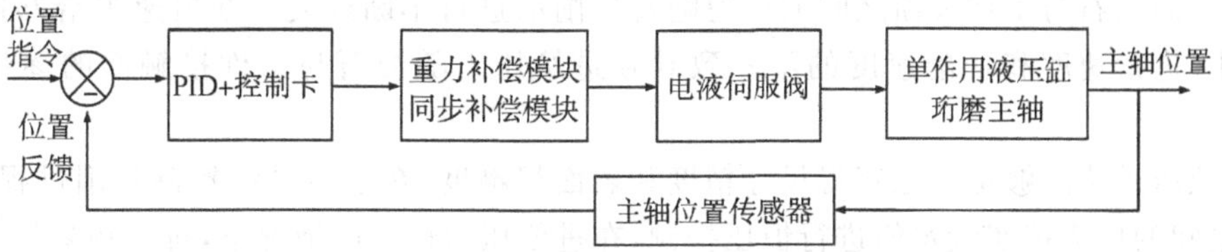

图 12-4 珩磨主轴往复运动位置伺服控制框图

电液位置伺服控制系统由单作用液压缸、电液伺服阀、PID 控制卡、珩磨主轴位置传感器和补偿模块组成。珩磨加工过程中，单作用液压缸带动珩磨主轴上下往复运动，一方面，由于珩磨头的重量有 2 吨，换向运动时导致较大的换向惯性冲击；另一方面，由于单作用液压缸的上下作用面积不同，导致相同压力产生的推力不同，因此，在电液伺服控制传递函数模型中，必须增加重力补偿模块，进行换向补偿，克服上述两方面原因对主轴平稳换向的影响，实现主轴平稳换向。针对珩磨复合运动的严格成比例的控制要求，以及往复和旋转两个伺服运动控制回路的异构性，在电液伺服控制传递函数中，必须增加同步补偿模块，进行旋转运动的同步比例补偿，从而保证珩磨表面质量的网纹均匀一致。

12.1.3 珩磨主轴恒压进给控制原理

珩磨头是电液伺服珩磨机的加工刀具，它由油石、油石座以及磨头体等组成。一个或者多个油石安装在珩磨主轴磨头体的圆周槽内，经过珩磨主轴的旋转和往复运动形成一个圆柱体表面。在珩磨加工时由椎体将油石沿径向涨开，增大圆柱体的直径，使油石和零件内孔表面紧密接触，并产生一定的面接触压力，实现珩磨主轴中的油石在零件内孔表面往复珩磨加工。这样，珩磨头进给系统的控制由恒压电液比例伺服控制系统实现，液压缸推动锥体轴向移动，实现珩磨油石胀出。

珩磨机油石进给方式分为单进给和双进给。单进给是指在一个珩磨头只能实现粗珩或精珩油石的进给；双进给是指珩磨头上同时具有粗珩油石和精珩油石，分别由两套扩张机构控制各自的进给运动，粗珩进给和精珩进给在一个珩磨头上实现。双进给珩磨能够实现粗、精加工一次完成，提高了珩磨加工的效率，其广泛应用于粗精珩磨、平顶珩磨、盲孔珩磨等多种珩磨工艺中。

实现珩磨头双进给的机构为复合油缸，内、外活塞杆分别推动内、外胀锥实现粗、精珩磨的进给，外活塞杆为空心杆，内活塞杆嵌套在空心外活塞杆内，两油缸分别驱动，相互配合实现粗、精油石的胀出。珩磨机双进给珩磨头如图 12-5 所示。

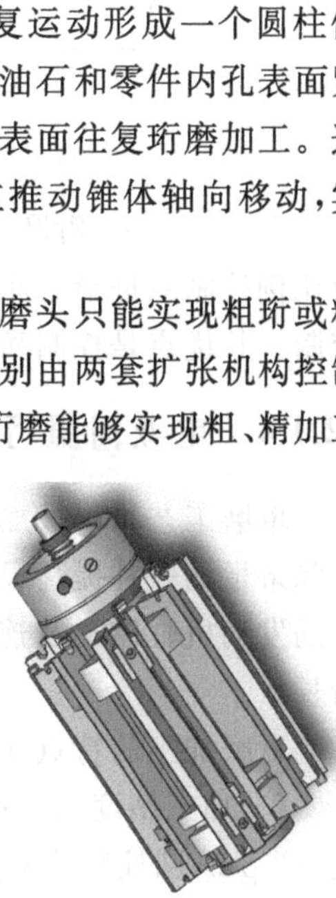

图 12-5 珩磨机双进给珩磨头

图 12-5 中，珩磨头上交叉分布了多个粗、精珩磨条。其中，粗珩磨条由大理石组成，精珩磨条由金刚石组成。而珩磨头上粗、精珩磨条的复合油缸双进给运动分别由珩磨条的两个涨缩液压油路实现。使用粗珩磨条完成粗珩加工，使工件达到

要求的尺寸和形状精度；使用精珩磨条完成精珩加工，使工件达到要求的表面粗糙度。

珩磨机油石进给运动是珩磨机三个主运动之一，其进给方式分为控速和控压两种方式。

(1)控速进给可以有效提高珩磨效率。珩磨进给系统控制珩磨油石的进给速度按设定值恒速进给，而油石与工件表面之间的压力随着切削的进行不断改变。在恒速进给方式下的珩磨过程中，进给速度和切削速度的不一致导致进给压力随油石与工件接触面的逐步增加而波动。

(2)控压进给能够更好地获得尺寸精度和表面粗糙度，在进给系统控制切削过程中，油石与工件之间的压力按照设定值进行恒压控制，在进给压力恒定的情况下，每一颗参与切削的磨粒上产生的切削压强都较大，这时切削力较大，磨粒自锐速度快，但是，磨粒在还没有充分发挥切削作用时就因摩擦力的作用断裂脱粒，造成油石急速损耗。因此，最理想的进给控制方法是将两者相互结合，从而有效提高加工质量和加工效率。

根据以上分析，珩磨主轴恒压进给控制是一个与主轴上下往复运动位置相关的压力/位置闭环控制，如图 12-6 所示。珩磨主轴恒压进给控制系统按照珩磨工艺要求和珩磨头结构不同，分为粗珩与精珩双进给方式，结合控速与控压两种控制模式，组成四种进给控制方法。

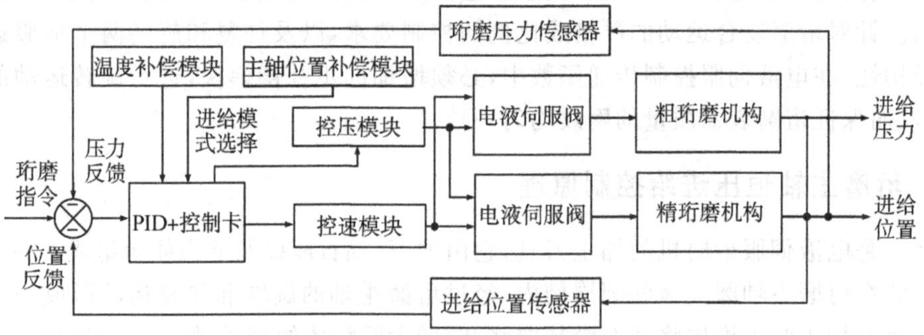

图 12-6　珩磨主轴双进给压力/位置闭环控制框图

图 12-6 中，珩磨加工之前，首先选择使用粗珩磨还是精珩磨的进给模式，其次，由液压电液比例控制双进给的胀锥以一定压力推动油石紧密靠压在工件加工面，实现进给压力的比例控制。其优点是控制简单、运行平稳、无冲击和成比例控制。

12.1.4　电液伺服珩磨机控制系统功能分析

珩磨工艺是以被加工面作为导向定位面，在一定进给压力下，通过油石和零件的相对运动去除余量的一种提高尺寸精度、几何形状精度和表面粗糙度的有效加工方法。用这种方法加工的发动机缸体孔及连杆孔的表面非常光洁且具有网纹、承载面积大、润滑性能好、使用寿命长。

珩磨加工的特点还有：

(1)加工精度高。珩磨加工不仅能获得较高的尺寸精度，圆度能够达到 5 μm 至 1 μm，甚至 0.2 μm，圆柱度能够达到 10 μm 至 1 μm，而且还能修正孔在珩磨前加工中出现的轻微形状误差。

(2)具有良好的表面质量特性。珩磨加工表面具有交叉网纹结构，有利于润滑油的贮存及工件表面油膜的形成与保存，并有较高的表面支承率，因此能承受较大的载荷，而且耐磨性好，可以延长工件使用寿命。

（3）加工范围广。珩磨可加工各种圆柱形孔，如通孔、轴向和径向有间断的孔、键槽孔等。另外，加工孔径范围最小可为 5 mm，最大可达 1200 mm 以上。

（4）切削效率高。由于珩磨在大面积表面上进行多刃接触切削，因而具有较高的金属去除率，一般切削金属去除率可以达到 2 kg/h，去除了较大的加工余量，这是研磨加工不能相比的。

12.2　电液伺服珩磨机控制系统设计

12.2.1　电液伺服珩磨机控制硬件平台

1.电液伺服珩磨机控制系统设计要求

随着珩磨零件尺寸越来越大，表面质量要求越来越高，必须采用电液伺服控制技术来保证珩磨工艺的高精度、小行程磨削的控制要求，克服珩磨加工过程中珩磨头往复运动造成的滞后、大惯量、死区以及非线性等不足，因此，珩磨机控制系统的设计要求如下：

（1）表面质量：尖峰高度 $R_{pk} \leqslant 0.2\ \mu m$；剖面 $R_k = 0.2 \sim 0.5\ \mu m$；沟痕 $R_{vk} = 1.5 \sim 2.5\ \mu m$；

（2）纹路夹角：40°～60°；

（3）主轴箱往复速度：3～15 m/min；

（4）主轴旋转转速范围：10～80 r/min；

（5）粗进给压力范围：0～5 MPa；

（6）精进给压力范围：0～5 MPa；

（7）主油路额定工作压力：6 MPa。

2.电液伺服珩磨机控制系统组成

电液伺服珩磨机控制系统涉及珩磨头上、下运动的速度与位置控制，珩磨头旋转的转速与位置控制，珩磨头的进给压力控制和零件尺寸的气动测量控制，其控制系统的硬件组成如图 12－7 所示。

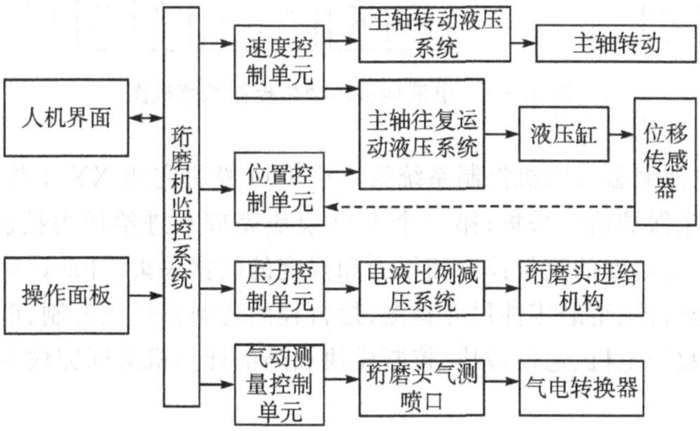

图 12－7　电液伺服珩磨机的硬件组成

图 12－7 中，珩磨机控制系统的硬件平台由控制器、多轴伺服驱动器、PLC 模块、I/O 模块等执行单元组成。其中控制器为嵌入式数控系统，其操作系统为实时 Linux 系统，实现人机交互、文件管理、网络通信等功能。该平台采用现场总线接口，实现与 PLC 模块的通信。这种硬件平台具备体积小、功耗低、实时性能好等优点，满足了数控系统高性能、高集成度的需求。

硬件平台中珩磨头旋转的 C 轴伺服驱动单元为伺服主轴驱动器。工作台移动的 X 轴驱动单元为伺服驱动器。珩磨头上下运动的 Z 轴驱动单元采用 DSP＋FPGA 位置控制板，FPGA 负责珩磨头实际位置的磁栅尺编码器的反馈脉冲测量，并通过 NC/UC 总线通信传输给 NC 系统。在 NC 系统中完成对 Z 轴的运动控制。I/O 模块分别完成电液伺服比例阀的模拟量控制、主轴旋转高低档变速控制、珩磨头双进给切换控制和珩磨压力采集等。

电液伺服珩磨机控制系统框图如图 12－8 所示。

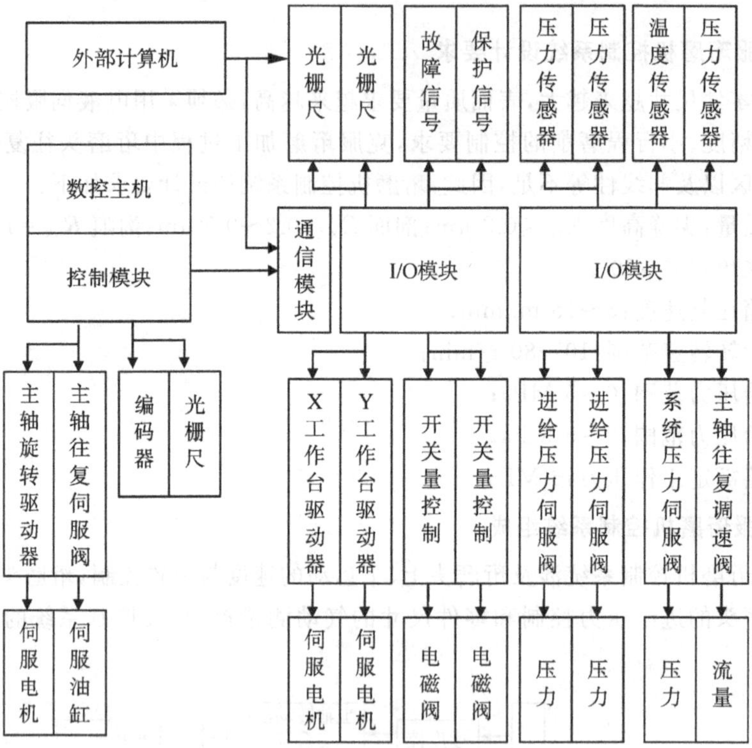

图 12－8　电液伺服珩磨机控制系统框图

图 12－8 中，电液伺服珩磨机控制系统第一个 I/O 模块完成 XY 工作台运动控制和位置高精度检测以及机床保护信号采集；第二个 I/O 模块完成双进给压力控制、比例溢流阀的系统压力控制、主轴往复速度的流量控制和压力和温度的数据采集；外部计算机完成珩磨工艺的过程控制，包括珩磨启停、珩磨零件尺寸检测、短行程的珩磨自适应控制、珩磨形状评价与珩磨模式切换等。再由数控主机、通信模块、控制模块和外部计算机共同完成主轴旋转和上下往复运动的精确控制。

12.2.2　电液伺服珩磨机控制系统建模

珩磨电液位置伺服控制系统采用比例伺服阀实现珩磨头上下往复的精确位置控制和珩磨压力的双进给控制，通过位移传感器完成实时检测珩磨头的位置，转换为电信号，反馈到比较环节，并采用 PID 控制方法计算控制量大小。电液比例伺服阀既是电液转换元件，也是功率放大元件，它将输入控制量的微小电信号转换为大功率的液压信号，以流量/压力/功率的形式输出，实现珩磨头的运动和进给压力控制。珩磨机电液位置伺服控制系统原理图如图 12-9 所示。

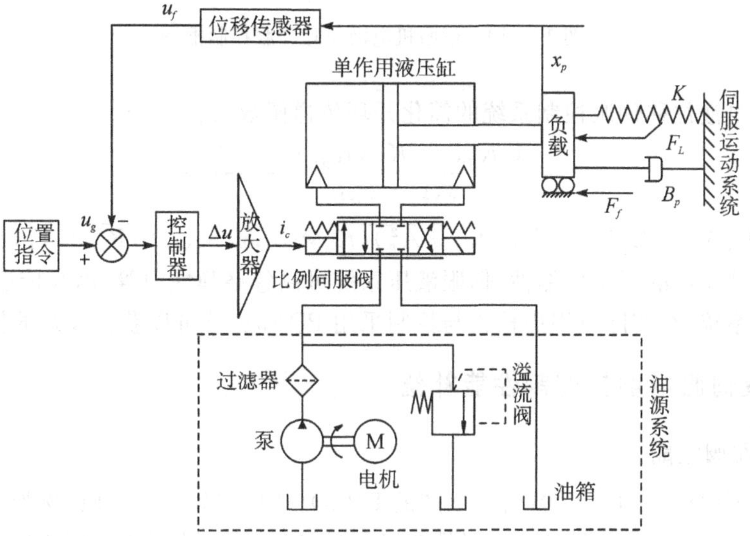

图 12-9　珩磨机电液位置伺服控制系统原理图

图 12-9 中，珩磨机采用电液位置比例伺服技术，具有响应速度很快、抗负载刚度大、控制精度高和稳定性能好等优点，但也存在系统非线性的不足。为了补偿这个非线性，需要进行珩磨机的数学建模。

珩磨机的数学模型建立主要由阀口的流量方程、液压缸的流量连续性方程和液压缸负载的力平衡方程这三个基本方程组成。

流量连续方程：

$$\Delta Q_L = K_q \Delta x_v - K_c \Delta p_L = A_p \frac{\mathrm{d}y}{\mathrm{d}t} + \frac{V_t}{4\beta_e}\frac{\mathrm{d}p_L}{\mathrm{d}t} + C_t p_L$$

流量增益系数：

$$K_q = \frac{\partial Q_L}{x_v} = C_d \omega \sqrt{\frac{(p_s - p_L)}{\rho}}, \quad K_c = \frac{\partial Q_L}{\partial p_L} = \frac{C_d \omega x_v \sqrt{(p_s - p_L)/\rho}}{2(p_s - p_L)}$$

外力平衡方程：

$$\Delta F = A \Delta p_L = m \frac{\mathrm{d}^2 y}{\mathrm{d}t^2} \pm mg$$

式中，β_e 为液压油压缩系数；V_t 为等效油路体积；C_t 为外泄系数。可见，实际应用的电液伺服系统不仅要考虑电液伺服系统本身的控制问题，而且要考虑系统的内外泄漏问题。珩磨机电液位移伺服控制框图如图 12－10 所示。

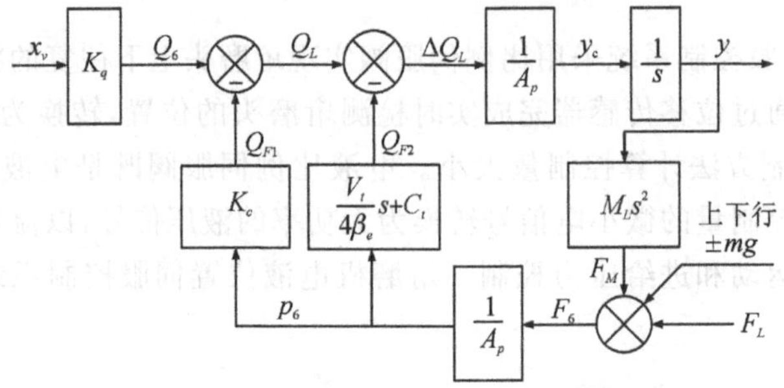

图 12－10　珩磨机电液位移伺服控制框图

珩磨机的电液位移伺服控制系统的简化开环传递函数为：

$$y=\frac{A_pK_qx_v-K_{ce}(K_\beta/K_{ce}s+1)F_L}{s(s^2+2\xi\omega_ns+\omega_n^2)}$$

式中，$\xi=0.5(K_{ce}M_L+K_\beta B_L)/\sqrt{(B_LK_{ce}+A_p^2)(K_\beta M_L)}$；$\omega_n=\sqrt{(B_LK_{ce}+A_p^2)/(K_\beta M_L)}$。

由于伺服液压油的不可压缩性，伺服液压系统可以忽略弹性力等，因其传递函数是带有积分作用的二阶系统，在实际应用中校正与控制采用 PD 算法就可以获得较好的控制效果。

12.2.3　电液伺服珩磨机控制性能补偿

1.电液伺服阀性能

电液伺服珩磨机采用 ATOS 公司生产的 DPZO－LE－371－L5 型比例换向阀，其内部结构如图 12－11(a)所示。该类型比例阀是两级闭环控制比例阀，主要由主阀体、主阀芯、主位置传感器、集成式电子放大器、先导阀、通信接口、先导阀位置传感器和航空插头组成。先导阀通过电子放大器完成位置指令到阀芯位移的控制，并通过主阀芯位置传感器，实现主阀芯位移的高精度控制，且可获得高动态性能，其输入电压与位移特征曲线如图 12－11(b)所示。

图 12－11 中，输入信号为 0～10 V 时，P→A 和 B→T 导通，珩磨头正向移动，反之亦然，从而改变液压系统的流量及方向。从特性曲线的斜率可见，伺服比例阀线性度较好，且具有较

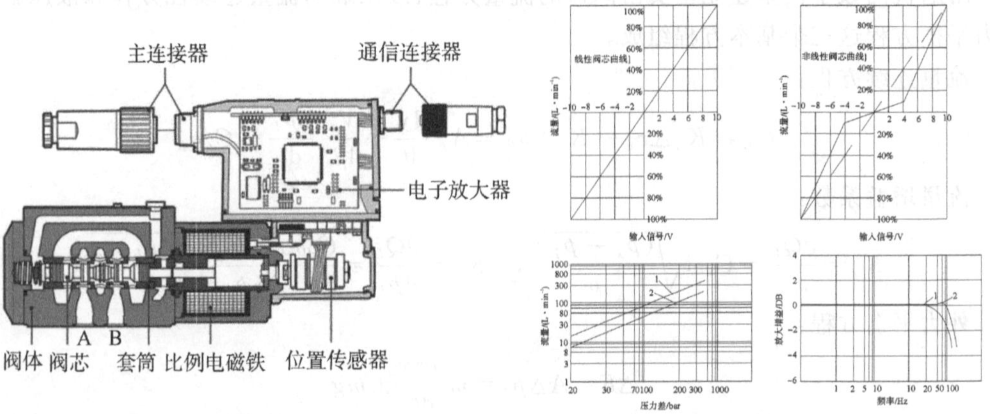

(a) 伺服阀内部结构　　(b) 特性曲线

图 12－11　伺服比例阀结构示意图

好的动态响应特性,但伺服比例阀在电压较小时,存在一定的死区。

2.电液伺服阀非线性控制曲线对比

针对珩磨头(Z 轴)上下往复运动控制的运动死区,造成伺服在启动、停止和换向的时候,都会出现严重滞后,这样导致珩磨头 Z 轴的进给速度和液压缸的执行速度呈现一个非线性关系。珩磨机控制系统将液压伺服系统 Z 轴非线性简化为一个电子凸轮曲线代表的非线性系统和一个积分环节组合,这样,液压系统输入的模拟量控制电压经过电子凸轮曲线转换为速度值,再经过一个积分环节转换为珩磨头位移。实际速度曲线是实际珩磨机非线性的液压系统曲线①,而理想速度参考曲线为所期望的虚拟理想线性液压系统的电子凸轮虚线曲线②。理想输出值为控制算法调节虚线框中的虚拟的理想线性液压系统的输入值,目标速度输出需要通过实际非线性的液压系统来实现。珩磨头运动非线性电子凸轮曲线补偿原理如图 12－12 所示。

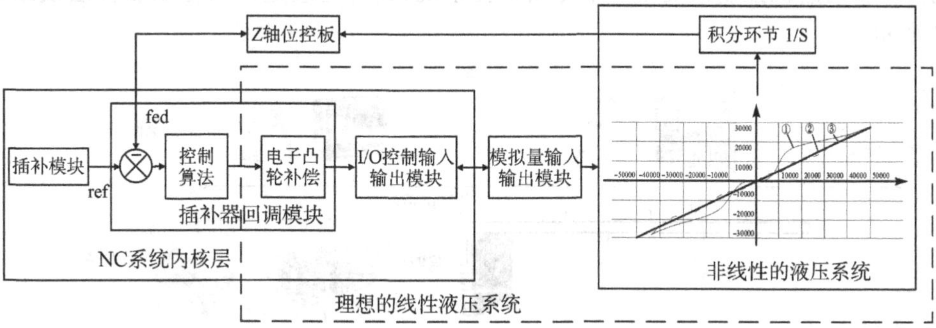

图 12－12　珩磨头运动非线性电子凸轮曲线补偿原理图

图 12－12 中,珩磨机控制系统在实际上下往复运动控制时,通过实际速度曲线可以查到非线性液压系统输出的差值,计算出电子凸轮补偿模块的输出值,将控制算法输出的理想的输出值转换为实际的 DA 输出值,补偿控制珩磨液压系统的非线性。

3.控制曲线的线性化补偿原理

在珩磨机控制系统中,电子凸轮补偿模块是一种非线性补偿算法,将电子凸轮补偿模块与非线性的液压系统整合成一个虚拟理想线性液压系统整体,实现液压系统的线性化补偿,其理想曲线与实际曲线对比图如图 12－13 所示。

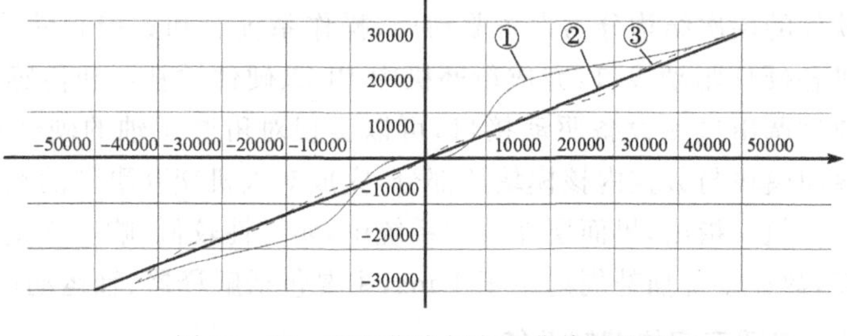

图 12－13　理想曲线与实际曲线对比图

图 12－13 中,当电子凸轮自动测量结束后,控制系统形成的电子凸轮曲线分成三部分:①存在死区的部分 AB 段;②为理想的速度曲线段;③为补偿后的实际曲线。比例伺服阀控制

算法的输入为指令位置和珩磨头实际位置的差值,经过电子凸轮补偿的输出为补偿调整过后,将线性化的模拟量控制电压输出到非线性液压系统中。当比例伺服阀的控制电压为负时,珩磨头向下运动,并记录珩磨头的稳定速度,反之亦然。

值得指出,通过任意设定这条参考曲线,当参考曲线斜率较低时,这个线性系统的反应速度不够灵敏;当参考曲线斜率较高时,这个线性系统的反应速度和响应过快,系统的稳定性将会降低,导致速度的可调精度降低,使系统容易振荡。因此,对于珩磨机控制系统,电子凸轮补偿只是改善了液压系统的非线性特性,解决了非线性液压系统的死区问题,保证了珩磨头在停止时无稳态误差运动控制。

12.2.4 电液伺服珩磨机控制软件平台

电液伺服珩磨机控制系统是一个专用数控系统,其自适应定位与控制软件层次结构如图 12-14 所示。

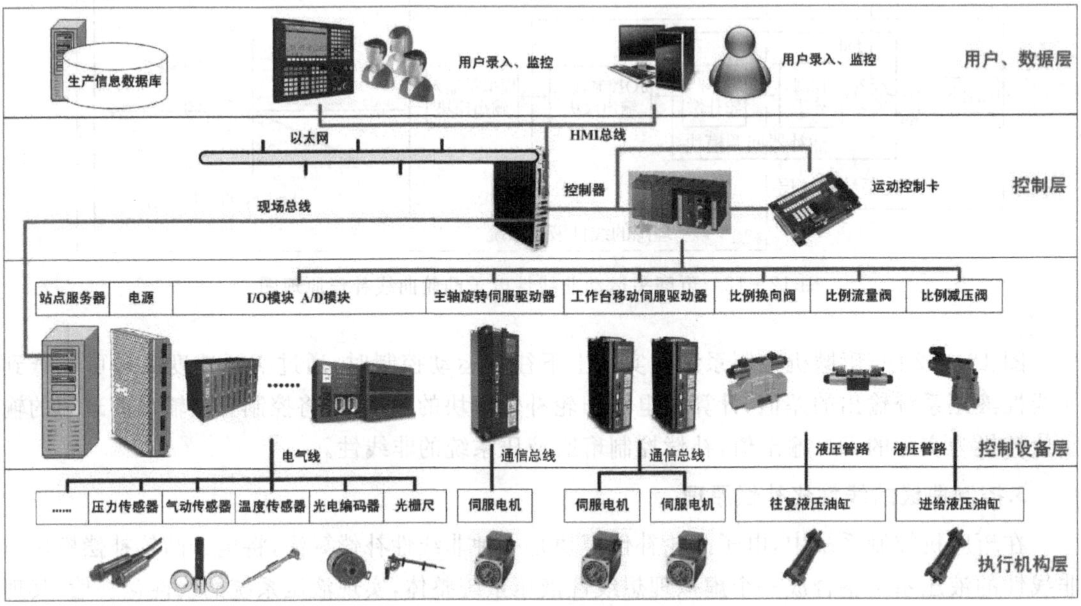

图 12-14 珩磨加工过程自适应定位控制软件层次结构

珩磨机专用软件的层次结构分为设备驱动层、操作系统层和数控软件层。设备驱动层主要为应用软件提供各硬件驱动接口,完成珩磨机中 PLC、硬件插补器和传感器等数据通信;嵌入式软件平台中通过调用这些设备驱动接口,可以实现对珩磨主轴的硬件控制和数据采集。数控软件层包括界面模块与数控内核模块两部分,完成对人机交互事件的响应,以及对数控系统数据的定时刷新。值得指出,界面层在数控系统中,实时性较低,响应周期为 300～400 ms。内核层实时性较高,数控系统插补周期小于 1 ms,主要包括解释器、轴运动控制等模块。

1.珩磨加工过程自适应定位控制系统

珩磨头的定位与自适应数控软件构成分为人机界面层、实现自适应的内核层、完成控制设备的操作系统层和实现功能执行的设备驱动层,如图 12-15 所示。

图 12-15 中,其自适应性体现在用户、数据层和控制层中增加状态监测图、聚类分析图和

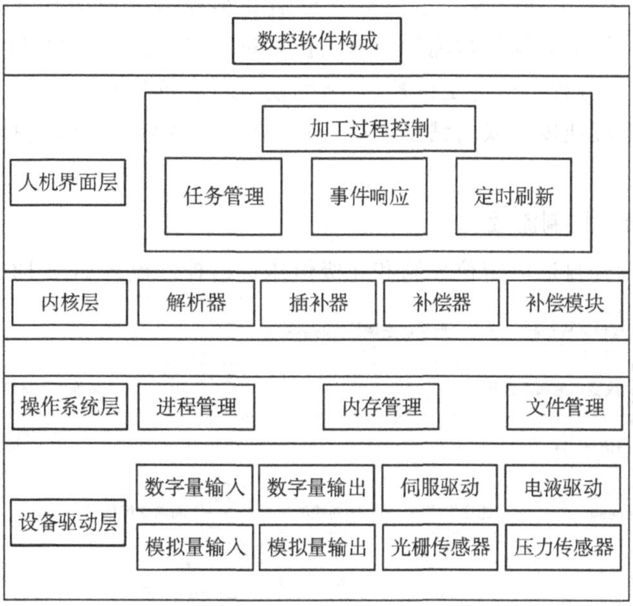

图 12－15　定位与自适应数控软件层次结构图

动态控制图等，循环对加工过程中工件质量状态进行动态地监测-分析-修正，发出相应的自适应定位控制命令，通过控制设备层和执行机构层完成相应的自适应定位控制命令，实现加工过程的闭环控制。

2.电液伺服珩磨机控制软件界面

电液伺服主轴往复运动位移曲线如图 12－16 所示。

图 12－16 中，①根据珩磨零件的形状拟合模型，对某一工件珩磨加工过程进行自适应定

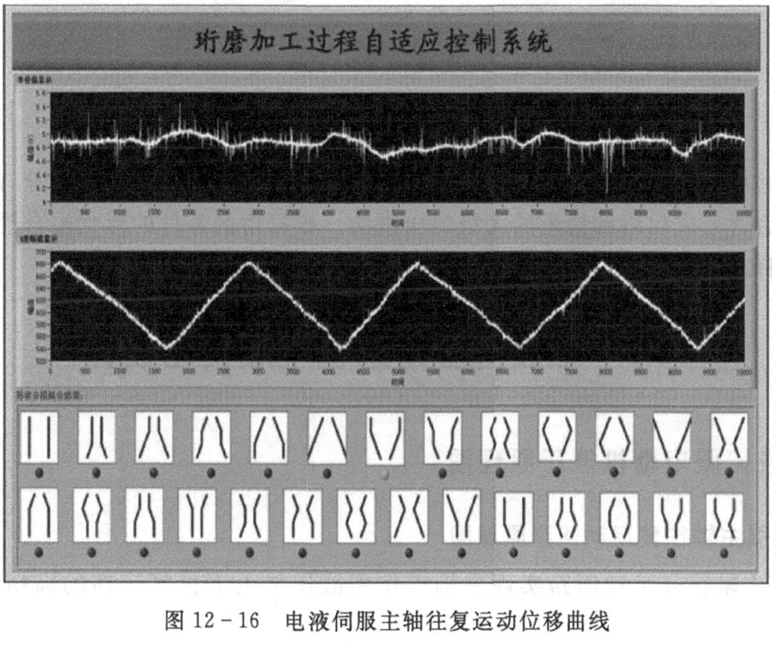

图 12－16　电液伺服主轴往复运动位移曲线

位控制，对每一个上下往复的螺旋样本的 Z 坐标值和半径值进行动态监测分析，确定下一步的修正控制策略。②根据光栅尺检测的珩磨头位移进行修正控制。③可以实现电液伺服珩磨机主轴高频换向，往复行程自适应定位控制，从而使得珩磨机具有高精度、高网纹质量、工艺匹配性好、高频换向、响应速度与换向精度较高、高可靠性等特点，更好地使珩磨机性能稳定，珩磨零件质量可靠。

3.电液伺服珩磨机控制流程

珩磨加工的短行程自适应定位控制和无级恒压进给控制流程如图 12－17 所示。

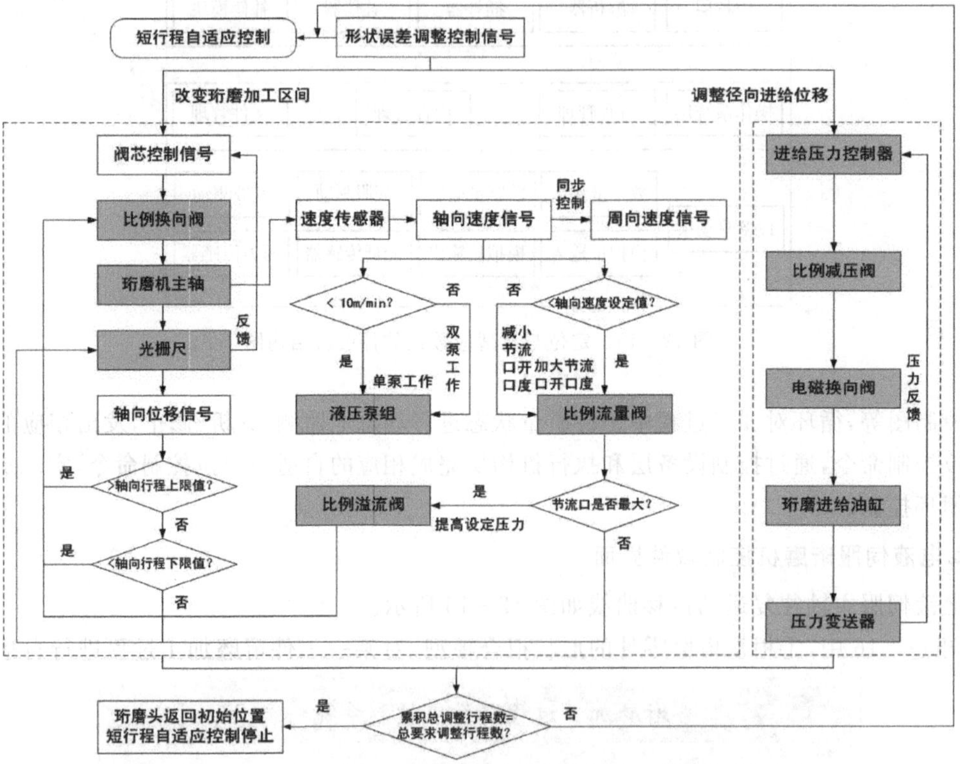

图 12－17　珩磨加工过程自适应定位和无级恒压进给控制流程图

图中，珩磨加工过程分为改变珩磨加工区间和调整径向进给位移两大部分，前者完成自适应定位控制，后者完成粗珩和精珩的无级恒压进给。根据珩磨零件的形状拟合模型，给出形状误差调整控制信号，确定下一步的修正控制策略。

12.3　电液伺服珩磨机电液传动设计

12.3.1　电液伺服珩磨机液压原理图

1.电液伺服主轴往复运动回路原理图

电液伺服主轴往复运动回路实现主轴单作用液压缸上下往复运动的高精度控制，如图 12－18所示。

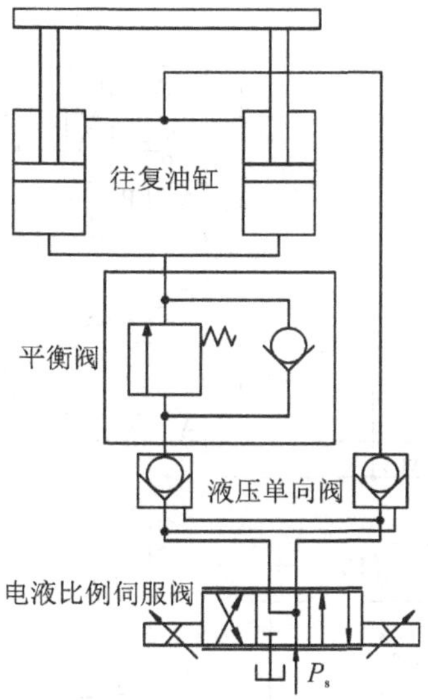

图 12-18　电液伺服主轴往复运动回路原理图

(1)珩磨机床的液压伺服系统由液压源、驱动器、伺服阀、传感器和控制回路构成。

(2)珩磨主轴往复运动由珩磨主轴油缸驱动实现,油缸的移动速度和换向由比例伺服阀进行控制。

(3)当信号输入到伺服阀控制电路时,控制电路将给定位置指令与位置传感器的实测值之差进行 PID 运算,并将弱小电信号放大成电流信号输入到伺服阀的比例电磁铁线圈,控制比例伺服阀的阀芯位移、开口大小和方向。主轴移动速度是由比例伺服阀阀芯开口量进行调节,控制伺服阀的液压油经过伺服阀进入液压缸,克服珩磨主轴负载进行上下运动。

(4)当反馈信号和输入指令值相同时,珩磨主轴油缸停止运动。

(5)珩磨主轴往复运动部件重量直接影响主轴的运动速度,系统通过设置平衡阀,动态平衡珩磨主轴的重力。

(6)主轴箱往复行程由位移传感器(光电编码器)检测,并将珩磨头位移反馈给控制电路。

2. 电液伺服主轴往复运动回路原理图

珩磨机系统压力控制原理图和主轴防过冲原理图如图 12-19 所示。

珩磨加工过程中,针对不同的珩磨进给压力和往复运动速度的需求,珩磨机系统压力控制由比例溢流阀完成。压力油从泵输出并由经过比例溢流阀的压力调节后,进入电液比例伺服阀分别通往往复油缸的上下油腔,控制主轴活塞的上下往复运动。按照粗珩磨和精珩磨的不同压力需要,压力油经过比例溢流阀控制进入到粗珩磨进给油缸和精珩磨进给油缸,实现无级恒压双进给控制。当珩磨主轴回到珩磨软件定义的原位时,挂钩油缸活塞伸出,防止在重力作用下主轴箱下移出现事故。

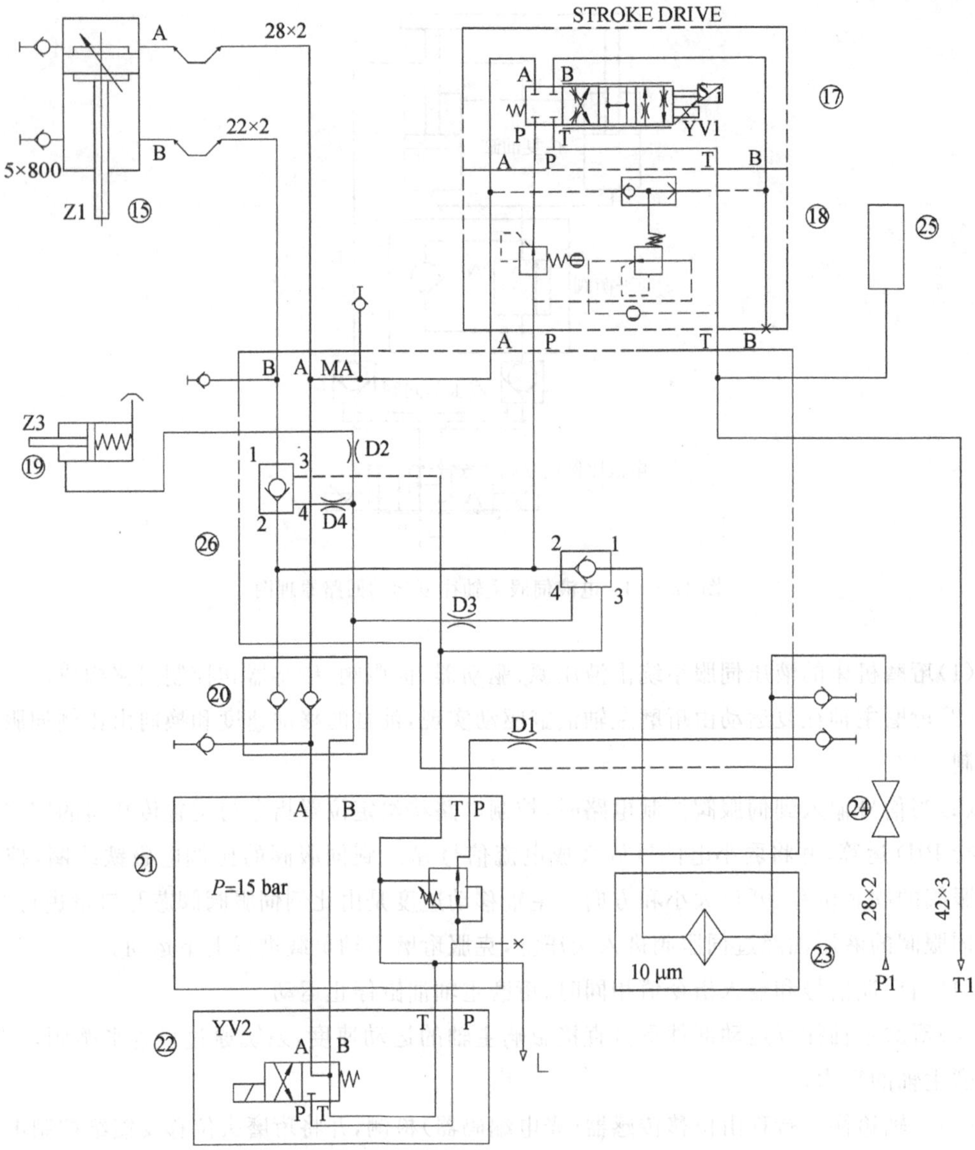

图 12-19　珩磨机系统压力控制和主轴防过冲原理图

12.3.2　电液伺服珩磨机恒压进给液压原理图

1.珩磨双进给结构

电液伺服珩磨机恒压进给采用双进给机构，由复合油缸实现，其双进给液压原理图如图12-20所示。双进给机构中1为精珩内锥体，2为粗珩外锥体，3为粗珩油石座，4为粗珩油石，5为精珩油石座，6为精珩油石。

图12-20中，分别由大活塞和小活塞推动珩磨头内外锥体实现粗珩、精珩油石的胀出，通过液压伺服阀调节油缸压力实现珩磨进给压力的控制。该珩磨头将粗珩和精珩分开，避免了

粗珩和精珩转换过程需要停机缺点，提高了珩磨加工效率和加工精度。

针对珩磨加工零件材料的合金铸铁、合金钢以及有色金属等材质的差异性，通过双进给机构将粗珩用油石和精珩用油石同时装在同一个珩磨头上，用内、外两个锥体分别推粗珩油石和精珩油石，以提高珩磨加工的效率。粗珩和精珩配备不同粒度、材质的珩磨砂条，以便达到符合用户要求的表面粗糙度和表面微观网纹质量要求。

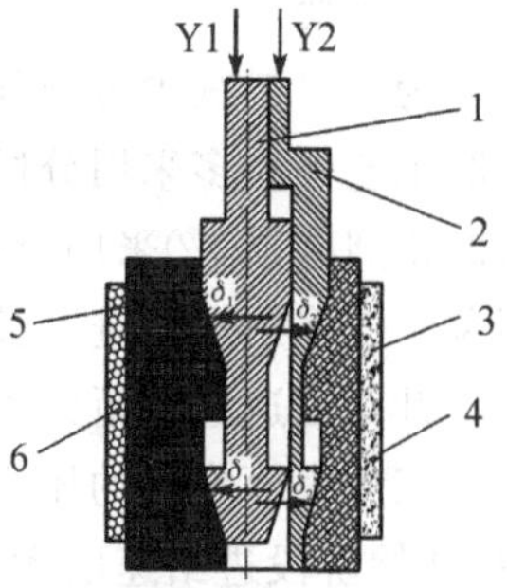

图 12－20　双锥杆双进给珩磨头原理图

2.无级恒压进给控制原理

恒压进给是目前液压进给珩磨机床中使用最为普遍的珩磨加工工艺。恒压进给是指珩磨加工过程控制进给压力恒定控制，其无级恒压进给控制原理如图 12－21 所示。

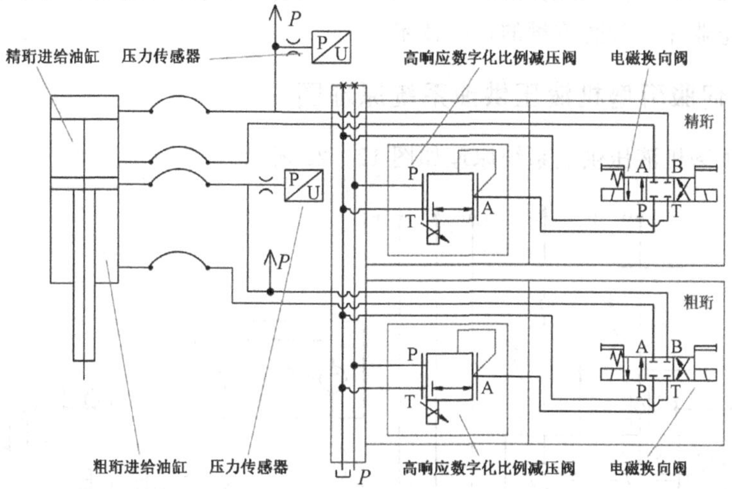

图 12－21　无级恒压进给控制原理图

3.无级恒压进给珩磨的三个阶段

(1)脱落切削阶段。珩磨加工初始阶段，工件表面粗糙，油石与工件接触面积较小，在每个切削磨粒上都会产生的切削压强大，磨粒在充分发挥切削作用之前就断裂脱粒，发生油石急剧磨损现象。

(2)破碎切削阶段。随着被加工零件表面粗糙度的降低，油石与工件的接触面积不断增大，珩磨进入稳定加工阶段。此阶段油石磨粒脱落较少，直到磨粒钝化后破裂、崩碎而形成新的切削刃，切削速度和油石自锐速度达到一个平衡状态，这是较为理想的珩磨切削阶段。

(3)堵塞切削阶段。随着珩磨加工的进行，磨具表面的气孔被磨屑和脱落的磨粒堵塞，切削能力急剧下降，产生镜面磨削。

为了达到以上珩磨工艺要求，在珩磨过程中，珩磨进给方式可以选择控压进给和控速进给，不同的选择导致切削过程发生很大变化，切削参数也存在很大差异。因此，油石的切入速度随着工件余量的去除和油石磨损的速度而改变。

针对控压进给珩磨方式，珩磨机进给系统控制切削过程中油石与工件之间的压力按设定值变化，而油石的切削速度随着工件余量的去除和油石磨粒磨钝-脱落-自锐这个过程的变化而自由改变。

为了尽量减少珩磨加工恒压进给时第一阶段和第三阶段的时间，延长第二阶段时间，现代珩磨工艺中大多采用分段压力控制进给的方式。①通过低压预珩和缓慢加压的方式，减少油石的剧烈磨损；②采用脉冲加压的方式，瞬间加大进给压力致使油石自锐，防止出现油石堵塞现象。③采用恒压进给控制方式，保证珩磨加工过程的稳定。

针对控速进给珩磨方式，珩磨机进给系统控制珩磨油石的进给速度按设定值恒速进给，油石与工件表面之间的压力随着切削的继续而不断发生改变。在恒速进给方式下的珩磨过程中，初始阶段进给速度大于切削速度，进给压力是随油石与工件接触面的逐步增加而增加，这一阶段加速了油石自锐。进入理想切削阶段时，油石锋利，进给速度和切削速度达到平衡，进给压力、切削压强和切入速度保持相对平稳。当油石磨钝后，油石进给速度不变，而切削速度大大降低，迫使进给压力和切削压强增长，强制磨粒脱落或破碎形成新的切削刃，由此可见，珩磨工艺是制造企业保证珩磨质量的核心技术。

12.3.3 电液伺服珩磨机液压供油系统原理图

电液伺服珩磨机液压供油系统原理如图 12-22 所示。

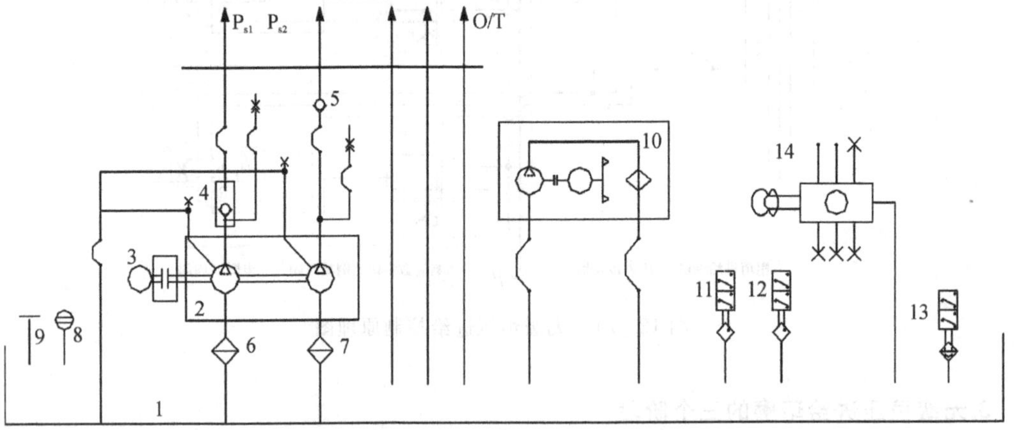

图 12-22 电液伺服供油系统原理图

图 12-22 中，1 为液压箱，容积为 660 L，2 为双联变量泵，3 为动力电机，4 和 5 为单向阀，6 和 7 为过滤器，8 为油标，9 为注油口，10 为风冷式冷却恒温单元，11 与 12 和 13 为油温传感器和液位报警开关等，14 为远程液控单元。液压系统动力由一个双联变量泵提供，其中大泵为机床主轴箱往复提供动力，小泵为夹具等辅助机构提供动力。

12.3.4 电液伺服珩磨机主轴旋转电气控制原理图

(1)电液伺服珩磨机主轴旋转电气控制原理如图 12-23 所示。

(2)电液伺服珩磨机的连接器端子排列见表 12-1。

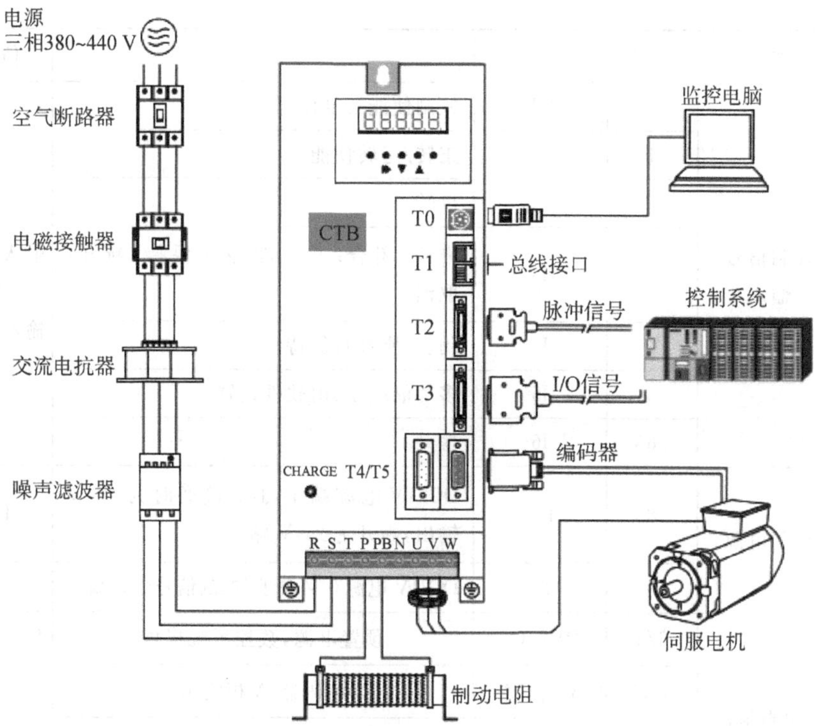

图 12-23　电机 CTB-4011ZXC15-L5G 接线原理图

表 12-1　输入输出信号功能描述表

端口	种类	针脚	名称	功能	信号标准
T0	—	—	—	计算机通信	RS232
T1	模拟量输入	1	FS	内部速度设定用电源 10 V	DC10V,50 mA
		6	FC	模拟量输入/输出公共端	0 V
		3	FV	−10～+10 V 模拟量输入，输入阻抗 20 kΩ	模拟量信号
		4	FI	0～10 V 或 4～20 mA 可选择模拟量输入，阻抗 20 k /500 Ω	
	模拟量输出	2	AO	−10～+10 V 模拟量输出	
		5	F0	−10～+10 V 模拟量输出	
T2	可编程光耦输出	1	Q1	速度达到	24/10 mA
		2	Q2	驱动器准备就绪	
	继电器输出	3/4/5	MO：ABC	输出准停结束(到位)	AC250V，1 A DC30V，1 A
		6/7/8	MI：ABC	驱动器故障输出	

续表

端口	种类	针脚	名称	功能	信号标准
T3	控制信号输入	7	ST	控制使能及复位	NPN：输入 0 V 有效 PNP：输入 24 V 有效
		1	I1	正转/运转使能	
		2	I2	反转	
		3	I3	准停，闭合：开始准停并保持；断开：取消	
		4	I4	闭合：刚性自保持	
		5	I5	多功能端子，由软件设置	
		6	I6	摆动	
	控制电源	8	PV	DC24V 电源端子，JP1 接通时为 24 V 输出，断开为 24 V 输入	DC24V
		9	SC	DC24V 电源 0 V 端子/控制信号公共端	0 V
T4	编码器输出	3/4	PV2/G2	预置电源，数控系统提供	DC5V，200 mA
		5/15	OA＋/OA－	编码器 A 相输出	接口 RS422 标准
		10/14	OB＋/OB－	编码器 B 相输出	
		9/13	OZ＋/OZ－	编码器 Z 相输出	
	编码器输入	2/1	SA＋/SA－	编码器 A 相输入	接口 RS422 标准
		7/6	PB＋/PB－	编码器 B 相输入	
		12/11	DZ＋/DZ－	编码器 Z 相输入	
T5	旋转变压器输入	12/13	PV1＋/PV1－	速度检测用电源	DC5V，200 mA
		8/3	A＋/A－	A 相正弦余弦输入	旋转变压器标准
		9/4	B＋/B－	B 相正弦余弦输入	
		15/14	Z＋/Z－	Z 相正弦余弦输入	
		6/1	U＋/U－	U 相增量/正弦余弦输入	
		7/2	V＋/V－	V 相增量/正弦余弦输入	
		10/5	W＋/W－	W 相增量/正弦余弦输入	
	热保护输入	11	T1	电机热保护信号输入	常开/常闭

12.3.5 电液伺服珩磨机参数检测原理

1.恒压进给压力检测原理

恒压进给是珩磨加工工艺最关键的控制环节，也是伺服进给珩磨机床的最大难点，其恒压进给压力的高精度检测原理与反馈原理如图 12－24 所示。

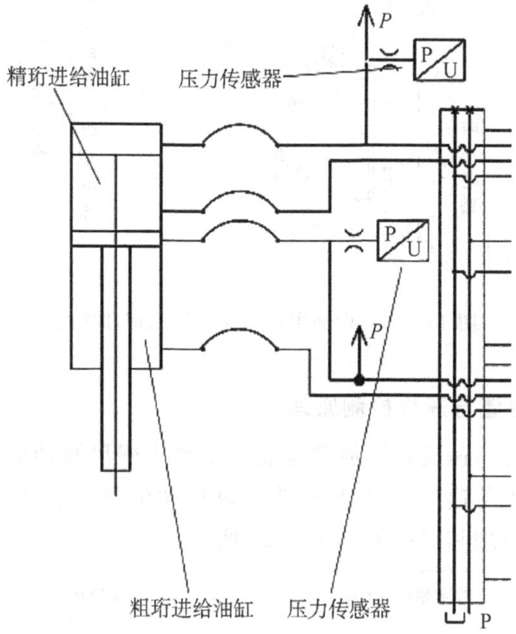

图 12－24　恒压进给压力检测与反馈原理图

图 12－24 中，由于珩磨进给系统管道长、转弯多、液压压力损失大、珩磨的摩擦力随着进给压力的增大而增大、不同尺寸和材料的零件对应的加工误差也不同，这样，使用液压油源的压力传感器进行恒压进给压力检测时，造成珩磨系统的控制误差较大，珩磨实际上是一种非恒压珩磨，因此，需要在珩磨头的进给油缸附近进行压力检测，其恒压进给压力检测与反馈控制接线如图 12－25 所示。

图 12－25 中，压力检测采用应变式压力传感器将压力信号转换为电信号，通过放大电路转换为 4～20 mA、0～5 V 或 0～10 V 等标准信号。通过对珩磨机恒压进给系统分析，珩磨机伺服进给系统控制伺服阀和液压缸推动顶杆，实现珩磨头上的油石胀出和零件内孔表面的恒压进给珩磨加工。

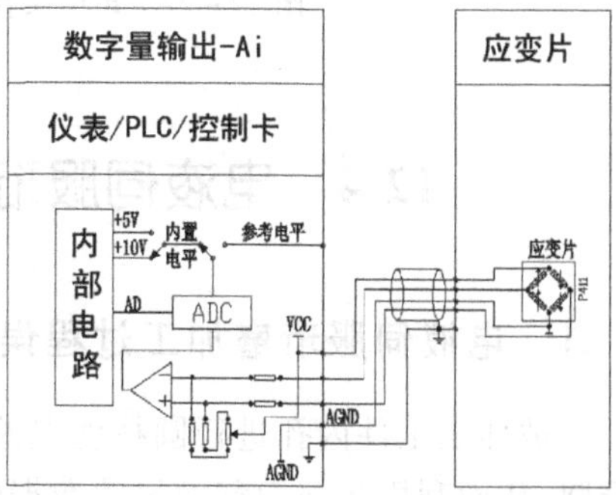

图 12－25　恒压进给压力检测原理和接线图

2.珩磨主轴转速检测原理

珩磨伺服控制系统利用伺服驱动器对功率进行放大、调控等处理，将珩磨伺服电机主轴的转速及时地反馈给伺服驱动器构成转速闭环控制，驱动器根据反馈值对伺服电机进行及时地调整，实现伺服电机的高精度转速控制。同时，控制系统通过采集驱动器输出的编码器脉冲信号，根据对比偏差的大小控制电机转速，实现珩磨主轴转速的全闭环控制。珩磨主轴转速检测原理和接线如图12－26所示。

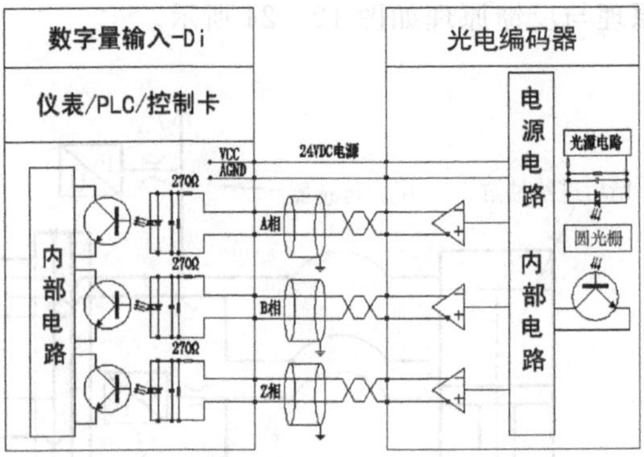

图 12-26　珩磨主轴转速检测原理和接线图

3.珩磨头往复运动位置与速度检测原理

珩磨头往复运动位置与速度检测原理是通过采集光栅尺脉冲信号，根据对比偏差的大小控制珩磨头往复运动位置与速度，构成珩磨头往复运动位置与速度的全闭环控制。珩磨头往复运动位置与速度检测原理和接线如图 12-27 所示。

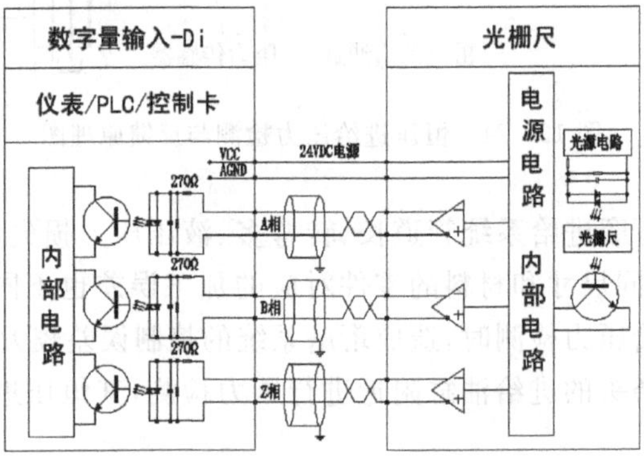

图 12-27　珩磨头往复运动位置与速度检测原理和接线图

12.4　电液伺服珩磨加工过程误差评定与补偿

12.4.1　电液伺服珩磨加工过程误差评定

对被加工工件内孔进行圆柱度误差评定并更新测点坐标，通过最小二乘法拟合得各截面拟合圆，从而利用相邻两截面尺寸数据的比较分析规则可得出被加工工件各截面段形状，如图 12-28 所示。

首先，珩磨加工过程误差评定根据珩磨零件的尺寸实时采集数据，按照每一个虚拟截面包含的数据集进行分割数据，并采用最小二乘法完成圆度评价。其次，针对珩磨过程中螺旋形的数据采集特点，在虚拟轴剖面的相隔数据点之间进行插补，从而避免数据集错位产生的圆柱度和直线度评价误差。最后，通过聚类分析得到工件的形状类别，分别保存实际数据和虚拟界面数据，这样，基于聚类分析的工件形状误差修正控制策略如图 12-29 所示。

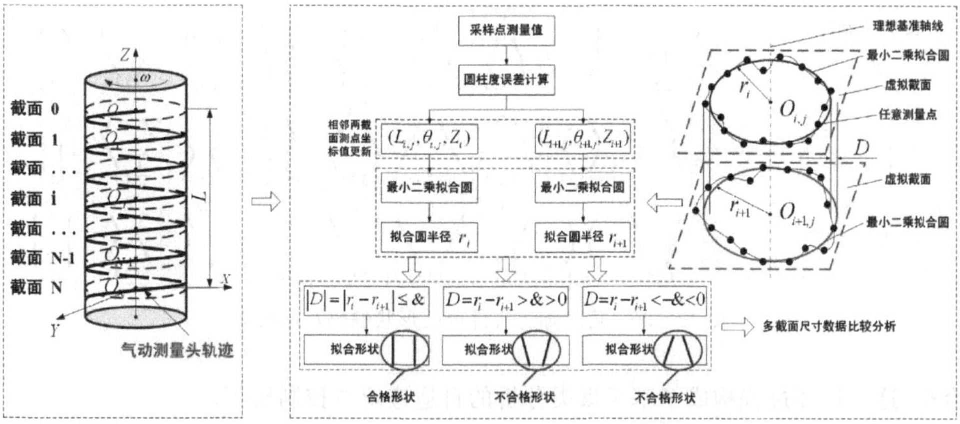

图 12－28　珩磨加工过程误差评定模型与控制策略

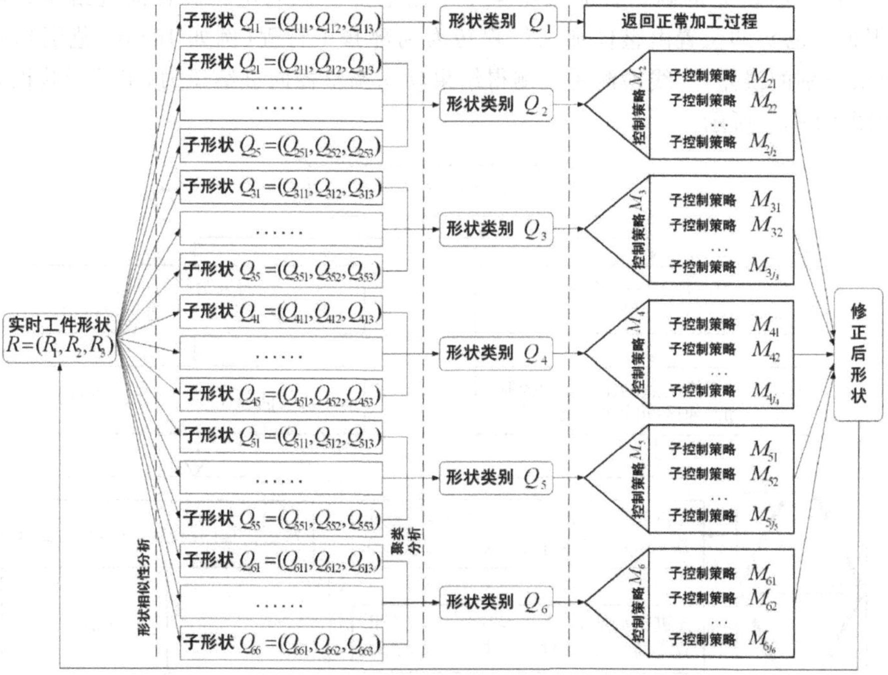

图 12－29　基于聚类分析的工件形状误差修正控制策略

12.4.2　基于聚类分析的自适应定位控制模型

通过聚类分析技术将工件形状类别对象表示为向量，通过对向量间的欧几里得距离进行计算来度量两个向量之间的相似距离或向量之间的相似度。距离越小，相似度越大；反之亦然。对珩磨加工工件 $N=3$ 内孔形状进行编码并构建形状库如图 12－30 所示。

通过误差评定模型的检测、分析、处理、拟合，得到实时工件形状，与形状库中形状 27 进行形状相似性分析，再依据相同修正策略将 27 种形状聚类为 6 类，实时工件形状经分析可得所属类别，将不合格工件形状经相应的修正策略修正，修正过后继续返回形状相似性分析过程，

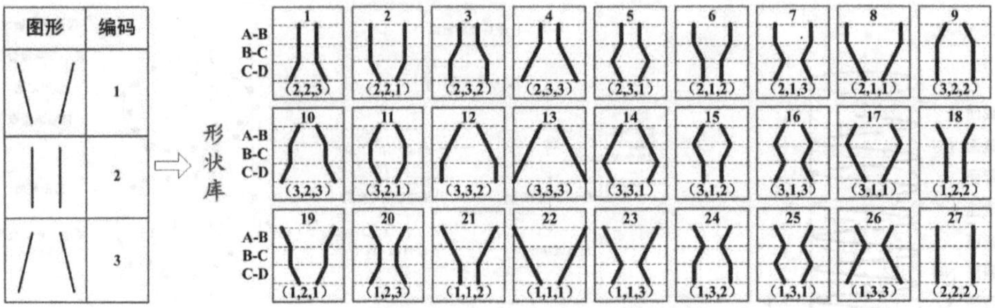

图 12－30　珩磨加工工件内孔形状编码及形状库

直至合格，这一循环过程构成了基于聚类分析的自适应定位控制模型。

12.4.3　珩磨加工过程工件形状误差补偿修正控制策略

针对工件形状误差的修正控制策略集中于珩磨加工区间调整和径向进给压力调整两方面，实现根据珩磨头的位置由整体加工行程转为局部修正行程（例如 10 mm 范围），同时根据零件的形状类别的误差，在线检测系统测得结果动态调整径向进给压力，工件形状误差修正控制策略如图 12－31 所示。

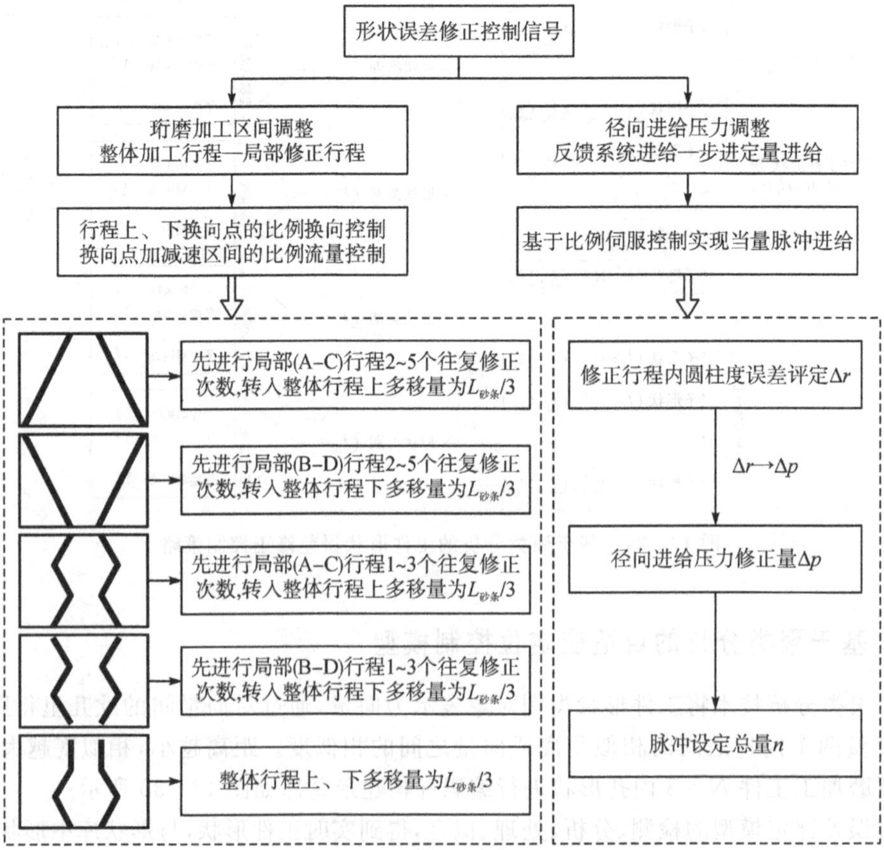

图 12－31　工件形状误差修正控制策略

根据粗珩磨加工的上述要求，选择柱塞液压缸作为液压执行元件驱动电液伺服珩磨机实现切削进给运动，选择单杆活塞液压缸作为精珩液压缸。由于快进、快退的速度已知，只要得出工进速度，即可用所给各行程和速度算得各工况动作时间。

12.5　思考

1.电液伺服控制珩磨机如何克服珩磨上下往复运动控制的非线性？

2.珩磨机主轴上下行时，控制方法为什么采用 PI 校正环节，换向时采用 PD 校正环节？

3.珩磨零件的形状误差修正如何分类？如何完成零件形状误差修正？

4.电液伺服珩磨机控制过程中如何避免控制量输出饱和？

5.珩磨零件表面为什么需要理想纹路？

6.珩磨油石的恒压进给影响因素是什么？

参考文献

[1] 周骥平,林岗.机械制造自动化技术[M].北京:机械工业出版社,2019.
[2] 要义勇.机械自动化器件及其应用[M].北京:科学出版社,2015.
[3] 朱晓青.传感器与检测技术[M].2版.北京:清华大学出版社,2020.
[4] 郁汉琪.电气控制与PLC应用技术[M].北京:中国电力出版社,2020.
[5] 陈吉红,杨建中,周会成.新一代智能化数控系统[M].北京:清华大学出版社,2021.
[6] 刘彦文.计算机控制系统[M].北京:科学出版社,2019.
[7] 李占英.分散控制系统(DCS)和现场总线控制系统(FCS)及其工程设计[M].北京:电子工业出版社,2019.
[8] 黄志坚.电气伺服控制技术及应用[M].北京:中国电力出版社,2016.
[9] 李大明,夏继军,杨彦伟.电机与电气控制技术[M].2版.武汉:华中科技大学出版社,2020.
[10] 吉淑娇,商微微,雷艳敏.LabVIEW程序设计与应用[M].北京:清华大学出版社,2019.
[11] 潘海鹏,顾敏明,张益波.控制系统组态软件应用及设计[M].北京:机械工业出版社,2019.
[12] 任好玲,林添良.液压传动[M].北京:机械工业出版社,2019.
[13] 冯永保,李锋,何润生.液压传动与控制[M].西安:西北工业大学出版社,2020.
[14] 唐颖达,刘尧.电液伺服阀/液压缸及其系统[M].北京:化学工业出版社,2019.
[15] 王万强.运动控制与伺服驱动技术及应用[M].西安:西安电子科技大学出版社,2020.
[16] 毕宏彦.嵌入式控制系统设计开发[M].西安:西安交通大学出版社,2019.
[17] 兰虎,鄂世举.工业机器人技术及应用[M].北京:机械工业出版社,2020.
[18] 芮延年,刘忠,温贻芳.珩磨技术与装备[M].北京:科学出版社,2020.